共形場理論を基礎にもつ
量子重力理論と宇宙論

浜田 賢二
Hamada Ken-ji

プレアデス出版

目次

第 1 章	はじめに	1
1.1	学問的背景	2
1.2	歴史的背景	2
1.3	理論の優れた点	5
1.4	本書の構成	7
第 2 章	Minkowski 共形場理論	9
2.1	共形変換	9
2.2	共形代数と場の変換性	11
2.3	相関関数と正定値性	15
2.4	Fourier 表示と正定値条件の具体例	18
2.5	デッセンダント場と正定値性	20
2.6	Feynman 伝播関数とユニタリ性	22
第 3 章	Euclid 共形場理論	25
3.1	臨界現象と共形場理論	25
3.2	Euclid 共形場理論の基本構造	26
3.3	2 点相関関数の再導出	30
3.4	スカラー場の 3 点と 4 点相関関数	31
3.5	演算子積展開と 3 点相関関数	33
3.6	4 点相関関数と共形ブロック	35
3.7	2 次 Casimir 演算子と共形ブロック	39
3.8	ユニタリ性バウンドの再考	41
3.9	Conformal Bootstrap からの制限	44
3.10	Wilson-Fisher のイプシロン展開	47

第4章　2次元共形場理論の基礎　49
- 4.1　Virasoro 代数とユニタリ表現　49
- 4.2　Virasoro 指標とトーラス上の分配関数　54
- 4.3　自由ボゾン場表示　57

第5章　共形異常と Wess-Zumino 作用　63
- 5.1　Wess-Zumino 積分可能条件　63
- 5.2　Liouville 作用と Riegert 作用　64
- 5.3　一般座標不変な有効作用　67
- 5.4　BRST 共形不変性に向けて　69

第6章　2次元量子重力理論　71
- 6.1　Liouville 作用の量子化　71
- 6.2　Virasoro 代数と物理状態　74
- 6.3　BRST 演算子と物理状態　80
- 6.4　相関関数について　84

第7章　4次元量子重力理論　85
- 7.1　量子重力理論の作用　85
- 7.2　一般座標不変性と共形不変性　90
- 7.3　重力場の量子化　92
  - 7.3.1　共形因子場　93
  - 7.3.2　トレースレステンソル場　97
- 7.4　一般座標変換の生成子　102
- 7.5　共形変換とプライマリー場　106
- 7.6　物理的場の演算子　111
- 7.7　BRST 定式化と物理条件　112

第8章　量子重力の物理状態　117
- 8.1　$R \times S^3$ 上での正準量子化　117
- 8.2　共形変換の生成子　124
- 8.3　BRST 演算子と物理状態の条件　133
- 8.4　物理状態の構成　138
- 8.5　物理的場の演算子　145

8.6	状態演算子対応と双対状態	148

第 9 章 　重力相殺項と共形異常　　151

9.1	重力相殺項のまとめ	151
9.2	曲がった時空上の QED	154
9.3	正規積	157
9.4	相関関数からの制限	164
9.5	重力相殺項の決定	176
9.6	共形異常の形の決定	179
9.7	Casimir 効果	181

第 10 章 　くり込み可能な量子重力理論　　183

10.1	D 次元作用とくり込みの処方箋	183
10.2	運動項と相互作用	191
10.3	ゲージ固定	195
10.4	くり込み因子の計算	198
10.5	背景時空独立性の再考	211
10.6	一般座標不変な有効作用	214
10.7	Einstein 項と宇宙項のくり込み	217

第 11 章 　Einstein 理論の宇宙　　225

11.1	不安定性とゆらぎの進化	225
11.2	Friedmann 時空	228

第 12 章 　量子重力的宇宙論　　235

12.1	インフレーションと時空相転移	235
12.2	低エネルギー有効理論	241

第 13 章 　宇宙論的摂動論 ビッグバン後　　247

13.1	摂動変数	247
13.2	ゆらぎ (摂動) の発展方程式	253
13.2.1	Einstein 方程式	253
13.2.2	物質場の保存則	257
13.3	発展方程式の Fourier 変換	259

13.4	断熱条件		260
13.5	ベクトル, テンソル方程式の解		262
	13.5.1	物理時間を用いた解	262
	13.5.2	共形時間を用いた解	263
13.6	スカラー方程式の簡単な解－バリオンなし－		265
	13.6.1	放射優勢時代	265
	13.6.2	物質優勢時代	268
13.7	スカラー方程式の解－バリオンを含む－		270
13.8	中性化以後の物質ゆらぎの発展		277

第14章　量子重力ゆらぎからCMB多重極まで　279

14.1	ビックバン後の簡単なまとめ	279
14.2	量子重力の発展方程式	280
14.3	物質場を含む線形発展方程式	285
14.4	重力場の2点相関と初期スペクトル	286
14.5	線形方程式の解と安定性	289
14.6	CMB異方性スペクトル	293

付録A　重力場の有用な公式　297

A.1	曲率に関する公式	297
A.2	曲がった時空上のスカラー場	302
A.3	曲がった時空上のフェルミオン	303
A.4	重力作用の $D=4$ のまわりでの展開式	306

付録B　共形場理論に関する補足　309

B.1	相関関数のFourier変換	309
B.2	臨界指数の導出	310
B.3	M^4 上の自由スカラー場の共形代数	313
B.4	$R \times S^3$ 空間への変換	316
B.5	$R \times S^3$ 上の2点相関関数	319
B.6	ゲージ固定と共形変換の修正項	321
B.7	ゲージ場及びテンソル場の構成要素	323

付録 C	S^3 上の有益な関数	327
C.1	S^3 上のテンソル調和関数	327
C.2	$SU(2) \times SU(2)$ Clebsch-Gordan 係数	330
C.3	S^3 上の調和関数の積の公式	331
C.4	Clebsch-Gordan 係数及び Wigner D 関数を含む公式	332
付録 D	くり込み理論の補足	335
D.1	次元正則化のための公式	335
D.2	QED のくり込み計算の例	337
D.3	スカラー場の複合演算子のくり込み	339
D.4	DeWitt-Schwinger の方法	344
D.5	力学的単体分割法と量子重力	346
付録 E	宇宙論の補足	349
E.1	Sachs-Wolfe 関係式	349
E.2	CMB 多重極成分	352
E.3	発展方程式の解析的考察	359
E.4	Einstein 重力理論の散乱断面積	361
E.5	基本定数	362
付録 F	参考書・文献	363
F.1	教科書・参考書	363
F.2	各章の参考文献	364
索引		369
あとがき		373

要約

　量子重力理論の目的は Planck スケールを超えた高エネルギー世界を明らかにすることである。そこでは重力の量子的ゆらぎが大きく, 時間や距離の概念が失われたいわゆる背景時空独立な世界が実現すると考えられる。特定の時空を運動する粒子の描像はもはや無く, 時空そのものの量子化が必要とされる。本書で紹介するくり込み可能な重力の量子論はそのような世界を共形場理論を用いて記述し, そこからのズレを摂動的に定式化した理論である。

　はじめに共形場理論の一般的な事柄について解説した後, 背景時空独立な量子重力理論が特別な共形場理論として記述できることを示す。共形不変性がゲージ対称性である一般座標不変性の一部として現れ, 共形変換によって結びつく異なる背景時空上の理論がゲージ同値になることでその独立性が表現される。前半ではその変換を生成する BRST 演算子を構成し, 量子重力の物理的場の演算子や状態について解説する。

　後半ではくり込み可能な量子重力理論を一般座標不変性が明白に保たれる次元正則化を用いて定式化する。その際, 共形場理論からのズレを表す無次元の重力結合定数を導入する。そのベータ関数が負になることから, 共形不変な世界が紫外領域で実現することが示される。一方で, その破れを表す力学的赤外スケール Λ_{QG} の存在も予言される。その値を 10^{17}GeV とすると, スケール不変な原始宇宙が Planck エネルギー付近から指数関数的に膨張を始め, Λ_{QG} 付近でその不変性が完全に壊れた現在の古典的な宇宙に相転移するインフレーションモデルを構成することが出来る。その発展の運動方程式の考察から相転移時のパワースペクトルを求め, CMB の観測結果と照合する。

第 1 章

はじめに

　広がりのない理想的な点で表現される素粒子像は Einstein の重力理論[*1]と矛盾する概念である．何故なら，それは重力理論から見ればブラックホールに他ならないからである．ただ，粒子の質量が Planck 質量スケール $m_{\rm pl}$ より小さい場合は，位置のゆらぎの目安である Compton 波長がその質量のホライズンサイズより長くなるため，近似的に粒子とみなすことができる (図 1-1 参照)．しかし，Planck スケールの世界ではこのような近似が成り立たなくなり，特定の背景時空を運動する粒子の描像が壊れる．

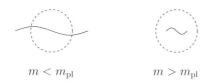

図 1-1 質量 m の Compton 波長は $\lambda \sim 1/m$ で与えられる．一方，粒子のホライズンサイズ (点線) は $h_g \sim m/m_{\rm pl}^2$ で与えられる．従って $m > m_{\rm pl}$ では右図のように $\lambda < h_g$ となって，素励起の情報がホライズンの内側に閉じ込められて喪失してしまう．このように Planck スケールを超えた世界では通常の粒子描像は破綻する．

　この問題を解決するための 1 つの方法は時空も含めてスケールそのものが存在しない世界を実現することである．すなわち，スケールの異なる世界がゲージ同値になるような世界を実現させることである．そのような性質を背景時空独立性と呼ぶ．本書で紹介する量子重力理論は，Planck スケールを超えた紫外領域で，共形不変性をゲージ対称性の 1 つとしてもつ特別な共形場理論として記述される理論である．

[*1] 原論文は A. Einstein, Annalen der Phys. **49** (1916) 769 である．

1.1 学問的背景

2001年にNASAケネディ宇宙センターより打ち上げられた天文衛星,Wilkinsonマイクロ波異方性探査機 (Wilkinson Microwave Anisotropies Probe, WMAP) による宇宙マイクロ波背景放射 (cosmic microwave background, CMB) の観測によって宇宙論パラメータが高い精度で決定され,宇宙初期に急激な膨張を意味するインフレーションが起きたとする理論が強く支持されるようになった。一方で,宇宙はなぜ膨張しているのか,インフレーションを誘起する斥力の源は何なのか,まだ多くの素朴で根源的な疑問が残されている。

インフレーション理論を自然に解釈すれば,宇宙は誕生から現在までおよそ10^{60}倍膨張したことになる。これは銀河団より大きなサイズがインフレーション以前ではPlanck長さ内に納まっていたことを意味する。このことから,WMAPが観測したCMB異方性スペクトルの中に宇宙創生期の重力の量子ゆらぎの痕跡が記録されていると期待される。

このように,宇宙膨張,ビッグバン,原始ゆらぎなど,それらの起源を重力の量子効果に求めることは自然なことである。量子重力理論は時空の誕生から現在に至るまでの宇宙の歴史を理解する上で必要な物理学として期待される。本書の最終目的は紫外極限で背景時空独立性を持つくり込み可能な重力の量子論を使ってCMBのスペクトルを説明することである。最近の研究から,時空の相転移が10^{17}GeVで起きたと考えると多くの観測事実を簡潔に説明できることが分かってきた。

1.2 歴史的背景

ここでは,くり込み可能な量子重力理論について,その歴史も交えて簡潔にまとめる。

Einstein重力理論はその作用であるRicciスカラー曲率が正定値でないことや,結合定数であるNewton定数が次元をもつためにくり込み不可能になるなど,量子論を構成する上で好ましくない性質を多くもっている。ただ,く

1.2 歴史的背景

り込み理論自体は重力理論の基礎となる一般座標変換の下での不変性, 以下では一般座標不変性と呼ぶ, と矛盾しているわけではない。

1970 年代の初期の量子重力研究では, Einstein 重力に 4 階微分作用を加えるだけで正定値でくり込み可能な理論ができるのではないかと考えられた[*2]。しかしながら, すべての重力場モードを摂動的に扱う方法では漸近場として好ましくないゲージ不変なゴースト粒子が現れてしまうことを防ぐことができなかった。いわゆる, 質量をもった負計量の重力子 (massive graviton) の問題である。

本書で紹介するくり込み可能な量子重力理論は一部に非摂動的な方法を取り入れることでこれらの問題を解決しようとする試みである。それは, 特定の背景時空を伝播する粒子描像そのものを捨ててしまうことでもある。

量子化の方法論の大きな進歩は 1980 年代の後半に成された。2 次元量子重力の厳密解の発見である。主に 1970 年代から 1980 年代前半にかけて研究された従来の量子重力理論との大きな違いは, 経路積分測度からの寄与を正しく取り入れて, 重力場の中の共形因子を非摂動的に取り扱ったことである。この研究は同時に量子論的な一般座標不変性の要請が古典論のそれよりも強いものであることを示唆していた。

この量子重力理論はある任意の背景時空上で定義された特別な共形場理論 (conformal field theory, CFT) として記述される。通常の共形場理論との違いは共形不変性がゲージ対称性 (一般座標不変性の一部, BRST 対称性) だということである[*3]。そのため, 通常の共形場理論では真空のみが共形不変であるのに対し, 量子重力では物理量もまた共形不変でなければならない。このように, 共形変換で移り変わることができる背景時空上の理論がすべてゲージ同値となって, 背景時空独立性が実現する。これは Wheeler-DeWitt

---

[*2] 量子補正を考慮すると, 伝播関数の中のゴースト粒子の存在を表す実極が消えて, 対の複素極になり, ゴーストが現実の世界に現れなくなるという T. Lee and G. Wick, Nucl. Phys. B9 (1969) 209 の仕事。その重力への応用は E. Tomboulis, Phys. Lett. 70B (1977) 361 及び付録 F の文献を参照。より詳しい説明は第 6 章 6.7 節の最後を参照。

[*3] BRST は発見者 4 人の名前を並べた Becchi-Rouet-Stora-Tyutin の略称。原論文は C. Becchi, A. Rouet and R. Stora, Comm. Math. Phys. **42** (1975) 127; Ann. Phys. **98** (1976) 287 である。T. Kugo and I. Ojima, Prog. Theor. Phys. Suppl. **66** (1979) 1 及び付録 F の場の量子論の参考書等を参照。

代数の量子論的な実現で*4, 本書では BRST 共形不変性と呼ぶことにする。

著者はこの方法を 4 次元に応用して新しいくり込み可能な量子重力理論を定式化した。2 次元量子重力のときと同様に，距離を支配する共形因子を非摂動的に量子化することで，BRST 共形不変性として背景時空独立性を実現させた。一方，4 次元では無視できないトレースレステンソル場のダイナミクスは 4 階微分の Weyl 作用を加えて摂動論的に定式化した。その結合定数が無次元になることから理論はくり込み可能になる。

Einstein 重力を基礎とした従来の場の量子論では通常 Planck スケールを紫外カットオフとみなしている。そのため，特異点や紫外発散の問題，さらには宇宙項の問題も実質的に避けている。一方，この新しいくり込み可能な量子重力理論は，結合定数が負のベータ関数 (漸近自由性) をもつことから，量子色力学 (QCD) のように紫外カットオフは必要なく，Planck スケールを超えた世界を記述することができる。

さらに，この定式化では質量をもった重力子モードがゲージ不変でなくなる。なぜなら，Einstein 作用に共形因子が現れるため，そのモードに質量を与える展開の 2 次の項がゲージ不変でなくなるからである。それだけでなく，4 階微分重力場の中の各モードがもはやゲージ不変でなくなる。

この方法が考案された背景に力学単体分割法による数値計算の仕事がある*5。2 次元時空を離散化した模型 (行列模型) を 4 次元に一般化した模型で，その結果はスカラーゆらぎがテンソルゆらぎよりも優勢であることを強く示唆していた。この研究成果からトレースレステンソル場のみを摂動的に扱うこの量子化法に思い至った。

その後，2003 年に WMAP の最初の観測結果が公表され，宇宙初期ではスカラーゆらぎが優勢であることが示された。同時に，Planck 長さに近い新

---

*4 古典的な Poisson 括弧レベルでは Wheeler-DeWitt 代数は任意の一般座標不変な理論に対して成り立つが，量子論では理論が制約されて，作用関数の形が決まって行くことに留意する。

*5 S. Horata, H. Egawa and T. Yukawa, *Clear Evidence of A Continuum Theory of 4D Euclidean Simplicial Quantum Gravity*, Nucl. Phys. B (Proc. Suppl.) **106** (2002) 971; S. Horata, H. Egawa and T. Yukawa, *Grand Canonical Simulation of 4D Simplicial Quantum Gravity*, Nucl. Phys. B (Proc. Suppl.) **119** (2003) 921 及び付録 D.5 と付録 F の著者によるレビューを参照。

しいスケールの存在が示唆された。当初, このスケールと宇宙の大きさに相当する 5000Mpc 程のゆらぎの波長が関係するとは想像できなかったが, インフレーション期とその後の 137 億年を含めて, 「那由多」と呼ばれる 10^{60} 桁も宇宙が膨張したと考えれば理解することができる。この新たなスケールの考察から量子重力的インフレーションのアイデアが生れた。

1.3 理論の優れた点

理論構成上の優れた点は, BRST 共形不変性のおかげで, 背景時空として共形平坦なものなら何を選んでも一般性を失わないことである。そのため量子重力理論を通常の平坦な時空上の場の量子論として定式化することができる。そこからの摂動を表す量子重力のダイナミクスは漸近自由性を示すたった 1 つの無次元結合定数によって記述される。

くり込み理論は一般座標不変性を保ったまま高次の量子補正が計算できる次元正則化を用いて定式化される。その際, 4 階微分重力相殺項を任意の次元に拡張するときに現れるの不定性の問題をくり込み群方程式を用いて解決する。これは, 古典的な一般座標不変性よりも量子論的な一般座標不変性の方が強い条件であることを示している。

漸近自由性は紫外極限で理論が正しく定義できることを表している。ただ, ここで述べている漸近自由性は漸近場が定義できるような平坦な時空が実現することを表している分けではない。何故なら, 共形因子のゆらぎは非摂動的なままだからである。そのため, 伝統的な S 行列は物理量として定義されない。本書ではあくまでも歴史的な用語として漸近自由性を用いることにする。

一方で, 漸近自由性は, QCD に於ける $\Lambda_{\rm QCD}$ のような, 重力の新しい力学的赤外エネルギースケール $\Lambda_{\rm QG}$ の存在を示唆する[*6]。これは重力の量子ゆらぎで満たされた背景自由な世界と粒子が行き交う計量の定まった今の世界

[*6] これはくり込み可能な理論の特徴で, 超弦理論のような明白に有限な理論には存在しないスケールである。また, 有効作用が非局所的になることも特徴で, この点も局所的な有効理論を与える明白に有限な理論とは異なる。

とを分けるスケールである．さらに，$\Lambda_{\rm QG}$ より十分に高いエネルギー領域ではテンソルゆらぎの寄与が小さくなり，共形因子によるスカラーゆらぎが支配的になる．このことはテンソルゆらぎを摂動論的に扱うことを正当化するとともに，重力の量子論として以下のような物理的意味をもつ．

インフレーションと時空相転移 Planck 質量 $m_{\rm pl}$ と漸近自由性に由来する力学的スケール $\Lambda_{\rm QG}$ の大小を $m_{\rm pl} > \Lambda_{\rm QG}$ と選ぶと，初期宇宙の進化はこれらのスケールによって区切られた 3 つの時代に分けることができる．Planck スケールを超えた領域は共形因子の量子的スカラーゆらぎが優勢な共形不変な時空の時代である．共形不変性が Planck スケール付近で破れ始めて，次第にインフレーションの時代に移行する．その時代は力学的赤外スケール $\Lambda_{\rm QG}$ で劇的に終わり，長距離の相関が失われた古典的な Friedmann 時空に相転移する．そのスケールを $10^{17}{\rm GeV}$ に選ぶと CMB の観測結果をうまく説明することが出来る．

量子重力に基づく初期宇宙論の優れた点は，通常用いられるスカラー (インフラトン) 場のような未知な自由度を導入することなく，重力場のダイナミクスのみを用いて宇宙の進化を説明できることである[*7]．共形因子場と物質場の相互作用，すなわち共形異常項が $\Lambda_{\rm QG}$ 付近で急激に強くなって，4 階微分重力場のもつスカラーゆらぎの自由度が一機に物質へ転化することで，ビックバンが説明できる．このことから，構造形成のために必要な原始ゆらぎの起源は共形場理論から予言されるスケール不変なスカラースペクトルとして与えられる．このように既知の場である重力場のみを用いて，最小限の自由度でもって観測と良く合う宇宙の発展モデルを構築することができる．

ユニタリ性 最初に述べたように Einstein 理論を基礎とした重力理論では Planck スケールを超えたエネルギーを持つ素励起はブラックホールとなって，その粒子の情報はホライズンの中に閉じ込められて失われるため，ユニタリ性が壊れてしまう．これに対して，くり込み可能な量子重力理論が

[*7] 一方，Einstein 理論は物質密度が時空の構造を決める理論である．すなわち物質のない無の状態から現在の時空を生み出すことが出来ない．そのため Einstein 理論をベースにしたインフレーションモデルではすべての物質の素としてあるスカラー場を導入するが，ゲージ原理やくり込み可能性を理論的背景にもつ素粒子が，それらの性質を満たさないスカラー場から生まれることには違和感がある．

示す漸近自由性は Λ_{QG} を超える高エネルギー領域で Riemann 曲率を含む Weyl 曲率テンソルが消える時空配置が優勢になることを意味する。そのため, Schwarzschild 解のような曲率が発散する時空は量子論的に排除される[*8]。背景時空独立性を表す BRST 共形不変性の実現からもそのような特別な点の存在が否定され, 特定の時空を運動する重力子のような粒子的描像がもはや成り立たなくなる。

特異点が解消することから, 非摂動的なユニタリ性の問題も議論することが可能になる。代数的には共形不変性が重要になる。共形場理論に於けるユニタリ性は場の実数性が相関関数の中でも保持されることに対応する。それは 2 点関数の正定値性や演算子積の構造係数の実数性として表される[*9]。

BRST 共形不変性は通常の共形不変性より遥かに強い制限を与える。4 階微分場に含まれる負計量モードは共形代数が閉じるために必要な要素であるが, それ自身は BRST 不変にならないことから, 表に現れないことが示せる。BRST 不変な物理的演算子は特定の次元を持った実数のプライマリースカラー複合場で与えられ, そのデッセンダントは BRST 自明になる。また, テンソルの脚を持つ場は排除される。量子重力の作用は正定値になり, その経路積分の安定性が保障されることから, 場の実数性が保持される[*10]。

1.4 本書の構成

第 2 章と第 3 章で共形場理論の一般論と最近の話題について解説する。2 次元共形場理論の基礎は第 4 章にまとめる。第 5 章で量子重力の構成に深く関係する共形異常について解説した後, 第 6 章で BRST 共形不変性をもつ

[*8] Ricci スカラーが消えるので Einstein 作用ではこの時空解を排除することが出来ない。

[*9] 通常の共形場理論では, 作用の存在が知られていないので, このような議論が必要になる (第 2, 3 章を参照)。作用が知られている場合は Wick 回転して Euclid 空間で考えると分かりやすい。その Euclid 作用 I が正定値ならば, 経路積分 $\int e^{-I}$ が正しく定義され, 場の実数性が保たれる。もし作用が負定値ならば経路積分は発散するので, それを正則化するために場の実数性が犠牲になる。

[*10] 重力場を正と負のモードに分解して作用を書くと一見正定値性が破れるように見えるが, BRST 不変性は分解した個々のモードの相関関数等は物理量ではないことを示している。そのため元の場の変数で表した作用全体の正定値性が重要になる (脚注*9 参照)。

もっとも簡単な理論である2次元量子重力理論を解説する。第7章と第8章で本題のBRST共形不変性をもつ4次元量子重力理論を定式化し，その物理演算子や物理状態を構成する。後半の第9章では，次元正則化を用いて量子重力理論を定式化する前段階として，曲がった時空上の場の量子論を考えて，重力相殺項と共形異常の形をくり込み群方程式を用いて決定する。その結果を踏まえて，第10章で，BRST共形不変性を紫外極限に持つくり込み可能な量子重力理論を定式化する。続く4つの章でこの量子重力理論が示唆する宇宙像について議論する。なぜ量子重力の痕跡が現在も残っていると考えることが出来るのか。そのことを理解するために，まず第11章でFriedmann宇宙について解説する。そして第12章で量子重力によって誘起されるインフレーションのモデルを構築する。第13章でゆらぎの時間発展を記述する宇宙論的摂動論を詳しく解説した後，第14章でそれを量子重力的宇宙論に応用して時空相転移直後のゆらぎの原始スペクトルを決め，それを初期値としてCMB多重極を計算して実験データと比較する。付録の各章では有用な重力場の公式や本文の主題とは少し外れているけれども理解に役立つ知識などを補足した。

最後に，付録Fに挙げた著者レビューの中から以下の一節を掲載する：

> The wall of Planck scale reminds us the wall of sound speed. When an airplane speeds up and approaches to the sound speed, it faces violent vibrations due to the sound made by the airplane itself and sometimes breaks the airplane into pieces. People of old days thought that the sound speed is the unpassable wall. However, we know now once we pass the wall with durable body, a peaceful space without sounds spreads about us. Similary, we might think that the Planck scale is the wall that we can never pass. However, once we go beyond the Planck scale, there is no singularity, but a harmonious space of conformal symmetry.

この文章の中に本研究への思いが集約されている。

第2章
Minkowski 共形場理論

共形場理論 (conformal field theory, CFT) が現れる場所として,ベータ関数が消える場の量子論の固定点,量子重力理論の紫外極限,そして統計モデルの臨界点が挙げられる。

はじめに Minkowski 時空での共形場理論の基本的な事柄についてまとめる。Minkowski 時空では量子化の処方箋,Hamilton 演算子,Hermite 性などの場の演算子の性質,公理などが Euclid 空間での場の量子論より明瞭だからである。Euclid 空間での共形場理論は基本的には Minkowski 時空から解析接続して得られるものと考える。

一方で,作用関数や (非摂動的) 量子化が明確でないような場合,Euclid 空間での議論の方が Minkowski 時空固有の発散等を回避できて扱いやすい。また,相関関数の性質や状態の定義等が明確になり,統計力学との対応が分かりやすくなるなどの利点がある。Euclid 空間での共形場理論ついては次の章で議論する。

以下,共形場理論の基本的な性質を述べる際は一般的に D 次元で記述し,具体例を示す際は簡単のため次元を 4 として計算する。

2.1 共形変換

共形変換とは角度を変えない座標変換で,座標を $x^\mu \to x'^\mu$ と変換したとき,線素が

$$\eta_{\mu\nu}dx^\mu dx^\nu \to \eta_{\mu\nu}dx'^\mu dx'^\nu = \Omega(x)^2 \eta_{\mu\nu}dx^\mu dx^\nu \tag{2-1}$$

と変換するものである。ここで, Ω は任意の関数である。Minkowski 計量は $\eta_{\mu\nu} = (-1, 1, \cdots, 1)$ を採用する。右辺を書き換えると共形変換は関係式

$$\eta_{\mu\nu}\frac{\partial x'^\mu}{\partial x^\lambda}\frac{\partial x'^\nu}{\partial x^\sigma} = \Omega(x)^2 \eta_{\lambda\sigma}$$

で表される。$\Omega = 1$ は Poincaré 変換に相当する。

ここで, 共形変換はあくまでも背景計量 $\eta_{\mu\nu}$ 上で定義されるもので, この変換の下でこの計量自体は変化しない。一方, 一般座標変換は, 計量テンソル場を導入して線素を定義し, スカラー量である線素が不変に保たれるように計量も場として変換する座標変換で, 共形変換とは区別しなければならない[*1]。以下, テンソル場の足の上げ下げはすべて背景計量 $\eta_{\mu\nu}$ で行う。

無限小の共形変換 $x^\mu \to x'^\mu = x^\mu + \zeta^\mu$ を考えると, 上の条件式から ζ^μ は方程式

$$\partial_\mu \zeta_\nu + \partial_\nu \zeta_\mu - \frac{2}{D}\eta_{\mu\nu}\partial_\lambda \zeta^\lambda = 0 \qquad (2\text{-}2)$$

を満たさなければならないことが分かる。この式のことを共形 Killing 方程式と呼び, ζ^λ を共形 Killing ベクトルと呼ぶ。このとき, 任意関数は

$$\Omega^2 = 1 + \frac{2}{D}\partial_\lambda \zeta^\lambda \qquad (2\text{-}3)$$

と決まる。

共形 Killing 方程式 (2-2) を変形すると

$$\left[\eta_{\mu\nu}\partial^2 + (D-2)\partial_\mu \partial_\nu\right]\partial_\lambda \zeta^\lambda = 0$$

が得られる。さらに, この式のトレースから $(D-1)\partial^2 \partial_\lambda \zeta^\lambda = 0$ が得られるので, $D > 2$ のときは $\partial_\mu \partial_\nu \partial_\lambda \zeta^\lambda = 0$ のように ζ^λ を 3 回微分したものがゼロになることが分かる[*2]。そのことに注意して方程式を解くと $(D+1)(D+2)/2$ 個の解が求まる。それらは自由度が D 個の並進 (translation),

---

[*1] 計量テンソルを場と考えて一般座標変換と組み合わせると, 共形変換は計量場のスケール変換として表すことが出来るが, この章と次章ではそれは考えない。

[*2] $D = 2$ では条件式が $\partial^2 \partial_\lambda \zeta^\lambda = 0$ に緩和して, 共形 Killing ベクトルの数が無限個に拡大する。

$D(D-1)/2$ 個の Lorentz 変換, 1 個のスケール変換 (dilatation), D 個の特殊共形変換 (special conformal transformation) に対応して, それぞれ $\zeta^\lambda_{T,L,D,S}$ と表すと,

$$(\zeta^\lambda_T)_\mu = \delta^\lambda_{\ \mu}, \qquad (\zeta^\lambda_L)_{\mu\nu} = x_\mu \delta^\lambda_{\ \nu} - x_\nu \delta^\lambda_{\ \mu},$$
$$\zeta^\lambda_D = x^\lambda, \qquad (\zeta^\lambda_S)_\mu = x^2 \delta^\lambda_{\ \mu} - 2x_\mu x^\lambda \qquad (2\text{-}4)$$

で与えられる。ここでは μ, ν の脚が $\zeta^\lambda_{T,L,S}$ の自由度を表している。最初の2つが Killing 方程式 $\partial_\mu \zeta_\nu + \partial_\nu \zeta_\mu = 0$ を満たす等長変換, すなわち Poincaré 変換に対応する。

有限共形変換は, スケール変換と特殊共形変換の場合, それぞれ

$$x^\mu \to x'^\mu = \lambda x^\mu, \qquad x^\mu \to x'^\mu = \frac{x^\mu + a^\mu x^2}{1 + 2a_\mu x^\mu + a^2 x^2}$$

で与えられる。これらに加えて, 特殊共形変換の代わりとなる重要な変換として, 共形反転 (conformal inversion)

$$x^\mu \to x'^\mu = \frac{x^\mu}{x^2} \qquad (2\text{-}5)$$

を導入する。この変換と並進を組み合わせると,

$$x^\mu \to \frac{x^\mu}{x^2} \to \frac{x^\mu}{x^2} + a^\mu \to \frac{\frac{x^\mu}{x^2} + a^\mu}{\left(\frac{x^\mu}{x^2} + a^\mu\right)^2} = \frac{x^\mu + a^\mu x^2}{1 + 2a_\mu x^\mu + a^2 x^2}$$

のように特殊共形変換が導ける。

2.2 共形代数と場の変換性

並進, Lorentz 変換, スケール変換, 特殊共形変換の生成子をそれぞれ P_μ, $M_{\mu\nu}$, D, K_μ と書くことにする[*3]。これら $(D+1)(D+2)/2$ 個の無限小共形変換の生成子は $SO(D,2)$ 代数

$$[P_\mu, P_\nu] = 0, \qquad [M_{\mu\nu}, P_\lambda] = -i\left(\eta_{\mu\lambda} P_\nu - \eta_{\nu\lambda} P_\mu\right),$$

[*3] 本書ではスケール変換の生成子に時空の次元と同じ記号 D を使う。それらは文脈から用意に区別できる。

$$[M_{\mu\nu}, M_{\lambda\sigma}] = -i\left(\eta_{\mu\lambda}M_{\nu\sigma} + \eta_{\nu\sigma}M_{\mu\lambda} - \eta_{\mu\sigma}M_{\nu\lambda} - \eta_{\nu\lambda}M_{\mu\sigma}\right),$$
$$[D, P_\mu] = iP_\mu, \quad [D, M_{\mu\nu}] = 0, \quad [D, K_\mu] = -iK_\mu,$$
$$[M_{\mu\nu}, K_\lambda] = -i\left(\eta_{\mu\lambda}K_\nu - \eta_{\nu\lambda}K_\mu\right), \quad [K_\mu, K_\nu] = 0,$$
$$[K_\mu, P_\nu] = 2i\left(\eta_{\mu\nu}D + M_{\mu\nu}\right) \tag{2-6}$$

を成す*4。並進と Lorentz 変換の生成子から構成される $SO(D-1,1)$ の代数は特に Poincaré 代数と呼ばれる。生成子の Hermite 性は

$$P_\mu^\dagger = P_\mu, \quad M_{\mu\nu}^\dagger = M_{\mu\nu}, \quad D^\dagger = D, \quad K_\mu^\dagger = K_\mu$$

で与えられる。

この共形代数は, $SO(D,2)$ 変換の生成子を J_{ab} と書いて, 計量を $\eta_{ab} = (-1, 1, \cdots, 1, -1)$ で与え, $a, b = 0, 1, 2, \cdots, D, D+1$ と番号付けすると,

$$[J_{ab}, J_{cd}] = -i\left(\eta_{ac}J_{bd} + \eta_{bd}J_{ac} - \eta_{bc}J_{ad} - \eta_{ad}J_{bc}\right) \tag{2-7}$$

とまとめて表すことが出来る。ここで, 生成子は Hermite 性 $J_{ab}^\dagger = J_{ab}$ 及び反対称性 $J_{ab} = -J_{ba}$ を満たす。実際, 時空の足を $\mu, \nu = 0, 1, \cdots, D-1$ と選んで,

$$M_{\mu\nu} = J_{\mu\nu}, \qquad D = J_{D+1\,D},$$
$$P_\mu = J_{\mu D+1} - J_{\mu D}, \qquad K_\mu = J_{\mu D+1} + J_{\mu D}$$

と書くと, それぞれ Lorentz 変換, スケール変換, 並進, 特殊共形変換の生成子となり, 共形代数 (2-6) が得られる。

共形変換の下で性質の良い変換をする場を特にプライマリー (primary) 場と呼ぶ。ここでは整数スピン l の場を表す対称トレースレステンソル場 $O_{\mu_1\cdots\mu_l}$ を考える*5。場の演算子は Hermite 性

$$O_{\mu_1\cdots\mu_l}^\dagger(x) = O_{\mu_1\cdots\mu_l}(x)$$

---

*4 2 次元では $SO(2,2)$ 共形代数が無限次元の Virasoro 代数に拡大され, 中心電荷 (central charge) が現れるが, $D > 2$ 次元の共形代数にそのような拡大は存在しない。

*5 $D = 4$ の場合, これは Lorentz 群 $SO(3,1)$ の $(j, \tilde{j})$ 表現の $j = \tilde{j} = l/2$ に属するテンソル場で, $O_{\mu_1\cdots\mu_l} = (\sigma_{\mu_1})^{\alpha_1\dot\alpha_1}\cdots(\sigma_{\mu_l})^{\alpha_l\dot\alpha_l} O_{\alpha_1\cdots\alpha_l\dot\alpha_1\cdots\dot\alpha_l}$ と表示することが出来る。トレースレスの条件は $\eta^{\mu\nu}(\sigma_\mu)^{\alpha\dot\alpha}(\sigma_\nu)^{\beta\dot\beta} \propto \varepsilon^{\alpha\beta}\varepsilon^{\dot\alpha\dot\beta}$ を用いて示すことが出来る。また, $j \neq \tilde{j}$ の場として, $(1/2, 0)$ と $(1/2, 0)$ のスピノル場, $(1, 1/2)$ と $(1, 1/2, 1)$ の Rarita-Schwinger 場, $(1, 0)$ と $(0, 1)$ の 2 階反対称テンソル場, などがよく知られている。

を満すものとし，その共形次元を Δ とする．このとき，プライマリースカラー場は共形変換の下で

$$O'(x') = \Omega(x)^{-\Delta}O(x)$$

と変換する．プライマリーテンソル場の変換則は，$O_{\mu_1\cdots\mu_l}(x)dx^{\mu_1}\cdots dx^{\mu_l}$ が共形次元 $\Delta - l$ のスカラー量として変換することから，

$$O'_{\mu_1\cdots\mu_l}(x') = \Omega(x)^{l-\Delta}\frac{\partial x^{\nu_1}}{\partial x'^{\mu_1}}\cdots\frac{\partial x^{\nu_l}}{\partial x'^{\mu_l}}O_{\nu_1\cdots\nu_l}(x) \tag{2-8}$$

で与えられる．

ここで，直交群 $SO(D-1,1)$ のベクトル表現を $D_{\mu\nu}$ と書くと，座標変換のヤコビアン (Jacobian) は $\frac{\partial x^\nu}{\partial x'^\mu} = \Omega(x)^{-1}D_\mu{}^\nu(x)$ と分解できる．このことから，任意のスピンのプライマリー場を $O_j(x)$ と簡略し，それに作用する表現行列を $R[D]_{jk}$ と書くと，共形変換は局所的に回転とスケール変換の組み合わせで書くことができて，$O'_j(x') = \Omega(x)^{-\Delta}R[D(x)]_j{}^k O_k(x)$ と表すことができる．それらの相関関数は，真空 $|0\rangle$ が共形不変だとすると，

$$\langle 0|O_1(x_1)\cdots O_n(x_n)|0\rangle = \langle 0|O'_1(x_1)\cdots O'_n(x_n)|0\rangle \tag{2-9}$$

を満たす．右辺の場の引数が左辺と同じ x_j であることに注意する．

無限小変換 $x^\mu \to x'^\mu = x^\mu + \zeta^\mu$ の下での共形変換則は，同じ引数 x をもつ O_j と O'_j の差 $\delta_\zeta O_j(x) = O_j(x) - O'_j(x)$ を ζ^μ で展開してその 2 次の項を無視すると得られる．プライマリーテンソル場の無限小共形変換は，$O'_j(x') = O'_j(x) + \zeta^\mu\partial_\mu O_j(x)$, $D_\nu{}^\mu = \delta_\nu{}^\mu - (\partial_\nu\zeta^\mu - \partial^\mu\zeta_\nu)/2$, Ω の式 (2-3) に注意すると，変換則 (2-8) より，

$$\delta_\zeta O_{\mu_1\cdots\mu_l}(x) = \left(\zeta^\lambda\partial_\lambda + \frac{\Delta}{D}\partial_\lambda\zeta^\lambda\right)O_{\mu_1\cdots\mu_l}(x)$$
$$+\frac{1}{2}\sum_{j=1}^{l}\left(\partial_{\mu_j}\zeta^\lambda - \partial^\lambda\zeta_{\mu_j}\right)O_{\mu_1\cdots\mu_{j-1}\lambda\mu_{j+1}\cdots\mu_l}(x)$$

で与えられる．

無限小変換は共形変換の生成子と場の演算子との交換子として

$$\delta_\zeta O_{\mu_1\cdots\mu_l}(x) = i\left[Q_\zeta, O_{\mu_1\cdots\mu_l}(x)\right]$$

と表される。ここで、Q_ζ は共形 Killing ベクトル ζ^μ に対する $(D+1)(D+2)/2$ 個の生成子の総称である。共形 Killing ベクトルの具体形 $\zeta^\lambda_{T,L,D,S}$ (2-4) を代入すると、変換則はそれぞれ

$$\begin{aligned}
i\left[P_\mu, O_{\lambda_1\cdots\lambda_l}(x)\right] &= \partial_\mu O_{\lambda_1\cdots\lambda_l}(x), \\
i\left[M_{\mu\nu}, O_{\lambda_1\cdots\lambda_l}(x)\right] &= (x_\mu \partial_\nu - x_\nu \partial_\mu - i\Sigma_{\mu\nu}) O_{\lambda_1\cdots\lambda_l}(x), \\
i\left[D, O_{\lambda_1\cdots\lambda_l}(x)\right] &= (x^\mu \partial_\mu + \Delta) O_{\lambda_1\cdots\lambda_l}(x), \\
i\left[K_\mu, O_{\lambda_1\cdots\lambda_l}(x)\right] &= \left(x^2 \partial_\mu - 2x_\mu x^\nu \partial_\nu - 2\Delta x_\mu + 2ix^\nu \Sigma_{\mu\nu}\right) O_{\lambda_1\cdots\lambda_l}(x)
\end{aligned}$$
(2-10)

となる。このときスピン項は

$$\Sigma_{\mu\nu} O_{\lambda_1\cdots\lambda_l} = i\sum_{j=1}^{l} \left(\eta_{\mu\lambda_j}\delta^\sigma_\nu - \eta_{\nu\lambda_j}\delta^\sigma_\mu\right) O_{\lambda_1\cdots\lambda_{i-1}\sigma\lambda_{i+1}\cdots\lambda_l}$$

と定義される。

スピン行列を $\Sigma_{\mu\nu} O_{\lambda_1\cdots\lambda_l} = (\Sigma_{\mu\nu})_{\lambda_1\cdots\lambda_l}{}^{\sigma_1\cdots\sigma_l} O_{\sigma_1\cdots\sigma_l}$ と表すと、それは Lorentz 生成子 $M_{\mu\nu}$ と同じ代数を満たす行列である。ベクトル場の場合は $(\Sigma_{\mu\nu})_\lambda{}^\sigma = i(\eta_{\mu\lambda}\delta^\sigma_\nu - \eta_{\nu\lambda}\delta^\sigma_\mu)$ で与えられ、一般の l の式はこれを用いて

$$(\Sigma_{\mu\nu})_{\lambda_1\cdots\lambda_l}{}^{\sigma_1\cdots\sigma_l} = \sum_{j=1}^{l} \delta^{\sigma_1}_{\lambda_1} \cdots \delta^{\sigma_{j-1}}_{\lambda_{j-1}} (\Sigma_{\mu\nu})_{\lambda_j}{}^{\sigma_j} \delta^{\sigma_{j+1}}_{\lambda_{j+1}} \cdots \delta^{\sigma_l}_{\lambda_l}$$

と表される。

トレースレスの条件を満たすエネルギー運動量テンソル $\Theta_{\mu\nu}$ が存在するとき、共形変換の生成子は共形 Killing ベクトルを用いて

$$Q_\zeta = \int d^{D-1}\mathbf{x}\, \zeta^\lambda \Theta_{\lambda 0}$$

と表される。ここで、$d^{D-1}\mathbf{x}$ は空間の体積要素である。実際、共形 Killing 方程式 (2-2) と保存則 $\partial^\mu \Theta_{\mu\nu} = 0$ を使うと $\partial_\eta Q_\zeta = -(1/D) \times \int d^{D-1}\mathbf{x}\, \partial_\lambda \zeta^\lambda \Theta^\mu{}_\mu$ が示せて、トレースレスのとき時間依存性が消えて生成子が保存すること分かる。ζ^λ に $\zeta^\lambda_{T,L,D,S}$ (2-4) を代入すると具体的な表式

$$P_\mu = \int d^{D-1}\mathbf{x}\, \Theta_{\mu 0}, \quad M_{\mu\nu} = \int d^{D-1}\mathbf{x}\, (x_\mu \Theta_{\nu 0} - x_\nu \Theta_{\mu 0}),$$

$$D = \int d^{D-1}\mathbf{x}\, x^\lambda \Theta_{\lambda 0}, \quad K_\mu = \int d^{D-1}\mathbf{x}\left(x^2 \Theta_{\mu 0} - 2x_\mu x^\lambda \Theta_{\lambda 0}\right) \quad \text{(2-11)}$$

を得る。簡単な例として，付録 B.3 に自由スカラー場の場合の共形代数と場の変換則の計算を掲載した。

最後に相関関数が満たす微分方程式を与える。共形場理論とは (2-9) のように共形不変な真空 $|0\rangle$ をもつ理論である。そのような真空はすべての生成子 $Q_\zeta\,(=Q_\zeta^\dagger)$ に対して

$$Q_\zeta |0\rangle = 0, \qquad \langle 0|Q_\zeta = 0$$

を満たす状態と定義される。したがって，任意の n 個の共形場を簡略して $O_j\,(j=1,\cdots,n)$ と表すと，相関関数は $\langle 0|[Q_\zeta, O_1(x_1)\cdots O_n(x_n)]|0\rangle = 0$ を満たすことから，

$$\delta_\zeta \langle 0|O_1(x_1)\cdots O_n(x_n)|0\rangle$$
$$= i\sum_{j=1}^n \langle 0|O_1(x_1)\cdots [Q_\zeta, O_j(x_j)]\cdots O_n(x_n)|0\rangle = 0$$

が成り立つ。これは関係式 (2-9) の無限小版である。例えば，O_j を共形次元 Δ_j のプライマリースカラー場とし，Q_ζ として D と K_μ の場合を考えると，それぞれ変換則 (2-10) より

$$\sum_{j=1}^n \left(x_j^\mu \frac{\partial}{\partial x_j^\mu} + \Delta_j\right)\langle 0|O_1(x_1)\cdots O_n(x_n)|0\rangle = 0,$$

$$\sum_{j=1}^n \left(x_j^2 \frac{\partial}{\partial x_j^\mu} - 2x_{j\mu}x_j^\nu \frac{\partial}{\partial x_j^\nu} - 2\Delta_j x_{j\mu}\right)\langle 0|O_1(x_1)\cdots O_n(x_n)|0\rangle = 0$$

を得る。

2.3 相関関数と正定値性

整数スピン l のトレースレス対称プライマリーテンソル場の 2 点相関関数

$$W_{\mu_1\cdots\mu_l,\nu_1\cdots\nu_l}(x-y) = \langle 0|O_{\mu_1\cdots\mu_l}(x) O_{\nu_1\cdots\nu_l}(y)|0\rangle \quad \text{(2-12)}$$

を考える。場の共形次元を Δ とすると,それは一般的に

$$W_{\mu_1\cdots\mu_l,\nu_1\cdots\nu_l}(x) = CP_{\mu_1\cdots\mu_l,\nu_1\cdots\nu_l}(x)\frac{1}{(x^2)^\Delta}\bigg|_{x^0\to x^0-i\epsilon}$$

と表される。ここで,ϵ は無限小の紫外カットオフである。関数 $P_{\mu_1\cdots\mu_l,\nu_1\cdots\nu_l}$ はプライマリーの条件から決まる。C は定数である。

2 点相関関数の形を決めるために共形反転 (2-5) を使う。それを

$$x'_\mu = (Rx)_\mu = \frac{x_\mu}{x^2}$$

と表すことにする。この変換は $\Omega(x) = 1/x^2$ を与える。2 回行うと元に戻るので $R^2 = I$ である。これより逆変換は $x_\mu = (Rx')_\mu$ と書くことが出来る。

プライマリースカラー場は共形反転の下で

$$O'(x') = \Omega(x)^{-\Delta}O(x) = (x^2)^\Delta O(x)$$

と変換する。引数を x に戻すと $O'(x) = (x^2)^{-\Delta}O(Rx)$ と書くこともできる。ここでは O' の引数を x' のままで議論することにする。この変換則を用いて真空が共形不変であるための条件式 $\langle 0|O'(x')O'(y')|0\rangle = \langle 0|O(x')O(y')|0\rangle$ (2-9) を書き換えると関係式

$$(x^2y^2)^\Delta\langle 0|O(x)O(y)|0\rangle = \langle 0|O(Rx)O(Ry)|0\rangle$$

が得られる。ここで,

$$\frac{1}{(Rx-Ry)^2} = \frac{x^2y^2}{(x-y)^2} \tag{2-13}$$

に注意すると,プライマリースカラー場の 2 点関数は全体の係数を除いて $1/(x-y)^{2\Delta}$ で与えられることが分かる。紫外カットオフを導入すると,

$$\langle 0|O(x)O(0)|0\rangle = C\frac{1}{(x^2)^\Delta}\bigg|_{x^0\to x^0-i\epsilon} = C\frac{1}{(x^2+2i\epsilon x^0)^\Delta}$$

が得られる。ここでは $x^0 \neq 0$ として,ϵ^2 は無視している。同様にして,スカラー場の 3 点,4 点関数の形を決めることが出来る (次章 3.4 節を参照)。

プライマリーベクトル場は共形反転の下で

$$O'_\mu(x') = \Omega(x)^{1-\Delta} \frac{\partial x^\nu}{\partial x'^\mu} O_\nu(x) = (x^2)^\Delta I_\mu{}^\nu(x) O_\nu(x)$$

と変換する。ここで, 座標 x^μ の関数 $I_{\mu\nu}$ は

$$I_{\mu\nu} = \eta_{\mu\nu} - 2\frac{x_\mu x_\nu}{x^2}$$

と定義され, 関係式 $I_\mu{}^\lambda I_{\lambda\nu} = \eta_{\mu\nu}$ と $I^\mu{}_\mu = D-2$ を満たす。これより共形不変性の条件式 $\langle 0|O'_\mu(x')O'_\nu(y')|0\rangle = \langle 0|O_\mu(x')O_\nu(y')|0\rangle$ は

$$(x^2 y^2)^\Delta I_\mu{}^\lambda(x) I_\nu{}^\sigma(y) \langle 0|O_\lambda(x) O_\sigma(y)|0\rangle = \langle 0|O_\mu(Rx) O_\nu(Ry)|0\rangle$$

となる。ここで,

$$\begin{aligned} I_\mu{}^\lambda(x) I_\nu{}^\sigma(y) I_{\lambda\sigma}(x-y) &= I_{\mu\nu}(x-y) + 2\frac{x^2-y^2}{(x-y)^2}\left(\frac{x_\mu x_\nu}{x^2} - \frac{y_\mu y_\nu}{y^2}\right) \\ &= I_{\mu\nu}(Rx - Ry) \end{aligned}$$

に注意すると, 全体の係数を除いてプライマリベクトル場の 2 点関数は $I_{\mu\nu}(x-y)/(x-y)^{2\Delta}$ で与えられることが分かる。これより $P_{\mu,\nu} = I_{\mu\nu}$ と決まって,

$$\langle 0|O_\mu(x) O_\nu(0)|0\rangle = C I_{\mu\nu} \frac{1}{(x^2)^\Delta}\bigg|_{x^0 \to x^0 - i\epsilon}$$

が得られる。

一般のプライマリーテンソル場の場合も同様である。トレースレス対称プライマリーテンソル場の相関関数は

$$\langle 0|O_{\mu\nu}(x) O_{\lambda\sigma}(0)|0\rangle = C\left(\frac{1}{2}I_{\mu\lambda}I_{\nu\sigma} + \frac{1}{2}I_{\mu\sigma}I_{\nu\lambda} - \frac{1}{D}\eta_{\mu\nu}\eta_{\lambda\sigma}\right) \frac{1}{(x^2)^\Delta}\bigg|_{x^0 \to x^0 - i\epsilon}$$

と表される。一般の整数スピン l の場合は

$$P_{\mu_1\cdots\mu_l,\nu_1\cdots\nu_l} = \frac{1}{l!}\left(I_{\mu_1\nu_1}\cdots I_{\mu_l\nu_l} + \text{perms}\right) - \text{traces}$$

で与えられる。ここで, perms 及び traces はテンソル場が持つ対称トレースレスの性質を反映している。

最後に全体にかかる定数 C は物理的 (ユニタリ性) 条件から

$$C > 0$$

でなければならないことが分かる。以下では $C = 1$ と規格化して議論を進める。

相関関数 (2-12) を使って，任意の関数 $f_{1,2}(x)$ に対する内積を

$$(f_1, f_2) = \int d^D x d^D y\, f_1^{\mu_1\cdots\mu_l *}(x) W_{\mu_1\cdots\mu_l,\nu_1\cdots\nu_l}(x-y) f_2^{\nu_1\cdots\nu_l}(y)$$

と定義する。さらに，相関関数の Fourier 変換

$$W_{\mu_1\cdots\mu_l,\nu_1\cdots\nu_l}(k) = \int d^D x\, W_{\mu_1\cdots\mu_l,\nu_1\cdots\nu_l}(x) e^{-ik_\mu x^\mu}$$

を導入して，内積を運動量空間で表すと

$$(f_1, f_2) = \int \frac{d^D k}{(2\pi)^D} f_1^{\mu_1\cdots\mu_l *}(k) f_2^{\nu_1\cdots\nu_l}(k) W_{\mu_1\cdots\mu_l,\nu_1\cdots\nu_l}(k)$$

となる。$f_{1,2}(k)$ は対応する関数の Fourier 変換である。ユニタリ性を満たす物理的な理論では内積が

$$(f, f) > 0$$

のように正になる。これを Wightman 正定値性と呼ぶ。

正定値性からスピン s のプライマリー場の共形次元 Δ に制限がついて，

$$\begin{aligned}
\Delta &\geq \frac{D}{2} - 1 \quad \text{for } s = 0, \\
\Delta &\geq D - 2 + s \quad \text{for } s \neq 0
\end{aligned} \tag{2-14}$$

となる。この条件をユニタリ性バウンド (unitarity bound) と呼ぶ。以下，具体例を挙げてこの条件を考察する。

2.4　Fourier 表示と正定値条件の具体例

これ以後の 3 つの節では簡単のため $D = 4$ と置いてユニタリ性の条件を考察する。

2.4 Fourier 表示と正定値条件の具体例

はじめに任意の共形次元 Δ を持つプライマリースカラー場を考える。その相関関数 $W(x)$ の Fourier 変換 (付録 B.1 参照) は

$$W(k) = (2\pi)^2 \frac{2\pi(\Delta-1)}{4^{\Delta-1}\Gamma^2(\Delta)} \theta(k^0)\theta(-k^2)(-k^2)^{\Delta-2}$$

で与えられる。これより内積 $(f,f) = \int d^4k |f(k)|^2 W(k)/(2\pi)^4$ が正になる条件は

$$\Delta \geq 1$$

となる。下限の $\Delta = 1$ は自由場の場合で,$\lim_{\Delta \to 1}(\Delta-1)\theta(-k^2)^{\Delta-2} = \delta(-k^2)$ より,

$$\frac{1}{(2\pi)^2} \lim_{\Delta \to 1}(f,f) = \int \frac{d^4k}{(2\pi)^4} |f(k)|^2 2\pi\theta(k^0)\delta(-k^2)$$
$$= \int \frac{d^3\mathbf{k}}{(2\pi)^3} \frac{1}{2|\mathbf{k}|} |f(\mathbf{k})|^2$$

と表され, 正準量子化された自由場から直接計算したものと一致する。

次にベクトル場の場合の正定値条件を考える。ここでは,変数 α をもつより一般的な実ベクトル場 A_μ の 2 点関数

$$\langle 0|A_\mu(x)A_\nu(0)|0\rangle = \left(\eta_{\mu\nu} - 2\alpha\frac{x_\mu x_\nu}{x^2}\right) \frac{1}{(x^2)^\Delta}\bigg|_{x^0 \to x^0 - i\epsilon}$$
$$= \frac{1}{2\Delta}\left\{\frac{\Delta-\alpha}{2(\Delta-1)(\Delta-2)}\eta_{\mu\nu}\partial^2 - \frac{\alpha}{\Delta-1}\partial_\mu\partial_\nu\right\}\frac{1}{(x^2)^{\Delta-1}}\bigg|_{x^0 \to x^0 - i\epsilon}$$

を考える。スカラー場の Fourier 変換の式を最後の項に代入するとベクトル場の Fourier 変換が得られ,それを $W_{\mu\nu}^{(\alpha)}$ と書くと,

$$W_{\mu\nu}^{(\alpha)}(k) = (2\pi)^2 \frac{2\pi(\Delta-1)}{4^{\Delta-1}\Gamma(\Delta)\Gamma(\Delta+1)} \theta(k^0)\theta(-k^2)(-k^2)^{\Delta-2}$$
$$\times \left\{(\Delta-\alpha)\eta_{\mu\nu} - 2\alpha(\Delta-2)\frac{k_\mu k_\nu}{k^2}\right\}$$

となる。

プライマリー場 O_μ は $\alpha = 1$ の場合に相当して, $W^{(1)}_{\mu\nu} = W_{\mu\nu}$ である。一方, $\alpha = \Delta$ と選ぶと A_μ は次節で議論するデッセンダント場 $\partial_\mu O'$ とみなすことが出来る。このときプライマリー場 O' の共形次元は $\Delta' = \Delta - 1$ である。

Wightman 正定値条件は任意の関数 $f_\mu(k)$ に対して $f^{\mu *} f^\nu W^{(\alpha)}_{\mu\nu}$ が正であることを要求する。重心系 $k^\mu = (k^0, k^j) = (K, 0, 0, 0)$ を選んでも任意性は失われないので, この場合について評価すると

$$f^{\mu *}(k) f^\nu(k) W^{(\alpha)}_{\mu\nu}(k)$$
$$= C_\Delta \theta(K) \theta(K^2) \Big\{ [(2\Delta - 3)\alpha - \Delta] |f_0|^2 + (\Delta - \alpha) |f_j|^2 \Big\} K^{2(\Delta - 2)}$$

が得られる。ここで, 係数 $C_\Delta = 4(2\pi)^3 (\Delta - 1)/4^\Delta \Gamma(\Delta) \Gamma(\Delta + 1)$ は正の数とする。したがって, 正定値条件は $(2\Delta - 3)\alpha - \Delta \geq 0$ かつ $\Delta - \alpha \geq 0$ で与えられ, Δ について解くと

$$\Delta \geq \frac{3\alpha}{2\alpha - 1}, \qquad \Delta \geq \alpha$$

を得る。プライマリーベクトル場の場合, $\alpha = 1$ を代入すると, よく知られたユニタリ性の条件

$$\Delta \geq 3$$

が導かれる[*6]。下限の $\Delta = 3$ をもつプライマリーベクトル場は $\partial^\mu O_\mu = 0$ の条件を満たす保存カレントに相当する。実際, 微分を作用させると $k^\mu W^{(1)}_{\mu\nu}(k)|_{\Delta=3} = 0$ を得る。

2.5 デッセンダント場と正定値性

プライマリー場 O に並進の生成子 P_μ を作用させて生成される場

$$\partial_\mu \cdots \partial_\nu O$$

[*6] 通常のゲージ場は次元 1 なので, ユニタリ性の条件を満たさないが, ゲージ場自身はゲージ不変な物理量ではないので問題ない。一方, ゲージ不変な光子の場 $F_{\mu\nu}$ は反対称場に対するユニタリ性条件 $\Delta \geq 2$ (ここでは議論しない) を満たす。

2.5 デッセンダント場と正定値性　21

をプライマリー場 O のデッセンダント (descendant) と呼ぶ。共形場理論では、通常、プライマリー場 O が物理的場であるならばそのデッセンダントもまた物理的でなければならない。すなわち、デッセンダントの 2 点関数もまた正でなければならない。ここではその条件が前節で示した条件と一致することを具体例を挙げて示す。

はじめに、$D = 4$ でのプライマリースカラー場 O の第 1 デッセンダント $\partial_\mu O$ 及び第 2 デッセンダント $\partial^2 O$ の 2 点相関について議論する。先ず後者の例では

$$\langle 0|\partial^2 O(x)\partial^2 O(0)|0\rangle = 16\Delta^2(\Delta+1)(\Delta-1)\frac{1}{(x^2)^{\Delta+2}}\bigg|_{x^0\to x^0-i\epsilon}$$

を得る。$\partial^2 O$ はスカラー量なのでユニタリ性の条件は簡単に 2 点相関関数の係数の符号が正であれば良く、$\Delta > 1$ が出てくる。$\Delta = 1$ は自由スカラー場の場合で、右辺が消えるのは運動方程式 $\partial^2 O = 0$ が成り立つことを表している。

第 1 デッセンダントの場合は

$$\langle 0|\partial_\mu O(x)\partial_\nu O(0)|0\rangle = 2\Delta\left\{\eta_{\mu\nu} - 2(\Delta+1)\frac{x_\mu x_\nu}{x^2}\right\}\frac{1}{(x^2)^{\Delta+1}}\bigg|_{x^0\to x^0-i\epsilon}$$

を得る。この式に対して前節で議論した任意ベクトル場の Wightman 正定値の条件を応用すると、やはり $\Delta \geq 1$ の条件が出てくる。

次にプライマリーベクトル場 O_μ の場合を考えると、その第 1 デッセンダントの中でスカラー量 $\partial^\mu O_\mu$ を考えると

$$\langle 0|\partial^\mu O_\mu(x)\partial^\nu O_\nu(0)|0\rangle = 4(\Delta-1)(\Delta-3)\frac{1}{(x^2)^{\Delta+1}}\bigg|_{x^0\to x^0-i\epsilon}$$

を得る。$\Delta > 3$ のとき係数が正になることが分かる。$\Delta = 3$ は O_μ が保存するカレントの場合で、右辺が消えて $\partial^\mu O_\mu = 0$ が成り立っていることが分かる。

プライマリーテンソル場の場合も同様に、第 1 デッセンダント $\partial^\mu O_{\mu\nu}$ の 2 点相関は

$$\langle 0|\partial^\mu O_{\mu\nu}(x)\partial^\lambda O_{\lambda\sigma}(0)|0\rangle$$

$$= (\Delta - 4)(4\Delta - 7)\left\{\eta_{\nu\sigma} - 2\frac{5\Delta - 11}{4\Delta - 7}\frac{x_\nu x_\sigma}{x^2}\right\}\frac{1}{(x^2)^{\Delta+1}}\bigg|_{x^0 \to x^0 - i\epsilon}$$

で与えられ，スカラー量になる第 2 デッセンダント $\partial^\mu \partial^\nu O_{\mu\nu}$ の場合は

$$\langle 0|\partial^\mu \partial^\nu O_{\mu\nu}(x)\partial^\lambda \partial^\sigma O_{\lambda\sigma}(0)|0\rangle$$
$$= 24\Delta(\Delta - 1)(\Delta - 3)(\Delta - 4)\frac{1}{(x^2)^{\Delta+2}}\bigg|_{x^0 \to x^0 - i\epsilon}$$

となる。後者の式からすぐに $\Delta \geq 4$ の条件が見て取れる。また，前者の式に前節で求めた Wightman 正定値条件を課すとやはりこの条件が出てくる。$\Delta = 4$ は $O_{\mu\nu}$ が保存するトレースレステンソルの場合で，右辺が消えて保存の式 $\partial^\mu O_{\mu\nu} = 0$ が成り立っていることが分かる。

2.6 Feynman 伝播関数とユニタリ性

ここでは，前節で考察してきた共形次元 Δ に対するユニタリ性バウンドを少し異なる見方で説明する。

Feynman 伝播関数は座標空間で

$$\langle 0|T[O_{\mu_1\cdots\mu_l}(x)O_{\nu_1\cdots\nu_l}(0)]|0\rangle$$
$$= \theta(x^0)\langle 0|O_{\mu_1\cdots\mu_l}(x)O_{\nu_1\cdots\nu_l}(0)|0\rangle + \theta(-x^0)\langle 0|O_{\nu_1\cdots\nu_l}(0)O_{\mu_1\cdots\mu_l}(x)|0\rangle$$

と定義される。その Fourier 変換を

$$\langle 0|T[O_{\mu_1\cdots\mu_l}(x)O_{\nu_1\cdots\nu_l}(0)]|0\rangle = \int \frac{d^4k}{(2\pi)^4}e^{ik_\mu x^\mu}D_{\mu_1\cdots\mu_l,\nu_1\cdots\nu_l}(k)$$

と表す。

プライマリースカラー場の場合は

$$\langle 0|T[O(x)O(0)]|0\rangle = \theta(x^0)\frac{1}{(x^2 + 2i\epsilon x^0)^\Delta} + \theta(-x^0)\frac{1}{(x^2 - 2i\epsilon x^0)^\Delta}$$
$$= \frac{1}{(x^2 + i\epsilon)^\Delta}$$

となる。このとき，最後の式で $2\epsilon|x^0|$ を単に ϵ と書き換えている。この式の Fourier 変換は

$$D(k) = -i(2\pi)^2\frac{\Gamma(2-\Delta)}{4^{\Delta-1}\Gamma(\Delta)}(k^2 - i\epsilon)^{\Delta-2}$$

で与えられる。同様にプライマリーベクトル場の場合は

$$\langle 0|T[O_\mu(x)O_\nu(0)]|0\rangle = \frac{1}{2\Delta}\left\{\frac{1}{2(\Delta-2)}\eta_{\mu\nu}\partial^2 - \frac{1}{\Delta-1}\partial_\mu\partial_\nu\right\}\frac{1}{(x^2+i\epsilon)^{\Delta-1}}$$

で与えられ，その Fourier 変換はスカラー場の結果を代入するとすぐに求まって

$$D_{\mu,\nu}(k) = -i\frac{(2\pi)^2\Gamma(2-\Delta)}{4^{\Delta-1}\Gamma(\Delta+1)}\left\{(\Delta-1)\eta_{\mu\nu}k^2 - 2(\Delta-2)k_\mu k_\nu\right\}$$
$$\times (k^2-i\epsilon)^{\Delta-3}$$

となる。

プライマリースカラー場 O と外場 f との相互作用

$$I_{\text{int}} = g\int d^4x\,(fO + \text{h.c.})$$

を考えてみる。この相互作用による S 行列を考え，$S = 1 + iT$ とすると，$f^\dagger$ から f への遷移振幅は

$$i\langle f|T|f\rangle = -g^2\int d^4x f^\dagger(x)\int d^4y\,f(y)\langle 0|T[O(x)O(y)]|0\rangle$$
$$= -g^2\int\frac{d^4k}{(2\pi)^4}f^\dagger(k)f(k)D(k)$$

で与えられる。

ユニタリ性は $S^\dagger S = 1$ より $2\text{Im}(T) = |T|^2 \geq 0$ を要求するので，

$$\text{Im}\langle f|T|f\rangle = g^2\int\frac{d^4k}{(2\pi)^4}|f(k)|^2\,\text{Im}\{iD(k)\}\geq 0$$

の条件が出てくる。ここで，無限小 ϵ に対する公式 $(x+i\epsilon)^\lambda - (x-i\epsilon)^\lambda = 2i\sin(\pi\lambda)\theta(-x)(-x)^\lambda$ 及び $\sin(\pi\lambda) = \pi/\Gamma(\lambda)\Gamma(1-\lambda)$ を使うと，

$$\text{Im}\{iD(k)\} = (2\pi)^2\frac{\pi(\Delta-1)}{4^{\Delta-1}\Gamma^2(\Delta)}\theta(-k^2)(-k^2)^{\Delta-2}$$

が出てくる。右辺は相関関数の Fourier 変換と同じ形をしている（$\theta(k^0)$ が無いが，全体は $1/2$ になっている）。これが正であることからユニタリ性の条件 $\Delta \geq 1$ が得られる。同様にプライマリーベクトル場の場合も示せる。

第3章

Euclid 共形場理論

この章では Euclid 空間上での共形場理論を考える。Minkowski 時空と違って相関関数が扱いやすく, 状態やその内積を場の演算子を用いて定義することが出来る。以下, Euclid 空間では時空の脚はすべて下付きで書き, 同一の脚はクロネッカー・デルタ $\delta_{\mu\nu}$ で縮約するものとする。

3.1 臨界現象と共形場理論

Ising 模型のような D 次元の古典統計系を臨界点直上で連続極限をとると D 次元 Euclid 空間上の共形場理論になる[*1]。ここでは, Euclid 共形場理論の基本的な構造について解説する前に, 臨界現象との関係について簡単に触れることにする。

統計系の臨界現象を決める温度などの変数を T として, その臨界点を T_c とする。一般に, 物理的な相関関数は非臨界点 $T \neq T_c$ のとき

$$\langle O(x)O(0) \rangle \sim e^{-|x|/\xi}$$

のように指数関数的に減衰する。ここで, $|x| = \sqrt{x^2}$, ξ は相関距離である。臨界点 $T = T_c$ では $\xi \to \infty$ となり, 相関関数が

$$\langle O(x)O(0) \rangle = \frac{1}{|x|^{2\Delta}}$$

のように冪の振る舞いをするようになる。これは共形不変性が現れたことを示していて, 臨界点直上に現れたその共形場理論の作用を S_{CFT} と書くことにする。通常, それは不明な場合がほとんどである。そのため, 共形場理論

[*1] D 次元 Minkowski 時空上の共形場理論は $D-1$ 次元の量子統計系が対応する。

は，作用に頼らず，共形不変性とユニタリ性の条件から臨界現象を理解する学問でもある。

臨界現象は，臨界点からの小さな摂動を考えたとき，臨界点への近づき方を表す指数によって分類される。例えば，共形次元が $\Delta < D$ の relevant な演算子 O による摂動を考えてみる。臨界点からのズレを無次元パラメータ $t\ (\ll 1)$ で表すと，作用は

$$S_{\rm CFT} \to S_{\rm CFT} - ta^{\Delta-D} \int d^D x\, O(x)$$

と変形される。ここで，a は紫外カットオフ長さで，統計モデルに於ける格子間隔に相当する。次元解析より $ta^{\Delta-D}$ を $\xi^{\Delta-D}$ と書くと，ξ は相関距離を表す関数で，

$$\xi \sim at^{-1/(D-\Delta)}$$

のように振る舞うことが分かる[*2]。例えば，O としてエネルギー演算子 ε を考えると，それは温度 $t = |T-T_c|/T_c$ による摂動を表す。その共形次元を Δ_ε とすると，対応する臨界指数 ν は $\xi \sim at^{-\nu}$ で定義されるここから，$\nu = 1/(D-\Delta_\varepsilon)$ の関係式が得られる。このように，共形場理論の場の演算子の次元を分類すると臨界指数，すなわち臨界現象，が分類できる。種々の臨界指数の導出については付録 B.2 を参照。

3.2　Euclid 共形場理論の基本構造

Euclid 空間 R^D での共形代数は $SO(D+1,1)$ で与えられ，計量を $\eta_{\mu\nu}$ から $\delta_{\mu\nu}$ に置き換えれば M^D 上の場合の (2-6) と同じ形になる。共形変換則も同様に (2-10) と同じ形になる。異なる点は生成子 P_μ, K_μ, D の Hermite 性が

$$P_\mu^\dagger = K_\mu, \qquad D^\dagger = -D \tag{3-1}$$

に変わることである。

[*2] 相関距離 ξ は物理的スケールで，任意のスケール a に依らない，すなわち $d\xi/da = 0$ とすると，結合定数 t についてのベータ関数の最低次の項 $\beta = -adt/da = -(D-\Delta)t$ が得られる。

3.2 Euclid 共形場理論の基本構造

このことは $SO(D,2)$ 代数の生成子 J_{ab} を用いて次のように共形代数を導出すると分かりやすい。計量 $\eta_{ab} = (-1, 1, \cdots, 1, -1)$ を持つ $D+2$ 次元の足 $a, b = 0, 1, \cdots, D, D+1$ の内、ここでは D 次元 Euclid 空間部分を $\mu, \nu = 1, \cdots, D$ と選ぶ。さらに、$SO(D+1,1)$ にするために 0 成分を含む生成子に虚数単位をつけて、

$$M_{\mu\nu} = J_{\mu\nu}, \qquad D = iJ_{D+1\,0},$$
$$P_\mu = J_{\mu D+1} - iJ_{\mu 0}, \qquad K_\mu = J_{\mu D+1} + iJ_{\mu 0}$$

と同定すると、J_{ab} の代数 (2-7) 及びその Hermite 性から Euclid 空間での共形代数及び Hermite 性が得られる。

整数スピン l の共形次元 Δ を持つ対称トレースレスプライマリーテンソル場の 2 点相関関数を

$$\langle O_{\mu_1 \cdots \mu_l}(x) O_{\nu_1 \cdots \nu_l}(0) \rangle = C P_{\mu_1 \cdots \mu_l, \nu_1 \cdots \nu_l} \frac{1}{(x^2)^\Delta}$$

と書く。$P_{\mu_1 \cdots \mu_l, \nu_1 \cdots \nu_l}$ はプライマリーの条件から決まる座標 x の関数で、M^D 上のときと同様に、Euclid 空間での $I_{\mu\nu}$ 関数

$$I_{\mu\nu} = \delta_{\mu\nu} - 2\frac{x_\mu x_\nu}{x^2}$$

を用いると、

$$P_{\mu_1 \cdots \mu_l, \nu_1 \cdots \nu_l} = \frac{1}{l!} \left(I_{\mu_1\nu_1} \cdots I_{\mu_l\nu_l} + \text{perms} \right) - \text{traces}$$

のように決まる。物理的な相関関数では係数 C は正の数でなければならないので、前章と同様に $C = 1$ と置く。

実プライマリーテンソル場の Hermite 性は共形反転

$$x_\mu \to Rx_\mu = \frac{x_\mu}{x^2} \tag{3-2}$$

を用いて

$$O^\dagger_{\mu_1 \cdots \mu_l}(x) = \frac{1}{(x^2)^\Delta} I_{\mu_1 \nu_1}(x) \cdots I_{\mu_l \nu_l}(x) O_{\nu_1 \cdots \nu_l}(Rx) \tag{3-3}$$

と定義される。

ここで, この Hermite 性が生成子の Hermite 性 (3-1) と矛盾しないことを実際に見てみる. 例えば, プライマリースカラー場の並進変換 $i[P_\mu, O(x)] = \partial_\mu O(x)$ を考えると, その Hermite 共役は $i[K_\mu, O^\dagger(x)] = \partial_\mu O^\dagger(x)$ となる. 新しい座標 $y_\mu = x_\mu/x^2$ を導入すると, Hermite 共役場は $O^\dagger(x) = (y^2)^\Delta O(y)$ と書けるので, 並進変換の Hermite 共役は

$$i(y^2)^\Delta [K_\mu, O(y)] = \frac{\partial y_\nu}{\partial x_\mu} \frac{\partial}{\partial y_\nu} \{(y^2)^\Delta O(y)\}$$
$$= (y^2)^\Delta \left(y^2 \partial_\mu - 2y_\mu y_\nu \partial_\nu - 2\Delta y_\mu\right) O(y)$$

となる. 両辺の $(y^2)^\Delta$ を除くとこれはプライマリースカラー場 O の特殊共形変換である. 同様にスケール変換 $i[D, O(x)] = (x_\mu \partial_\mu + \Delta) O(x)$ の Hermite 共役を考えると, Hermite 性 $D^\dagger = -D$ と矛盾しないことが分かる.

プライマリーベクトル場の場合も同じように示せる. $I_{\mu\nu}(x) = I_{\mu\nu}(y)$ に注意して, $i[P_\mu, O_\nu(x)] = \partial_\mu O_\nu(x)$ の Hermite 共役を考えると

$$i(y^2)^\Delta I_{\nu\lambda}[K_\mu, O_\lambda(y)] = \frac{\partial y_\nu}{\partial x_\mu} \frac{\partial}{\partial y_\nu} \{(y^2)^\Delta I_{\nu\lambda} O_\lambda(y)\}$$
$$= (y^2)^\Delta \Bigg\{ I_{\nu\lambda} \left(y^2 \partial_\mu - 2y_\mu y_\sigma \partial_\sigma - 2\Delta y_\mu\right) O_\lambda(y)$$
$$+ \left(-2\delta_{\mu\nu} y_\lambda - 2\delta_{\mu\lambda} y_\nu + 4\frac{y_\mu y_\nu y_\lambda}{y^2}\right) O_\lambda(y) \Bigg\}$$

を得る. $I_{\mu\lambda} I_{\lambda\nu} = \delta_{\mu\nu}$ に注意して両辺の余分な関数を取り除くとプライマリーベクトル場に対する特殊共形変換 $i[K_\mu, O_\lambda(y)] = (y^2 \partial_\mu - 2y_\mu y_\sigma \partial_\sigma - 2\Delta y_\mu + 2iy_\sigma \Sigma_{\mu\sigma}) O_\lambda(y)$ が得られる. ここで, スピン項は $i\Sigma_{\mu\sigma} O_\lambda = -\delta_{\mu\lambda} O_\sigma + \delta_{\lambda\sigma} O_\mu$ で与えられる.

共形反転を使って $O_{\mu_1\cdots\mu_l}$ とその共役演算子 $O^\dagger_{\mu_1\cdots\mu_l}$ との相関関数を考える. 例えばプライマリースカラー場の場合は $(Rx)^2 = 1/x^2$ から

$$\langle O^\dagger(x) O(0) \rangle = \frac{1}{(x^2)^\Delta} \langle O(Rx) O(0) \rangle = 1$$

となって, 座標 x に依らず正定値となる ($C = 1$ としている). プライマリー

3.2 Euclid 共形場理論の基本構造

ベクトル場, テンソル場のときも同様に $I_{\mu\lambda}I_{\lambda\nu} = \delta_{\mu\nu}$ を用いると

$$\langle O_\mu^\dagger(x) O_\nu(0) \rangle = \delta_{\mu\nu},$$
$$\langle O_{\mu\nu}^\dagger(x) O_{\lambda\sigma}(0) \rangle = \frac{1}{2}\left(\delta_{\mu\lambda}\delta_{\nu\sigma} + \delta_{\mu\sigma}\delta_{\nu\lambda} - \frac{2}{D}\delta_{\mu\nu}\delta_{\lambda\sigma}\right)$$

となる。これらの性質により Euclid 空間では場の演算子を用いて状態を定義することが出来る。

プライマリー状態は共形変換の生成子に対して条件式

$$M_{\mu\nu}|\{\mu_1\cdots\mu_l\},\Delta\rangle = (\Sigma_{\mu\nu})_{\nu_1\cdots\nu_l,\mu_1\cdots\mu_l}|\{\nu_1\cdots\nu_l\},\Delta\rangle,$$
$$iD|\{\mu_1\cdots\mu_l\},\Delta\rangle = \Delta|\{\mu_1\cdots\mu_l\},\Delta\rangle,$$
$$K_\mu|\{\mu_1\cdots\mu_l\},\Delta\rangle = 0$$

を満たすものである。この状態は場の演算子を用いて

$$|\{\mu_1\cdots\mu_l\},\Delta\rangle = O_{\mu_1\cdots\mu_l}(0)|0\rangle \qquad (3\text{-}4)$$

と定義することができる[*3]。この関係を状態演算子対応 (state-operator correspondence) と呼ぶ。ここで, 共形不変な真空 $|0\rangle$ はすべての生成子に対して消える状態として定義される。プライマリー状態 (3-4) に P_μ を作用させて得られる状態をそのデッセンダントと呼ぶ。

この状態の Hermite 共役は, $y_\mu = Rx_\mu$ として, $I_{\mu\nu}(x) = I_{\mu\nu}(y)$ に注意すると, 原点での演算子の Hermite 共役が

$$O_{\mu_1\cdots\mu_l}^\dagger(0) = \lim_{x^2\to 0}(x^2)^{-\Delta}I_{\mu_1\nu_1}\cdots I_{\mu_l\nu_l}O_{\nu_1\cdots\nu_l}(Rx)$$
$$= \lim_{y^2\to\infty}(y^2)^{\Delta}I_{\mu_1\nu_1}\cdots I_{\mu_l\nu_l}O_{\nu_1\cdots\nu_l}(y)$$

と書けることから, プライマリー状態 (3-4) の共役状態は

$$\langle\{\mu_1\cdots\mu_l\},\Delta| - \langle 0|O_{\mu_1\cdots\mu_l}^\dagger(0)$$
$$= \lim_{x^2\to\infty}(x^2)^{\Delta}I_{\mu_1\nu_1}\cdots I_{\mu_l\nu_l}\langle 0|O_{\nu_1\cdots\nu_l}(x)$$

[*3] Minkowski 時空上では単純にこの対応を使うことは出来ない。実際, スカラー状態 $|\Delta\rangle = O(0)|0\rangle$ の内積を考えると, M^D 上では $O^\dagger(x) = O(x)$ なので, $\langle\Delta|\Delta\rangle = \langle 0|O^\dagger(0)O(0)|0\rangle = \langle 0|O(0)O(0)|0\rangle$ となって発散してしまう。一方, $R\times S^{D-1}$ のシリンダー時空を採用すれば, 時間の $\eta\to i\infty$ 極限で状態を同様に定義することが出来る (付録 B.4 及び第 5 章と第 7 章を参照)。

と定義される。このとき内積の正定値性は任意の対称トレースレステンソル $f_{\mu_1\cdots\mu_l}$ を用いて

$$(f,f) = f^\dagger_{\mu_1\cdots\mu_l} f_{\nu_1\cdots\nu_l} \langle \{\mu_1\cdots\mu_l\},\Delta || \{\nu_1\cdots\nu_l\},\Delta\rangle$$
$$= |f_{\mu_1\cdots\mu_l}|^2 > 0$$

と表される。

3.3 2点相関関数の再導出

この節では共形代数と Hermite 性を用いてプライマリースカラー場の R^D 上での2点相関関数を再導出してみる。スカラー場の座標依存性は並進の生成子を用いて

$$O(x) = e^{iP_\mu x_\mu} O(0) e^{-iP_\mu x_\mu}$$

と表される。この Hermite 共役は $P^\dagger_\mu = K_\mu$ より,

$$O^\dagger(x) = e^{iK_\mu x_\mu} O(\infty) e^{-iK_\mu x_\mu}$$

で与えられる。ここで, $O(\infty) = O^\dagger(0) = \lim_{x^2\to\infty}(x^2)^\Delta O(x)$ である。

相関関数はこれらの式と場の Hermite 性 (3-3) を用いると

$$\langle O(x) O(x') \rangle = \frac{1}{(x^2)^\Delta} \langle O^\dagger(Rx) O(x') \rangle$$
$$= \frac{1}{(x^2)^\Delta} \langle \Delta | e^{-iK_\mu (Rx)_\mu} e^{iP_\nu x'_\nu} | \Delta \rangle$$

と表すことができる。プライマリー状態はそれぞれ $|\Delta\rangle = O(0)|0\rangle$ と $\langle\Delta| = \langle 0|O(\infty)$ である。指数関数を展開して評価すると, K_μ と P_ν の数が等しいときにのみ値を持つことが分かるので, 上の式は

$$\langle O(x) O(x') \rangle = \frac{1}{(x^2)^\Delta} \sum_{n=0}^\infty C_n^\Delta(x,x') \left(\frac{x'^2}{x^2}\right)^{n/2}$$

と表すことができる。このとき, 展開の係数 C_n^Δ は

$$C_n^\Delta = \frac{1}{(n!)^2} \frac{x_{\mu_1}\cdots x_{\mu_n} x'_{\nu_1}\cdots x'_{\nu_n}}{(x^2 x'^2)^{n/2}} \langle \Delta | K_{\mu_1}\cdots K_{\mu_n} P_{\nu_1}\cdots P_{\nu_n} | \Delta \rangle$$

で与えられる．共形代数を用いて生成子の数を減らしていくと，Gegenbauer の多項式が満たす漸化式

$$nC_n^\Delta = 2(\Delta+n-1)zC_{n-1}^\Delta - (2\Delta+n-2)C_{n-2}^\Delta$$

が得られる．ここで，$z = x \cdot x'/\sqrt{x^2 x'^2}$ である．これより C_n^Δ は変数 z を持つ Gegenbauer の多項式（$\Delta = 1/2$ は Legendre の多項式）であることが分かる．母関数の公式

$$\frac{1}{(1-2zt+t^2)^\Delta} = \sum_{n=0}^\infty C_n^\Delta(z) t^n$$

を使って，z と $t = \sqrt{x'^2/x^2}$ を代入すると，良く知られた相関関数の式 $\langle O(x)O(x')\rangle = 1/(x-x')^{2\Delta}$ が得られる．

3.4 スカラー場の 3 点と 4 点相関関数

共形次元 Δ_j を持つプライマリースカラー場 $\varphi_j(x_j)$ ($j=1,\cdots n$) の n 点相関関数を

$$G_n(x_1,\cdots,x_n) = \langle \varphi_1(x_1)\cdots\varphi_n(x_n)\rangle$$

と書く．共形反転 $x_j'^\mu = (Rx_j)^\mu = x_j^\mu/x_j^2$ (3-2) の下で，場が $\varphi_j'(x_j') = (x_j^2)^{\Delta_j}\varphi_j(x_j)$ と変換することから，この共形変換の下での不変性は

$$(x_1^2)^{\Delta_1}\cdots(x_n^2)^{\Delta_n} G_n(x_1,\cdots x_n) = G_n(Rx_1,\cdots Rx_n) \tag{3-5}$$

と表される（(2-9) 参照）．また，並進不変性より，相関関数は座標 x_j について相対的で特別な点を持たないことから，座標の差の関数 $|x_{ij}| = |x_i - x_j| = \sqrt{(x_i-x_j)^2}$ で書ける．

3 点相関関数 並進不変性を満たす 3 点相関関数の一般形は

$$G_3(x_1,x_2,x_3) = \sum_{a,b,c}\frac{C_{a,b,c}}{|x_{12}|^a|x_{13}|^b|x_{23}|^c}$$

で与えられる．共形反転の条件式 (3-5) は，関係式 $1/(Rx_i-Rx_j)^2 = x_i^2 x_j^2/(x_i-x_j)^2$ を用いると，

$$2\Delta_1 = a+b, \qquad 2\Delta_2 = a+c, \qquad 2\Delta_3 = b+c$$

と表される。これより 3 変数 a, b, c が定まって，プライマリースカラー場の 3 点相関関数は 1 つの定数 C' を除いて

$$G_3(x_1, x_2, x_3) = \frac{C'}{|x_{12}|^{\Delta_1+\Delta_2-\Delta_3}|x_{13}|^{\Delta_1+\Delta_3-\Delta_2}|x_{23}|^{\Delta_2+\Delta_3-\Delta_1}}$$

と決まる。

一方，スケール変換 $x_j'^{\mu} = \lambda x_j^{\mu}$, $\varphi_j'(x_j') = \lambda^{-\Delta_j}\varphi_j(x_j)$ の下での不変性から，条件式

$$\lambda^{-(\Delta_1+\cdots+\Delta_n)}G_n(x_1, \cdots x_n) = G_n(\lambda x_1, \cdots, \lambda x_n)$$

が得られる。$n = 3$ の時，この条件式は $\Delta_1 + \Delta_2 + \Delta_3 = a + b + c$ を与える。しかしながら，これは共形反転の条件式から導けるので，新たな情報を与えない。一般的に，スケール変換の情報は共形反転に含まれるのでここでは考えない。

4 点相関関数　並進不変性から 4 点相関関数の一般形は

$$G_4(x_1, x_2, x_3, x_4) = \sum_{a,b,c,d,e,f} \frac{C_{a,b,c,d,e,f}}{|x_{12}|^a|x_{13}|^b|x_{14}|^c|x_{23}|^d|x_{24}|^e|x_{34}|^f}$$

で与えられる。3 点相関関数のときと同様にして，共形反転不変性 (3-5) から 4 つの条件式

$$2\Delta_1 = a+b+c, \quad 2\Delta_2 = a+d+e, \quad 2\Delta_3 = b+d+f, \quad 2\Delta_4 = c+e+f$$

が得られる。変数が 6 個に対して式が 4 つなので未知の変数が 2 つ残る。ここでは，未知変数を $\alpha = (b+c+d+e)/2$ と $\beta = -d$ に選ぶと，

$$a = \Delta_1 + \Delta_2 - \alpha, \quad b = \Delta_{34} + \alpha + \beta, \quad c = \Delta_{12} - \Delta_{34} - \beta,$$
$$d = -\beta, \quad e = -\Delta_{12} + \alpha + \beta, \quad f = \Delta_3 + \Delta_4 - \alpha$$

が得られる。ここで，$\Delta_{ij} = \Delta_i - \Delta_j$ である。これより，プライマリースカラー場の 4 点相関関数は

$$G_4(x_1, x_2, x_3, x_4) = \left(\frac{|x_{24}|}{|x_{14}|}\right)^{\Delta_{12}}\left(\frac{|x_{14}|}{|x_{13}|}\right)^{\Delta_{34}}\frac{G(u,v)}{|x_{12}|^{\Delta_1+\Delta_2}|x_{34}|^{\Delta_3+\Delta_4}}$$

と書ける。このとき，共形不変性から決まらない部分は複比 (cross ratio)

$$u = \frac{x_{12}^2 x_{34}^2}{x_{13}^2 x_{24}^2}, \qquad v = \frac{x_{14}^2 x_{23}^2}{x_{13}^2 x_{24}^2}$$

の関数 $G(u,v) = \sum_{\alpha,\beta} C_{\alpha,\beta} u^{\alpha/2} v^{\beta/2}$ で与えられる。

3.5 演算子積展開と3点相関関数

ここではプライマリースカラー場 φ 同士の演算子積展開 (operator product expansion, OPE) について考える。積の右辺に現れる場は $\varphi \times \varphi \sim I + \sum_{l=0,2,4,\ldots} O_{\mu_1 \cdots \mu_l}$ と表すことができる。ここで，I は単位演算子，$O_{\mu_1 \cdots \mu_l}$ は整数スピン l を持ったプライマリー場で，スカラー場の OPE には偶数スピンの場しか現れない。その中にエネルギー運動量テンソル (スピン2で共形次元が D のプライマリーテンソル場) も含まれる。これらプライマリー場のほかにそのデッセンダント (プライマリー場の微分) も現れる。

プライマリースカラー場 φ とスピン l のプライマリーテンソル場の共形次元をそれぞれ d と Δ とし，それらの2点相関関数を

$$\langle \varphi(x_1) \varphi(x_2) \rangle = \frac{1}{|x_{12}|^{2d}},$$

$$\langle O_{\mu_1 \cdots \mu_l}(x_1) O_{\nu_1 \cdots \nu_l}(x_2) \rangle = \frac{1}{|x_{12}|^{2\Delta}} \left[\frac{1}{l!} \left(I_{\mu_1 \nu_1} \cdots I_{\mu_l \nu_l} + \text{perms} \right) - \text{traces} \right]$$

と規格化する。ここで，$(x_{12})_\mu = x_{1\mu} - x_{2\mu}$，$I_{\mu\nu} = I_{\mu\nu}(x_{12})$ である。また，3点相関関数の形は共形不変性より，全体の係数を除いて決まる。それを $f_{\Delta,l}$ として，

$$\langle \varphi(x_1) \varphi(x_2) O_{\mu_1 \cdots \mu_l}(x_3) \rangle \\ = \frac{f_{\Delta,l}}{|x_{12}|^{2d-\Delta+l} |x_{13}|^{\Delta-l} |x_{23}|^{\Delta-l}} \left(Z_{\mu_1} \cdots Z_{\mu_l} - \text{traces} \right) \tag{3-6}$$

と規格化する。ここで，

$$Z_\mu = \frac{(x_{13})_\mu}{x_{13}^2} - \frac{(x_{23})_\mu}{x_{23}^2}$$

である。$f_{\Delta,l}$ のことを OPE 係数又は構造係数と呼ぶ。3.9節で議論するようにユニタリ性を満たす物理的な理論ならば $f_{\Delta,l}$ は実数になるはずである。

プライマリースカラー場 φ 同士の OPE は

$$\varphi(x)\varphi(y) = \frac{1}{|x-y|^{2d}} + \sum_{l=2n} f_{\Delta,l} \left[\frac{(x-y)_{\mu_1} \cdots (x-y)_{\mu_l}}{|x-y|^{2d-\Delta+l}} O_{\mu_1 \cdots \mu_l}(y) + \cdots \right]$$
$$= \frac{1}{|x-y|^{2d}} + \sum_{l=2n} \frac{f_{\Delta,l}}{|x-y|^{2d-\Delta}} C_{\Delta,l}(x-y,\partial_y) O_{\Delta,l}(y)$$

と表される。2 列目の式では，スピン l のプライマリーテンソル場を $O_{\Delta,l}(y)$ と簡略化した。1 列目のドット及び係数 $C_{\Delta,l}(x-y,\partial_y)$ の中の微分演算子はそのデッセンダントからの寄与を表す。

ここでは，$l=0$ の場合の係数 $C_{\Delta,0}$ を求める。OPE の両辺に $O = O_{\Delta,0}$ を作用させて期待値を取ると，

$$\langle \varphi(x)\varphi(y)O(z) \rangle = \frac{f_{\Delta,0}}{|x-y|^{2d-\Delta}} C_{\Delta,0}(x-y,\partial_y) \langle O(y)O(z) \rangle$$

を得る。これより，関係式

$$C_{\Delta,0}(x-y,\partial_y) \frac{1}{|y-z|^{2\Delta}} = \frac{1}{|x-z|^{\Delta} |y-z|^{\Delta}}$$

が導かれる。この式の右辺を Feynman パラメータ積分公式を用いて書き換えると

$$\frac{\Gamma(\Delta)}{\Gamma(\frac{\Delta}{2})\Gamma(\frac{\Delta}{2})} \int_0^1 dt \, \frac{[t(1-t)]^{\frac{\Delta}{2}-1}}{[t(x-z)^2 + (1-t)(y-z)^2]^{\Delta}}$$
$$= \frac{1}{B(\frac{\Delta}{2},\frac{\Delta}{2})} \int_0^1 dt \, [t(1-t)]^{\frac{\Delta}{2}-1} \sum_{n=0}^{\infty} \frac{(\Delta)_n}{n!} \frac{[-t(1-t)(x-y)^2]^n}{([y-z+t(x-y)]^2)^{\Delta+n}}$$

と書ける。ここで，$B(a,b) = \Gamma(a)\Gamma(b)/\Gamma(a+b)$, $(a)_n = \Gamma(a+n)/\Gamma(a)$ は Pochhammer 記号である。さらに，

$$(\partial^2)^n \frac{1}{(x^2)^{\Delta}} = 4^n (\Delta)_n (\Delta + 1 - D/2)_n \frac{1}{(x^2)^{\Delta+n}},$$
$$\frac{1}{[(y+tx)^2]^{\Delta}} = e^{tx \cdot \partial_y} \frac{1}{(y^2)^{\Delta}}$$

を使って，$1/|y-z|^{2\Delta}$ を y で微分する形に書き換える。それが左辺のように表されることから

$$C_{\Delta,0}(x-y,\partial_y) = \frac{1}{B(\frac{\Delta}{2},\frac{\Delta}{2})} \int_0^1 dt \, [t(1-t)]^{\frac{\Delta}{2}-1}$$

$$\times \sum_{n=0}^{\infty} \frac{(-1)^n}{4^n n!} \frac{[t(1-t)a^2]^n}{(\Delta + 1 - D/2)_n} (\partial_y^2)^n e^{ta\cdot\partial_y} \bigg|_{a=x-y}$$

を得る。最初の数項を書き出すと

$$C_{\Delta,0}(x-y, \partial_y) = 1 + \frac{1}{2}(x-y)_\mu \partial_\mu^y + \frac{\Delta+2}{8(\Delta+1)}(x-y)_\mu (x-y)_\nu \partial_\mu^y \partial_\nu^y$$
$$- \frac{\Delta}{16(\Delta+1)(\Delta+1-D/2)}(x-y)^2 \partial_y^2 + \cdots$$

となる。

同様にして 3 点相関関数の式 (3-6) から $l \neq 0$ の場合も計算することができる。

3.6 4 点相関関数と共形ブロック

共形次元 Δ_j をもつプライマリースカラー場 φ_j の 4 点相関関数は, 3.4 節で示したように, 共形対称性より

$$\langle \varphi_1(x_1)\varphi_2(x_2)\varphi_3(x_3)\varphi_4(x_4) \rangle$$
$$= \left(\frac{|x_{24}|}{|x_{14}|}\right)^{\Delta_{12}} \left(\frac{|x_{14}|}{|x_{13}|}\right)^{\Delta_{34}} \frac{G(u,v)}{|x_{12}|^{\Delta_1+\Delta_2}|x_{34}|^{\Delta_3+\Delta_4}} \quad (3\text{-}7)$$

の形まで簡単化することができる。ここで, $\Delta_{ij} = \Delta_i - \Delta_j$, 変数 u と v は複比 (cross ratio) と呼ばれるもので, ここでは

$$u = \frac{x_{12}^2 x_{34}^2}{x_{13}^2 x_{24}^2}, \qquad v = \frac{x_{14}^2 x_{23}^2}{x_{13}^2 x_{24}^2}$$

と定義している。

表式 (3-7) は φ_1 と φ_2 の間で OPE を取った形をしている。一方で, φ_1 と φ_4 の間で OPE を取っても答えは変わらないはずである。このことから右辺は (x_2, Δ_2) と (x_4, Δ_4) を入れ替えても結果は変わらない。同様に, (x_2, Δ_2) と (x_3, Δ_3) を入れ替えても結果は変わらない。この性質を交差対称性 (crossing symmetry) と呼ぶ。これより, $G(u,v)$ は $G(v,u)$ や $G(1/u, v/u)$ の関数として書くことも出来る。

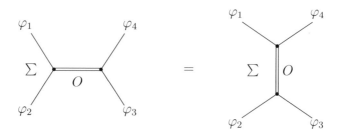

図 3-1 交差対称性。

簡単のためこの節では $\Delta_1 = \Delta_2 = \Delta_3 = \Delta_4$ の場合を考える。一般の場合は次節で議論する。OPE の単位演算子に比例する部分を抜き出して $G(u,v) = 1 + \sum_{\Delta,l} f^2_{\Delta,l} g_{\Delta,l}(u,v)$ と書くと, 共形次元 d をもつプライマリースカラー場 φ_d 同士の 4 点相関関数は

$$\langle \varphi_d(x_1)\varphi_d(x_2)\varphi_d(x_3)\varphi_d(x_4) \rangle = \frac{1}{|x_{12}|^{2d}|x_{34}|^{2d}} \left[1 + \sum_{\Delta,l} f^2_{\Delta,l} g_{\Delta,l}(u,v) \right]$$

と書ける。ここで, $g_{\Delta,l}(u,v)$ は共形ブロック (conformal block) と呼ばれる関数である。x_2 と x_4 の入れ替えからくる交差関係式 $v^d G(u,v) = u^d G(v,u)$ より, 共形ブロックは

$$u^d - v^d = \sum_{\Delta,l} f^2_{\Delta,l} \left[v^d g_{\Delta,l}(u,v) - u^d g_{\Delta,l}(v,u) \right] \tag{3-8}$$

を満たす。

以下では, 共形ブロック $g_{\Delta,l}$ を OPE から計算して, それが, 数値解析も可能な, 性質の良く知られた Gauss の超幾何級数

$$_2F_1(a,b;c;x) = \sum_{n=0}^{\infty} \frac{(a)_n (b)_n}{(c)_n} \frac{x^n}{n!}$$

の積で書けることを見る。その結果は 3.9 節で紹介する OPE 係数 $f_{\Delta,l}$ の実数性 (3-15) から共形次元の値に制限を課す研究の基礎になる。

中間状態としてスカラー ($l = 0$) が飛ぶ場合からの寄与は, 前節で計算し

3.6 4点相関関数と共形ブロック

た OPE を使って

$$g_{\Delta,0}(u,v) = |x_{12}|^\Delta |x_{43}|^\Delta C_{\Delta,0}(x_{12},\partial_2) C_{\Delta,0}(x_{43},\partial_3) \frac{1}{|x_{23}|^{2\Delta}}$$

$$= \frac{|x_{12}|^\Delta |x_{43}|^\Delta}{B(\frac{\Delta}{2},\frac{\Delta}{2})^2} \int_0^1 dtds \, [t(1-t)s(1-s)]^{\frac{\Delta}{2}-1}$$

$$\times \sum_{n,m=0}^\infty \frac{(-1)^{n+m}}{n!m!} \frac{(\Delta)_{n+m}(\tilde\Delta)_{n+m}}{(\tilde\Delta)_n(\tilde\Delta)_m} \frac{[t(1-t)x_{12}^2]^n [s(1-s)x_{43}^2]^m}{[(x_{23}+tx_{12}-sx_{43})^2]^{\Delta+n+m}}$$

で与えられる。ここで, $\tilde\Delta = \Delta+1-D/2$ である。さらに, $A^2 = t(1-t)x_{12}^2$, $B^2 = s(1-s)x_{43}^2$ とおくと,

$$(x_{23}+tx_{12}-sx_{43})^2 = \Lambda^2 - A^2 - B^2,$$
$$\Lambda^2 = t\left[sx_{14}^2 + (1-s)x_{13}^2\right] + (1-t)\left[sx_{24}^2 + (1-s)x_{23}^2\right]$$

と書けるので, これらの変数を使って右辺を書き換えると

$$\frac{|x_{12}|^\Delta |x_{43}|^\Delta}{B(\frac{\Delta}{2},\frac{\Delta}{2})^2} \int_0^1 dtds \, \frac{[t(1-t)s(1-s)]^{\frac{\Delta}{2}-1}}{(\Lambda^2-A^2-B^2)^\Delta} F_4(\Delta,\tilde\Delta;\tilde\Delta,\tilde\Delta;X,Y)$$

となる。ここで $X = -A^2/(\Lambda^2-A^2-B^2)$, $Y = -B^2/(\Lambda^2-A^2-B^2)$ である。F_4 は Appell 関数と呼ばれる変数を 2 つ持つ超幾何級数 (double series) で,

$$F_4(a,b;c,d;x,y) = \sum_{n,m=0}^\infty \frac{(a)_{n+m}(b)_{n+m}}{(c)_n(d)_m} \frac{x^n}{n!} \frac{y^m}{m!}$$

と定義される。特別な場合, この関数は Gauss の超幾何級数と

$$F_4(a,b;b,b;x,y) = (1-x-y)^{-a} \, {}_2F_1\left(\frac{a}{2},\frac{a+1}{2};b;\frac{4xy}{(1-x-y)^2}\right)$$

ように関係しているので, これを使うと右辺は

$$\frac{|x_{12}|^\Delta |x_{43}|^\Delta}{B(\frac{\Delta}{2},\frac{\Delta}{2})^2} \int_0^1 dtds \, \frac{[t(1-t)s(1-s)]^{\frac{\Delta}{2}-1}}{(\Lambda^2)^\Delta} \, {}_2F_1\left(\frac{\Delta}{2},\frac{\Delta+1}{2};\tilde\Delta;\frac{4A^2B^2}{\Lambda^4}\right)$$

と書くことが出来る。最後に t と s のパラメータ積分を, 公式

$$\int_0^1 dt \, \frac{t^{a-1}(1-t)^{b-1}}{[t\alpha+(1-t)\beta]^{a+b}} = \frac{1}{\alpha^a \beta^b} B(a,b),$$

$$\int_0^1 ds \, \frac{s^{a-1}(1-s)^{b-1}}{(1-s\alpha)^c(1-s\beta)^d} = B(a,b) F_1(a,c,d;a+b;\alpha,\beta)$$

を使って順次行う。ここで, F_1 は 2 変数の新たな超幾何級数で,

$$F_1(a,b,c;d;x,y) = \sum_{n,m=0}^{\infty} \frac{(a)_{n+m}(b)_n(c)_m}{(d)_{n+m}} \frac{x^n}{n!} \frac{y^m}{m!}$$

と定義される。特別な場合は Gauss の超幾何級数と

$$F_1(a,b,c,b+c;x,y) = (1-y)^{-a} {}_2F_1\left(a,b;b+c;\frac{x-y}{1-y}\right)$$

の関係がある。これらと, $4^n(\Delta/2)_n((\Delta+1)/2)_n = (\Delta)_{2n}$ を使うと, $g_{\Delta,0}(u,v)$ の表式として

$$u^{\frac{\Delta}{2}} \sum_{n=0}^{\infty} \frac{u^n}{n!} \frac{\left(\frac{\Delta}{2}\right)_n^4}{(\Delta)_{2n}(\tilde{\Delta})_n} {}_2F_1\left(\frac{\Delta}{2}+n, \frac{\Delta}{2}+n; \Delta+2n; 1-v\right)$$

を得る。さらに新たな 2 変数の超幾何級数

$$G(a,b,c,d;x,y) = \sum_{n,m=0}^{\infty} \frac{(d-a)_n(d-b)_n}{(c)_n} \frac{(a)_{n+m}(b)_{n+m}}{(d)_{2n+m}} \frac{x^n}{n!} \frac{y^m}{m!}$$

を導入して, $(n+\Delta/2)_m = (\Delta/2)_{n+m}/(\Delta/2)_n$ と $(2n+\Delta)_m = (\Delta)_{2n+m}/(\Delta)_{2n}$ を使って書き換えると, 最終的に

$$g_{\Delta,0}(u,v) = u^{\frac{\Delta}{2}} G\left(\frac{\Delta}{2}, \frac{\Delta}{2}, \Delta+1-\frac{D}{2}, \Delta; u, 1-v\right)$$

を得る。

ここで, 新しい座標変数 $z, \bar{z}$ を

$$u = z\bar{z}, \qquad v = (1-z)(1-\bar{z})$$

と定義すると, 関係式

$$G(a,b,c-1,c;u,1-v)$$
$$= \frac{1}{z-\bar{z}}\Big[z\, {}_2F_1(a,b;c;z)\, {}_2F_1(a-1,b-1;c-2;\bar{z})$$
$$-\bar{z}\, {}_2F_1(a,b;c;\bar{z})\, {}_2F_1(a-1,b-1;c-2;z)\Big]$$

が成り立つ.これより,例えば,$D=4$ の共形ブロックは

$$g_{\Delta,0}(u,v)|_{D=4} = \frac{z\bar{z}}{z-\bar{z}}\left[k_\Delta(z)k_{\Delta-2}(\bar{z}) - (z \leftrightarrow \bar{z})\right]$$

と書くことが出来る.ここで,

$$k_\beta(x) = x^{\frac{\beta}{2}} {}_2F_1\left(\frac{\beta}{2},\frac{\beta}{2},\beta;x\right) \tag{3-9}$$

である.

スピンが $l \geq 1$ の共形ブロックも,l が小さい場合は,複雑ではあるが同様に直接 OPE から求めることが出来る.一般の l については,l についての漸化式を立てて求めることが出来る.結果だけを書くと,$D=4$ の場合は

$$g_{\Delta,l}(u,v)|_{D=4} = \frac{(-1)^l}{2^l}\frac{z\bar{z}}{z-\bar{z}}\left[k_{\Delta+l}(z)k_{\Delta-l-2}(\bar{z}) - (z \leftrightarrow \bar{z})\right] \tag{3-10}$$

で与えられる.また,2 次元の場合の一般式は

$$g_{\Delta,l}(u,v)|_{D=2} = \frac{(-1)^l}{2^l}\left[k_{\Delta+l}(z)k_{\Delta-l}(\bar{z}) + (z \leftrightarrow \bar{z})\right] \tag{3-11}$$

で与えられる.一方,$D=3$ では l が小さい場合の式は求められているが,一般式はまだ $z=\bar{z}$ のような特別な場合でしか知られていない.

3.7 2 次 Casimir 演算子と共形ブロック

この節では共形ブロックが満たす微分方程式を求め,その解を調べることでスカラー場の共形次元が異なる場合の一般的な表式を与える.

共形代数 $SO(D+1,1)$ の生成子 J_{ab} と交換する 2 次の Casimir 演算子 $C_2 = J^{ab}J_{ab}/2$ を考える.共形変換の生成子を用いて書くと

$$C_2 = \frac{1}{2}M_{\mu\nu}M_{\mu\nu} - D^2 - \frac{1}{2}\left(K_\mu P_\mu + P_\mu K_\mu\right)$$

となる.プライマリー状態はこの演算子の固有状態である.スピン l,共形次元 Δ の場合は

$$C_2|\Delta,l\rangle = C_{\Delta,l}|\Delta,l\rangle, \qquad C_{\Delta,l} = \Delta(\Delta-D) + l(l+D-2)$$

となる。

ここでは，4つの異なるプライマリースカラー場の相関関数を考える。完全形を挟むとそれは

$$\langle \varphi_1(x_1)\varphi_2(x_2)\varphi_3(x_3)\varphi_4(x_4)\rangle$$
$$= \sum_{\Delta,l} \langle 0|\varphi_1(x_1)\varphi_2(x_2)|\Delta,l\rangle\langle\Delta,l|\varphi_3(x_3)\varphi_4(x_4)|0\rangle$$

と書ける。そこで，関係式

$$\frac{1}{2}\langle 0|\left[J_{ab},\left[J^{ab},\varphi_1(x_1)\varphi_2(x_2)\right]\right]|\Delta,l\rangle$$
$$= \langle 0|\varphi_1(x_1)\varphi_2(x_2)C_2|\Delta,l\rangle = C_{\Delta,l}\langle 0|\varphi_1(x_1)\varphi_2(x_2)|\Delta,l\rangle$$

を考えることにする。スカラー場の共形変換の式を用いて左辺を書き換えると，

$$\left\{(x_{12}^2\partial_\mu^1\partial^{2\mu} - 2(x_{12})_\mu(x_{12})_\nu\partial_\nu^1\partial^{2\nu} - 2\Delta_1(x_{12})_\mu\partial^{2\mu} + 2\Delta_2(x_{12})_\mu\partial^{1\mu}\right.$$
$$\left. + (\Delta_1+\Delta_2)(\Delta_1+\Delta_2-D)\right\}\langle 0|\varphi_1(x_1)\varphi_2(x_2)|\Delta,l\rangle$$

と書ける。

一方，中間状態が $O_{\Delta,l}$ で与えられる4点相関関数の共形ブロックを前節と同じように $g_{\Delta,l}$ と書くと，その部分は

$$\langle 0|\varphi_1(x_1)\varphi_2(x_2)|\Delta,l\rangle\langle\Delta,l|\varphi_3(x_3)\varphi_4(x_4)|0\rangle$$
$$= \left(\frac{x_{24}^2}{x_{14}^2}\right)^{\frac{\Delta_{12}}{2}}\left(\frac{x_{14}^2}{x_{13}^2}\right)^{\frac{\Delta_{34}}{2}}\frac{f_{\Delta,l}^2\, g_{\Delta,l}(u,v)}{(x_{12}^2)^{\frac{\Delta_1+\Delta_2}{2}}(x_{34}^2)^{\frac{\Delta_3+\Delta_4}{2}}}$$

と表される。このことを使うと，最終的に共形ブロックが満たす微分方程式は

$$\mathcal{D}g_{\Delta,l}(u,v) = \frac{1}{2}C_{\Delta,l}g_{\Delta,l}(u,v),$$
$$\mathcal{D} = (1-u+v)u\frac{\partial}{\partial u}\left(u\frac{\partial}{\partial u}\right) + \left[(1-v)^2 - u(1+v)\right]\frac{\partial}{\partial v}\left(v\frac{\partial}{\partial v}\right)$$
$$\quad - 2(1+u-v)uv\frac{\partial^2}{\partial u\partial v} - Du\frac{\partial}{\partial u}$$

$$+\frac{1}{2}\left(\Delta_{12}-\Delta_{34}\right)\left[(1+u-v)\left(u\frac{\partial}{\partial u}+v\frac{\partial}{\partial v}\right)-(1-u-v)\frac{\partial}{\partial v}\right]$$
$$+\frac{1}{4}\Delta_{12}\Delta_{34}(1+u-v)$$

で与えられる。

さらに，座標変数を z と $\bar{z}$ に変換すると

$$\mathcal{D}=z^2(1-z)\frac{\partial^2}{\partial z^2}+\bar{z}^2(1-\bar{z})\frac{\partial^2}{\partial \bar{z}^2}$$
$$+\frac{1}{2}\left(\Delta_{12}-\Delta_{34}-2\right)\left(z^2\frac{\partial}{\partial z}+\bar{z}^2\frac{\partial}{\partial \bar{z}}\right)+\frac{1}{4}\Delta_{12}\Delta_{34}(z+\bar{z})$$
$$+(D-2)\frac{z\bar{z}}{z-\bar{z}}\left[(1-z)\frac{\partial}{\partial z}-(1-\bar{z})\frac{\partial}{\partial \bar{z}}\right]$$

と書ける。この微分方程式の $D=2,4$ の解はそれぞれ (3-11) と (3-10) で，関数 k_β (3-9) を

$$k_\beta(x)=x^{\frac{\beta}{2}}{}_2F_1\left(\frac{\beta}{2}-\frac{\Delta_{12}}{2},\frac{\beta}{2}+\frac{\Delta_{34}}{2},\beta;x\right)$$

と置き換えたものになる。

3.8 ユニタリ性バウンドの再考

先に定義した状態を用いて，ユニタリ性の条件 (2-14) について再考する。ここでは，具体的に $D=4$ の場合を考える。

例えば，プライマリーベクトル状態 $|\mu,\Delta\rangle$ を考えてみる。ユニタリ性からその内積は正定値でなければならない。それを $\langle\Delta',\mu||\nu,\Delta\rangle=\delta_{\Delta'\Delta}\delta_{\mu\nu}$ と規格化する。ユニタリ性はさらにそのデッセンダントもまた正定値であることを要求する。第 1 デッセンダント状態 $|\mu;\nu,\Delta\rangle=P_\mu|\nu,\Delta\rangle$ を考えると，その内積は共形代数から

$$\langle\mu;\lambda,\Delta'||\nu;\sigma,\Delta\rangle=\langle\lambda,\Delta'|[K_\mu,P_\nu]|\sigma,\Delta\rangle$$
$$=\langle\lambda,\Delta'|2i\left(D\delta_{\mu\nu}+M_{\mu\nu}\right)|\sigma,\Delta\rangle$$
$$=2\delta_{\Delta'\Delta}\left(\Delta\delta_{\mu\nu}\delta_{\lambda\sigma}-\delta_{\mu\lambda}\delta_{\nu\sigma}+\delta_{\nu\lambda}\delta_{\mu\sigma}\right)$$

と計算される。ここで，Hermite 性 $P_\mu^\dagger = K_\mu$，プライマリーの条件 $K_\mu|\nu,\Delta\rangle = \langle\nu,\Delta|P_\mu = 0$ 及び $\langle\lambda,\Delta|M_{\mu\nu}|\sigma,\Delta\rangle = (\Sigma_{\mu\nu})_{\lambda\sigma}$ を使った。これは，足の組を $a = (\mu,\lambda)$, $b = (\nu,\sigma)$ と表すと，16×16 の行列 $\langle a|b\rangle$ になって，その固有値は 3 種類で，$2(\Delta - 3)$ が 1 つ，$2(\Delta - 1)$ が 6 つ，$2(\Delta + 1)$ が 9 つ出てくる。これらがすべて正であることから $\Delta \geq 3$ が出てくる。

ここではより一般的に回転群 $SO(4)$ の表現を $\{r\}$ とし議論を進める。その表現に属するプライマリー状態を $|\{r\},\Delta\rangle$ と表すと，プライマリーの条件は

$$M_{\mu\nu}|\{r\},\Delta\rangle = (\Sigma_{\mu\nu})_{\{r'\},\{r\}}|\{r'\},\Delta\rangle,$$
$$iD|\{r\},\Delta\rangle = \Delta|\{r\},\Delta\rangle,$$
$$K_\mu|\{r\},\Delta\rangle = 0$$

と表される。ここで，$SO(4)$ は $SU(2) \times SU(2)$ と表されることから左右の $SU(2)$ のスピンを j_1, j_2 とすると，表現 $\{r\}$ はその組み合わせ (j_1, j_2) で表すことができて，その次元は $(2j_1 + 1)(2j_2 + 1)$ となる。例えば，整数スピン l のトレースレス対称テンソル場 $O_{\mu_1 \cdots \mu_l}$ は $j_1 = j_2 = l/2$ で与えられる。

プライマリー状態に P_μ を n 回作用させて生成される状態を第 n デッセンダントと呼び，

$$|\mu_1 \cdots \mu_n; \{r\},\Delta\rangle = P_{\mu_1} \cdots P_{\mu_n}|\{r\},\Delta\rangle$$

と表す。プライマリー状態の内積が正定値で $\langle\{r'\},\Delta'||\{r\},\Delta\rangle = \delta_{\{r'\}\{r\}}\delta_{\Delta'\Delta}$ と規格化されているとすると，ユニタリ性はそのデッセンダントもすべて正定値であることを要求する。

前と同様に第 1 デッセンダント状態 $|\mu; \{r\},\Delta\rangle = P_\mu|\{r\},\Delta\rangle$ の内積を計算すると

$$\langle\mu; \{r'\},\Delta'||\nu; \{r\},\Delta\rangle = \delta_{\Delta'\Delta}\left\{2\Delta\delta_{\{r'\}\{r\}} + 2\langle\{r'\},\Delta|iM_{\mu\nu}|\{r\},\Delta\rangle\right\} \tag{3-12}$$

を得る。ここで，Lorentz 生成子が

$$iM_{\mu\nu} = i\frac{1}{2}\left(\delta_{\mu\alpha}\delta_{\nu\beta} - \delta_{\mu\beta}\delta_{\nu\alpha}\right)M_{\alpha\beta} = \frac{1}{2}\left(\Sigma_{\alpha\beta}\right)_{\mu\nu}M_{\alpha\beta}$$

3.8 ユニタリ性バウンドの再考

と書けることを使うと，(3-12) の最後の項は，$\Sigma_{\alpha\beta}$ 行列をベクトル状態 $|\mu\rangle$ を導入して $\langle\mu|M^{\{v\}}_{\alpha\beta}|\nu\rangle = (\Sigma_{\alpha\beta})_{\mu\nu}$ と表すと，

$$2\langle\{r'\},\Delta|iM_{\mu\nu}|\{r\},\Delta\rangle = \langle\mu|\otimes\langle\{r'\},\Delta|M^{\{v\}}_{\alpha\beta}\cdot M^{\{r\}}_{\alpha\beta}|\{r\},\Delta\rangle\otimes|\nu\rangle \tag{3-13}$$

と書ける。これは，角運動量の合成のときと同じように解くことが出来る。$M^{\{R\}}_{\alpha\beta} = M^{\{v\}}_{\alpha\beta} + M^{\{r\}}_{\alpha\beta}$ とすると

$$\begin{aligned}M^{\{v\}}_{\alpha\beta}\cdot M^{\{r\}}_{\alpha\beta} &= \frac{1}{2}M^{\{R\}}_{\alpha\beta}\cdot M^{\{R\}}_{\alpha\beta} - \frac{1}{2}M^{\{v\}}_{\alpha\beta}\cdot M^{\{v\}}_{\alpha\beta} - \frac{1}{2}M^{\{r\}}_{\alpha\beta}\cdot M^{\{r\}}_{\alpha\beta}\\ &= c_2(\{R\}) - c_2(\{v\}) - c_2(\{r\})\end{aligned}$$

ここで，c_2 は $SO(4)$ 回転群の 2 次 Casimir 演算子である。任意の表現 $\{r\}$ を $SU(2)\times SU(2)$ の表示を使って (j_1,j_2) と表すと，ベクトル表現 $\{v\}$ は $(1/2,1/2)$ となる。合成された状態の表現 $\{R\}$ は (J_1,J_2) で表される。ここで，$J_{1,2}$ は $j_{1,2}\pm 1/2$ の値を取る。これより，行列 (3-13) の固有値は 2 次 Casimir の値をそれぞれ代入すると $2J_1(J_1+1)+2J_2(J_2+1)-3-2j_1(j_1+1)-2j_2(j_2+1)$ となる。この結果を使って第 1 デッセンダント状態の内積 (3-12) の固有値を求めることが出来る。

ここで知りたいのは内積 (3-12) の最小の固有値である。それが正であることがユニタリ性の条件になる。以下，場合分けしてそれを調べることにする。$j_1,j_2\neq 0$ の場合，内積 (3-12) は $J_1 = j_1-1/2, J_2 = j_2-1/2$ のときに最小の固有値 $2\Delta-2(j_1+j_2+2)$ をもつ。これより，ユニタリ性の条件は

$$\Delta \geq j_1+j_2+2 \qquad \text{for } j_1, j_2 \neq 0$$

となる。ここで，$j_1 = j_2 = l/2$ を代入すると前節で議論したスピン l 対称トレースレスプライマリーテンソル状態の場合のユニタリ性の条件 $\Delta \geq l+2$ が得られる。$j_1 = 0, j_2 \neq 0$ の場合は $J_1 = 1/2, J_2 = j_2-1/2$ のとき最小値 $2\Delta-2(j_2+1)$ となる。これより，

$$\Delta \geq j_2+1 \qquad \text{for } j_1=0, j_2\neq 0$$

を得る。j_1 と j_2 をひっくり返しても同様である。

$j_1 = j_2 = 0$ のプライマリースカラー状態の場合は最小固有値が 2Δ となり，$\Delta \geq 0$ となって前節の結果とは異なる結果を得る。そのため，この場合はさらに第 2 デッセンダント状態 $P^\mu P_\mu |\Delta\rangle$ を考える必要がある。その内積を計算すると $\langle \Delta'|K^\mu K_\mu P^\nu P_\nu|\Delta\rangle = 32\Delta(\Delta-1)\delta_{\Delta'\Delta}$ となるので，これが正であることを要求すると，

$$\Delta \geq 1 \qquad \text{for } j_1 = j_2 = 0$$

を得る。

3.9　Conformal Bootstrap からの制限

内積の正定値性に由来するユニタリ性バウンドは共形次元の下限しか与えない。ここでは，4 点相関関数に新たなユニタリ性の条件を加えて共形次元を制限する話を紹介する。

3.6 節で議論した共形次元 d を持つ同じスカラー場の 4 点相関関数の場合を考える。交差対称性 (3-8) より共形ブロック $g_{\Delta,l}$ は

$$\sum_{\Delta,l} p_{\Delta,l} F_{d,\Delta,l}(z,\bar{z}) = 1,$$
$$F_{d,\Delta,l}(z,\bar{z}) = \frac{v^d g_{\Delta,l}(u,v) - u^d g_{\Delta,l}(v,u)}{u^d - v^d} \tag{3-14}$$

を満たす。ここで，$p_{\Delta,l} = f_{\Delta,l}^2$ である。例えば自由スカラー場 ($d=1$) の場合，l は非負の偶数の値をもって，$p_{\Delta,l} = \delta_{\Delta,l+2}\delta_{l,2n}2^{l+1}(l!)^2/(2l)!$ で与えられる。

いま実数の場の相関関数を考えているので，物理的に怪しげな事をしていなければ，OPE 係数 $f_{\Delta,l}$ は実数になるはずである。すなわち，その自乗が正であることから

$$p_{\Delta,l} \geq 0 \tag{3-15}$$

となる。この正定値条件を新たに課すと OPE の右辺に現れる場の共形次元に制限が付く。以下，具体的な結果を述べた後，その計算方法を簡単に紹介する。

3.9 Conformal Bootstrap からの制限

例えば、$D=4$ でスカラー場同士の OPE $\varphi_d \times \varphi_d \sim 1 + O_\Delta + \cdots$ を考えると、右辺に現れる最も低い共形次元 Δ をもったスカラー場について

$$\Delta \leq 2 + 0.7\,(d-1)^{1/2} + 2.1\,(d-1) + 0.43\,(d-1)^{3/2} \\ + o((d-1)^2) \tag{3-16}$$

のように上限が求められている。この条件はこの上限より高い共形次元をもったスカラー場が存在しないといっているのではない。連続的,離散的に関わらず右辺に現れるスカラー場は幾つあってもよいが、そのうちの最低次元をもつスカラー場がこの範囲に入っていなければならない事を示している。

同様の事を $D=2$ で行うと、2 次元共形場理論の厳密解と無矛盾な結果が得られる。例えば Ising 模型では φ_d はスピン演算子 σ、O_Δ はエネルギー演算子 ε で、それらの厳密な共形次元は離散的で、それぞれ $d = \Delta_\sigma = 1/8$ と $\Delta = \Delta_\varepsilon = 1$ で与えられる。そこで $d = 1/8$ と置いて OPE の右辺に最初に現れるスカラー場の共形次元の上限値を調べると $\Delta \leq 1$ の条件が出てくる。厳密解の値 $\Delta = 1$ はまさに許される上限値の境目に現れる。さらに、その事実を使って $D=3$ の Ising 模型の解析を行うと、格子上のモンテカルロ計算と無矛盾な結果が得られる。

その具体的な解析方法を以下に簡単に紹介する。新しい座標 $z = 1/2 + X + iY$ を導入して、X と Y についての N 次までの微分演算子

$$\Lambda[F] = \sum_{\substack{m,n=\text{even} \\ 2 \leq m+n \leq N}} \lambda_{m,n} \partial_X^m \partial_Y^n F|_{X=Y=0}$$

を考える。ここで、$X = Y = 0$ ($z = \bar{z} = 1/2$) の点で評価するのは、単に数値的に計算を実行する際にその点の収束性が良いからである。この演算子を (3-14) に作用させると

$$\sum_{\Delta,l} p_{\Delta,l} \Lambda\left[F_{d,\Delta,l}\right] = 0 \tag{3-17}$$

となる。この式は、もしすべての Δ, l に対して不等式 $\Lambda[F_{d,\Delta,l}] \geq 0$ が満たされるなら、正定値の条件 (3-15) に反することを表している。

はじめに OPE の構造が

$$\varphi_d \times \varphi_d \sim 1 + \sum_{\Delta \geq f} O_\Delta + \sum_{\substack{l > 0 \\ l = \text{even}}} \sum_{\Delta \geq D-2+l} O_{\Delta,l}$$

で与えられる場合を考える。ここで, 右辺に現れるスカラー場 O_Δ の共形次元にユニタリ性バウンドより強い制限 $\Delta \geq f$ を課している。一方, $l > 0$ のテンソル場に対してはユニタリ性バウンド以上の制限は加えていない。d と f を固定して, すべての $\Delta \geq f$ ($l = 0$) とすべての $\Delta \geq D-2+l$ ($l > 0$) に対する不等式の集合 $\Lambda[F_{d,\Delta,l}] \geq 0$ を考えたとき, もしこの無限個の不等式系を満たす有限個の解 $\lambda_{m,n}$ が存在するなら, それは $p_{\Delta,l} \geq 0$ より $\sum_{\Delta,l} p_{\Delta,l} \Lambda[F_{d,\Delta,l}] \neq 0$ となって条件式 (3-17) と矛盾する。従ってそのような d と f の組み合わせは正定値の条件を満たさないため禁止される。もし解がなければ逆にその d と f の組は許される。このようにして値が許される領域を調べて行く。d を固定して f を次第に大きくしていくとあるところで許容領域から禁止領域に入る。その値を $f_c(d)$ とすると, それが $l = 0$ の Δ の上限となって, ユニタリ性による許容領域が $D/2 - 1 \leq \Delta \leq f_c(d)$ となる。

実際の計算では無限個の不等式を有限個にする必要がある。l に上限を設け, 各 l の Δ も離散化する。不等式系の解が存在するかしないかの判定は線形計画法 (linear programing method) の応用問題である。ここでは解である $\lambda_{m,n}$ の値そのものに意味はない。このようにして $D = 4$ で得られた式が (3-16) である。

さらに, OPE の構造を詳しく見るために, 右辺に現れるスカラー場 O_Δ の構造を分解して考える。例えば, 解析では先ず最も低い次元のスカラー場の許容範囲が上記のように求まるので, その範囲内の 1 点を選んでその次元を固定して, 残りのより高次元のスカラー場に対して $\Delta \geq f' (\geq f_c)$ の条件を課して同様の計算をくり返す。すなわち, ギャップの存在を想定して再計算する。f' の値を次第に大きくしながら, その都度固定した最低次元と d の値の許容領域を調べていくと, その範囲がえぐられるように削られていって, ある特別な d の値での最低次元スカラー場の上限値 $f_c(d)$ が特異な点として浮かび上がってくる。この計算を 3 次元で行うと, モンテカルロ計算と整合

する Ising 模型の結果 $d = \Delta_\sigma = 0.5182(3)$ と $f_c = \Delta_\varepsilon = 1.413(1)$ が点として見えてくる。高次元のスカラー場，テンソル場へと制限を強めていくと，さらに詳しい構造を調べることができて，遂には許容領域が孤立した島のようになってこの値に絞られていく。このようにして，離散的な OPE の構造が 3 次元共形場理論の場合にも (準) 解析的に見えてきている。

3.10 Wilson-Fisher のイプシロン展開

最後に場の量子論的方法として昔から良く知られている，Wilson-Fisher のイプシロン展開について簡単に述べる[*4]。次元が 4 から 2ϵ だけ減少した $D = 4 - 2\epsilon$ 次元[*5]の 4 点相互作用を持つスカラー場理論

$$S = \int d^D x \left[\frac{1}{2}(\partial\varphi)^2 + \frac{\lambda}{4!}\varphi^4\right]$$

を考える。次元正則化の方法を用いてベータ関数を計算すると

$$\beta_\lambda = -2\epsilon\lambda + 3\frac{\lambda^2}{(4\pi)^2} - \frac{17}{3}\frac{\lambda^3}{(4\pi)^4} + o(\lambda^4)$$

が得られる。これは，$\epsilon \neq 0$ のとき，ベータ関数が消える固定点が

$$\frac{\lambda}{(4\pi)^2} = \frac{\lambda_*}{(4\pi)^2} = \frac{2}{3}\epsilon + \frac{68}{81}\epsilon^2 + o(\epsilon^3)$$

に存在することを示唆している。この固定点上で，何らかの共形不変な場の量子論が実現していると考える。

場の演算子 φ とその自乗の正規積 $[\varphi^2]$ の異常次元はそれぞれ $\gamma = \lambda^2/12(4\pi)^4$ と $\delta = \lambda/(4\pi)^2 - 5\lambda^2/6(4\pi)^4$ で与えられる (付録 D.3 を参照)。これらに場の正準次元をそれぞれ加えて，固定点上での共形次元を計算

[*4] 原論文は K. Wilson and M. Fisher, Phys. Rev. Lett. **28** (1972) 240 である。レビューは K. Wilson and J. Kogut, *Renormalization Group and ϵ-Expansion*, Phys. Rept. C12 (1974) 75; J. Zinn-Justin, *Quantum Field Theory and Critical Phenomena* (Oxford University Press) を参照。

[*5] 通常，イプシロン展開では $D = 4 - \epsilon$ とするのが一般的である。

すると,

$$\Delta_\varphi = \frac{D-2}{2} + \frac{1}{12}\frac{\lambda_*^2}{(4\pi)^4} = 1 - \epsilon + \frac{\epsilon^2}{27} + o(\epsilon^3),$$

$$\Delta_{[\varphi^2]} = D - 2 + \frac{\lambda_*}{(4\pi)^2} - \frac{5}{6}\frac{\lambda_*^2}{(4\pi)^4} = 2 - \frac{4}{3}\epsilon + \frac{38}{81}\epsilon^2 + o(\epsilon^3)$$

が得られる。ここで, Ising 模型の OPE 代数 $\sigma \times \sigma \sim \varepsilon$ と場の OPE 代数 $\varphi \times \varphi \sim [\varphi^2]$ との比較から, $\Delta_\sigma = \Delta_\varphi$, $\Delta_\varepsilon = \Delta_{[\varphi^2]}$ と同定される。実際, 系に $[\varphi^2]$ による負の摂動を書けるとポテンシャルが 2 重井戸型になり, $\langle\varphi\rangle \neq 0$ の 2 つの極小値が現れる。これらは Ising スピンのアップとダウンに相当して, どちらかにスピンが揃った状態とみなすことが出来る。それ故, 固定点は Ising 模型の臨界現象と同じ普遍性 (universality) を持つと考えられている。

3 次元 Ising 模型の臨界指数は $\epsilon \to 1/2$ と置くと, それぞれ $\Delta_\sigma = 0.51$ と $\Delta_\varepsilon = 1.45$ が得られる。これらは前節で示した結果と良く合っている[*6]。また, 臨界指数 ν は (B-3) 式より,

$$\nu = \frac{1}{D - \Delta_{[\varphi^2]}} = \frac{1}{2} + \frac{1}{6}\epsilon + \frac{14}{81}\epsilon^2 + o(\epsilon^3)$$

で与えられ, 3 次元では $\nu = 0.63$ が得られる。

[*6] 計算は $o(\epsilon^5)$ までなされていて, その結果はさらに良く合って $\Delta_\sigma = 0.5180$, $\Delta_\varepsilon = 1.4102$ となる。ただ, この方法はどこまで正しさが保障されているのか疑問に思う。

第4章

2次元共形場理論の基礎

この章では2次元 CFT の基本的な代数構造である Virasoro 代数とその表現について簡潔にまとめる。また，自由ボソン場を用いた記述方法について解説する。2次元 CFT については良い解説書が多数あるので，詳しくはそちらを参照。

4.1 Virasoro 代数とユニタリ表現

2次元では共形 Killing ベクトルが無限個存在して，$SO(2,2)$ の共形代数が無限次元に拡大する。その生成子には左巻きと右巻きの成分があって，ここではその一方を L_n と表すことにする。それが満たす代数は Virasoro 代数と呼ばれ，

$$[L_n, L_m] = (n-m)L_{n+m} + \frac{c}{12}(n^3 - n)\delta_{n+m,0} \qquad (4\text{-}1)$$

で与えられる。ここで，生成子の Hermite 共役は $L_n^\dagger = L_{-n}$ である。最後の項は代数が中心拡大された部分で，c は中心電荷 (central charge) と呼ばれる。もう一方の生成子を $\tilde{L}_n$ と表すと，それも同じ c を持つ Virasoro 代数を満たして，$[L_n, \tilde{L}_m] = 0$ である。$n = 0, \pm 1$ を持つ左右6個の生成子に対しては中心拡大部分が消えて，それらは $SO(2,2) = SL(2,\mathbf{C})$ の部分代数を構成する。以下では L_n 成分だけを考えるが，$\tilde{L}_n$ についても同様である。

共形不変な真空 $|0\rangle$ は

$$L_n|0\rangle = 0 \quad (n \geq -1)$$

で定義される。共形次元 Δ をもつプライマリー状態 $|\Delta\rangle$ は

$$L_0|\Delta\rangle = \Delta|\Delta\rangle, \qquad L_n|\Delta\rangle = 0 \quad (n \geq 1)$$

で定義される。そのデッセンダント状態は

$$L_{-n_1}\cdots L_{-n_k}|\Delta\rangle \quad (n_j \geq 1) \tag{4-2}$$

で与えられ，L_0 の固有状態である。これらで張られる無限次元の空間を Verma 加群 (Verma module) といい，V_Δ と書く。その共形次元は $[L_0, L_{-n}] = nL_{-n}$ を使うと $\Delta + \sum_j n_j$ で与えられることが分かる。正の整数部分 $\sum_j n_j = N$ は，その状態のレベルと呼ばれる。このときレベル N の独立なデッセンダント状態の数は N の分割数 $P(N)$ に等しい。分割数の生成母関数は

$$\frac{1}{\prod_{n=1}^{\infty}(1-q^n)} = \sum_{N=0}^{\infty} P(N)q^N \tag{4-3}$$

で与えられる。

ユニタリ性の必要条件は $|\Delta\rangle$ の内積及びそのデッセンダント状態の内積がすべて非負になることである。そこで，非負の内積をもつプライマリー状態 $|\Delta\rangle$ のデッセンダント $L_{-n}|\Delta\rangle$ を考えて，その内積を計算すると

$$\begin{aligned}\langle\Delta|L_n L_{-n}|\Delta\rangle &= \langle\Delta|\,[L_n, L_{-n}]\,|\Delta\rangle \\ &= \left(2n\Delta + \frac{c}{12}(n^3 - n)\right)\langle\Delta|\Delta\rangle\end{aligned}$$

が得られる。これが非負でなければならないことから，

$$c \geq 0, \quad \Delta \geq 0$$

が導かれる。実際，$n=1$ を代入すると中心電荷の項は消えて $\Delta \geq 0$ が得られる。また，$\Delta = 0$，$n = 2$ とすると中心電荷の項だけが残って $c \geq 0$ が出てくる。ちなみに，$L_{-2}|0\rangle$ は真空にエネルギー運動量テンソルを作用させて得られる状態である。

縮退表現 ここで，2次元 CFT で良く知られた重要な性質である縮退表現について解説する[1]。初めにレベル2のデッセンダント状態について考え

---

[1] V. Kac, *Contravariant Form for Infinite-Dimensional Lie Algebras and Superalgebras*, Lecture Notes in Phys. **94** (1979) 441; B. Feigin and D. Fuks, *Invariant Skew-Symmetric Differential Operators on the Line and Verma Modules over the Virasoro Algebra*, Funct. Anal. Appl. **16** (1982) 114 を参照。

4.1 Virasoro 代数とユニタリ表現

る。一般に，独立な状態は 2 つ存在して $L_{-2}|\Delta\rangle$ と $L_{-1}^2|\Delta\rangle$ で与えられる。それらが特別な条件下で縮退することがある。それを見るために，それらの線形結合

$$|\chi\rangle = \left(L_{-2} + xL_{-1}^2\right)|\Delta\rangle$$

を考える。まず，この状態がプライマリー状態になるための条件 $L_n|\chi\rangle = 0$ を考えてみる。代数 $[L_1, L_{-2}] = 3L_{-1}$ と $[L_1, L_{-1}^2] = L_{-1}(4L_0 + 2)$ を使うと，$n = 1$ の式から

$$L_1|\chi\rangle = [3 + x(4\Delta + 2)]\, L_{-1}|\Delta\rangle = 0$$

が得られる。$[L_2, L_{-2}] = 4L_0 + c/2$ と $[L_2, L_{-1}^2] = 6L_0 + 6L_{-1}L_1$ を使うと，$n = 2$ の式から

$$L_2|\chi\rangle = \left(4\Delta + \frac{c}{2} + 6x\Delta\right)|\Delta\rangle = 0$$

が得られる。$n \geq 3$ の条件は自明に成り立つ。これらの連立条件から x と Δ が c の関数として表されて，$\Delta + 2$ の共形次元をもつ新たなプライマリー状態

$$|\chi\rangle = \left(L_{-2} - \frac{3}{2(2\Delta+1)}L_{-1}^2\right)|\Delta\rangle,$$
$$\Delta = \frac{1}{16}\left[5 - c \pm \sqrt{(1-c)(25-c)}\right]$$

が構成される。しかしながら，この状態はプライマリーの条件 $L_n|\chi\rangle = 0$ $(n \geq 1)$ から自明に内積が

$$\langle\chi|\chi\rangle = \langle 0|\left(L_2 - \frac{3}{2(2\Delta+1)}L_1^2\right)|\chi\rangle = 0$$

のように消えることが分かる。このような内積がゼロになる状態をヌル (null) 状態と呼ぶ。この状態は V_Δ の他のすべての状態とも直交するため，

$$|\chi\rangle = 0$$

とおくことが出来る。このようにヌル状態を消去して得られた Virasoro 代数の既約表現を縮退表現という。

一般に、レベル N にヌル状態が存在するとき、レベル N で縮退が起こるという。その存在を表す式として Kac の行列式が知られている。上記の $N = 2$ 場合では、それは 2×2 の行列

$$M_2 = \begin{pmatrix} \langle\Delta|L_2 L_{-2}|\Delta\rangle & \langle\Delta|L_1^2 L_{-2}|\Delta\rangle \\ \langle\Delta|L_2 L_{-1}^2|\Delta\rangle & \langle\Delta|L_1^2 L_{-1}^2|\Delta\rangle \end{pmatrix} = \begin{pmatrix} 4\Delta + c/2 & 6\Delta \\ 6\Delta & 4\Delta(1 + 2\Delta) \end{pmatrix}$$

の行列式で与えられる。縮退が起こる条件式はその行列式が

$$\det M_2 = 2(16\Delta^3 - 10\Delta^2 + 2\Delta^2 c + \Delta c) \\ = 32(\Delta - \Delta_{1,1})(\Delta - \Delta_{1,2})(\Delta - \Delta_{2,1}) = 0$$

のように消えることである。ここで、$\Delta_{1,1} = 0$ と $\Delta_{1,2}, \Delta_{2,1} = \left[5 - c \pm \sqrt{(1-c)(25-c)}\right]/16$ である。$\Delta = \Delta_{1,1} = 0$ は真空 $|0\rangle$ のレベル 1 デッセンダント $L_{-1}|0\rangle$ がヌル状態であることを表し、$\Delta = \Delta_{1,2}, \Delta_{2,1}$ がレベル 2 にヌル状態が現れることを表している。

これを一般の N に拡張したものが Kac によって求めた行列式で、Verma 加群 (4-2) の $P(N) \times P(N)$ 行列 M_N に対して、

$$\det M_N = C_N \prod_{nm \leq N} (\Delta - \Delta_{n,m})^{P(N-nm)}$$

と表される。ここで、C_N は c や Δ に依らない係数で、n, m はそれらの積が N を超えない正の整数である。$\Delta_{n,m}$ は c の関数で

$$\Delta_{n,m} = \frac{c-1}{24} + \frac{1}{8}(n\beta_+ + m\beta_-)^2,$$
$$\beta_\pm = \frac{1}{\sqrt{12}}\left(\sqrt{1-c} \pm \sqrt{25-c}\right)$$

で与えられる。この式のことを Kac 公式と呼ぶ。

以下では $c \leq 1$ の CFT について調べることにする。そこで、中心電荷を

$$c = 1 - 12Q^2 \tag{4-4}$$

と表すと

$$\beta_\pm = Q \pm \sqrt{Q^2 + 2} \tag{4-5}$$

となる。このとき, $\beta_+ + \beta_- = 2Q$ と $\beta_+\beta_- = -2$ が成り立つ。

ここで, 互いに素な正の整数 p', p $(p' > p)$ を導入して β_+ と β_- の比が

$$-\frac{\beta_+}{\beta_-} = \frac{p'}{p} \tag{4-6}$$

のような有理数になる場合を考えることにする。このとき, $Q^2 = (p'-p)^2/2p'p$ となって, 中心電荷は

$$c = 1 - \frac{6(p'-p)^2}{p'p}$$

のように有理数で表され, Kac 公式は

$$\Delta_{n,m} = \frac{(np'-mp)^2 - (p'-p)^2}{4p'p} \tag{4-7}$$

で与えられる。このとき, $\Delta_{n,m} = \Delta_{p-n,p'-m}$ を満たすことに注意する。Belavin-Polyakov-Zamolodchikov は (n,m) の取りうる範囲を

$$1 \leq n \leq p-1, \quad 1 \leq m \leq p'-1 \tag{4-8}$$

に制限すると, これら有限個のプライマリー状態の間で演算子積 (OPE) が閉じることを示した。共形次元が (4-7) と (4-8) で与えられる CFT をミニマル系列 (minimal series) と呼ぶ。

ミニマル系列の中で特に重要なのが $p' = p+1$ のユニタリ離散系列 (unitary discrete series) で, $p = 2, 3, \cdots$ として

$$c = 1 - \frac{6}{p(p+1)}, \qquad \Delta_{n,m} = \frac{[n(p+1)-mp]^2 - 1}{4p(p+1)}$$

で与えられる。ここで, $\Delta_{n,m} = \Delta_{p-n,p+1-m}$ が成り立つことから, $1 \leq m \leq n \leq p-1$ と置くことが出来る。Friedan-Qiu-Shenker はこのときに限りミニマル系列がユニタリ性の条件を満たすこと, すなわちすべての共形次元が非負になることを示した。

具体例として, ユニタリ離散系列の $p = 3$ は Ising 模型に対応して

$$c = \frac{1}{2}, \qquad \Delta_{1,1} = 0 \qquad \Delta_{2,1} = \frac{1}{2}, \qquad \Delta_{2,2} = \frac{1}{16}$$

で与えられる。エネルギー演算子 ε やスピン演算子 σ の共形次元は，左右の次元を足して，それぞれ $\Delta_\varepsilon = \Delta_{2,1} + \tilde{\Delta}_{2,1} = 1$ と $\Delta_\sigma = \Delta_{2,2} + \tilde{\Delta}_{2,2} = 1/8$ で与えられる。

中心電荷が $c \leq 1$ のユニタリ離散系列は Ising 模型を含む可解格子模型の 1 つの系列である Andrews-Baxter-Forrester(ABF) 模型と 1 対 1 に対応する[*2]。縮退表現は格子模型で言えば各点の値がある有限の範囲に制限されることに相当する。Ising 模型 ($p=3$) は 2 つの基底状態をもち，その数が 3 つ，4 つと増えるにしたがってユニタリ離散系列の p の値も 4, 5 と増える。$p \to \infty$ では各点での取り得る値に制限がなくなって，自由ボソン場と見なすことが出来る。このような制限のある格子模型のことを一般に RSOS(restricted solid on solid) 模型と呼び，制限が無い場合を SOS 模型と呼ぶ。SOS の名前は固体上に結晶を積み上げていくイメージからくる。6 頂点模型は SOS 模型の代表で $c=1$ の CFT と対応する。

4.2　Virasoro 指標とトーラス上の分配関数

トーラス上の分配関数はシリンダー空間 $R \times S^1$ 上で定義される。複素平面 $(z, \bar{z})$ 上の CFT からシリンダー Euclid 空間 $(w, \bar{w})$ 上の CFT への共形変換は，S^1 の円周の長さを L とすると，$w = (L/2\pi) \log z$ で与えられる。このときシリンダー上の Hamilton 演算子と運動量演算子はそれぞれ

$$H = \frac{2\pi}{L}\left(L_0 + \tilde{L}_0\right) - \frac{\pi c}{6L}, \qquad P = \frac{2\pi}{L}\left(L_0 - \tilde{L}_0\right) \qquad (4\text{-}9)$$

で与えられる。中心電荷に依存した Hamilton 演算子のシフト項は，系を平面からシリンダー空間に変換した際に生じる Casimir 項で，エネルギー運動量テンソルがプライマリー場でないことから，共形変換したときに中心電荷

[*2] Yang-Baxter 方程式の解として与えられる可積分模型の 1 つ。正方格子の各点 i に正整数の高さ状態 $l_i = 1, \cdots, p$ を持ち，最隣接点 (i, j) の高さの差が $|l_i - l_j| = 1$ で定義される模型。基底状態の数が $p-1$ 個になって，Ising 模型は $p = 3$ で与えられる。G. Andrews, R. Baxter and P. Forrester, *Eight-Vertex SOS Model and Generalized Roger-Ramanujan-Type Identities*, J. Stat. Phys. **35** (1984) 193 を参照。ユニタリ離散系列との対応関係は D. Huse, *Exact Exponents for Infinitely Many New Multicritical Points*, Phys. Rev. **B30** (1984) 3908 を参照。

に比例する余分な項 (Schwartz 微分項) が現れることに由来する。

シリンダーの長さが l で与えられるトーラス上の分配関数は

$$Z(l,s) = Tre^{-lH+isP}$$

で与えられる。S^1 方向の並進演算子 e^{isP} はシリンダーの端を同一視する際に s だけ回転させて張り合わせることを表している。ここで, $\tau = (s+il)/L$ とおくと, 分配関数は

$$Z(\tau) = Tre^{2\pi i\tau(L_0-c/24)}e^{-2\pi i\bar{\tau}(\tilde{L}_0-c/24)}$$

と書ける。変数 τ のことをトーラスのモジュライ (moduli) と呼ぶ。このように, トーラス上の分配関数は, $q = e^{2\pi i\tau}$ とおくと, Virasoro 指標 $\chi_\Delta = Tr_{V_\Delta} q^{L_0-c/24}$ を用いて書くことが出来る。

中心電荷 $c = 1$ で共形次元 Δ を持つ Virasoro 指標 χ_Δ は (4-3) より,

$$\chi_\Delta(\tau) = Tr_{V_\Delta} q^{L_0-c/24} = q^{\Delta-\frac{1}{24}}\sum_{N=0}^{\infty} P(N)q^N = \frac{q^\Delta}{\eta(\tau)}$$

で与えられることが分かる。ここで,

$$\eta(\tau) = q^{1/24}\prod_{n=1}^{\infty}(1-q^n)$$

は Dedekind の η 関数である。

ユニタリ離散系列 $c = 1 - 6/p(p+1)$ の既約表現に対する Virasoro 指標はヌル状態の存在を差し引いて求める必要がある。その結果は

$$\chi_{n,m}(\tau) = Tr_{V_{\Delta_{n,m}}} q^{L_0-c/24}$$
$$= \frac{q^{-c/24}}{\prod_{l=1}^{\infty}(1-q^l)}\sum_{k\in\mathbf{Z}}\left[q^{\Delta_{n+2pk,m}} - q^{\Delta_{n+2pk,-m}}\right]$$

で与えられる[*3]。これら有限個の指標を実関数になるように左右張り合わせるとトーラス上の分配関数を求めることが出来る。その張り合わせ方は完全

[*3] A. Rocha-Caridi, *Vacuum Vector Representations of Virasoro Algebra*, in Vertex Operators in Mathematics and Physics, MSRI Publications 3 (Springer, 1984) を参照。

に分類されていて、最も簡単なものは

$$Z_{\text{uds}}(\tau) = \sum_{1 \leq m \leq n \leq p-1} |\chi_{n,m}(\tau)|^2$$

で与えられる[*4]。

トーラス上の分配関数を変形すると格子模型のそれとのマニアックな関係が見えてくる。自由ボゾン場の作用

$$S(g,\tau) = \frac{\pi g}{4} \int_T d^2z \, \partial^\mu \varphi \partial_\mu \varphi$$

を考えて、トーラスの各サイクルに対して $\delta_1 \varphi(z,\bar{z}) = \varphi(z+1,\bar{z}+1) - \varphi(z,\bar{z})$ と $\delta_2 \varphi(z,\bar{z}) = \varphi(z+\tau,\bar{z}+\bar{\tau}) - \varphi(z,\bar{z})$ の跳びを持つ分配関数

$$Z_{M,M'}(g,\tau) = \int_{\substack{\delta_1\varphi = 2M' \\ \delta_2\varphi = 2M}} [d\varphi] e^{-S(g,\tau)}$$

$$= \frac{1}{|\eta(\tau)|^2} \left(\frac{g}{\tau_2}\right)^{\frac{1}{2}} \exp\left(-\frac{\pi g}{\tau_2} |M - M'\tau|^2\right)$$

を考える。このときユニタリ離散系列の分配関数は $g = p/(p+1)$ として

$$Z_{\text{uds}}(\tau) = \frac{1}{2} \sum_{M,M' \in \mathbf{Z}} Z_{M,M'}\left(g = \frac{p}{p+1}, \tau\right) \sum_{j=1}^p \cos\left(2\pi \frac{j}{p+1} M \wedge M'\right)$$

と書ける。ここで、$M \wedge M'$ は M と M' の最大公約数で、$M \wedge 0 = M$ とする。$g = 1 - \lambda/\pi$ とするとこの分配関数は $\lambda = \pi/(p+1)$ の ABF 模型に対応する[*5]。最後の因子が可解模型に於ける高さ変数の制限を表す。この因子が無い場合の $g = 1$ の分配関数 ($p \to \infty$ に相当) は 6 頂点模型に対応する。

[*4] 厳密には、モジュラー変換 $T: \tau \to \tau+1$ と $S: \tau \to -1/\tau$ の下で不変な分配関数として分類される。張り合わせ方を Lie 代数の ADE 型 Dynkin 図に対応させて分類することができて、本文の最も簡単なものが A 型に相当する。A. Cappelli, C. Itzykson and J. Zuber, *Modular Invariant Partition Functions in Two Dimensions*, Nucl. Phys. **B280** 445; A. Kato, *Classification of Modular Invariant Partition Functions in Two-Dimensions*, Mod. Phys. Lett. **A2** (1987) 585 を参照。

[*5] 楕円関数で与えられる ABF 模型の Boltzmann 重みは臨界点直上では 3 角関数で与えられる。その正方格子を 45°斜めに傾けてトーラスの分配関数を構成し、同じ高さの格子点を縦横線で結ぶと、折れ線の集合体 (クラスター) の和の形に書き換えることが出来る。さらに、クラスター毎に各線を囲むループを考える。ループには可縮なものとそう

4.3 自由ボゾン場表示

2次元 CFT の自由ボゾン場表示について簡単に紹介する。それは Coulomb ガス表示とも呼ばれ, 作用は

$$S_{\text{CG}} = -\frac{1}{4\pi} \int d^2x \sqrt{-g} \left(\frac{1}{2} \partial^\mu \varphi \partial_\mu \phi + iQR\varphi \right)$$

で与えられる[*6]。ここでは, 背景時空 $g_{\mu\nu}$ として座標 $x^\mu = (\eta, \sigma)$, $0 < \sigma < 2\pi$ をもつ $R \times S^1$ のシリンダー Minkowski 時空を考える。2次元のシリンダー時空では計量は平坦な $g_{\mu\nu} = (-1, 1)$ になる。

運動方程式 $\partial^2 \varphi - (-\partial_\eta^2 + \partial_\sigma^2)\phi = 0$ より, 場は右巻きと左巻きのモード及びゼロモードを用いて

$$\varphi(\eta, \sigma) = \hat{q} + 2\eta\hat{p} + \sum_{n \neq 0} \frac{i}{n} \left(\alpha_n e^{-in(\eta+\sigma)} + \tilde{\alpha}_n e^{-in(\eta-\sigma)} \right) \} \quad (4\text{-}10)$$

と展開され, その共役運動量は $\Pi = \partial_\eta \varphi / 4\pi$ で与えられる。同時刻正準交換関係 $[\varphi(\eta, \sigma), \Pi(\eta, \sigma')] = i\delta(\sigma - \sigma')$ とデルタ関数の表式 $\delta(\sigma - \sigma') = \sum_{n \in \mathbf{Z}} e^{-in(\sigma - \sigma')}/2\pi$ より, 各モードの交換関係は

$$[\hat{q}, \hat{p}] = i, \qquad [\alpha_n, \alpha_m] = n\delta_{n+m,0}, \qquad [\tilde{\alpha}_n, \tilde{\alpha}_m] = n\delta_{n+m,0}$$

でないものが現れ, ループを横断すると高さが 1 だけ異なる。可縮なループに対しては, その長さ及び内外の高さにかかわらず, 重み $2\cos\lambda$ が与えられる。各配位はこの重みにループ数のべきが付いた形に書くことが出来る。一方, サイクルに巻き付く非可縮なループが存在する場合は, それを横断するたびに高さが 1 ほど増減する。非可縮なループは必ず偶数で現れるのでサイクル毎の増減は偶数になり, それを $2M$ と $2M'$ とする。そのような跳びをもつ配位の分配関数を $Z_{M,M'}$ とすると, ABF 模型の分配関数はこれに因子 $\sum_{j=1}^p \cos(2\pi j M \wedge M'/(p+1))$ を加えて M, M' について和を取った形になる。一方, 因子を付けずに和を取ったものが 6 頂点模型である。このように, CFT で与えた分配関数と同じ構造が見えてくる。V. Pasquier, *Lattice Derivation of Modular Invariant Partition Functions on the Torus*, J. Phys. **A20** (1987) L217; O. Foda and B. Nienhuis, *The Coulomb Gas Representation of Critical RSOS Models on the Sphere and the Torus*, Nucl.Phys. **B324** (1989) 643 を参照。

[*6] これは第 5, 6 章で実関数として与えられる Liouville 作用 S_L (5-8) の前の係数 b_L が負の非物理的な場合に相当して, $\phi \to \varphi/\sqrt{2b_L}$ と変数変換して $b_L = -b$ と置くと, $Q = \sqrt{b/2}$ と表せる。その際に作用に虚数単位が現れることに注意する。そのため, 場自体に物理的な意味はなく, この系は一般的に非ユニタリ CFT を与える。先に述べた特別な条件下でユニタリな CFT になる。

と $[\alpha_n, \tilde{\alpha}_m] = 0$ で与えられる。場の Hermite 共役は作用の実数性から $\varphi^\dagger = -\varphi$ となるので、各モードのそれは $\hat{q}^\dagger = -\hat{q}$, $\hat{p}^\dagger = -\hat{p}$, $\alpha_n^\dagger = -\alpha_{-n}$, $\tilde{\alpha}_n^\dagger = -\tilde{\alpha}_{-n}$ となる。そのため、ここでは生成モードは † ではなく負の振動数モードで表すことにする。

共形変換の生成子は 2 次元共形 Killing 方程式

$$\partial_\mu \zeta_\nu + \partial_\nu \zeta_\mu - \eta_{\mu\nu} \partial^\lambda \zeta_\lambda = 0$$

を満たす共形 Killing ベクトル ζ^μ を用いて

$$L_\zeta = \int_{S^1} d\sigma \, \zeta^\mu : \Theta_{\mu 0} : \tag{4-11}$$

で与えられる。ここで、記号 : : は正規順序付け (normal ordering) を表す。エネルギー運動量テンソルは変分を用いて

$$\Theta^{\mu\nu} = \frac{2}{\sqrt{-g}} \frac{\delta S_{\text{CG}}}{\delta g_{\mu\nu}}$$

と定義され、

$$\Theta_{\mu\nu} = \frac{1}{4\pi} \left\{ \partial_\mu \varphi \partial_\nu \varphi - \frac{1}{2} \eta_{\mu\nu} \partial^\lambda \phi \partial_\lambda \varphi + i2Q \left(\eta_{\mu\nu} \partial^\lambda \partial_\lambda - \partial_\mu \partial_\nu \right) \varphi \right\}$$

で与えられる。最初の 2 項は通常の 2 次元スカラー場のエネルギー運動量テンソルである。最後の項は $R\phi$ 項を変分することで得られる項で、そのトレースは場の運動方程式によって消える。共形 Killing 方程式とエネルギー運動量テンソルの保存式を使うと、生成子の時間微分はエネルギー運動量テンソルのトレースに比例して消えることから、L_ζ は保存することが分かる。

2 次元では共形 Killing ベクトルは無限個存在して、n を整数とすると、それは

$$\zeta_n^\mu = \left(\frac{1}{2} e^{in(\eta+\sigma)}, \frac{1}{2} e^{in(\eta+\sigma)} \right), \quad \tilde{\zeta}_n^\mu = \left(\frac{1}{2} e^{in(\eta-\sigma)}, -\frac{1}{2} e^{in(\eta-\sigma)} \right) \tag{4-12}$$

を基底とする任意関数 $\zeta^\mu = \sum_{n \in \mathbf{Z}} a_n \zeta_n^\mu$ と $\tilde{\zeta}^\mu = \sum_{n \in \mathbf{Z}} \tilde{a}_n \tilde{\zeta}_n^\mu$ で与えられる。生成子 (4-11) に ζ_n^μ を代入したものを L_n, $\tilde{\zeta}_n^\mu$ を代入したものを $\tilde{L}_n$ と

4.3 自由ボゾン場表示

書くと, 前者から

$$L_n = e^{in\eta} \int_0^{2\pi} d\sigma\, e^{in\sigma} \frac{1}{2} : (\Theta_{00} + \Theta_{01}) : - \frac{Q^2}{2}\delta_{n,0}$$
$$= \frac{1}{2} \sum_{m \in \mathbf{Z}} :\alpha_m^\pm \alpha_{n-m}^\pm: -Qn\alpha_n - \frac{Q^2}{2}\delta_{n,0} \qquad (4\text{-}13)$$

が得られる[*7]。ここで, $\alpha_0 = \hat{p}\, (= \tilde{a}_0)$ である。Hermite 性は $L_n^\dagger = L_{-n}$ で与えられる。同様に, $\tilde{L}_n$ は上式の α_n を $\tilde{\alpha}_n$ に置き換えたもので与えられる。Virasoro 生成子の最後の項 $-(Q^2/2)\delta_{n,0}$ は座標を $R \times S^1$ に選んだことによる Casimir 効果で, 生成子が中心電荷 (4-4) の Virasoro 代数 (4-1) を満たすように加えている。

この Casimir 効果についてもう少し詳しく見てみる。前節でも述べたように, シリンダー上の Hamilton 演算子は $H = L_0 + \tilde{L}_0 - c/12$ で与えられる。一方, ツェータ関数 $\zeta(z) = \sum_{n=1}^\infty n^{-z}$ の正則化として有名な式

$$\zeta(-1) = \sum_{n=1}^\infty n = -\frac{1}{12}$$

を用いて, Hamiton 演算子を自由ボゾン場表示で計算すると

$$H = \int_0^{2\pi} d\sigma\, \Theta_{00} = L_0' + \tilde{L}_0' + \sum_{n=1}^\infty n = L_0' + \tilde{L}_0' - \frac{1}{12}$$

が得られる。ここで, Θ_{00} は正規積を施していないエネルギー運動量テンソルで, L_0' は (4-13) の最後の定数項を除いた正規積で定義された部分である。正規積を取ったときに出てくる $-1/12$ のシフト項は自由スカラー場の中心電荷が 1 であることを反映している。この 2 つの Hamilton 演

[*7] 2 次元では CFT を Euclid 複素平面上で考える場合が多い。その座標を z とその複素共役 $\bar{z}$ で表すと, 共形 Killing ベクトルは解析関数 $\zeta(z)$ と $\tilde{\zeta}(\bar{z})$ で与えられる。z 成分を考えると, 場は $\varphi(z) = \hat{q} - i\hat{p}\log z + i\sum_{n \neq 0} \alpha_n z^{-n}/n$ と展開される。このとき, エネルギー運動量テンソルは $T(z) = -(1/2) :\partial_z\varphi\partial_z\varphi: + iQ\partial_z^2\varphi = \sum_{n \in \mathbf{Z}} L_n z^{-n-2}$ と表され, $\alpha_0 = \hat{p}$ と書くと, Virasoro 生成子は $L_n = (1/2)\sum_{m \in \mathbf{Z}} :\alpha_m \alpha_{n-m}: -Q(n+1)\alpha_n$ で与えられ, 定数項は消える。このとき, Hermite 性は $\alpha_n^\dagger = -\alpha_{-n}\ (n \geq 1)$ と $\alpha_0^\dagger = -\alpha_0 + 2Q$ で与えられる。これは背景電荷 $2Q$ が $|z| \to \infty$ の共形不変なアウト真空に集中して, イン真空には存在しないことを表している。

算子が同じものであることから, (4-1) を満たす Virasoro 生成子が $L_0 = L_0' + (c-1)/24 = L_0' - Q^2/2$ で与えられることが分かる。$\tilde{L}_0$ も同様である。

共形不変な真空は $L_n|\Omega\rangle = \tilde{L}_n|\Omega\rangle = 0 \ (n \geq -1)$ を満たす状態として定義される。それは, L_0 のゼロモード成分が $(1/2)(\hat{p}^2 - Q^2)$ であることから,

$$|\Omega\rangle = e^{-iQ\varphi(0)}|0\rangle = e^{-iQ\hat{q}}|0\rangle$$

で与えられる。ここで, この自由場表示では, $|0\rangle$ は共形不変な真空ではなく, $\hat{p}$ と消滅モードに対して消える Fock 真空を表すものとする。指数関数因子の指数は一般に電荷と呼ばれ, 特に真空が持っている $-Q$ を背景電荷と呼ぶ[*8]。また, $\varphi^\dagger = -\varphi$ に注意すると $\langle\Omega| = \langle 0|e^{-iQ\varphi(0)}$ となって, やはり背景電荷 $-Q$ をもつ。そのため共形不変な真空は全体で $-2Q$ の背景電荷をもつ。

背景電荷の他にある電荷 β をもった状態 $|\beta\rangle = e^{i\beta\varphi(0)}|\Omega\rangle$ を考えると, それは条件式 $L_n|\beta\rangle = 0 \ (n \geq 1)$ と

$$L_0|\beta\rangle = \Delta_\beta|\beta\rangle, \qquad \Delta_\beta = \frac{1}{2}\beta^2 - Q\beta$$

を満たす。このように, $|\beta\rangle$ は共形次元 Δ_β のプライマリー状態になる。同様の式が $\tilde{L}_n$ についても成り立って, $\tilde{\Delta}_\beta = \Delta_\beta$ が得られる。また, 双対関係 $\Delta_\beta = \Delta_{2Q-\beta}$ から, $|2Q-\beta\rangle$ も同じ共形次元を持ったプライマリー状態になることが分かる。自由ボソン場表示では, 場そのものに物理的意味を持たせていないので, 同じ共形次元をもつこれらを同一視する。

プライマリー場は電荷 β を持った指数関数の演算子

$$V_\beta(\eta, \sigma) = :e^{i\beta\varphi(\eta,\sigma)}: = e^{i\beta\varphi_>(\eta,\sigma)}e^{i\beta\varphi_0(\eta)}e^{i\beta\varphi_<(\eta,\sigma)}$$

で与えられる。ここで, $\varphi_>$ と $\varphi_<$ はそれぞれ場の展開式 (4-10) の振動モード α_{-n} と $\tilde{\alpha}_{-n}$ の生成モード $(n > 0)$ と消滅モード $(n < 0)$ 部分を表す。φ_0

[*8] 背景電荷は作用の $R\varphi$ 項に由来する項で, Euclid 化した経路積分を考えると分かりやすい。ゼロモード $\varphi_0 = \hat{q}$ に関係した部分の経路積分の重みを抜き出すと $\exp(-iQ\chi\varphi_0)$ となる。ここで, χ は Euler 標数である。物理状態のトポロジーは $\chi = 1$ の円盤 (disk) で表されるので (2 枚の円盤を張り合わせると内積になる), 何もない状態に $e^{-iQ\varphi_0}$ が現れることが分かる。

はゼロモード部分で,
$$e^{i\beta\varphi_0(\eta)} = e^{i\beta\hat{q}/2}e^{2i\beta\eta\hat{p}}e^{i\beta\hat{q}/2}$$

と書ける[*9]。この演算子に Virasoro 生成子を作用させると
$$[L_n, V_\beta(\eta,\sigma)] = e^{in(\eta+\sigma)}\left(-i\partial_+ + \frac{n}{2}d_\beta\right)V_\beta(\eta,\sigma),$$
$$[\tilde{L}_n, V_\beta(\eta,\sigma)] = e^{in(\eta-\sigma)}\left(-i\partial_- + \frac{n}{2}d_\beta\right)V_\beta(\eta,\sigma)$$

と変換する。ここで, $\partial_\pm = (\partial_\eta \pm \partial_\sigma)/2$ で, d_β は左右の共形次元の和
$$d_\beta = 2\Delta_\beta = \beta^2 - 2Q\beta$$

である。この変換式を共形 Killing ベクトルの任意関数 ζ^μ で定義された生成子 L_ζ (4-11) で表すと
$$i[L_\zeta, V_\beta] = \zeta^\mu\partial_\mu V_\beta + \frac{d_\beta}{2}\partial_\mu\zeta^\mu V_\beta$$

となる。また, 演算子 V_β と状態 $|\beta\rangle$ の対応は
$$|\beta\rangle = \lim_{\eta\to i\infty} e^{-id_\beta\eta}V_\beta(\eta,\sigma)|\Omega\rangle$$

で与えられる。

特に $d_\beta = 2$ となる演算子は遮蔽演算子 (screening operator) と呼ばれて, (4-5) を用いて
$$V_\pm = :e^{i\beta_\pm\varphi}:$$

で与えられる。これらの体積積分は両方とも Virasoro 生成子 L_n と交換して
$$\left[L_n, \int d^2x V_\pm(x)\right] = -i\int d^2x\,\partial_+\left(e^{in(\eta+\sigma)}V_\pm(x)\right) = 0$$

を満たす。同様に $\tilde{L}_n$ に対しても消える。

[*9] Baker-Campbell-Hausdorff 公式
$$e^A e^B = \exp\left\{A + B + \frac{1}{2}[A,B] + \frac{1}{12}\Big([A,[A,B]] + [B,[B,A]]\Big) + \cdots\right\}$$
の交換子 $[A,B]$ が定数になる場合の式を使うと良い。

ここで, (4-6) で定義されるミニマル系列を考えると, 共形次元 Δ_β が (4-7) となる電荷 β は

$$\beta_{n,m} = Q - \frac{1}{2}(n\beta_+ + m\beta_-) = \frac{1}{2}[(1-n)\beta_+ + (1-m)\beta_-]$$

で与えられる。

共形不変な真空はインとアウト合わせて背景電荷を $-2Q$ 持つので, 2 点相関関数 $\langle V_{2Q-\beta_{n,m}}(x)V_{\beta_{n,m}}(y)\rangle$ は電荷が相殺 (保存) して値をもつ。一般的には電荷の保存は成り立たない。そこで, 遮蔽演算子をポテンシャル項として加えた作用

$$S_{\mathrm{CFT}} = S_{\mathrm{CG}} + \int d^2 x V_+ + \int d^2 x V_-$$

を考える。この作用での相関関数は, $\beta_j = \beta_{n_j,m_j}$ と書くと

$$\langle V_{\beta_1}(x_1)\cdots V_{\beta_k}(x_k)\rangle$$
$$\sim \frac{1}{n!m!}\left\langle V_{\beta_1}(x_1)\cdots V_{\beta_k}(x_k)\left(\int d^2 x V_+\right)^n \left(\int d^2 x V_-\right)^m \right\rangle_0$$

の構造をもつ。ここで, $\langle\cdots\rangle_0$ は自由場表示の相関関数である。このとき電荷の保存は

$$\sum_{j=1}^{k}\beta_j + n\beta_+ + m\beta_- = 2Q$$

で与えられ, これが成り立つ場合にのみ相関関数は値を持つ。この条件式は, $Q = (\beta_+ + \beta_-)/2$ に注意すると,

$$\frac{1}{2}\sum_{j=1}^{k}(1-n_j) + n = 1, \qquad \frac{1}{2}\sum_{j=1}^{k}(1-m_j) + m = 1$$

と表せる。このとき, n と m が非負の整数で与えられるなら, 計算は容易になる。しかしながら, 一般にそれらは有理数で与えられる。その場合は 1 つ又は複数の演算子の電荷を $\beta_j \to 2Q - \beta_j$ と置き換えて非負の整数になるようにして計算する[10]。

---

[10] V. Dotsenko and V. Fateev, *Conformal Algebra and Multipoint Correlation Functions in 2D Statistical Models*, Nucl. Phys. **B240**[FS12] (1984) 312 を参照。

第 5 章

共形異常と Wess-Zumino 作用

この章では量子重力理論を構成する際に中心的な役割を果たす Wess-Zumino 作用についてまとめる。それは共形異常に伴って生じる作用で，2 次元量子重力では Liouville 作用とか Polyakov 作用と呼ばれるものである。その 4 次元版が本書で重要な役割を担う Riegert 作用と呼ばれるものである。それらは，以後の章で詳しく述べるように，量子論的な一般座標不変性，すなわち背景時空独立性を保障するため必要な作用である。

5.1 Wess-Zumino 積分可能条件

共形異常とは，作用が古典的に共形不変なのに，量子効果によってその有効作用が共形不変でなくなることを指す。すなわち，古典的にゼロであったエネルギー運動量テンソルのトレースが非ゼロになる。

共形異常は無次元の重力作用が存在する偶数次元に現れる。有効作用を Γ と書き，共形変分を $\delta_\omega g_{\mu\nu} = 2\omega g_{\mu\nu}$ と書くと，2 次元の場合は一般的に

$$\delta_\omega \Gamma = -\frac{b_\mathrm{L}}{4\pi} \int d^2 x \sqrt{-g}\, \omega R \tag{5-1}$$

と表される。右辺が共形異常である。2 次元では可能な重力項はスカラー曲率のみである。その前の係数を $b_\mathrm{L} = -c/6$ と書くと，c は有名な Virasoro 代数の中心電荷 (central charge) になる。一方，4 次元の場合は 1 つではなく，独立な無次元の重力項は 4 種類が可能で

$$\delta_\omega \Gamma = \frac{1}{(4\pi)^2} \int d^4 x \sqrt{-g}\, \omega \left\{ \eta_1 R_{\mu\nu\lambda\sigma}^2 + \eta_2 R_{\mu\nu}^2 + \eta_3 R^2 + \eta_4 \nabla^2 R \right\} \tag{5-2}$$

となる。

ここでは，有効作用としていわゆる Wess-Zumino 積分可能条件

$$[\delta_{\omega_1}, \delta_{\omega_2}]\Gamma = 0$$

を満たすものを考える。2 次元ではこの条件は自明に満たされる。一方，4 次元では，(5-2) をさらに変分すると非自明な条件式

$$[\delta_{\omega_1}, \delta_{\omega_2}]\Gamma = \frac{4}{(4\pi)^2}(\eta_1 + \eta_2 + 3\eta_3)$$
$$\times \int d^4 x \sqrt{-g}\, R \left(\omega_1 \nabla^2 \omega_2 - \omega_2 \nabla^2 \omega_1 \right) = 0 \quad (5\text{-}3)$$

が得られ，係数の間に $\eta_1 + \eta_2 + 3\eta_3 = 0$ の条件が付く[*1]。この条件を満たす組み合わせが Weyl テンソルの自乗

$$F_4 = C_{\mu\nu\lambda\sigma}^2 = R_{\mu\nu\lambda\sigma}^2 - 2R_{\mu\nu}^2 + \frac{1}{3}R^2 \quad (5\text{-}4)$$

と Euler 密度 (Gauss-Bonnet 密度)

$$G_4 = R_{\mu\nu\lambda\sigma}^2 - 4R_{\mu\nu}^2 + R^2 \quad (5\text{-}5)$$

である。また，$\nabla^2 R$ は自明に成り立つ。これより共形異常の形は

$$\delta_\omega \Gamma = \frac{1}{(4\pi)^2} \int d^4 x \sqrt{-g}\, \omega \left\{ \zeta_1 C_{\mu\nu\lambda\sigma}^2 + \zeta_2 G_4 + \zeta_3 \nabla^2 R \right\} \quad (5\text{-}6)$$

と分類することが出来る。このように，R^2 単独の項は積分可能条件から除外される。以下では，(5-6) の右辺を重力場の共形因子について汎関数積分して，有効作用 Γ を求めることを考える。

5.2　Liouville 作用と Riegert 作用

ここでは重力場を

$$g_{\mu\nu} = e^{2\phi} \bar{g}_{\mu\nu} \quad (5\text{-}7)$$

[*1] 一般式 (5-2) の右辺に $F_{\mu\nu}^2$ や，係数が次元を持つスカラー曲率 R や 1(宇宙項) の場合も考えることができて，これらはすべて積分可能条件を満たす。

のように共形因子とそれ以外に分解して，共形因子場 ϕ について汎関数積分を実行することを考える．以下，バー付きの重力場の関数は計量 $\bar{g}_{\mu\nu}$ を用いて定義されるものとする．

はじめに 2 次元の場合を考える．スカラー曲率は 2 次元では

$$\sqrt{-g}R = \sqrt{-\bar{g}}(2\bar{\Delta}_2\phi + \bar{R})$$

と分解できる．ここで，$\Delta_2 = -\nabla^2$ である．微分演算子 $\sqrt{-g}\Delta_2$ は 2 次元では任意のスカラー場 A に対して $\sqrt{-g}\Delta_2 A = \sqrt{-\bar{g}}\bar{\Delta}_2 A$ のように共形不変に作用する．この関係式を用いるとスカラー曲率の積分は簡単に実行できて，

$$\begin{aligned}S_{\rm L}(\phi,\bar{g}) &= -\frac{b_{\rm L}}{4\pi}\int d^2x \int_0^\phi d\phi \sqrt{-g}\,R \\ &= -\frac{b_{\rm L}}{4\pi}\int d^2x \sqrt{-\bar{g}}\left(\phi\bar{\Delta}_2\phi + \bar{R}\phi\right)\end{aligned} \quad (5\text{-}8)$$

を得る．この作用のことを Liouville 作用と呼ぶ．係数 $b_{\rm L} = -c/6$ は，例えば，曲がった時空上の自由スカラー場の量子論を考えると $c=1$ と決まる．

ここで，積分した量に Γ ではなく，異なる記号 S を用いた理由は，この節の後半で議論するように，一般座標不変な Γ を構成するには ϕ に依らない非局所的な項を加える必要があるからである．

4 次元の場合は積分可能な項が 3 つある．最初の Weyl テンソルの自乗の項は共形因子場依存性を持たないことから自明に実行できて，有効作用として

$$\zeta_1 \int d^4x \int_0^\phi d\phi \sqrt{-g}\,C^2_{\mu\nu\lambda} = \zeta_1 \int d^4x \sqrt{-\bar{g}}\,\phi\,\bar{C}^2_{\mu\nu\lambda\sigma}$$

の形を得る．

次に，Euler 密度 $\sqrt{-g}G_4$ を積分することを考える．この量はそのままでも汎関数積分できるけれども，ここでは通常の Euler 密度に全微分項を加えた

$$E_4 = G_4 - \frac{2}{3}\nabla^2 R \quad (5\text{-}9)$$

の組み合わせを考える。この拡張された Euler 密度 E_4 は 2 次元でのスカラー曲率が満たす関係式と良く似た関係式

$$\sqrt{-g}E_4 = \sqrt{-\bar{g}}(4\bar{\Delta}_4\phi + \bar{E}_4)$$

を満たす。ここで、Δ_4 は任意のスカラー場に対して $\sqrt{-g}\Delta_4 A = \sqrt{-\bar{g}}\bar{\Delta}_4 A$ が成り立つ共形不変な 4 階微分演算子で,

$$\Delta_4 = \nabla^4 + 2R^{\mu\nu}\nabla_\mu\nabla_\nu - \frac{2}{3}R\nabla^2 + \frac{1}{3}\nabla^\mu R\nabla_\mu \tag{5-10}$$

と定義される。これは自己随伴 (self-adjoint) 条件 $\int d^4x\sqrt{-g}A\Delta_4 B = \int d^4x\sqrt{-g}(\Delta_4 A)B$ を満たしている。この関係式を用いると,$\sqrt{-g}E_4$ はすぐに積分できて,

$$\begin{aligned}S_{\mathrm{R}}(\phi,\bar{g}) &= -\frac{b_c}{(4\pi)^2}\int d^4x\int_0^\phi d\phi\sqrt{-g}E_4 \\ &= -\frac{b_c}{(4\pi)^2}\int d^4x\sqrt{-\bar{g}}\left(2\phi\bar{\Delta}_4\phi + \bar{E}_4\phi\right)\end{aligned} \tag{5-11}$$

を得る。ここで, 後の都合上, 係数は符号を変えて $\zeta_2 = -b_c$ と書いている。この (5-11) 作用のことを Riegert 作用と呼ぶ。

ここでは Riegert 作用を Liouville 作用との類推から天下り的に与えたけれども, 以下の章で明らかにするように, Riegert 作用は一般座標変換の量子代数を構成するために, Weyl 作用と伴に必須の作用であることが分かる。共形因子場 ϕ の線形項が, Liouville 作用の時と同様, 一般座標変換の生成に重要な働きをする。

最後に $\nabla^2 R$ 項を単独で汎関数積分すると R^2 になる。それは 4 次元の変分公式

$$\delta_\omega\sqrt{-g}R^2 = -12\sqrt{-g}R\nabla^2\omega$$

の逆変換に相当する。これより局所的な R^2 の有効作用や紫外発散の存在は許されるが, 前節の積分可能条件より R^2 自身は積分不可なので, 共形変分すると R^2 が出てくる非局所的な有効作用は存在しない事が示唆される。一方, 先にもふれたように, 他の共形異常項に付随する非局所項については後半で議論する。

この章では，独立な共形異常の組み合わせとして F_4, E_4, $\nabla^2 R$ の 3 つを考え，それらを共形因子場で積分して有効作用を求めた。これらの中で，最後の $\nabla^2 R$ 項はしばしば共形異常の任意性問題として取り上げられてきた量である。本来なら量子論的に決まるべきもので，実際，第 9 章で曲がった時空上の QED を例にくり込み群方程式を用いて共形異常の形を決定すると，最初の 2 つの組み合わせのみが現れることが示せる[*2]。

全体の係数 ζ_1 と $b_c(=-\zeta_2)$ は実際に曲がった時空上でループ補正を計算しなければ決まらない定数である。例えば，重力と共形不変に結合している自由場として，N_S 個のスカラー場，N_F 個の Dirac フェルミオン，N_A 個のゲージ場を考えると，それらによる 1 ループ補正から

$$\zeta_1 = \frac{1}{120}\left(N_S + 6N_F + 12N_A\right),$$
$$b_c = \frac{1}{360}\left(N_S + 11N_F + 62N_A\right) \tag{5-12}$$

が得られる。量子重力ではこれらに重力場自身による量子補正が加わる。

5.3 一般座標不変な有効作用

積分可能条件についてもう少し詳しく見てみる。共形不変な場 f の曲がった時空上での作用 I は共形因子場 ϕ に依存しないことから，$I(f,g) = I(f,\bar{g})$ が成り立つ (次元や場の種類によっては f も変換して ϕ の依存性を除く)。そのため，共形因子場 ϕ の依存性は経路積分の測度から生じる。すなわち，計量 $g_{\mu\nu}$ 上で定義された測度を計量 $\bar{g}_{\mu\nu}$ 上の測度に書き換えたときに生じるヤコビアンを考慮して $[df]_g = [df]_{\bar{g}} e^{iS(\phi,\bar{g})}$ と書くと，有効作用は

$$\begin{aligned}e^{i\Gamma(g)} &= \int [df]_g e^{iI(f,g)} \\ &= e^{iS(\phi,\bar{g})} \int [df]_{\bar{g}} e^{iI(f,\bar{g})} = e^{iS(\phi,\bar{g})} e^{i\Gamma(\bar{g})}\end{aligned} \tag{5-13}$$

[*2] Duff の原論文 (付録 F) に現れる良く知られた組み合わせ $F_4 + 2\nabla^2 R/3$ は次元正則化の高次の計算と合致しないので採用しない (第 10 章 10.4 節の脚注[*14] を参照)。

と書ける。ここで, 計量 $g_{\mu\nu}$ を不変に保つ変換

$$\phi \to \phi - \omega, \qquad \bar{g}_{\mu\nu} \to e^{2\omega}\bar{g}_{\mu\nu} \tag{5-14}$$

を上式に適用すると, 左辺は自明に不変で, 右辺は

$$e^{iS(\phi-\omega,e^{2\omega}\bar{g})}e^{i\Gamma(e^{2\omega}\bar{g})} = e^{iS(\phi-\omega,e^{2\omega}\bar{g})}e^{iS(\omega,\bar{g})}e^{i\Gamma(\bar{g})}$$

となる。これが元の $e^{i\Gamma(g)}$ に戻るためには S は関係式

$$S(\phi - \omega, e^{2\omega}\bar{g}) + S(\omega, \bar{g}) = S(\phi, \bar{g}) \tag{5-15}$$

を満たさなければならない。この関係式は Wess-Zumino 積分条件を別の形で表現したもので, S_L と S_R がこの条件を満たすことは, 定義式 (5-8) と (5-11) より, 積分領域 $[0,\phi]$ を $[0,\omega]$ と $[\omega,\phi]$ に分解すれば明らかである。このように, 同時シフト変換 (5-14) の下での不変性は一般座標不変性を保障するものであり, Liouville 作用や Riegert 作用はまさにそれを保障するために現れる。

　最後に有効作用の一般座標不変な形について簡単に述べておく。Liouville 作用 S_L や Riegert 作用 S_R 自体は一般座標不変な形をしていない。この作用に共形因子場 ϕ に依存しない非局所的な項を加えると一般座標不変な有効作用を得ることができる。それは有効作用の関係式 (5-13) の中の $\Gamma(\bar{g})$ に相当する部分を加えることで,

$$\Gamma_{\mathrm{L,R}}(g) = S_{\mathrm{L,R}}(\phi, \bar{g}) + \Gamma_{\mathrm{L,R}}(\bar{g})$$

と表され, 一般座標不変な有効作用はそれぞれ

$$\Gamma_\mathrm{L}(g) = -\frac{b_\mathrm{L}}{16\pi} \int d^2x \sqrt{-g}\, R \frac{1}{\Delta_2} R,$$
$$\Gamma_\mathrm{R}(g) = -\frac{b_c}{8(4\pi)^2} \int d^4x \sqrt{-g}\, E_4 \frac{1}{\Delta_4} E_4 \tag{5-16}$$

で与えられる。ここで, $\Delta_4^{-1}E_4(x) \equiv \int d^4y \sqrt{-g} G(x,y) E_4(y)$, $\Delta_4 G(x,y) = \delta^4(x-y)/\sqrt{-g}$ である。2 次元の場合も同様である。$\Gamma_{\mathrm{L,R}}(\bar{g})$ はこれらを計量 $\bar{g}_{\mu\nu}$ 上で定義したものである。

また、Weyl テンソルの自乗を積分して得られる有効作用も一般座標不変な形をしていない。それは最終的にランニング結合定数の中の物理的な運動量に組み込まれることで一般座標不変な形になる。詳しくは第 10 章で述べることにする。いずれにせよ、共形異常はゲージ異常とは異なって、一般座標不変性を保障するために現れる物理的な量である。

最後に、Wess-Zumino 作用をさらに共形因子場で積分して得られる高次の有効作用について簡単に述べる。それらは、Weyl 項と Euler 項それぞれ

$$S_{\rm F}^{(n)} = \frac{1}{n!} \int d^4 x \sqrt{-\bar{g}} \, \phi^n \bar{C}_{\mu\nu\lambda\sigma}^2,$$
$$S_{\rm G}^{(n)} = \frac{1}{n!} \int d^4 x \sqrt{-\bar{g}} \left\{ 2\phi^n \bar{\Delta}_4 \phi + \bar{E}_4 \phi^n \right\}$$

で与えられる。$n=1$ が上で議論した有効作用である[*3]。それらは、

$$\int d^4 x \frac{\delta}{\delta\phi(x)} S_{\rm F,G}^{(n)} = S_{\rm F,G}^{(n-1)}$$

を満たす。ここで、微分演算子 $\bar{\Delta}_4$ の自己随伴性と、それから導かれる $\int d^4 x \sqrt{-\bar{g}} \bar{\Delta}_4 A = 0$ を使っている。$n \geq 2$ の有効作用は第 10 章で議論するくり込み可能な量子重力理論の高次のくり込み計算に現れる。

5.4 BRST 共形不変性に向けて

この章では通常の曲がった時空上の場の量子論の共形異常について解説した。以下の章でいよいよ本題の BRST 共形不変性について解説する。その際に注意すべきことは共形異常の特異な役割である。

ここで見たように古典的に共形不変な運動項をもつ場を考えても、量子化すると共形異常が出てきてその不変性は必ず壊れてしまう。しかしながら、以下の章で示すように、もともと共形不変性の破れを表す共形異常の Wess-Zumino 作用を一般座標不変性が保たれるように加えて重力場を量子化すると、共形不変性がゲージ対称性として完全に回復することが分かる。

[*3] ここでは、$n=1$ 以外の式は、ϕ で積分するときの被積分関数に一般座標不変な形を用いていないので、Wess-Zumino 積分条件 (5-15) を満たさない。

これが BRST 共形不変性である．このとき，量子論的に閉じる共形代数の生成子が具体的に構成できるための条件として，物質場及び重力場の古典的作用の運動項が共形不変であることが要請される．そのため，この対称性は偶数次元にしか現れない．

次章で，背景時空を $R \times S^1$ に選んだ場合の 2 次元量子重力理論を解説する．もちろん，背景時空の選び方には依らないが，そのようなシリンダー時空 $R \times S^{D-1}$ を選ぶと物理状態をうまく記述することが出来るようになる．第 7, 8 章ではそれぞれ背景時空を Minkowski 時空 M^4 とシリンダー時空 $R \times S^3$ に選んで，紫外極限に現れる背景時空独立な 4 次元量子重力理論を構成する．このとき，シリンダー時空上で定式化された 2 次元と 4 次元の量子重力理論の BRST 共形代数には類似した構造が見出される．2 次元では無限個存在する共形 Killing ベクトルの数が 4 次元では有限の 15 個に減って条件が弱くなるように見えるが，その一方で空間の等長変換群 (isometry group) が $SO(2)$ の可換群から $SO(4)$ の非可換群に拡大することで強い制限が生じる．

第6章

2次元量子重力理論

4次元重力の量子化を議論する前に，演習問題として，厳密解が存在して，その性質が良く調べられている2次元重力の量子化について簡潔にまとめておく[*1]。

6.1 Liouville作用の量子化

重力場 $g_{\mu\nu}$ を (5-7) のよう共形因子 $e^{2\phi}$ と計量 $\bar{g}_{\mu\nu}$ に分解する。このとき，一般座標変換 $\delta_\xi g_{\mu\nu} = g_{\mu\lambda}\nabla_\nu \xi^\lambda + g_{\nu\lambda}\nabla_\mu \xi^\lambda$ は

$$\delta_\xi \phi = \xi^\lambda \partial_\lambda \phi + \frac{1}{2}\bar{\nabla}_\lambda \xi^\lambda,$$
$$\delta_\xi \bar{g}_{\mu\nu} = \bar{g}_{\mu\lambda}\bar{\nabla}_\nu \xi^\lambda + \bar{g}_{\nu\lambda}\bar{\nabla}_\mu \xi^\lambda - \bar{g}_{\mu\nu}\bar{\nabla}_\lambda \xi^\lambda \qquad (6\text{-}1)$$

と分解される。バー付きの計量はさらに非力学的な背景計量 $\hat{g}_{\mu\nu}$ と $tr(h) = \hat{g}^{\mu\nu}h_{\mu\nu} = 0$ を満たすトレースレステンソル場を導入して $\bar{g}_{\mu\nu} = (\hat{g}e^h)_{\mu\nu}$ と分解することが出来る。しかしながら，2次元ではトレースレステンソル場の自由度は次元と同じ2個なので，2つのゲージ自由度 ξ^μ を使って

$$h_{\mu\nu} = 0 \qquad (6\text{-}2)$$

の共形ゲージ (conformal gauge) に固定することができる。

共形ゲージの下での2次元量子重力の分配関数は

$$Z = \int [dgdf]_g e^{iI_\mathrm{M}(f,g)}$$
$$= \int [d\phi dbdcdf]_{\hat{g}} e^{iS_\mathrm{L}(\phi,\hat{g})+iI_\mathrm{M}(f,\hat{g})+iI_\mathrm{gh}(b,c,\hat{g})}$$

[*1] 非臨界弦理論 (non-critical string) と呼ばれることもある (6.3節脚注*10参照)。

で与えられる。ここで, f は共形不変な物質場で, I_M はその作用を表す。I_gh はゲージ固定に伴う共形不変な bc ゴースト作用である。宇宙項に相当する Liouville ポテンシャル項はここでは省いてある。S_L は前章で導入した (5-8) の Liouville 作用

$$S_\mathrm{L}(\phi,\hat{g}) = -\frac{b_\mathrm{L}}{4\pi} \int d^2x \sqrt{-\hat{g}} \left(\hat{g}^{\mu\nu} \partial_\mu \phi \partial_\nu \phi + \hat{R}\phi \right) \qquad (6\text{-}3)$$

で, その係数 b_L は理論全体の共形異常から決まって, 物質場の中心電荷を c_M とすると

$$b_\mathrm{L} = -\frac{c_\mathrm{M} - 25}{6} \qquad (6\text{-}4)$$

で与えられる*2。この値の決め方についての注意及びその意味については bc ゴースト作用を定義した後で詳しく述べる。物質場の中心電荷が $c_\mathrm{M} < 25$ のとき $b_\mathrm{L} > 0$ となって Liouville 作用は正定値になる。ここでは $c_\mathrm{M} \leq 1$ の CFT と結合した系を考える。また, 2 次元量子重力では共形因子場 ϕ のことを Liouville 場と呼ぶことが多いので, ここでもそう呼ぶことにする。

共形ゲージ (6-2) 下での 2 次元トレースレステンソル場の変換則は, (6-1) の第 2 式より,

$$\delta_\xi h_{\mu\nu} = \hat{\nabla}_\mu \xi_\nu + \hat{\nabla}_\nu \xi_\mu - \hat{g}_{\mu\nu} \hat{\nabla}^\lambda \xi_\lambda \qquad (6\text{-}5)$$

で与えられる。このことから, 通常のゲージ固定の処方箋に従ってゲージ変数 ξ^μ をゴースト場 c^μ に置き換え, 反ゴースト場 $b_{\mu\nu}$ を導入すると, ゴーストの作用

$$I_\mathrm{gh} = \frac{i}{2\pi} \int d^2x \sqrt{-\hat{g}} \, b_{\mu\nu} \delta_c h^{\mu\nu} = \frac{i}{\pi} \int d^2x \sqrt{-\hat{g}} \, b_{\mu\nu} \hat{\nabla}^\mu c^\nu \qquad (6\text{-}6)$$

が得られる。ここで, 反ゴースト場は自由度が 2 になる対称トレースレス場である。

---

*2 2 次元量子重力では, 通常, 場を $\phi \to \phi/\sqrt{2b_\mathrm{L}}$ と再定義して, 作用密度を $-(1/8\pi)\{(\partial\phi)^2 + 2Q\hat{R}\phi\}$ の形に書き換えてから量子化する。ここで, $Q = \sqrt{b_\mathrm{L}/2}$ をある。本書では, 4 次元との類似性を強調するため, 再定義せずに話を進める。

6.1 Liouville 作用の量子化

さて,前出の係数 b_L (6-4) の件で要注意なことは,前章で議論した物質場の積分測度 $[df]_g$ とは異なって,重力場の測度 $[dg]_g$ は $g_{\mu\nu}$ 上で定義された測度を $g_{\mu\nu}$ 自身で積分するという入れ子の状態になっていることである。従って,上記のように重力場の測度も含めて Liouville 作用で書けるというのは,この時点では仮定である。しかしながら,一旦背景時空上の場の理論に書き換えてしまえば,

$$S_\mathrm{2DQG} = S_\mathrm{L} + I_\mathrm{M} + I_\mathrm{gh}$$

を作用とみなして通常に量子化を実行することができるので,理論に矛盾が無いかどうかを確かめることが出来る。

そこで,当面 Liouville 作用 (6-3) の前の係数 b_L を任意として,作用 S_2DQG を量子化することにする。この理論の共形異常 (5-1) は Liouville 作用の係数によらずに決まって,それを b_L と区別するためにプライムを付けて書くと,$b'_\mathrm{L} = -(c_\mathrm{M} - 25)/6$ で与えられる。物質場の中心電荷は自由スカラー場だと $c_\mathrm{M} = 1$ になる (付録 D.4 参照)。その他の場の b_L への寄与の内訳は分子の -25 の内 -26 が bc ゴースト場からの寄与で,1 が Liouville 場 ϕ からの寄与である。これは Liouville 場の 2 次の運動項部分が自由スカラー場のそれであることから来る[*3]。

この結果を踏まえて背景計量 $\hat{g}_{\mu\nu}$ を共形変換すると,分配関数は

$$\begin{aligned}Z(e^{2\omega}\hat{g}) &= \int [d\phi db dc df]_{e^{2\omega}\hat{g}} e^{iS_\mathrm{L}(\phi, e^{2\omega}\hat{g}) + iI_\mathrm{M} + iI_\mathrm{gh}} \\ &= \int [d\phi db dc df]_{\hat{g}}\, e^{iS'_\mathrm{L}(\omega,\hat{g})} e^{iS_\mathrm{L}(\phi, e^{2\omega}\hat{g}) + iI_\mathrm{M} + iI_\mathrm{gh}} \\ &= \int [d\phi db dc df]_{\hat{g}}\, e^{iS'_\mathrm{L}(\omega,\hat{g}) + iS_\mathrm{L}(\phi - \omega, e^{2\omega}\hat{g}) + iI_\mathrm{M} + iI_\mathrm{gh}}\end{aligned}$$

のように変換することが分かる。最初の等式では物質場とゴーストの作用が共形不変であることを使っている。また,Liouville 作用の 2 次の運動項部分も共形不変である。測度の中の ω 依存をヤコビアンとして Liouville 作用で書き換えると 2 番目の等式が得られる。S'_L は係数 b'_L を持つ Liouville 作

[*3] Liouville 場の Virasoro 代数の中心電荷は 1 ではなく,ϕ の線形項からの寄与が加わって $1 + 6b_\mathrm{L}$ となることに注意 (5.2 節を参照)。

用である。3 番目の等式は Liouville 場を $\phi \to \phi - \omega$ と変換することで得られる。その際, 背景時空上で定義された測度 $[d\phi]_{\hat{g}}$ はこのシフト変換に対して不変であることに注意しなければならない。ここで, $b_{\mathrm{L}} = b'_{\mathrm{L}}$ と置くと, Wess-Zumino 関係式 (5-15) が使えて,

$$Z(e^{2\omega}\hat{g}) = \int [d\phi dbdcd f]_{\hat{g}}\, e^{iS_{\mathrm{L}}(\omega,\hat{g})+iS_{\mathrm{L}}(\phi-\omega,e^{2\omega}\hat{g})+iI_{\mathrm{M}}+iI_{\mathrm{gh}}} = Z(\hat{g})$$

が成り立つことが示せる。このように, 理論が背景時空独立になる条件から Liouville 作用の係数が (6-4) と決まる。

共形不変性を示す際に Liouville 場が積分変数であることが重要な役割を果たしたことからも分かるように, この不変性は量子重力に固有のもので, いわゆる背景時空独立性を実現したものである。その際に共形異常という本来共形不変性を破る量が現れるにもかかわらず, 重力場を積分することで共形不変性が厳密に回復する。

6.2 Virasoro 代数と物理状態

作用 S_{2DQG} を正準量子化して背景時空独立性を代数的により詳しく調べる。ここでは, 第 4 章 4.3 節の 2 次元共形場理論の自由場表示のときのように, 各場を座標 $x^\mu = (\eta, \sigma)$, $0 < \sigma < 2\pi$ で表される $R \times S^1$ のシリンダー背景時空上で展開することにする。Liouville 場の量子化は 4.3 節の場合と同様に出来るが, 場の表記の違い (6.1 節脚注*2) や虚数単位の入り方等に注意する。

Liouville 場は, 運動方程式 $\partial^2 \phi = (-\partial_\eta^2 + \partial_\sigma^2)\phi = 0$ より, 右巻きと左巻きのモード及びゼロモードを用いて,

$$\phi(\eta,\sigma) = \frac{1}{\sqrt{2b_{\mathrm{L}}}}\left\{\hat{q} + 2\eta\hat{p} + \sum_{n\neq 0} \frac{i}{n}\left(\alpha_n^+ e^{-in(\eta+\sigma)} + \alpha_n^- e^{-in(\eta-\sigma)}\right)\right\} \quad (6\text{-}7)$$

と展開される。その共役運動量は $\Pi = (b_L/2\pi)\partial_\eta \phi$ で与えられる。ϕ が実数の場であることから Hermite 共役は $\alpha_n^{\pm\dagger} = \alpha_{-n}^{\pm}$ となる。同時刻交換関係は $[\phi(\sigma), \Pi(\sigma')] = i\delta(\sigma - \sigma')$ と設定され, デルタ関数が $\delta(\sigma - \sigma') =$

$\sum_{n\in \mathbf{Z}} e^{in(\sigma-\sigma')}/2\pi$ で与えられることから,各モードの交換関係が

$$[\hat{q},\hat{p}]=i, \quad [\alpha_n^\pm,\alpha_m^\pm]=n\delta_{n+m,0}, \quad [\alpha_n^\pm,\alpha_m^\mp]=0$$

と求まる。

共形ゲージ (6-2) を保つ残りのゲージ自由度 (residual gauge degrees of freedom) は共形 Killing 方程式

$$\partial_\mu \zeta_\nu + \partial_\nu \zeta_\mu - \eta_{\mu\nu}\partial^\lambda \zeta_\lambda = 0$$

を満たす共形 Killing ベクトル ζ^μ で与えられる。それは,トレースレステンソル場の変換性 (6-5) より, $\xi^\mu = \zeta^\mu$ と置くと $\delta_\zeta h_{\mu\nu}=0$ となってゲージ条件が保存することから分かる。この残りのゲージ自由度 ζ^μ による変換は共形代数を構成し,その生成子は

$$L_\zeta = \int_{S^1} d\sigma\, \zeta^\mu :\hat{\Theta}_{\mu 0}: \tag{6-8}$$

で与えられる。ここで,記号 : : は正規順序付けを表す。$\hat{\Theta}_{\mu\nu}$ はトレースレスの条件を満たすエネルギー運動量テンソルで,背景時空による変分を用いて

$$\hat{\Theta}^{\mu\nu} = \frac{2}{\sqrt{-\hat{g}}} \frac{\delta S_{\mathrm{2DQG}}}{\delta \hat{g}_{\mu\nu}}$$

と定義される。このとき,足の上げ下げは $\hat{\Theta}^\mu{}_\nu = \hat{g}_{\nu\lambda}\hat{\Theta}^{\mu\lambda}$ のように背景計量を用いて行う。共形 Killing 方程式とエネルギー運動量テンソルの保存式を使うと生成子の時間微分はエネルギー運動量テンソルのトレースに比例して消えることから L_ζ は保存する。

Liouville 場のエネルギー運動量テンソルは

$$\hat{\Theta}^{\mathrm{L}}_{\mu\nu} = \frac{h_{\mathrm{L}}}{2\pi}\left\{\partial_\mu\phi\partial_\nu\phi - \frac{1}{2}\eta_{\mu\nu}\partial^\lambda\phi\partial_\lambda\phi + (\eta_{\mu\nu}\partial^\lambda\partial_\lambda - \partial_\mu\partial_\nu)\phi\right\}$$

で与えられる。最初の 2 項は通常の 2 次元スカラー場のエネルギー運動量テンソルである。最後の項は $\hat{R}\phi$ 項を変分することで得られる Liouville 理論に固有な項である。そのトレースは Liouville 場の運動方程式によって消える。

2次元では共形 Killing ベクトル ζ^μ は無限個存在して, (4-12) を基底とする任意関数で与えられる。ここではそれらを記号 $\pm$ を使って $\zeta_n^{+\mu} = (e^{in(\eta+\sigma)}/2, e^{in(\eta+\sigma)}/2)$ と $\zeta_n^{-\mu} = (e^{in(\eta-\sigma)}/2, -e^{in(\eta-\sigma)}/2)$ で表すことにする。これらを定義式 (6-8) に代入すると, いわゆる Virasoro 生成子

$$L_n^{L\pm} = e^{in\eta} \int_0^{2\pi} d\sigma\, e^{\pm in\sigma} \frac{1}{2} : (\hat{\Theta}_{00}^L \pm \hat{\Theta}_{01}^L) : + \frac{b_L}{4}\delta_{n,0}$$

$$= \frac{1}{2} \sum_{m \in \mathbf{Z}} :\alpha_m^\pm \alpha_{n-m}^\pm: + i\sqrt{\frac{b_L}{2}} n\alpha_n^\pm + \frac{b_L}{4}\delta_{n,0}$$

が得られる。ここで, $\alpha_0^\pm = \hat{p}$ である。生成子は実数性条件 $L_n^{L\pm\dagger} = L_{-n}^{L\pm}$ を満たす。Virasoro 生成子の最後の項 $(b_L/4)\delta_{n,0}$ は座標を $R \times S^1$ に選んだことによる Casimir 効果で,

$$H^L = L_0^{L+} + L_0^{L-} = \hat{p}^2 + \frac{b_L}{2} + \sum_{n=1}^\infty \{\alpha_n^{+\dagger}\alpha_n^+ + \alpha_n^{-\dagger}\alpha_n^-\}$$

のように Hamilton 演算子を $b_L/2$ だけシフトさせる[*4]。このエネルギーシフトは共形代数が量子論的に閉じるために必要である。

物質場と bc ゴースト場の Virasoro 生成子 (次節 (6-16) を参照) を加えた全 Virasoro 生成子

$$L_n^\pm = L_n^{L\pm} + L_n^{M\pm} + L_n^{gh\pm}$$

は Virasoro 代数

$$[L_n^\pm, L_m^\pm] = (n-m)L_{n+m}^\pm + \frac{c}{12}(n^3-n)\delta_{n+m,0}$$

及び $[L_n^+, L_m^-] = 0$ を満たす。このとき, 全中心電荷 c は

$$c = 1 + 6b_L + c_M - 26 = 0 \tag{6-9}$$

となって, 係数 b_L が (6-4) のとき量子論的に共形不変になることが分かる。ここで, c_M と -26 はそれぞれ物質場と bc ゴースト場の中心電荷である。

[*4] シリンダー背景時空上では $L_0^\pm$ は左巻き/右巻きの共形次元 (conformal weight) を数えるスケール変換 (dilatation) 演算子に相当し, Hamilton 演算子 $H = L_0^+ + L_0^-$ は左右の共形次元の和を数える演算子になる。

$1 + 6b_{\rm L}$ は Liouville 場からの寄与で，その内 1 は Liouville 場がスカラー的ボゾン場であることからくる。$6b_{\rm L}$ は Liouville 作用が共形不変でない $\hat{R}\phi$ 項をもつことに由来している。実際，Liouville 場のエネルギー運動量テンソルの代数を Poisson 括弧を用いて計算すると非ゼロの中心電荷 $6b_{\rm L}$ が生じる。量子化をするとこれに補正 1 が加わる[*5]。

中心電荷が消える条件は系全体で一般座標不変性が量子論的に成り立つことを表している。ゲージ対称性である一般座標不変性の一部として共形不変性が現れているので，共形変換によって移り変わることのできる理論はすべてゲージ同値になる。このように，代数的に理論が背景時空の選び方に依らないことが示せる。

次に 2 次元量子重力の物理状態について議論する。この節では先ず，bc ゴースト場は積分されて表にでない場合を考えることにする。このとき共形不変な真空は Virasoro 生成子に対して $L_n^\pm|\Omega\rangle = 0 \ (n \geq -1)$ を満たす状態として定義され，

$$|\Omega\rangle = e^{-b_{\rm L}\phi_0}|0\rangle \tag{6-10}$$

で与えられる。ここで，$|0\rangle$ は共形不変な真空ではなく，第 4 章 4.3 節のときのように，$\hat{p}$ と消滅モードに対して消える通常の Fock 真空とする。$\phi_0 = \hat{q}/\sqrt{2b_{\rm L}}$ は Liouville 場のゼロモードで，その指数関数因子は $\hat{R}\phi$ 項に由来する。指数は一般に Liouville 電荷と呼ばれ，特に真空が持っているものを背景電荷と呼ぶ[*6]。

共形不変な真空 (6-10) に Liouville 電荷 γ を加えた新たな Fock 真空 $|\gamma\rangle = e^{\gamma\phi_0}|\Omega\rangle$ を導入する。この状態は Hamilton 演算子の固有状態で

$$H^{\rm L}|\gamma\rangle = h_\gamma|\gamma\rangle, \qquad h_\gamma = \gamma - \frac{\gamma^2}{2b_{\rm L}} \tag{6-11}$$

を満たす。それに生成演算子を作用させた状態

$$|\Psi\rangle = \mathcal{O}(\alpha_n^{\pm\dagger}, \cdots)|\gamma\rangle$$

[*5] 物質場の中心電荷 c_M も自由ボソン場を表示を使用する場合は同様である。

[*6] 第 4 章 4.3 節の脚注*8 を参照。Euclid 経路積分を考え，χ を Euler 標数とすると，ゼロモード部分の経路積分の重みは $\exp(-b_{\rm L}\chi\phi_0)$ で与えられる。物理状態のトポロジーは $\chi = 1$ の円盤 (disk) で表されるので，何もない状態に $e^{-b_{\rm L}\phi_0}$ が現れる。

の中で Virasoro 条件

$$\left(H^{\mathrm{L}} + H^{\mathrm{M}} - 2\right)|\Psi\rangle = 0, \quad \left(L_n^{\mathrm{L}\pm} + L_n^{\mathrm{M}\pm}\right)|\Psi\rangle = 0 \quad (n \geq 1) \quad (6\text{-}12)$$

を満たすものを物理状態と定義する。これは一般座標不変性を保障する Wheeler-DeWitt 拘束条件の量子版に他ならない。ここでは生成子の中の bc ゴースト場の寄与は積分されたものと考えているので, Hamilton 演算子条件の中に -2 が現れる。この 2 は時空の次元を表していて, 後で示すように, 状態と対応する場の演算子 $\mathcal{O}_\gamma$ の時空積分 $\int d^2x \, \mathcal{O}_\gamma$ が一般座標不変になることを保障する。

ここでは簡単のため, 物理状態として CFT で記述される物質場のプライマリー場が量子重力の補正を受ける場合のみを考える。左右の共形次元が同じ Δ を持つ実プライマリー場は物質場の Virasoro 生成子を用いて

$$L_0^{\mathrm{M}\pm}|\Delta\rangle = \Delta|\Delta\rangle, \qquad L_n^{\mathrm{M}\pm}|\Delta\rangle = 0 \; (n \geq 1)$$

で定義される。物質場の状態をプライマリー場 Φ_Δ を導入して象徴的に $|\Delta\rangle = \Phi_\Delta^\dagger|0\rangle$ と表すと[*7], 量子重力の補正を受けた物理状態 (gravitationally dressed state) は

$$\Phi_\Delta^\dagger|\gamma_\Delta\rangle$$

で与えられる。Liouville 電荷 γ_Δ は Hamilton 演算子条件から 2 次方程式

$$h_{\gamma_\Delta} + 2\Delta = 2$$

を満たすことが分かる。ここで, h_γ は (6-11) で与えられる。2 つある解の内で, 古典極限 $b_{\mathrm{L}} \to \infty$ が正準値 $2 - 2\Delta$ に近づく方を選ぶと,

$$\begin{aligned}\gamma_\Delta &= b_{\mathrm{L}}\left(1 - \sqrt{1 - \frac{4 - 4\Delta}{b_{\mathrm{L}}}}\right) \\ &= 2 - 2\Delta + \frac{2(1-\Delta)^2}{b_{\mathrm{L}}} + \frac{4(1-\Delta)^3}{b_{\mathrm{L}}^2} + \cdots \end{aligned} \quad (6\text{-}13)$$

[*7] 厳密には, 状態と演算子の対応は $|\Delta\rangle = \lim_{\eta \to i\infty} e^{-i2\Delta\eta}\Phi_\Delta(\eta,\sigma)|0\rangle$ で与えられる。自由ボゾン場表示を用いたプライマリー場の記述は第 4 章 4.3 節を参照。

6.2 Virasoro 代数と物理状態

と決まる*8。

双対関係 $h_\gamma = h_{2b_L - \gamma}$ より,物理条件を満たすもう一方の解の状態 $\Phi_\Delta^\dagger |2b_L - \gamma_\Delta\rangle$ が存在する。この状態には対応する古典的な重力状態が存在しないので物理的な対象とは考えない。ただ,この状態を使うと内積が $\langle 2b_L - \gamma_\Delta | \Phi_\Delta \Phi_\Delta^\dagger | \gamma_\Delta \rangle = \langle \Omega | e^{2b_L \phi_0} | \Omega \rangle = 1$ のように定義できる。そのため,双対状態は内線にしか現れない仮想的 (virtual) な状態と考える*9。

量子重力の補正を受けた状態に対応する物理的場の演算子は,Liouville 電荷 γ をもった指数演算子

$$V_\gamma(\eta, \sigma) =: e^{\gamma \phi(\eta, \sigma)} := e^{\gamma \phi_>(\eta, \sigma)} e^{\gamma \phi_0(\eta)} e^{\gamma \phi_<(\eta, \sigma)} \tag{6-14}$$

を用いて表される。ここで,ϕ_0, $\phi_>$, $\phi_<$ はそれぞれ場の展開式 (6-7) のゼロモード,生成モード,消滅モード部分に相当する。ゼロモード部分は $e^{\gamma \phi_0(\eta)} = e^{\gamma \hat{q}/2\sqrt{2b_L}} e^{2\gamma \eta \hat{p}/\sqrt{2b_L}} e^{\gamma \hat{q}/2\sqrt{2b_L}}$ と書くことも出来る。この演算子は Virasoro 生成子に対して

$$[L_n^{L\pm}, V_\gamma(\eta, \sigma)] = e^{in(\eta \pm \sigma)} \left(-i\partial_\pm + \frac{n}{2} h_\gamma \right) V_\gamma(\eta, \sigma) \tag{6-15}$$

と変換する。ここで,$\partial_\pm = (\partial_\eta \pm \partial_\sigma)/2$ である。これより,γ として (6-13) の $\Delta = 0$ の場合を選ぶと,$h_{\gamma_0} = 2$ から,

$$i[L_n^{L\pm}, V_{\gamma_0}(\eta, \sigma)] = \partial_\pm \{ e^{inx^\pm} V_{\gamma_0}(\eta, \sigma) \}$$

が成り立つ。従って,一般座標不変性を表す式

$$\left[L_n^{L\pm}, \int d^2 x V_{\gamma_0}(x) \right] = 0$$

が成り立つ。このことから,演算子 $V_{\gamma_0} =: e^{\gamma_0 \phi}:$ は宇宙項 $\sqrt{-g}$ に相当する。実際,古典極限 $b_L \to \infty$ では $\sqrt{-g} = e^{2\phi}$ そのものになる。

---

*8 量子重力の補正因子 $e^{\gamma_\Delta \phi_0}$ は Liouville 場のゼロモード演算子 $\hat{p}$ の固有値 p が純虚数で与えられることを意味している。もしこのゼロモードが実数ならば $\int d\phi_0 e^{ip\phi_0} e^{ip'\phi_0} = \delta(p + p')$ のようにデルタ関数規格化することが出来るが,量子重力の状態はこのように単純に規格化することができない。

*9 第 4 章 4.3 節で議論した CFT の自由ボソン場表示のときと違って,Liouville 場は重力場の共形因子という物理的な意味を持っている。このことは,6.4 節の相関関数の構成の仕方に反映される。

プライマリー場 Φ_Δ を含む場合も同様である。Liouville 電荷を (6-13) に選んだ演算子 V_{γ_Δ} と Φ_Δ の積は全 Virasoro 生成子に対して $i[L_n^\pm, \Phi_\Delta V_{\gamma_\Delta}(\eta,\sigma)] = \partial_\pm \{e^{in(\eta\pm\sigma)}\Phi_\Delta V_{\gamma_\Delta}(\eta,\sigma)\}$ が成り立って、その体積積分は Virasoro 不変になる。この演算子は $\sqrt{-g}\Phi_\Delta$ に相当する。物理状態とその演算子の対応関係は極限

$$\Phi_\Delta^\dagger |\gamma_\Delta\rangle = \lim_{\eta \to i\infty} e^{-2i\eta} \Phi_\Delta V_{\gamma_\Delta}(\eta,\sigma)|\Omega\rangle$$

で与えられる。

6.3 BRST 演算子と物理状態

前節の議論を BRST 形式を用いて定式化する[*10]。場の変数 $b_{\pm\pm} = b_{00} \pm b_{01}$ と $c^\pm = c^0 \pm c^1$ を導入して bc ゴースト作用 (6-6) を書き換えると

$$I_{\rm gh} = \frac{i}{\pi} \int d^2x \left(b_{++}\partial_- c^+ + b_{--}\partial_+ c^- \right)$$

となる。ここで、$\partial_\pm = (\partial_\eta \pm \partial_\sigma)/2$ である。運動方程式が $\partial_- c^+ = \partial_+ c^- = 0$ 及び $\partial_- b_{++} = \partial_+ b_{--} = 0$ と簡単になるので、bc ゴースト場を

$$c^\pm = \sum_{n\in\mathbf{Z}} c_n^\pm e^{-in(\eta\pm\sigma)}, \qquad b_{\pm\pm} = \sum_{n\in\mathbf{Z}} b_n^\pm e^{-in(\eta\pm\sigma)}$$

[*10] この BRST 形式の原論文は M. Kato and K. Ogawa, *Covariant Quantization of String based on BRS Invariance*, Nucl. Phys. B212 (1983) 443 である。D. Friedan, E. Martinec and S. Shenker, *Conformal Invariance, Supersymmetry and String Theory*, Nucl.Phys. B271 (1986) 93 も参照。これらの文献で議論されている弦理論のユニタリ性は、10 次元や 26 次元のターゲット (target) 時空に Minkowski 計量を導入することが出来ることを表している。その時間座標を表す世界面上のボソン場は 2 次元の場の量子論として誤った符号を持っているが、それが無限個ある bc ゴーストの自由度と相殺することでユニタリ性が回復する。その結果、Minkowski ターゲット時空上での S 行列がユニタリになることが示せる。2 次元量子重力も時間の場 t を導入して (t,ϕ) の 2 次元ターゲット時空を持つ弦理論 (非臨界弦理論) と見なすことがある。このとき Liouville 場 ϕ は線形ディラトン背景 (linear dilaton background) と呼ばれるターゲット時空の空間座標を表す。時間座標 t を第 4 章 4.3 節で導入した CFT の自由ボソン場に置き換えたものがここで議論している理論に相当する。いずれにせよ、2 次元面上の場の正定値性とターゲット時空上のユニタリ性については区別して考える必要がある。量子重力の視点では、2 次元時空そのものが揺らいでいるので、S 行列の概念はない。ここでは物理的場の演算子が実数になることが重要である。

6.3 BRST 演算子と物理状態

のようにモード展開することが出来る。各モードの Hermite 共役は $c_n^{\pm\dagger} = c_{-n}^{\pm}$ と $b_n^{\pm\dagger} = b_{-n}^{\pm}$ になる。ゴースト場 $c^{\pm}$ の共役運動量が $ib_{\pm\pm}/2\pi$ となることから同時刻反交換関係は $\{c^{\pm}(\sigma), b_{\pm\pm}(\sigma')\} = 2\pi\delta(\sigma - \sigma')$ と $\{c^{\pm}(\sigma), b_{\mp\mp}(\sigma')\} = 0$ で与えられる。これらより,各モードの反交換関係は

$$\{c_n^{\pm}, b_m^{\pm}\} = \delta_{n+m,0}, \qquad \{c_n^{\pm}, b_m^{\mp}\} = 0$$

となる。

ゴースト場の Virasoro 代数はモードを使って

$$L_n^{\mathrm{gh}\pm} = \sum_{m \in \mathbf{Z}} (n+m) :b_{n-m}^{\pm} c_m^{\pm}: \qquad (6\text{-}16)$$

と書ける。このときゴーストモードに対する正規順序付けは,共形不変性 $L_n^{\mathrm{gh}\pm}|0\rangle_{\mathrm{gh}} = 0 \ (n \geq -1)$ を満たすように真空を $c_n^{\pm}|0\rangle_{\mathrm{gh}} = 0 \ (n \geq 2)$ 及び $b_n^{\pm}|0\rangle_{\mathrm{gh}} = 0 \ (n \geq -1)$ と定義して,この真空に対して消えるモードを右に持ってくるものと定義する[*11]。

BRST 演算子は $Q_{\mathrm{BRST}} = Q^+ + Q^-$ と分解されて,それぞれ

$$Q^{\pm} = \sum_{n \in \mathbf{Z}} c_{-n}^{\pm} \left(L_n^{\mathrm{L}\pm} + L_n^{\mathrm{M}\pm} \right) - \frac{1}{2} \sum_{n,m \in \mathbf{Z}} (n-m) :c_{-n}^{\pm} c_{-m}^{\pm} b_{n+m}^{\pm}:$$

で与えられる。これはさらに

$$Q^{\pm} = c_0^{\pm} L_0^{\pm} - b_0^{\pm} M^{\pm} + d^{\pm}, \qquad M^{\pm} = 2\sum_{n=1}^{\infty} n c_{-n}^{\pm} c_n^{\pm}$$

と分解することが出来る。ここで,$L_0^{\pm}$ はゴーストを含めた全 Hamilton 演算子で,ゴーストのゼロモードを含まない最後の項は

$$d^{\pm} = \sum_{n \neq 0} c_{-n}^{\pm} \left(L_n^{\mathrm{L}\pm} + L_n^{\mathrm{M}\pm} \right) - \frac{1}{2} \sum_{\substack{n,m \neq 0 \\ n+m \neq 0}} (n-m) :c_{-n}^{\pm} c_{-m}^{\pm} b_{n+m}^{\pm}:$$

[*11] これは OPE の計算等に適した順序付けで,共形正規順序付けと呼ぶこともある。一方,$c_n^{\pm}$ と $b_n^{\pm}$ の $n > 0$ モードを右に持ってくる Fock 真空 (後述) に対応する順序付けは,これと区別して,生成消滅正規順序付けと呼ぶ。それを $\ddagger\ \ddagger$ と書くと,生成子は $L_n^{\mathrm{gh}\pm} = \sum_{m \in \mathbf{Z}} (n+m) \ddagger b_{n-m}^{\pm} c_m^{\pm} \ddagger - \delta_{n,0}$ と表される。

で与えられる。このとき，BRST 演算子の冪ゼロ性 $Q_{\text{BRST}}^2 = 0$ は

$$d^{\pm 2} = L_0^\pm M^\pm, \qquad [d^\pm, L_0^\pm] = [d^\pm, M^\pm] = [L_0^\pm, M^\pm] = 0$$

と表される。

物理状態を構成するために消滅モード $c_n^\pm$, $b_n^\pm$ $(n > 0)$ で消える Fock 真空 $c_1^+ c_1^- |0\rangle_{\text{gh}}$ を導入する[*12]。このゴースト真空と (6-10) を合わせた真空に Liouville 電荷 γ と生成演算子を作用させた状態

$$|\Psi\rangle = \mathcal{O}(\alpha_n^{\pm\dagger}, c_n^{\pm\dagger}, b_n^{\pm\dagger}, \cdots)|\gamma\rangle \otimes c_1^+ c_1^- |0\rangle_{\text{gh}}$$

を考え，それに BRST 共形不変性の条件 $Q_{\text{BRST}}|\Psi\rangle = 0$ を課して物理状態を求める。

状態 $|\Psi\rangle$ はゼロモード $b_0^\pm$ を作用させると消えることから，BRST 共形不変な物理状態として

$$b_0^\pm |\Psi\rangle = 0, \qquad L_0^\pm |\Psi\rangle = 0 \qquad (6\text{-}17)$$

を満たすものを考えればよいことが分かる。ここで，後半の条件式は全 Hamilton 演算子が $L_0^\pm = \{Q_{\text{BRST}}, b_0^\pm\}$ のように BRST 自明になることから来る。

これより，部分空間 (6-17) 上で構成される物理状態が満たすべき BRST 共形不変性の条件は，

$$d^\pm |\Psi\rangle = 0$$

と表される。前節のように，$\mathcal{O}$ にゴーストモードが含まれない場合は条件式 (6-12) と同じになる。このとき，エネルギーシフト -2 は $L_0^{\text{gh}\pm} c_1^\pm |0\rangle_{\text{gh}} = -c_1^\pm |0\rangle_{\text{gh}}$ から生じる。

2 次元量子重力には，先にも触れた微分を含む特殊な物理状態 (discrete state) や環構造を持つ非自明なゴースト数の物理状態 (grand ring state) が存在する[*13]。また，これらを組み合わせると W_∞ 対称性を生成するカレン

[*12] この真空とゴースト場の対応は極限 $\lim_{\eta \to i\infty} e^{2i\eta} c^+ c^- |0\rangle_{\text{gh}}$ で与えられる。

[*13] 付録 F の P. Bouwknegt, J. McCarthy and K. Pilch, *BRST Analysis of Physical States for 2D Gravity Coupled to $c \leq 1$ Matter*, Commun. Math. Phys. **145** (1992) 541 を参照。

トが構成でき,その Ward 恒等式として相関関数の間の非自明な非線形関係式 (W and Virasoro constraints) を導くことが出来る[*14]。

Hamilton 演算子 $L_0^{\text{gh}\pm}$ が $c_0^\pm$ と $b_0^\pm$ を含まないことからゴースト真空は縮退していて,その内積は ${}_{\text{gh}}\langle 0|0\rangle_{\text{gh}} = {}_{\text{gh}}\langle 0|c_{-1}^- c_{-1}^+ c_1^+ c_1^- |0\rangle_{\text{gh}} = 0$ となる。これは内積の間に $\{b_0^\pm, c_0^\pm\} = 1$ を挿入すると自明に成り立つことが分かる。そのため内積は,縮退する対の真空が $\vartheta = ic_0^+ c_0^-$ を用いて $\vartheta c_1^+ c_1^- |0\rangle_{\text{gh}}$ と表せることに注意して,${}_{\text{gh}}\langle 0|c_{-1}^- c_{-1}^+ \vartheta c_1^+ c_1^- |0\rangle_{\text{gh}} = 1$ と規格化する。

Liouville 場の BRST 変換則は

$$i[Q^\pm, \phi(\eta,\sigma)] = c^\pm \partial_\pm \phi(\eta,\sigma) + \frac{1}{2}\partial_\pm c^\pm(\eta,\sigma)$$

で与えられる。左右の BRST 演算子成分を合わせると $i[Q_{\text{BRST}}, \phi] = c^\mu \partial_\mu \phi + \partial_\mu c^\mu/2$ となって,(6-1) のゲージ変数のパラメータ (ゲージ固定後は ζ^μ) をゴースト場 c^μ に置き換えた一般座標変換が得られる。場の演算子 (6-14) の BRST 変換則は,(6-15) より,

$$i[Q^\pm, V_\gamma(\eta,\sigma)] = c^\pm \partial_\pm V_\gamma(\eta,\sigma) + \frac{h_\gamma}{2}\partial_\pm c^\pm V_\gamma(\eta,\sigma)$$

で与えられる。左右の成分を合わせると共形次元が h_γ のスカラー場の共形変換が得られる。これより,宇宙項は先に示した物理条件 $h_\gamma = 2$ を満たす Liouville 電荷 γ_0 の演算子として与えられ,その体積積分 $\int d^2x V_{\gamma_0}$ が BRST 共形不変,すなわち一般座標不変になることが分かる。

さらに,ゴースト場の関数 $c^+ c^-$ を掛けた演算子を考えると,

$$i[Q_{\text{BRST}}, c^+ c^- V_{\gamma_0}(\eta,\sigma)] = \frac{1}{2}(h_{\gamma_0} - 2)c^+ c^- \left(\partial_+ c^+ + \partial_- c^-\right) V_{\gamma_0}(\eta,\sigma) = 0$$

のように BRST 共形不変な局所演算子が得られる。ここで,

$$i\{Q^\pm, c^\pm\} = c^\pm \partial_\pm c^\pm$$

を使っている。この演算子の極限 $\lim_{\eta \to i\infty} c^+ c^- V_{\gamma_0}(\eta,\sigma)|\Omega\rangle \otimes |0\rangle_{\text{gh}}$ が BRST 共形不変な状態に対応する。

[*14] K. Hamada, *Ward Identities of W_∞ Symmetry in Liouville Theory coupled to $c_M < 1$ Matter*, Phys. Lett. **B324** (1994) 278 を参照。

6.4 相関関数について

共形不変性は一般座標不変性と同等である。ゼロモード p が純虚数 (6.2 節脚注*8 参照) であることは, 物理場が一般座標不変な実数の複合場であることを表している。相関関数を求めるためには, Liouville 場のゼロモードの積分から生じる発散を正則化するために, Liouville 電荷をもった物理場をポテンシャル項として作用に加える必要がある。

ここでは, Liouville 電荷 γ_0 を持つ宇宙項演算子 $V = \int d^2x : e^{\gamma_0 \phi} :$ を加えた系を考える。経路積分することを考えて, Euclid 空間に Wick 回転 ($\tau = i\eta$) すると, 符号に注意して, 作用は $S_\mathrm{L} + \mu V$ と表される。一般の物理演算子は $O_\gamma = \int d^2x \, \mathcal{O}_\gamma$ と書くことにする。相互作用のあるこの系では Liouville 場のゼロモード ϕ_0 の積分を考慮する必要がある。空間の Euler 標数が $\int d^2x \sqrt{\hat{g}} \hat{R}/4\pi = 2$ であることから, 作用 S_L の ϕ_0 依存性は $2b_\mathrm{L} \phi_0$ と導ける。場の演算子の依存性は $e^{\gamma \phi_0}$ で与えられることから, 変数 $A = e^{\gamma_0 \phi_0}$ を導入してゼロモードの積分を先に実行すると, 相関関数は

$$\langle O_{\gamma_1} \cdots O_{\gamma_n} \rangle = \frac{1}{\gamma_0} \int_0^\infty \frac{dA}{A} A^{-s} \langle O_{\gamma_1} \cdots O_{\gamma_n} e^{-\mu A V} \rangle_0$$
$$= \mu^s \frac{\Gamma(-s)}{\gamma_0} \langle O_{\gamma_1} \cdots O_{\gamma_n} (V)^s \rangle_0$$

と表すことが出来る。ここで, $\langle \cdots \rangle_0$ は自由場表示での相関関数で, 宇宙項のべき数は

$$s = \frac{2b_\mathrm{L}}{\gamma_0} - \sum_{i=1}^n \frac{\gamma_i}{\gamma_0}$$

と決まる。このときゼロモードの寄与が相殺して, すなわち電荷が保存して相関関数が値を持つ。ここで重要なことはスケール (ここでは宇宙定数) の依存性がべき的な振る舞い (power-law behavior) を示すことである。そして, それは宇宙定数の負べきになることもある。この相関関数の計算は容易ではないが, 2 次元量子重力では解析接続を用いた方法が知られている[*15]。

[*15] M. Goulian and M. Li, *Correlation Functions in Liouville Theory*, Phys. Rev. Lett. **66** (1991) 2051 を参照。

第7章

4次元量子重力理論

量子重力理論を構成するために次の3つの基本条件

- 一般座標不変性
- 有限性
- 4次元時空

を課す。最初に挙げた一般座標不変性はEinstein重力理論の基本原理の1つであり，この対称性が量子論でも成り立つと考える。それは紫外極限では背景時空独立性として表される。

物理的に意味のある量は有限でなければならない。2番目の条件は量子重力ではくり込み可能性のことを指すとともに，時空に特異点が存在しないことも意味している。また，いくつかの高次元時空のモデルが提案されているが，4次元時空は知られている量子場のくり込み可能性を保障する次元であり，観測からも余剰次元の存在を示唆する事実もないことから，時空は4次元とする。

これら3つの条件はその存在を信じることができる現実的なもので，本書の目的の1つはそれらを突き詰めていくと何が見えてくるのかを理解することである。第7-10章で量子論的なこれら3条件から実際に作用の形が決まることを見る。

7.1 量子重力理論の作用

曲がった時空上の場の量子論を考えると，曲率の自乗に比例した発散が必ず生じることから，量子重力の作用として当然重力場の4階微分作用は必須となる。さらに，高エネルギー極限で共形不変性が重要になると考えて，こ

こでは物質場として共形不変な結合を持つものを扱うことにする[*1]。実際, ゲージ場理論のように, 良く知られた場の量子論の作用は共形不変なものである。

一方で, 古典的な運動項の共形不変性が背景時空独立性の表現である BRST 共形代数の構成に必要な条件としてフィードバックしてくる。このことは量子論的な一般座標不変性は古典的な一般座標不変性よりも強い条件を与えることを意味する。それは第 9, 10 章でくり込み理論を議論する際にも見えてくる。

共形不変な物質場と結合した重力系に必要な共形不変な重力作用は第 5 章で導入した 4 階微分の Weyl 作用 (5-4) と Euler 項 (5-5) の 2 つである。物質場の作用密度を $\mathcal{L}_\mathrm{M}$ と書くと, 作用関数は,

$$\frac{1}{\hbar}I = \int d^4x \sqrt{-g} \left\{ -\frac{1}{t^2} C_{\mu\nu\lambda\sigma}^2 - bG_4 + \frac{1}{\hbar}\left(\frac{1}{16\pi G}R - \Lambda + \mathcal{L}_\mathrm{M}\right) \right\} \quad (7\text{-}1)$$

で与えられる。ここで, t は量子重力のダイナミクスを支配する無次元の結合定数である。係数 b は Euler 項に比例した発散を取り除くためのものである。ただ, Euler 項は運動項を含まないことから, この定数は独立な結合定数ではなく他の結合定数を用いて展開される (第 10 章参照)。定数 G と Λ はそれぞれ Newton 定数と宇宙項を表す。$\hbar$ は換算 Planck 定数で, 光速 c は 1 としている。

無次元の作用 $I/\hbar$ による重み $e^{iI/\hbar}$ を重力場について経路積分することで量子重力理論が定義される。このとき, 重力場はゲージ場などとは異なり無次元の場であることから, 重力場の 4 階微分作用は 4 次元では完全に無次元な量になる。そのため, $\hbar$ は Einstein 項など 2 階微分以下の作用の前にのみ現れ, 4 階微分重力作用の前には現れない。このことは本質的で, 4 階微分重力場作用が純粋に量子論的なダイナミクスを記述するものであることを表している[*2]。以下の議論で Weyl 作用と量子論的に誘導される Riegert 作用が

[*1] 質量項のような次元をもつ結合は高エネルギーでは寄与しない。そのため 4 階微分重力作用に影響を与えることもないのでここでは考慮しない。本書では, 質量パラメータをもつ作用は Einstein 項や宇宙項のような重力場のみで書かれたものしか考えない。

[*2] このため, Weyl 作用の重みを含めて経路積分測度と見なすことも出来る。

運動項として併用できるのもこのためである．以下では $\hbar = 1$ とする．

作用 I から分かるように Planck 質量スケールを越えた領域では共形不変な 4 階微分作用が支配的になる．その領域で Weyl 作用の結合定数 t による展開を考える．それは $C_{\mu\nu\lambda\sigma} = 0$ を満たす共形平坦 (conformally flat) な配置のまわりで摂動展開することを意味する．そこで，共形因子を括り出して，重力場を

$$g_{\mu\nu} = e^{2\phi}\bar{g}_{\mu\nu}, \quad \bar{g}_{\mu\nu} = (\hat{g}e^{th})_{\mu\nu} = \hat{g}_{\mu\nu} + th_{\mu\nu} + \frac{t^2}{2}h_{\mu\lambda}h^\lambda{}_\nu + \cdots \quad (7\text{-}2)$$

と展開する．ここで，$h_{\mu\nu}$ はトレースレステンソル場で，$h^\mu{}_\mu = \hat{g}^{\mu\nu}h_{\mu\nu} = 0$ を満たす．背景場 $\hat{g}_{\mu\nu}$ は計算を遂行するために実用上導入された人為的な非力学的計量である．共形因子は正の数になるように指数関数の形で与えられる．ここで重要なことは，その指数である共形因子場 ϕ は，共形平坦の条件から何も制限を受けないことから，新たな結合定数を導入することなく，厳密に取り扱う必要があることである．

共形因子場の運動項や相互作用項は，第 5 章で述べたように，測度から Wess-Zumino 作用として誘導される．それは，一般座標不変な $g_{\mu\nu}$ の測度を非力学的な背景時空 $\hat{g}_{\mu\nu}$ 上で定義された実用的な測度に書き換える際に，一般座標不変性を保障するヤコビアンとして現れる．このことから経路積分は

$$e^{i\Gamma} = \int [dgdf]_g e^{iI(f,g)} = \int [d\phi dh df]_{\hat{g}} e^{iS(\phi,\bar{g})+iI(f,g)} \quad (7\text{-}3)$$

と書き換えることができる．作用 S が測度から誘導された Wess-Zumino 作用と呼ばれる量で，共形異常を積分して得られる．f は共形不変な運動項をもつ物質場を表している．Wess-Zumino 作用は結合定数 t による展開のゼロ次から現れる．それが共形因子場 ϕ の運動項を含む (5-11) で与えた Riegert 作用

$$S_{\rm R}(\phi,\bar{g}) = -\frac{b_c}{(4\pi)^2}\int d^4x\sqrt{-\bar{g}}\left(2\phi\bar{\Delta}_4\phi + \bar{E}_4\phi\right) \quad (7\text{-}4)$$

である．

ここでは，経路積分の定義式 (7-3) に従って重力場の量子化を考える．Riegert 作用 (7-4) の係数 b_c は，結合定数 t の最低次 (ゼロ次) から現れて，系全体の Euler 密度に比例する共形異常の値から，

$$b_c = \frac{1}{360}(N_S + 11N_F + 62N_A) + \frac{769}{180} \tag{7-5}$$

と決まる．ここで，物質場からの寄与は (5-12) で与えられている．最後の項が重力場からの寄与で，内訳は $-7/90$ が共形因子場 ϕ から $87/20$ がトレースレステンソル場 $h_{\mu\nu}$ からの寄与である．このように，b_c が正になることから Riegert 作用は正定値になる[*3]．

結合定数 t のベータ関数 $\mu dt/d\mu = -\beta_0 t^3$ を考えると，β_0 への物質場からの 1 ループの寄与は ζ_1 (5-12) を $2(4\pi)^2$ で割ったものになる．さらに，重力場自身による 1 ループ量子補正を加えると

$$\beta_0 = \frac{1}{(4\pi)^2}\left\{\frac{1}{240}(N_S + 6N_F + 12N_A) + \frac{197}{60}\right\}$$

が得られる．ここで，共形因子場 ϕ からの寄与は $-1/15$，トレースレステンソル場 $h_{\mu\nu}$ からの寄与は $199/30$ で，それぞれ Riegert 作用及び Weyl 作用の量子化から導かれ，最後の項はこれらを足したものである．このように，β_0 が正であることから，ベータ関数が負になって，トレースレステンソル場 $h_{\mu\nu}$ は漸近自由性を示すことが分かる．このことから，紫外領域で (7-2) のように共形平坦な時空のまわりで摂動展開することが正当化される．

ここで，量子重力に於ける漸近自由性の意味について簡単に述べておく．先ず，この漸近自由性は自由場の存在を意味するものでないことに注意しなければならない．トレースレステンソル場のゆらぎは小さくなるが，距離を支配する共形因子場のゆらぎは大きく非摂動的なままである．それは高エネルギー領域で共形不変な時空が実現することを表している．以下で述べるように，この共形不変性は理論が背景計量 $\hat{g}_{\mu\nu}$ の選び方によらないことを表す

[*3] Wick 回転した Euclid 空間で議論すると分かりやすい．経路積分の重みが e^{-I} となり，正定値性は $I > 0$ と表される．Weyl 作用も Euclid 計量では $I = (1/t^2)\int\sqrt{g}C^2_{\mu\nu\lambda\sigma}$ となり，この条件を満たしている．

背景時空独立性を実現したものである*4。

このことは，先の $\hbar$ の議論にも通じる。4 階微分重力作用が完全に無次元な量子論的な量であることから，古典的な漸近場の概念はここではなじまない。また，漸近自由性は時空の特異点が排除されることを意味する。なぜなら，短距離になると Riemann 曲率を含む Weyl 曲率テンソルが消えることを意味しているので，Schwarzschild 解のような Riemann 曲率が発散する時空は量子論的に排除される。そもそも作用が発散する場の配置は物理的ではない。

この章と次章では結合定数 t が消える極限で与えられる理論について考える。このときの 4 次元量子重力の作用は

$$S_{4\mathrm{DQG}} = S_{\mathrm{R}}(\phi, \hat{g}) + I(g, \varphi, A, \cdots)|_{t\to 0} \tag{7-6}$$

で与えられる。Weyl 作用は t^2 で割って定義されていることから，$h_{\mu\nu}$ の 2 次の運動項のみが残る。また，この極限では計量 $\bar{g}_{\mu\nu}$ は背景時空 $\hat{g}_{\mu\nu}$ となるので，トレースレステンソル場とその他の量子場との相互作用項は消える。また，この章では次元を持った Planck 質量や宇宙項，物質場の質量項などは無視する。

4 次元量子重力 $S_{4\mathrm{DQG}}$ の背景時空独立性は，2 次元量子重力のときの第 6 章 6.1 節の議論と同様に，Wess-Zumino 関係式 (5-15) を使って，Riegert 作用の係数が理論全体の共形異常の係数 (7-5) で与えられるとき成り立つことが示せる。その本質は，共形因子場 ϕ で積分することから，積分変数であるその場を $\phi \to \phi - \omega$ とシフトしても理論は不変である一方で，元の計量を不変に保つ $\phi \to \phi - \omega$ と $\hat{g}_{\mu\nu} \to e^{2\omega}\hat{g}_{\mu\nu}$ の同時シフト変換の下でも不変であることから，背景時空だけを $\hat{g}_{\mu\nu} \to e^{2\omega}\hat{g}_{\mu\nu}$ と変換しても理論は不変になることである。このように，共形異常という本来共形不変性を破る量がかかわっているにもかかわらず，むしろそのおかげで厳密な共形不変性が実現する。以下では，この背景時空独立性を BRST 共形不変性として定式化する。

---

*4 トレースレステンソル場は摂動的に扱っているので，この場についての背景時空独立は完全ではないが，漸近自由性はそれが紫外極限で重要でないことを表している

7.2 一般座標不変性と共形不変性

一般座標変換は反変ベクトル (contravariant vector) ξ^μ を用いて

$$\delta_\xi g_{\mu\nu} = g_{\mu\lambda}\nabla_\nu\xi^\lambda + g_{\nu\lambda}\nabla_\mu\xi^\lambda$$

と定義される。スカラー場とゲージ場の変換則は

$$\delta_\xi\varphi = \xi^\lambda\partial_\lambda\varphi,$$
$$\delta_\xi A_\mu = \xi^\lambda\nabla_\lambda A_\mu + A_\lambda\nabla_\mu\xi^\lambda$$

で与えられる[*5]。

計量場 $g_{\mu\nu}$ を (7-2) のように共形因子 $e^{2\phi}$ とバー付きの計量 $\bar{g}_{\mu\nu}$ に分解すると, 一般座標変換は

$$\delta_\xi\phi = \xi^\lambda\partial_\lambda\phi + \frac{1}{4}\hat{\nabla}_\lambda\xi^\lambda,$$
$$\delta_\xi\bar{g}_{\mu\nu} = \bar{g}_{\mu\lambda}\bar{\nabla}_\nu\xi^\lambda + \bar{g}_{\nu\lambda}\bar{\nabla}_\mu\xi^\lambda - \frac{1}{2}\bar{g}_{\mu\nu}\hat{\nabla}_\lambda\xi^\lambda$$

と書ける。ここで, $\sqrt{-\bar{g}} = \sqrt{-\hat{g}}$ より, $\bar{\nabla}_\lambda\xi^\lambda = \partial_\lambda(\sqrt{-\bar{g}}\xi^\lambda)/\sqrt{-\bar{g}} = \hat{\nabla}_\lambda\xi^\lambda$ が成り立つことを使っている。さらに 2 番目の式の両辺を展開すると, トレースレステンソル場の変換則[*6]

$$\delta_\xi h_{\mu\nu} = \frac{1}{t}\left(\hat{\nabla}_\mu\xi_\nu + \hat{\nabla}_\nu\xi_\mu - \frac{1}{2}\hat{g}_{\mu\nu}\hat{\nabla}_\lambda\xi^\lambda\right) + \xi^\lambda\hat{\nabla}_\lambda h_{\mu\nu}$$
$$+ \frac{1}{2}h_{\mu\lambda}\left(\hat{\nabla}_\nu\xi^\lambda - \hat{\nabla}^\lambda\xi_\nu\right) + \frac{1}{2}h_{\nu\lambda}\left(\hat{\nabla}_\mu\xi^\lambda - \hat{\nabla}^\lambda\xi_\mu\right) + o(th^2) \quad (7\text{-}7)$$

が得られる。このとき座標変換の共変ベクトル (covariant vector) は背景計量を用いて $\xi_\mu = \hat{g}_{\mu\nu}\xi^\nu$ と定義される。

結合定数 t が消える極限で, 一般座標変換は良く知られた Weyl 作用のゲージ変換になる。それはゲージ変数を $\kappa = \xi/t$ と置き換えて, $t \to 0$ の極

[*5] ゲージ場の変換も $\delta_\xi A_\mu = \xi^\lambda\partial_\lambda A_\mu + A_\lambda\partial_\mu\xi^\lambda$ のように普通の微分で書くことが出来る。

[*6] $\delta_\xi\bar{g}_{\mu\nu} = \delta_\xi(\hat{g}e^{th})_{\mu\nu} = t\delta_\xi h_{\mu\nu} + t^2 h_{\lambda(\mu}\delta_\xi h^\lambda_{\nu)} + o(t^3)$ に注意して, 両辺を展開して次数ごとに決める。

限をとると,

$$\delta_\kappa h_{\mu\nu} = \hat{\nabla}_\mu \kappa_\nu + \hat{\nabla}_\nu \kappa_\mu - \frac{1}{2}\hat{g}_{\mu\nu}\hat{\nabla}_\lambda \kappa^\lambda \tag{7-8}$$

と $\delta_\kappa \phi = 0$ で表される. このとき物質場も変換しない.

ゲージ変換 (7-8) を通常通りゲージ固定しても, まだ共形 Killing 方程式

$$\hat{\nabla}_\mu \zeta_\nu + \hat{\nabla}_\nu \zeta_\mu - \frac{1}{2}\hat{g}_{\mu\nu}\hat{\nabla}_\lambda \zeta^\lambda = 0 \tag{7-9}$$

を満たす 15 個のゲージ自由度 ζ^μ が残る. この自由度に対する一般座標変換は, 変換則 (7-7) の最低次の項が消えることからその次の項が有効になって,

$$\begin{aligned}\delta_\zeta \phi &= \zeta^\lambda \partial_\lambda \phi + \frac{1}{4}\hat{\nabla}_\lambda \zeta^\lambda, \\ \delta_\zeta h_{\mu\nu} &= \zeta^\lambda \hat{\nabla}_\lambda h_{\mu\nu} + \frac{1}{2}h_{\mu\lambda}\left(\hat{\nabla}_\nu \zeta^\lambda - \hat{\nabla}^\lambda \zeta_\nu\right) + \frac{1}{2}h_{\nu\lambda}\left(\hat{\nabla}_\mu \zeta^\lambda - \hat{\nabla}^\lambda \zeta_\mu\right)\end{aligned} \tag{7-10}$$

となる. 第 1 式は共形次元 0 のスカラー場の共形変換にシフト項 (場の依存性が無いことに注意) が付いたものである. 第 2 式は共形次元 0 のトレースレステンソル場の共形変換に他ならない.

次に, 共形 Killing ベクトルの自由度だけが残るこのゲージ固定の下での物質場の一般座標変換を求める. 先ず, 共形不変なスカラー場 φ を考えると, この場合は場を $\varphi = e^{-\phi}\varphi'$ と再定義して作用の共形因子場依存性を取り除くことが出来る. ここではこの再定義された場 φ' を用いて, それを新たに φ と書くことにする. このとき一般座標変換は

$$\delta_\zeta \varphi = \zeta^\mu \partial_\mu \varphi + \frac{1}{4}\varphi \hat{\nabla}_\mu \zeta^\mu \tag{7-11}$$

と変更される. 右辺の第 2 項は共形因子場の変化分を補うために現れる. この変換は共形次元 1 のスカラー場の共形変換と同じである[*7].

[*7] 具体的に平坦な背景時空上の場の理論として不変性を見てみると, 変数 ζ^μ が共形 Killing 方程式を満たすことから, スカラー場の作用は

$$\delta_\zeta I_\varphi = -\int d^4x\, \partial^\mu \varphi \partial_\mu \left(\zeta^\lambda \partial_\lambda \varphi + \frac{1}{4}\varphi \partial_\lambda \zeta^\lambda\right)$$

ゲージ場の作用は場の再定義をしなくても共形因子場に依らないので共形スカラー場のような操作は必要ない。ゲージの自由度を ζ^μ に制限して，共形 Killing 方程式を用いて前出の一般座標変換を書き換えると

$$\delta_\zeta A_\mu = \zeta^\nu \hat{\nabla}_\nu A_\mu + \frac{1}{4} A_\mu \hat{\nabla}_\nu \zeta^\nu + \frac{1}{2} A_\nu \left(\hat{\nabla}_\mu \zeta^\nu - \hat{\nabla}^\nu \zeta_\mu \right)$$

となる。これはゲージ場が共形次元 1 のベクトル場として変換することを表している。

通常の共形場理論と異なり，この背景時空 $\hat{g}_{\mu\nu}$ 上で定義された共形変換はゲージ変換であり，共形因子場及びトレースレステンソル場はゲージ場の 1 つであって，それ自身は物理的な場ではない。したがって，通常のゲージ場がそうであるように (第 2 章 2.4 節の脚注*6 参照)，これらの場自身が共形次元に対するユニタリ性の条件 (2-14) を満たさなくてもよい。

背景時空独立性はこのように共形変換で移り変わることが出来るすべての背景時空上の理論がゲージ同値になる対称性として表される。いま，残りのゲージ自由度はわずか 15 個だけれども，変換則 (7-10) の右辺が場に依存していることから，このゲージ対称性は物理状態に強い制限を与える。

一方，$t \neq 0$ のときは，元の変換則 (7-7) からも分かるように，一般座標変換は次第に共形変換からずれてくる。そのダイナミクスについては本書の後半で議論する。

7.3 重力場の量子化

量子化を実行するために，背景計量場 $\hat{g}_{\mu\nu}$ を選ぶ必要がある。漸近自由性から結合定数 t が消える極限では Weyl テンソルが消える時空が選ばれることから背景時空は共形平坦でなければならないが，独立性よりその中から任

$$= \int d^4 x \left\{ -\frac{1}{4} \left(3\partial_\eta \zeta_0 + \partial_i \zeta^i \right) \partial_\eta \varphi \partial_\eta \varphi + \left(\partial_\eta \zeta_i + \partial_i \zeta_0 \right) \partial_\eta \varphi \partial^i \varphi \right.$$
$$\left. + \left[-\partial_i \zeta_j + \frac{1}{4} \delta_{ij} \left(-\partial_\eta \zeta_0 + \partial_k \zeta^k \right) \right] \partial^i \varphi \partial^j \varphi + \frac{1}{8} \left(\partial_\sigma \partial^\sigma \partial_\lambda \zeta^\lambda \right) \varphi^2 \right\} = 0$$

のように不変になることが示せる。

意に選ぶことが出来る。以下，この章では背景時空 $\hat{g}_{\mu\nu}$ として Minkowski 時空 $\eta_{\mu\nu} = (-1,1,1,1)$ を採用し，座標は $x^\mu = (\eta, \mathbf{x})$ と書く。

この節では共形因子場とトレースレステンソル場の量子化を行う。その際，ゲージ変換 (7-8) の自由度 κ^μ は完全に固定して，共形変換 (7-10) のゲージ自由度 ζ^μ だけが残るようにする。

7.3.1 共形因子場

はじめに共形因子場の量子化を行う。Riegert 作用 (7-4) は，Minkowski 背景時空では，$-(b_c/8\pi^2)\int d^4x \phi \partial^4 \phi$ で与えられる。このとき共形因子場 ϕ に比例した項は消える。その項の寄与は次節で導入するエネルギー運動量テンソルに現れる。

高階微分場である重力場は Dirac の処方箋に従って正準量子化される[*8]。新しい変数

$$\chi = \partial_\eta \phi \qquad (7\text{-}12)$$

を導入すると共形因子場の作用は

$$S_R = \int d^4x \left\{ -\frac{b_c}{8\pi^2}\left[(\partial_\eta \chi)^2 + 2\chi \bar{\partial}^2 \chi + \left(\bar{\partial}^2 \phi\right)^2 \right] + v\left(\partial_\eta \phi - \chi\right) \right\}$$

のように時間の 2 階微分の作用関数に書き換えることができる。ここで，$\bar{\partial}^2 = \partial^i \partial_i$ は空間の Laplace 演算子，最後の項は Lagrange 未定乗数 (Lagrange multiplier) である。これより χ, ϕ, v の正準共役運動量 $\mathsf{P}_\chi, \mathsf{P}_\phi, \mathsf{P}_v$ を求め，Poisson 括弧

$$\{\chi(\eta, \mathbf{x}), \mathsf{P}_\chi(\eta, \mathbf{x}')\}_\mathrm{P} = \{\phi(\eta, \mathbf{x}), \mathsf{P}_\phi(\eta, \mathbf{x}')\}_\mathrm{P}$$
$$= \{v(\eta, \mathbf{x}), P_v(\eta, \mathbf{x}')\}_\mathrm{P} = \delta_3(\mathbf{x} - \mathbf{x}')$$

を設定する。

新しい場 χ の作用項は時間について 2 階微分なので通常の運動量変数 $\mathsf{P}_\chi = -(b_c/4\pi^2)\partial_\eta \chi$ を持つが，ϕ と v はそれぞれ 1 階及び 0 階微分なので

[*8] P. Dirac, *Lectures on Quantum Mechanics* (Belfer Graduate School of Science, Yeshiva University, New York, 1964) 及び付録 F の場の理論の教科書参照。

拘束条件[*9]
$$\varphi_1 = \mathrm{P}_\phi - v \simeq 0, \qquad \varphi_2 = \mathrm{P}_v \simeq 0$$

になる。拘束条件は 6 つの変数, ϕ, χ, v 及びその共役運動量 P_ϕ, P_χ, P_v, が張る位相空間のなかに部分空間を構成する。弱い等式はそれらが部分位相空間上で等式として成り立つことを意味している。

拘束条件の間の Poisson 括弧は
$$C_{ab} = \{\varphi_a, \varphi_b\}_\mathrm{P} = \begin{pmatrix} 0 & -1 \\ 1 & 0 \end{pmatrix}$$

となる。ここでは簡単のため 3 次元デルタ関数を 1 と表している。$\det C_{ab} \neq 0$ を満たすことから，これらは第 2 種拘束条件と呼ばれるものである。第 2 種拘束条件を扱うために Dirac の処方箋に従って Dirac 括弧
$$\{F, G\}_\mathrm{D} = \{F, G\}_\mathrm{P} - \{F, \varphi_a\}_\mathrm{P} C_{ab}^{-1} \{\varphi_b, G\}_\mathrm{P}$$

を導入する。Dirac 括弧は Poisson 括弧が満たす基本的な性質を満たしている。任意関数 F にたいして拘束条件が $\{F, \varphi_a\}_\mathrm{D} = 0$ を満たすことから，Dirac 括弧は部分位相空間上の Poisson 括弧と見ることができる。F として Hamilton 関数を代入するとこれは拘束条件が時間発展しないことを表し，最初に $\varphi_a = 0$ と置けば 0 が保たれることを意味する。したがって，Dirac 括弧を使えば拘束条件は厳密な等式としてゼロと置くことができる。

部分位相空間の 4 つの変数の間の Dirac 括弧は
$$\{\chi(\eta, \mathbf{x}), \mathrm{P}_\chi(\eta, \mathbf{x}')\}_\mathrm{D} = \{\phi(\eta, \mathbf{x}), \mathrm{P}_\phi(\eta, \mathbf{x}')\}_\mathrm{D} = \delta_3(\mathbf{x} - \mathbf{x}')$$

で与えられ，Hamilton 関数は
$$H = \int d^3\mathbf{x} \left\{ -\frac{2\pi^2}{b_c} \mathrm{P}_\chi^2 + \mathrm{P}_\phi \chi + \frac{b_c}{8\pi^2} \left[2\chi \partial^2 \chi + \left(\partial^2 \phi\right)^2 \right] \right\} \quad (7\text{-}13)$$

と書ける。これより運動方程式は
$$\partial_\eta \phi = \{\phi, H\}_\mathrm{D} = \chi,$$

[*9] Lagrange 未定定数項を $(v\partial_\eta \phi - \phi \partial_\eta v)/2$ のように対称化して考えると，拘束条件は $\varphi_1 = \mathrm{P}_\phi - v/2$ と $\varphi_2 = \mathrm{P}_v + \phi/2$ になるが結果は同じである。

7.3 重力場の量子化

$$\partial_\eta \chi = \{\chi, H\}_D = -\frac{4\pi^2}{b_c}\mathsf{P}_\chi,$$

$$\partial_\eta \mathsf{P}_\chi = \{\mathsf{P}_\chi, H\}_D = -\mathsf{P}_\phi - \frac{b_c}{2\pi^2}\partial^2\chi,$$

$$\partial_\eta \mathsf{P}_\phi = \{\mathsf{P}_\phi, H\}_D = -\frac{b_c}{4\pi^2}\partial^4\phi \tag{7-14}$$

となる。

正準量子化は Dirac 括弧を交換子に置き換えて

$$[\phi(\eta,\mathbf{x}),\mathsf{P}_\phi(\eta,\mathbf{x}')] = [\chi(\eta,\mathbf{x}),\mathsf{P}_\chi(\eta,\mathbf{x}')] = i\delta_3(\mathbf{x}-\mathbf{x}') \tag{7-15}$$

と設定する。その他の交換子は消える。運動量変数は (7-14) より

$$\mathsf{P}_\chi = -\frac{b_c}{4\pi^2}\partial_\eta\chi,$$

$$\mathsf{P}_\phi = -\partial_\eta \mathsf{P}_\chi - \frac{b_c}{2\pi^2}\partial^2\chi \tag{7-16}$$

で与えられる。

共形因子場の運動方程式は $\partial^4\phi = 0$ で与えられる。運動量変数を用いて表すと $\partial_\eta \mathsf{P}_\phi = -(b_c/4\pi^2)\partial^4\phi$ となる。その解は $e^{ik_\mu x^\mu}$ と $\eta e^{ik_\mu x^\mu}$ 及びそれらの複素共役で与えられる。ここで，$k_\mu x^\mu = -\omega\eta + \mathbf{k}\cdot\mathbf{x}$, $\omega = |\mathbf{k}|$ である。

共形因子場はこれらの解を用いて展開される。場を消滅演算子と生成演算子に分けて $\phi = \phi_< + \phi_>$ と書くと，消滅演算子は

$$\phi_<(x) = \frac{\pi}{\sqrt{b_c}}\int \frac{d^3\mathbf{k}}{(2\pi)^{3/2}}\frac{1}{\omega^{3/2}}\left\{a(\mathbf{k}) + i\omega\eta b(\mathbf{k})\right\}e^{ik_\mu x^\mu}$$

と展開され，生成演算子は $\phi_> = \phi_<^\dagger$ となる。これを変数の定義式 (7-12) と (7-16) に代入すると，各変数の消滅演算子は

$$\chi_<(x) = -i\frac{\pi}{\sqrt{b_c}}\int \frac{d^3\mathbf{k}}{(2\pi)^{3/2}}\frac{1}{\omega^{1/2}}\left\{a(\mathbf{k}) + (-1+i\omega\eta)b(\mathbf{k})\right\}e^{ik_\mu x^\mu},$$

$$\mathsf{P}_{\chi<}(x) = \frac{\sqrt{b_c}}{4\pi}\int \frac{d^3\mathbf{k}}{(2\pi)^{3/2}}\omega^{1/2}\left\{a(\mathbf{k}) + (-2+i\omega\eta)b(\mathbf{k})\right\}e^{ik_\mu x^\mu},$$

$$\mathsf{P}_{\phi<}(x) = -i\frac{\sqrt{b_c}}{4\pi}\int \frac{d^3\mathbf{k}}{(2\pi)^{3/2}}\omega^{3/2}\left\{a(\mathbf{k}) + (1+i\omega\eta)b(\mathbf{k})\right\}e^{ik_\mu x^\mu}$$

となる。正準交換関係 (7-15) から各モードの交換関係

$$[a(\mathbf{k}), a^\dagger(\mathbf{k}')] = \delta_3(\mathbf{k}-\mathbf{k}'),$$
$$[a(\mathbf{k}), b^\dagger(\mathbf{k}')] = [b(\mathbf{k}), a^\dagger(\mathbf{k}')] = \delta_3(\mathbf{k}-\mathbf{k}'),$$
$$[b(\mathbf{k}), b^\dagger(\mathbf{k}')] = 0$$

が得られる。Hamilton 演算子は (7-13) に正規順序付け : : をしたもので，モードを使って表すと

$$H = \int d^3\mathbf{k}\,\omega\left\{a^\dagger(\mathbf{k})b(\mathbf{k}) + b^\dagger(\mathbf{k})a(\mathbf{k}) - 2b^\dagger(\mathbf{k})b(\mathbf{k})\right\}$$

となる。

共形因子場の 2 点相関関数は

$$\langle 0|\phi(x)\phi(x')|0\rangle$$
$$= \frac{\pi^2}{b_c}\int_{\omega>z}\frac{d^3\mathbf{k}}{(2\pi)^3}\frac{1}{\omega^3}\left\{1+i\omega(\eta-\eta')\right\}e^{-i\omega(\eta-\eta'-i\epsilon)+i\mathbf{k}\cdot(\mathbf{x}-\mathbf{x}')}$$

で与えられる。ここで，ϵ は紫外発散を正則化するための紫外カットオフで，積分表示の指数関数部分にのみ導入している。これは正しい正準交換関係を得るために必要な処置である。さらに，共形因子場が無次元であることから生じる赤外発散を処理するために，無限小の質量スケール z を導入した。これは作用に仮の質量項を加えることに相当するが，それは一般座標不変を破るので，z 依存性は一般座標不変な量を考えたときには現れない[*10]。運動量積分は $z \ll 1$ で実行する。一方，紫外カットオフ ϵ は有限のままにして行う。

計算に必要な運動量積分の公式は，n を整数として，

$$I_n(\eta, \mathbf{x}) = \int_{\omega>z}\frac{d^3\mathbf{k}}{(2\pi)^3}\frac{1}{\omega^n}e^{-i\omega(\eta-i\epsilon)+i\mathbf{k}\cdot\mathbf{x}}$$
$$= \frac{1}{(2\pi)^3}\int_z^\infty \omega^2 d\omega \int_{-1}^1 d\cos\theta \int_0^{2\pi} d\varphi\,\frac{1}{\omega^n}e^{i\omega|\mathbf{x}|\cos\theta}e^{-i\omega(\eta-i\epsilon)}$$
$$= \frac{1}{2\pi^2}\frac{1}{|\mathbf{x}|}\int_z^\infty d\omega\,\frac{1}{\omega^{n-1}}\sin(\omega|\mathbf{x}|)e^{-i\omega(\eta-i\epsilon)} \qquad (7\text{-}17)$$

[*10] Einstein 作用や宇宙項は，共形因子場の指数関数が現れるため，ここで述べているような通常の質量項にはならない。

で与えられる。ここで, 赤外カットオフ z は $n \geq 3$ の時に必要になる。この積分は関係式 $I_n(\eta, \mathbf{x}) = i\partial_\eta I_{n+1}(\eta, \mathbf{x})$ を満している。$n = 2, 3$ の式は

$$I_3(\eta, \mathbf{x}) = \frac{1}{4\pi^2}\left\{-\log\left[-(\eta - i\epsilon)^2 + \mathbf{x}^2\right] - \log z^2 e^{2\gamma - 2}\right.$$
$$\left. + \frac{\eta - i\epsilon}{|\mathbf{x}|}\log\frac{\eta - i\epsilon - |\mathbf{x}|}{\eta - i\epsilon + |\mathbf{x}|}\right\},$$
$$I_2(\eta, \mathbf{x}) = i\frac{1}{4\pi^2}\frac{1}{|\mathbf{x}|}\log\frac{\eta - i\epsilon - |\mathbf{x}|}{\eta - i\epsilon + |\mathbf{x}|}$$

と求まる。

これらの積分公式を用いると

$$\langle 0|\phi(x)\phi(x')|0\rangle = -\frac{1}{4b_c}\log\left\{\left[-(\eta - \eta' - i\epsilon)^2 + (\mathbf{x} - \mathbf{x}')^2\right]z^2 e^{2\gamma - 2}\right\}$$
$$- \frac{1}{4b_c}\frac{i\epsilon}{|\mathbf{x} - \mathbf{x}'|}\log\frac{\eta - \eta' - i\epsilon - |\mathbf{x} - \mathbf{x}'|}{\eta - \eta' - i\epsilon + |\mathbf{x} - \mathbf{x}'|} \quad (7\text{-}18)$$

を得る。最後の $\epsilon \to 0$ で消える項は 7.5 節の量子補正の計算に寄与する。カットオフ ϵ は量子補正を計算した後にゼロに取る。

7.3.2 トレースレステンソル場

トレースレステンソル場の運動項は Weyl 作用より

$$I = \int d^4x \left\{-\frac{1}{2}\partial^2 h^{\mu\nu}\partial^2 h_{\mu\nu} + \partial^\mu \chi^\nu \partial_\mu \chi_\nu - \frac{1}{3}\partial_\mu \chi^\mu \partial_\nu \chi^\nu\right\}$$

で与えられる。ここで, $\chi_\mu = \partial^\lambda h_{\lambda\mu}$ である。トレースレステンソル場を量子化するためにゲージ対称性 $\delta_\kappa h_{\mu\nu}$ (7-8) を固定する必要がある。そのため, ここでは場を

$$h_{00}, \qquad h_{0i}, \qquad h_{ij} = h_{ij}^{\text{tr}} + \frac{1}{3}\delta_{ij}h_{00}$$

と分解して考える。ここで, tr は空間成分のトレースレスを表す。このときゲージ変換 (7-8) は

$$\delta_\kappa h_{00} = \frac{3}{2}\partial_\eta \kappa_0 + \frac{1}{2}\partial_k \kappa^k, \qquad \delta_\kappa h_{0i} = \partial_\eta \kappa_i + \partial_i \kappa_0,$$
$$\delta_\kappa h_{ij}^{\text{tr}} = \partial_i \kappa_j + \partial_j \kappa_i - \frac{2}{3}\delta_{ij}\partial_k \kappa^k$$

と分解される。

まず, 4つのゲージ自由度を使って横波ゲージ条件

$$\partial^i h_{0i} = 0, \qquad \partial^i h_{ij}^{\mathrm{tr}} = 0$$

を課す。このとき h_{00} 成分は運動項に時間微分を含まない非力学的な自由度になる。この成分は横波ゲージ条件を保つ残りのゲージ自由度 (residual gauge degrees of freedom) を使って取り除くことが出来るので, さらに

$$h_{00} = 0$$

の条件を課す。これを輻射ゲージ条件と呼ぶことにする。

この輻射ゲージを採用すると κ^μ のほとんどすべての自由度が固定され, 有限個の共形変換 (7-10) のゲージ自由度 ζ^μ だけが残る。実際, このゲージが保たれる条件 $\delta_\kappa(h_{00}) = (3\partial_\eta \kappa_0 + \partial_k \kappa^k)/2 = 0$, $\delta_\kappa(\partial^i h_{0i}) = \partial_\eta \partial_k \kappa^k + \partial^2 \kappa_0 = 0$, $\delta_\kappa(\partial^i h_{ij}^{\mathrm{tr}}) = \partial^2 \kappa_j + \partial_j \partial_k \kappa^k/3 = 0$ を解くと, 残りの自由度は $\kappa^\mu = \zeta^\mu$ であることが分かる。

この章と次章では, h_{0i} の横波 (T) 成分及び h_{ij} の横波トレースレス (TT) 成分をゴシック体を使って簡潔に

$$h_{0i}^{\mathrm{T}} = \mathsf{h}_i, \qquad h_{ij}^{\mathrm{TT}} = \mathsf{h}_{ij}$$

と表すことにする。輻射ゲージの力学変数はこれらの場で与えられる[*11]。

共形因子場のときと同様に, Dirac の処方箋に従って量子化を行うために, 横波トレーステンソルモードに対して新しい変数

$$\mathsf{u}_{ij} = \partial_\eta \mathsf{h}_{ij}$$

を導入する。一方, 横波ベクトルモードは時間について2階微分なので新た

[*11] ゲージ固定条件として $h_{0\mu} = 0$ と選ぶことも出来る。この場合, 空間成分を $h_{ij} = \mathsf{h}_{ij} + \partial_\eta^{-1}(\partial_i \mathsf{h}_j + \partial_j \mathsf{h}_i) + (\delta_{ij} - 3\partial_i\partial_j/\partial^2)\mathsf{h}$ と分解すると, Weyl 作用密度の h 成分は $-\mathsf{h}(3\partial_\eta^2 - \partial^2)^2 \mathsf{h}/3$ となる。一方, $\delta_\kappa h_{0\mu} = 0$ より, 方程式 $(3\partial_\eta^2 - \partial^2)\psi = 0$ を満たすスカラー場 $\psi = \partial_k \kappa^k$ のゲージ自由度がまだ残っているので, これを用いてさらに $\mathsf{h} = 0$ とゲージ固定することができる。このようにして輻射ゲージと同じ結果を得ることが出来る。

7.3 重力場の量子化

な変数を導入する必要はない。新しい変数 u_{ij} を使うと, Weyl 作用は

$$\begin{aligned}
I &= \int d^4x \left\{ -\frac{1}{2}\mathsf{h}^{ij}\left(\partial_\eta^4 - 2\partial^2\partial_\eta^2 + \partial^4\right)\mathsf{h}_{ij} + \mathsf{h}^j\,\partial^2\left(-\partial_\eta^2 + \partial^2\right)\mathsf{h}_j \right\} \\
&= \int d^4x \left\{ -\frac{1}{2}\partial_\eta \mathsf{u}^{ij}\partial_\eta \mathsf{u}_{ij} - \mathsf{u}^{ij}\partial^2\mathsf{u}_{ij} - \frac{1}{2}\partial^2\mathsf{h}^{ij}\partial^2\mathsf{h}_{ij} \right. \\
&\qquad \left. + \partial_\eta \mathsf{h}^j\,\partial^2\partial_\eta \mathsf{h}_j + \partial^2\mathsf{h}^j\,\partial^2\mathsf{h}_j + \lambda^{ij}\left(\partial_\eta \mathsf{h}_{ij} - \mathsf{u}_{ij}\right) \right\}
\end{aligned}$$

と書き換えることができる。ここで, λ^{ij} は Lagrange 未定乗数である。

拘束条件を解いて未定乗数 λ^{ij} を取り除くと, 正準変数 $\mathsf{u}_{ij}, \mathsf{h}_{ij}, \mathsf{h}_j$ とそれらの共役運動量

$$\mathsf{P}^{ij}_\mathsf{u} = -\partial_\eta \mathsf{u}^{ij}, \qquad \mathsf{P}^{ij}_\mathsf{h} = -\partial_\eta \mathsf{P}^{ij}_\mathsf{u} - 2\partial^2 \mathsf{u}^{ij},$$
$$\mathsf{P}^j = 2\partial^2 \partial_\eta \mathsf{h}^j$$

で張られる位相空間が得られる。それらの正準交換関係は

$$\begin{aligned}
\left[\mathsf{h}^{ij}(\eta,\mathbf{x}),\mathsf{P}^{kl}_\mathsf{h}(\eta,\mathbf{y})\right] &= \left[\mathsf{u}^{ij}(\eta,\mathbf{x}),\mathsf{P}^{kl}_\mathsf{u}(\eta,\mathbf{y})\right] = i\delta_3^{ij,kl}(\mathbf{x}-\mathbf{y}), \\
\left[\mathsf{h}^i(\eta,\mathbf{x}),\mathsf{P}^j(\eta,\mathbf{y})\right] &= i\delta_3^{ij}(\mathbf{x}-\mathbf{y}),
\end{aligned} \tag{7-19}$$

と設定される。ここで, デルタ関数は $\delta_3^{ij}(\mathbf{x}) = \Delta^{ij}\delta_3(\mathbf{x})$ と $\delta_3^{ij,kl}(\mathbf{x}) = \Delta^{ij,kl}\delta_3(\mathbf{x})$ で与えられ, 通常のデルタ関数に作用する微分演算子はそれぞれ

$$\Delta_{ij} = \delta_{ij} - \frac{\partial_i \partial_j}{\partial^2},$$
$$\Delta_{ij,kl} = \frac{1}{2}\left(\Delta_{ik}\Delta_{jl} + \Delta_{il}\Delta_{jk} - \Delta_{ij}\Delta_{kl}\right)$$

で定義される。これらは, 横波とトレースの条件 $\partial^i \Delta_{ij} = 0, \Delta^j{}_j = 2, \partial^i \Delta_{ij,kl} = 0, \Delta^i{}_{i,kl} = 0$ 及び関係式 $\Delta_{ik}\Delta^k{}_j = \Delta_{ij}, \Delta_{ij,kl}\Delta^{kl,}{}_{mn} = \Delta_{ij,mn}$ を満たす。

Hamilton 演算子は

$$\begin{aligned}
H = \int d^3\mathbf{x} : & \left\{ -\frac{1}{2}\mathsf{P}^{ij}_\mathsf{u}\mathsf{P}^\mathsf{u}_{ij} + \mathsf{P}^{ij}_\mathsf{h}\mathsf{u}_{ij} + \mathsf{u}^{ij}\partial^2\mathsf{u}_{ij} + \frac{1}{2}\partial^2\mathsf{h}^{ij}\partial^2\mathsf{h}_{ij} \right. \\
& \left. + \frac{1}{4}\mathsf{P}^j\partial^{-2}\mathsf{P}_j - \partial^2\mathsf{h}^j\,\partial^2\mathsf{h}_j \right\} :
\end{aligned}$$

と求まる。ここで、$\partial^{-2} = 1/\partial^2$ である。

横波トレースレステンソルモードの運動方程式は $\partial^4 h^{ij} = 0$ で与えられる。運動量変数を使って表すと $\partial_\eta \mathsf{P}_h^{ij} = -\partial^4 h^{ij}$ になる。共形因子場と同様、消滅演算子と生成演算子に分けて、$h^{ij} = h^{ij}_< + h^{ij}_>$ と書くと、消滅演算子は

$$h^{ij}_<(x) = \int \frac{d^3\mathbf{k}}{(2\pi)^{3/2}} \frac{1}{2\omega^{3/2}} \left\{ \mathsf{c}^{ij}(\mathbf{k}) + i\omega\eta \mathsf{d}^{ij}(\mathbf{k}) \right\} e^{ik_\mu x^\mu}$$

と展開され、生成演算子は $h^{ij}_> = h^{ij\dagger}_<$ で与えられる。一方、横波ベクトルモードの運動方程式は $\partial^2 \partial^2 h^j = 0$, 運動量変数では $\partial_\eta \mathsf{P}^j = 2\partial^4 h^j$, と時間について 2 階微分なので、$h^j = h^j_< + h^j_>$, $h^j_> = h^{j\dagger}_<$ とすると

$$h^j_<(x) = \int \frac{d^3\mathbf{k}}{(2\pi)^{3/2}} \frac{1}{2\omega^{3/2}} \mathsf{e}_j(\mathbf{k}) e^{ik_\mu x^\mu}$$

と展開される。その他の変数の消滅演算子は

$$\mathsf{u}^{ij}_<(x) = -i \int \frac{d^3\mathbf{k}}{(2\pi)^{3/2}} \frac{1}{2\omega^{1/2}} \left\{ \mathsf{c}^{ij}(\mathbf{k}) + (-1 + i\omega\eta) \mathsf{d}^{ij}(\mathbf{k}) \right\} e^{ik_\mu x^\mu},$$

$$\mathsf{P}^{ij}_{u<}(x) = \int \frac{d^3\mathbf{k}}{(2\pi)^{3/2}} \frac{\omega^{1/2}}{2} \left\{ \mathsf{c}^{ij}(\mathbf{k}) + (-2 + i\omega\eta) \mathsf{d}^{ij}(\mathbf{k}) \right\} e^{ik_\mu x^\mu},$$

$$\mathsf{P}^{ij}_{h<}(x) = -i \int \frac{d^3\mathbf{k}}{(2\pi)^{3/2}} \frac{\omega^{3/2}}{2} \left\{ \mathsf{c}^{ij}(\mathbf{k}) + (1 + i\omega\eta) \mathsf{d}^{ij}(\mathbf{k}) \right\} e^{ik_\mu x^\mu},$$

$$\mathsf{P}^j_<(x) = i \int \frac{d^3\mathbf{k}}{(2\pi)^{3/2}} \omega^{3/2} \mathsf{e}^j(\mathbf{k}) e^{ik_\mu x^\mu}$$

で与えられる。

これらの式を正準交換関係 (7-19) に代入すると各モードの交換関係

$$\left[\mathsf{c}^{ij}(\mathbf{k}), \mathsf{c}^{kl\dagger}(\mathbf{k}') \right] = \delta_3^{ij,kl}(\mathbf{k} - \mathbf{k}'),$$

$$\left[\mathsf{c}^{ij}(\mathbf{k}), \mathsf{d}^{kl\dagger}(\mathbf{k}') \right] = \left[\mathsf{d}^{ij}(\mathbf{k}), \mathsf{c}^{kl\dagger}(\mathbf{k}') \right] = \delta_3^{ij,kl}(\mathbf{k} - \mathbf{k}'),$$

$$\left[\mathsf{d}^{ij}(\mathbf{k}), \mathsf{d}^{kl\dagger}(\mathbf{k}') \right] = 0,$$

$$\left[\mathsf{e}^i(\mathbf{k}), \mathsf{e}^{j\dagger}(\mathbf{k}') \right] = -\delta_3^{ij}(\mathbf{k} - \mathbf{k}')$$

を得る。ここで、デルタ関数の運動量表示 $\delta_3^{ij}(\mathbf{k})$ と $\delta_3^{ij,kl}(\mathbf{k})$ は通常のデルタ関数 $\delta_3(\mathbf{k})$ に関数

$$\tilde{\Delta}_{ij}(\mathbf{k}) = \delta_{ij} - \frac{k_i k_j}{\mathbf{k}^2},$$

7.3 重力場の量子化

$$\tilde{\Delta}_{ij,kl}(\mathbf{k}) = \frac{1}{2}\left\{\tilde{\Delta}_{ik}(\mathbf{k})\tilde{\Delta}_{jl}(\mathbf{k}) + \tilde{\Delta}_{il}(\mathbf{k})\tilde{\Delta}_{jk}(\mathbf{k}) - \tilde{\Delta}_{ij}(\mathbf{k})\tilde{\Delta}_{kl}(\mathbf{k})\right\} \quad (7\text{-}20)$$

をそれぞれ掛けたものである。

交換関係をさらに簡単にするために，分極ベクトル $\varepsilon_{(a)}^i$ $(a=1,2)$ 及び分極テンソル $\varepsilon_{(a)}^{ij}$ $(a=1,2)$ を導入する。それぞれ横波条件 $k_i\varepsilon_{(a)}^i = 0$ と横波トレースレス条件 $k_i\varepsilon_{(a)}^{ij}(\mathbf{k}) = \varepsilon_{(a)i}^{i}(\mathbf{k}) = 0$ を満たし，

$$\sum_{a=1}^{2}\varepsilon_{(a)}^i(\mathbf{k})\varepsilon_{(a)}^j(\mathbf{k}) = \tilde{\Delta}^{ij}(\mathbf{k}), \qquad \varepsilon_{(a)}^j(\mathbf{k})\varepsilon_{(b)j}(\mathbf{k}) = \delta_{ab},$$

$$\sum_{a=1}^{2}\varepsilon_{(a)}^{ij}(\mathbf{k})\varepsilon_{(a)}^{kl}(\mathbf{k}) = \tilde{\Delta}^{ij,kl}(\mathbf{k}), \qquad \varepsilon_{(a)}^{ij}(\mathbf{k})\varepsilon_{(b)ij}(\mathbf{k}) = \delta_{ab}$$

と規格化する。これらを用いると各モードは

$$\mathsf{c}^{ij}(\mathbf{k}) = \sum_{a=1}^{2}\varepsilon_{(a)}^{ij}(\mathbf{k})\mathsf{c}_{(a)}(\mathbf{k}), \quad \mathsf{d}^{ij}(\mathbf{k}) = \sum_{a=1}^{2}\varepsilon_{(a)}^{ij}(\mathbf{k})\mathsf{d}_{(a)}(\mathbf{k}),$$

$$\mathsf{e}^{j}(\mathbf{k}) = \sum_{a=1}^{2}\varepsilon_{(a)}^{j}(\mathbf{k})\mathsf{e}_{(a)}(\mathbf{k})$$

と展開され，交換関係は

$$\left[\mathsf{c}_{(a)}(\mathbf{k}), \mathsf{c}_{(b)}^\dagger(\mathbf{k}')\right] = \delta_{ab}\delta_3(\mathbf{k}-\mathbf{k}'),$$

$$\left[\mathsf{c}_{(a)}(\mathbf{k}), \mathsf{d}_{(b)}^\dagger(\mathbf{k}')\right] = \left[\mathsf{d}_{(a)}(\mathbf{k}), \mathsf{c}_{(b)}^\dagger(\mathbf{k}')\right] = \delta_{ab}\delta_3(\mathbf{k}-\mathbf{k}'),$$

$$\left[\mathsf{d}_{(a)}(\mathbf{k}), \mathsf{d}_{(b)}^\dagger(\mathbf{k}')\right] = 0,$$

$$\left[\mathsf{e}_{(a)}(\mathbf{k}), \mathsf{e}_{(b)}^\dagger(\mathbf{k}')\right] = -\delta_{ab}\delta_3(\mathbf{k}-\mathbf{k}')$$

になる。Hamilton 演算子は

$$H = \sum_{a=1}^{2}\int d^3\mathbf{k}\,\omega\Big\{\mathsf{c}_{(a)}^\dagger(\mathbf{k})\mathsf{d}_{(a)}(\mathbf{k}) + \mathsf{d}_{(a)}^\dagger(\mathbf{k})\mathsf{c}_{(a)}(\mathbf{k})$$
$$-2\mathsf{d}_{(a)}^\dagger(\mathbf{k})\mathsf{d}_{(a)}(\mathbf{k}) - \mathsf{e}_{(a)}^\dagger(\mathbf{k})\mathsf{e}_{(a)}(\mathbf{k})\Big\}$$

と書き換えられる。

最後に横波トレースレステンソルモードと横波ベクトルモードの2点相関関数を求める。ここで, 新しい実数場 $H^{(a)}$ と $Y^{(a)}$ を導入して, その消滅演算子部分はそれぞれ

$$H^{(a)}_{<}(x) = \int \frac{d^3\mathbf{k}}{(2\pi)^{3/2}} \frac{1}{2\omega^{3/2}} \left\{ \mathsf{c}_{(a)}(\mathbf{k}) + i\omega\eta\mathsf{d}_{(a)}(\mathbf{k}) \right\} e^{ik_\mu x^\mu},$$

$$Y^{(a)}_{<}(x) = \int \frac{d^3\mathbf{k}}{(2\pi)^{3/2}} \frac{1}{2\omega^{3/2}} \mathsf{e}_{(a)}(\mathbf{k}) e^{ik_\mu x^\mu}$$

と定義する。このとき, $H^{(a)}$ の相関関数は $\langle H^{(a)}(x) H^{(b)}(x') \rangle = \delta_{ab} \langle H(x) H(x') \rangle$ と表されて,

$$\langle H(x)H(x') \rangle = -\frac{1}{16\pi^2} \log \left\{ \left[-(\eta - \eta' - i\epsilon)^2 + (\mathbf{x} - \mathbf{x}')^2 \right] z^2 e^{2\gamma - 2} \right\}$$
$$- \frac{1}{16\pi^2} \frac{i\epsilon}{|\mathbf{x} - \mathbf{x}'|} \log \frac{\eta - \eta' - i\epsilon - |\mathbf{x} - \mathbf{x}'|}{\eta - \eta' - i\epsilon + |\mathbf{x} - \mathbf{x}'|}$$

と求まる。また, $Y^{(a)}$ の相関関数も $\langle Y^{(a)}(x) Y^{(b)}(x') \rangle = \delta_{ab} \langle Y(x) Y(x') \rangle$ と表されて,

$$\langle Y(x)Y(x') \rangle = \frac{1}{16\pi^2} \log \left\{ \left[-(\eta - \eta' - i\epsilon)^2 + (\mathbf{x} - \mathbf{x}')^2 \right] z^2 e^{2\gamma - 2} \right\}$$
$$- \frac{1}{16\pi^2} \frac{\eta - \eta' - i\epsilon}{|\mathbf{x} - \mathbf{x}'|} \log \frac{\eta - \eta' - i\epsilon - |\mathbf{x} - \mathbf{x}'|}{\eta - \eta' - i\epsilon + |\mathbf{x} - \mathbf{x}'|}$$

と求まる。これらを使うと横波トレースレステンソルモードと横波ベクトルモードの2点相関関数はそれぞれ

$$\langle \mathsf{h}_{ij}(x) \mathsf{h}_{kl}(x') \rangle = \Delta_{ij,kl}(\mathbf{x}) \langle H(x) H(x') \rangle,$$
$$\langle \mathsf{h}_i(x) \mathsf{h}_j(x') \rangle = \Delta^{ij}(\mathbf{x}) \langle Y(x) Y(x') \rangle \tag{7-21}$$

と表すことが出来る。

7.4　一般座標変換の生成子

量子重力はいま背景時空上の場の量子論として定義されているので, エネルギー運動量テンソルはその作用 $S_{4\mathrm{DQG}}$ (7-6) を背景時空で変分した

$$\hat{\Theta}^{\mu\nu} = \frac{2}{\sqrt{-\hat{g}}} \frac{\delta S_{4DQG}}{\delta \hat{g}_{\mu\nu}}$$

で定義される。このとき，脚の上げ下げは $\hat{\Theta}_{\mu\nu} = \hat{g}_{\mu\lambda}\hat{g}_{\nu\sigma}\hat{\Theta}^{\lambda\sigma}$ のように背景計量場を用いて行われる。変分した後，背景時空を Minkowski 計量にする。共形変換の形をした一般座標変換 δ_ζ (7-10) の生成子は

$$Q_\zeta = \int d^3\mathbf{x}\, \zeta^\lambda \hat{\Theta}_{\lambda 0}$$

で与えられる。

共形因子場 共形因子場のエネルギー運動量テンソルは

$$\begin{aligned}\hat{\Theta}_{\mu\nu} = -\frac{b_c}{8\pi^2}\Big\{ &-4\partial^2\phi\partial_\mu\partial_\nu\phi + 2\partial_\mu\partial^2\phi\partial_\nu\phi + 2\partial_\nu\partial^2\phi\partial_\mu\phi \\ &+\frac{8}{3}\partial_\mu\partial_\lambda\phi\partial_\nu\partial^\lambda\phi - \frac{4}{3}\partial_\mu\partial_\nu\partial_\lambda\phi\partial^\lambda\phi \\ &+\eta_{\mu\nu}\left(\partial^2\phi\partial^2\phi - \frac{2}{3}\partial^2\partial^\lambda\phi\partial_\lambda\phi - \frac{2}{3}\partial_\lambda\partial_\sigma\phi\partial^\lambda\partial^\sigma\phi\right) \\ &-\frac{2}{3}\partial_\mu\partial_\nu\partial^2\phi + \frac{2}{3}\eta_{\mu\nu}\partial^4\phi \Big\}\end{aligned}$$

で与えられる。ここで，最後の2つの線形項は Riegert 作用 (7-4) の第2項を変分して導かれる。トレースレスの条件と保存則は，運動方程式を用いると，それぞれ $\hat{\Theta}^\lambda_{\ \lambda} = -(b_c/4\pi^2)\partial^4\phi = 0$ 及び $\partial^\mu\hat{\Theta}_{\mu\nu} = -(b_c/4\pi^2)\partial^4\phi\partial_\nu\phi = 0$ のように成り立つ。

4つの正準変数を用いると，(00) 成分は

$$\begin{aligned}\hat{\Theta}_{00} = &-\frac{2\pi^2}{b_c}\mathsf{P}_\chi^2 + \mathsf{P}_\phi\chi - \mathsf{P}_\chi\partial^2\phi - \partial_k\mathsf{P}_\chi\partial^k\phi \\ &+\frac{b_c}{8\pi^2}\left(\frac{2}{3}\chi\partial^2\chi - \frac{4}{3}\partial_k\chi\partial^k\chi + \partial^2\phi\partial^2\phi - \frac{2}{3}\partial_k\partial^2\phi\partial^k\phi \right. \\ &\left. -\frac{2}{3}\partial_k\partial_l\phi\partial^k\partial^l\phi\right) + \frac{1}{3}\partial^2\mathsf{P}_\chi + \frac{b_c}{12\pi^2}\partial^4\phi\end{aligned}$$

と表される。(0j) 成分は

$$\begin{aligned}\hat{\Theta}_{0j} = &\frac{2}{3}\mathsf{P}_\chi\partial_j\chi - \frac{1}{3}\partial_j\mathsf{P}_\chi\chi + \mathsf{P}_\phi\partial_j\phi \\ &+\frac{b_c}{8\pi^2}\left(4\partial_j\chi\partial^2\phi - \frac{8}{3}\partial_k\chi\partial_j\partial^k\phi - 2\chi\partial_j\partial^2\phi + 2\partial^2\chi\partial_j\phi\right. \\ &\left. +\frac{4}{3}\partial_j\partial_k\chi\partial^k\phi\right) - \frac{1}{3}\partial_j\mathsf{P}_\phi - \frac{b_c}{12\pi^2}\partial_j\partial^2\chi\end{aligned}$$

となる。

　これらを共形 Killing ベクトル (2-4) に対する各々の定義式 (2-11) に代入して、正規順序付けを行うと共形変換の生成子 Q_ζ の具体的な表式が求まる。先ず, 並進の生成子として

$$P_0 = H = \int d^3\mathbf{x}\, \mathcal{A}, \qquad P_j = \int d^3\mathbf{x}\, \mathcal{B}_j \qquad (7\text{-}22)$$

を得る。ここで, 局所演算子 $\mathcal{A}$ と $\mathcal{B}_j$ は

$$\begin{aligned}
\mathcal{A} &= -\frac{2\pi^2}{b_c} :\mathsf{P}_\chi^2: + :\mathsf{P}_\phi\chi: + \frac{b_c}{8\pi^2}\left(2:\chi\partial^2\chi: + :\partial^2\phi\partial^2\phi:\right), \\
\mathcal{B}_j &= :\mathsf{P}_\chi\partial_j\chi: + :\mathsf{P}_\phi\partial_j\phi:
\end{aligned} \qquad (7\text{-}23)$$

で与えられる。Lorentz 変換の生成子は

$$\begin{aligned}
M_{0j} &= \int d^3\mathbf{x}\left\{-\eta\mathcal{B}_j - x_j\mathcal{A} - :\mathsf{P}_\chi\partial_j\phi:\right\}, \\
M_{ij} &= \int d^3\mathbf{x}\left\{x_i\mathcal{B}_j - x_j\mathcal{B}_i\right\}
\end{aligned} \qquad (7\text{-}24)$$

となる。スケール変換と特殊共形変換の生成子は

$$D = \int d^3\mathbf{x}\left\{\eta\mathcal{A} + x^k\mathcal{B}_k + :\mathsf{P}_\chi\chi: + \mathsf{P}_\phi\right\} \qquad (7\text{-}25)$$

と

$$\begin{aligned}
K_0 &= \int d^3\mathbf{x}\Big\{\left(\eta^2 + \mathbf{x}^2\right)\mathcal{A} + 2\eta x^k\mathcal{B}_k + 2\eta :\mathsf{P}_\chi\chi: + 2x^k :\mathsf{P}_\chi\partial_k\phi: \\
&\qquad\qquad -\frac{b_c}{4\pi^2}\left(2:\chi^2: + :\partial_k\phi\partial^k\phi:\right) + 2\eta\mathsf{P}_\phi + 2\mathsf{P}_\chi\Big\}, \\
K_j &= \int d^3\mathbf{x}\Big\{\left(-\eta^2 + \mathbf{x}^2\right)\mathcal{B}_j - 2x_j x^k\mathcal{B}_k - 2\eta x_j\mathcal{A} - 2x_j :\mathsf{P}_\chi\chi: \\
&\qquad\qquad -2\eta :\mathsf{P}_\chi\partial_j\phi: - \frac{b_c}{2\pi^2} :\chi\partial_j\phi: - 2x_j\mathsf{P}_\phi\Big\}
\end{aligned} \qquad (7\text{-}26)$$

で与えられる。ここで, M_{0j}, D, K_μ は定義式に時間変数 η を含んでいるけれども、時間依存性はなく $\partial_\eta M_{0j} = \partial_\eta D = \partial_\eta K_\mu = 0$ のように保存する。生成子 D と K_μ の線形項は変換 $\delta_\zeta\phi$ (7-10) のシフト項を生成する。

7.4 一般座標変換の生成子

トレースレステンソル場 同様に, Weyl 作用から導かれるエネルギー運動量テンソルを用いて, 輻射ゲージでのトレースレステンソル場の共形変換の生成子を求める.

並進の生成子を共形因子場のときと同じように

$$P_0 = H = \int d^3\mathbf{x}\mathcal{A}, \qquad P_j = \int d^3\mathbf{x}\mathcal{B}_j$$

と表すと, エネルギー密度 $\mathcal{A}$ 及び運動量密度 $\mathcal{B}_j$ は

$$\mathcal{A} = -\frac{1}{2}:\mathsf{P}_\mathsf{u}^{kl}\mathsf{P}_{kl}^\mathsf{u}:+:\mathsf{P}_\mathsf{h}^{kl}\mathsf{u}_{kl}:+:\mathsf{u}^{kl}\bar{\partial}^2\mathsf{u}_{kl}:+\frac{1}{2}:\bar{\partial}^2\mathsf{h}^{kl}\bar{\partial}^2\mathsf{h}_{kl}:$$
$$+\frac{1}{4}:\mathsf{P}^k\bar{\partial}^{-2}\mathsf{P}_k:-:\bar{\partial}^2\mathsf{h}^k\bar{\partial}^2\mathsf{h}_k:,$$
$$\mathcal{B}_j = :\mathsf{P}_\mathsf{u}^{kl}\partial_j\mathsf{u}_{kl}:+:\mathsf{P}_\mathsf{h}^{kl}\partial_j\mathsf{h}_{kl}:+:\mathsf{P}^k\partial_j\mathsf{h}_k:$$

で与えられる. Lorentz 変換の生成子は

$$M_{0j} = \int d^3\mathbf{x}\left\{-\eta\mathcal{B}_j - x_j\mathcal{A} - \mathcal{C}_j\right\},$$
$$M_{ij} = \int d^3\mathbf{x}\left\{x_i\mathcal{B}_j - x_j\mathcal{B}_i + \mathcal{C}_{ij}\right\}$$

で与えられる. ここで, 新たな演算子 $\mathcal{C}_j$ と $\mathcal{C}_{ij}$ は

$$\mathcal{C}_j = :\mathsf{P}_\mathsf{u}^{kl}\partial_j\mathsf{h}_{kl}:+:\mathsf{P}_{\mathsf{u}\ j}^k\bar{\partial}^{-2}\mathsf{P}_k:+2:\mathsf{P}_{\mathsf{h}\ j}^k\mathsf{h}_k:$$
$$+:\mathsf{h}_j^k\mathsf{P}_k:+2:\mathsf{u}_j^k\bar{\partial}^2\mathsf{h}_k:,$$
$$\mathcal{C}_{ij} = 2\left(:\mathsf{P}_{\mathsf{u}\ i}^k\mathsf{u}_{kj}:-:\mathsf{P}_{\mathsf{u}\ j}^k\mathsf{u}_{ki}:\right) + 2\left(:\mathsf{P}_{\mathsf{h}\ i}^k\mathsf{h}_{kj}:-:\mathsf{P}_{\mathsf{h}\ j}^k\mathsf{h}_{ki}:\right)$$
$$+:\mathsf{P}_i\mathsf{h}_j:-:\mathsf{P}_j\mathsf{h}_i:$$

で定義される.

スケール変換の生成子は

$$D = \int d^3\mathbf{x}\left\{\eta\mathcal{A} + x^k\mathcal{B}_k + :\mathsf{P}_\mathsf{u}^{kl}\mathsf{u}_{kl}:\right\}$$

で与えられる. 特殊共形変換の生成子は

$$K_0 = -\eta^2 P_0 + 2\eta D + N_0, \qquad K_j = \eta^2 P_j + 2\eta M_{0j} + N_j$$

となる。ここで、$N_0 = \int d^3\mathbf{x}\,\mathbf{x}^2 \hat{\Theta}_{00}$ と $N_j = \int d^3\mathbf{x}(\mathbf{x}^2 \hat{\Theta}_{0j} - 2x_j x^k \hat{\Theta}_{0k})$ は

$$N_0 = \int d^3\mathbf{x} \Big\{ \mathbf{x}^2 \mathcal{A} + 2x^k \mathcal{C}_k - 2 :\mathsf{u}^{kl}\mathsf{u}_{kl}: - :\partial^m \mathsf{h}^{kl} \partial_m \mathsf{h}_{kl}:$$
$$- \frac{5}{4}:\partial^{-2}\mathsf{P}^k \partial^{-2}\mathsf{P}_k: -4:\partial^k \mathsf{h}^l \partial_k \mathsf{h}_l: \Big\},$$

$$N_j = \int d^3\mathbf{x} \Big\{ \mathbf{x}^2 \mathcal{B}_j - 2x_j x^k \mathcal{B}_k + 2x^k \mathcal{C}_{kj} - 2x_j :\mathsf{P}_u^{kl} \mathsf{u}_{kl}:$$
$$-2:\mathsf{u}^{kl}\partial_j \mathsf{h}_{kl}: +2:\partial^{-2}\mathsf{P}^k \partial_j \mathsf{h}_k: -4:\mathsf{P}_{u\ j}^k \mathsf{h}_k:$$
$$-4:\mathsf{u}^k_{\ j}\partial^{-2}\mathsf{P}_k: +4:\mathsf{h}^k_{\ j}\partial^2 \mathsf{h}_k: \Big\}$$

で与えられる。

7.5　共形変換とプライマリー場

前節で求めた生成子を用いて場の演算子の変換則を調べる。そのために、先ず、計算の手法について説明する。簡単な練習問題として、付録 B.3 にスカラー場の場合の計算を与えている。

ここでは、2つの Hermite 演算子 A と B の演算子積が

$$A(x)B(y) = \langle 0|A(x)B(y)|0\rangle + :A(x)B(y):$$

と表せることを用いる。このとき、短距離で発散する2点相関関数の部分は

$$\langle 0|A(x)B(y)|0\rangle = [A_<(x), B_>(y)]$$

で与えられる。前に定義したように、$A_<$ は A の消滅演算子の部分、$B_>$ は B の生成演算子の部分である。これより、$:A(x)B(y):=:B(y)A(x):$ に注意すると、2つの演算子の交換関係は

$$[A(x), B(y)] = \langle 0|A(x)B(y)|0\rangle - \langle 0|B(y)A(x)|0\rangle$$

と表すことができる。右辺の第2項の相関関数は Hermite 共役を用いて $\langle 0|B(y)A(x)|0\rangle = \langle 0|A(x)B(y)|0\rangle^\dagger$ と書けることから、交換関係は右辺が実関数ならば消えることが分かる。

7.5 共形変換とプライマリー場

共形因子場 ϕ の 2 点相関関数はすでに (7-18) で計算している。その他の場の変数 χ, P_χ, P_ϕ を含む 2 点相関関数はそのモード展開式から直接求めることも出来るし、場の変数の定義式に従って (7-18) を微分することで得ることも出来る。それらの結果を用いて同時刻交換関係を表すと

$$[\phi(\eta,\mathbf{x}),\mathsf{P}_\phi(\eta,\mathbf{x}')] = \langle 0|\phi(\eta,\mathbf{x})\mathsf{P}_\phi(\eta,\mathbf{x}')|0\rangle - \text{h.c.}$$
$$= i\frac{1}{\pi^2}\frac{\epsilon}{[(\mathbf{x}-\mathbf{x}')^2+\epsilon^2]^2}$$

となる。ここで、h.c. は Hermite 共役を表し、右辺は正則化されたデルタ関数

$$\delta_3(\mathbf{x}) = \int \frac{d^3\mathbf{k}}{(2\pi)^3} e^{i\mathbf{k}\cdot\mathbf{x}-\epsilon\omega} = \frac{1}{\pi^2}\frac{\epsilon}{(\mathbf{x}^2+\epsilon^2)^2} \quad (7\text{-}27)$$

になる[*12]。χ と P_χ の同時刻交換関係も上と同じ結果になる。その他の交換関係は、対応する 2 点関数が実数となり、ϵ が有限のまま消えることが示せる。このように、正準交換関係が正しく導かれる。

次に、複合演算子の同時刻交換関係を考える。Wick の演算子積展開から、公式として、

$$\left[:AB(x):,:\prod_k C_k(y):\right] = \sum_i [A(x),C_i(y)] :B(x)\prod_{k(\neq i)} C_k(y):$$
$$+ \sum_i [B(x),C_i(y)] :A(x)\prod_{k(\neq i)} C_k(y):$$
$$+ \sum_{i,j(i\neq j)} \{\langle 0|A(x)C_i(y)|0\rangle\langle 0|B(x)C_j(y)|0\rangle - \text{h.c.}\} :\prod_{k(\neq i,j)} C_k(y):$$

が得られる。最後の項は量子補正を表す項で、実数ならば消える。

この公式を使って共形代数を計算することが出来る。自由スカラー場の場合 (付録 B.3 参照) と比べて、共形因子場の場合はより複雑な補正関数が現れるが、それらはすべて消えて、$SO(4,2)$ の共形代数 (2-6) が量子論的に閉じることが示せる。一方、トレースレステンソル場の場合、この方法で共形代数が閉じることを示すのは容易ではない。けれども、次章で議論する $R\times S^3$

[*12] 積分 (7-17) で書くと $\delta_3(\mathbf{x}) = I_0(\eta=0,\mathbf{x})$ である。

上では, トレースレステンソル場の場合でもうまく共形代数が閉じることを示すことが出来る。

ここでは有限の量子補正項が残る場の変換則についてのみ考えることにする。はじめに, 複合演算子 $:\phi^n:$ の共形変換則を考える。局所演算子 $\mathcal{A}$ (7-23) との同時刻交換関係は

$$[\mathcal{A}(\mathbf{x}),:\phi^n(\mathbf{y}):] = -in\delta_3(\mathbf{x}-\mathbf{y}):\chi\phi^{n-1}(\mathbf{y}):$$
$$= -i\delta_3(\mathbf{x}-\mathbf{y})\partial_\eta:\phi^n(\mathbf{y}): \qquad (7\text{-}28)$$

と計算される。ここでは簡単のため時間依存性を省いて場の演算子を表記した。以後も同時刻交換関係を考えるときは省略することにする。

局所演算子 $\mathcal{B}_j$ (7-23) との交換関係には量子補正項が現れて,

$$[\mathcal{B}_j(\mathbf{x}),:\phi^n(\mathbf{y}):] = -i\delta_3(\mathbf{x}-\mathbf{y})\partial_j:\phi^n(\mathbf{y}):$$
$$+i\frac{1}{2b_c}n(n-1)e_j(\mathbf{x}-\mathbf{y}):\phi^{n-2}(\mathbf{x}): \qquad (7\text{-}29)$$

となる。ここで, 量子補正を表す関数 $e_j(\mathbf{x})$ は

$$e_j(\mathbf{x}) = \frac{1}{\pi^2}\frac{\epsilon x_j[1-h(\mathbf{x})]}{\mathbf{x}^2(\mathbf{x}^2+\epsilon^2)^2}, \qquad h(\mathbf{x}) = \frac{i\epsilon}{2|\mathbf{x}|}\log\frac{i\epsilon+|\mathbf{x}|}{i\epsilon-|\mathbf{x}|}$$

で与えられる。関数 h は $h^\dagger(\mathbf{x}) = h(\mathbf{x})$ と $\lim_{\mathbf{x}\to 0}h(\mathbf{x}) = 1$ を満たす。

共形変換の生成子は保存する (時間に依存しない) ので, その代数は同時刻交換関係を用いて計算することが出来る。交換関係 (7-28) と (7-29) 及び $[:\mathsf{P}_\chi\partial_j\phi(\mathbf{x}):,:\phi^n(\mathbf{y}):] = 0$ から, 並進 (7-22) 及び Lorentz 変換 (7-24) は

$$i\,[P_\mu,:\phi^n(x):] = \partial_\mu:\phi^n(x):,$$
$$i\,[M_{\mu\nu},:\phi^n(x):] = (x_\mu\partial_\nu - x_\nu\partial_\mu):\phi^n(x):$$

と計算される。このとき, 量子補正は Lorentz 生成子の反対称性により消える。それは, ϵ が有限のまま, e_j の積分が $\int d^3\mathbf{x}\,e_j(\mathbf{x}) = 0$ 及び

$$\int d^3\mathbf{x}\,x_i e_j(\mathbf{x}) = \frac{1}{3}\delta_{ij}\int_0^\infty 4\pi x^2 dx\frac{1}{\pi^2}\frac{\epsilon[1-h(x)]}{(x^2+\epsilon^2)^2} = \frac{1}{6}\delta_{ij} \qquad (7\text{-}30)$$

を満たすことから示せる。

7.5 共形変換とプライマリー場

同様にして，スケール変換 (7-25) 及び特殊共形変換 (7-26) は

$$i\left[D, :\phi^n(x):\right] = x^\mu \partial_\mu :\phi^n(x): + n :\phi^{n-1}(x):$$
$$-\frac{1}{4b_c}n(n-1):\phi^{n-2}(x):,$$
$$i\left[K_\mu, :\phi^n(x):\right] = \left(x^2 \partial_\mu - 2x_\mu x^\nu \partial_\nu\right):\phi^n(x):$$
$$-2x_\mu \left(n:\phi^{n-1}(x): - \frac{1}{4b_c}n(n-1):\phi^{n-2}(x):\right)$$

と計算される。ここで，$:\phi^{n-1}:$ 項はこれらの生成子の中の P_ϕ の線形項との交換関係から導かれる。それぞれの変換則の最後の $1/b_c$ を含む項が量子補正である。D や K_0 のそれは積分公式 (7-30) を用いて計算できる。K_j はその公式を発展させた

$$\int d^3\mathbf{x} \left\{\mathbf{x}^2 e_j(\mathbf{x}-\mathbf{y}) - 2x_j x^k e_k(\mathbf{x}-\mathbf{y})\right\} = -y_j$$

を用いて計算される。

$n=1$ の共形変換の式は，まとめて書くと，(7-10) の共形因子場の一般座標変換則

$$i[Q_\zeta, \phi] = \zeta^\mu \partial_\mu \phi + \frac{1}{4}\partial_\mu \zeta^\mu = \delta_\zeta \phi$$

に他ならない[*13]。この場合は量子補正項が消える。

最も簡単なプライマリースカラー場は

$$\mathcal{V}_\alpha(x) = :e^{\alpha\phi(x)}: = \sum_{n=0}^{\infty} \frac{\alpha^n}{n!} :\phi^n(x): \tag{7-31}$$

で与えられる。新たに導入した指数 α のことを Riegert 電荷と呼ぶことにする。上で求めた $:\phi^n:$ の変換則より，$\mathcal{V}_\alpha$ の共形変換は

$$i[P_\mu, \mathcal{V}_\alpha(x)] = \partial_\mu \mathcal{V}_\alpha(x),$$
$$i[M_{\mu\nu}, \mathcal{V}_\alpha(x)] = (x_\mu \partial_\nu - x_\nu \partial_\mu)\mathcal{V}_\alpha(x),$$
$$i[D, \mathcal{V}_\alpha(x)] = (x^\mu \partial_\mu + h_\alpha)\mathcal{V}_\alpha(x),$$
$$i[K_\mu, \mathcal{V}_\alpha(x)] = (x^2 \partial_\mu - 2x_\mu x^\nu \partial_\nu - 2x_\mu h_\alpha)\mathcal{V}_\alpha(x)$$

[*13] トレースレステンソル場の変換則も交換関係 $i[Q_\zeta, h_{\mu\nu}]$ から得られるが，このときは，ゲージ固定条件が保たれるように $\delta_\zeta h_{\mu\nu}$ (7-10) に余分な項 (Fradkin-Palchik 項) が付く。付録 B.6 又は K. Hamada, Phys. Rev. D85 (2012) 024028 を参照。

と計算され，共形次元は

$$h_\alpha = \alpha - \frac{\alpha^2}{4b_c} \tag{7-32}$$

と求まる。この $1/b_c$ に比例した第 2 項が量子補正である。

次に，微分演算子を含む Lorentz スカラー場について考える。微分を 2 つもつ場の演算子は

$$\mathcal{R}^1_\beta = \sum_{n=0}^{\infty} \frac{\beta^n}{n!} :\phi^n \partial^2 \phi: = :e^{\beta\phi}\left(\frac{4\pi^2}{b_c}\mathsf{P}_\chi + \partial^2\phi\right):,$$

$$\mathcal{R}^2_\beta = \sum_{n=0}^{\infty} \frac{\beta^n}{n!} :\phi^n \partial_\lambda\phi\partial^\lambda\phi: = :e^{\beta\phi}\left(-\chi^2 + \partial_k\phi\partial^k\phi\right):$$

の 2 つである。これらは並進及び Lorentz 変換については通常のスカラー場の変換則を満たす。スケール変換の変換則は

$$i\left[D, \mathcal{R}^{1,2}_\beta(x)\right] = (x^\mu \partial_\mu + h_\beta + 2)\mathcal{R}^{1,2}_\beta(x)$$

となり，特殊共形変換はそれぞれ

$$i\left[K_\mu, \mathcal{R}^1_\beta(x)\right] = \{x^2\partial_\mu - 2x_\mu x^\lambda \partial_\lambda - 2x_\mu(h_\beta + 2)\}\mathcal{R}^1_\beta(x)$$
$$+ 4:\partial_\mu \phi e^{\beta\phi}(x):,$$
$$i\left[K_\mu, \mathcal{R}^2_\beta(x)\right] = \{x^2\partial_\mu - 2x_\mu x^\lambda \partial_\lambda - 2x_\mu(h_\beta + 2)\}\mathcal{R}^2_\beta(x)$$
$$- 4\frac{h_\beta}{\beta}:\partial_\mu \phi e^{\beta\phi}(x):$$

で与えられる。ここで，h_β は (7-32) で定義される。

これらより，2 つを組み合わせた場の演算子

$$\mathcal{R}_\beta = \mathcal{R}^1_\beta + \frac{\beta}{h_\beta}\mathcal{R}^2_\beta = :e^{\beta\phi}\left(\partial^2\phi + \frac{\beta}{h_\beta}\partial_\lambda\phi\partial^\lambda\phi\right): \tag{7-33}$$

を考えると，$\mathcal{R}_\beta$ は共形変換の下で

$$i[P_\mu, \mathcal{R}_\beta(x)] = \partial_\mu \mathcal{R}_\beta(x),$$
$$i[M_{\mu\nu}, \mathcal{R}_\beta(x)] = (x_\mu\partial_\nu - x_\nu\partial_\mu)\mathcal{R}_\beta(x),$$
$$i[D, \mathcal{R}_\beta(x)] = (x^\lambda\partial_\lambda + h_\beta + 2)\mathcal{R}_\beta(x),$$
$$i[K_\mu, \mathcal{R}_\beta(x)] = \{x^2\partial_\mu - 2x_\mu x^\lambda\partial_\lambda - 2x_\mu(h_\beta + 2)\}\mathcal{R}_\beta(x)$$

と変換する共形次元 $h_\beta + 2$ のプライマリースカラー場になることが分かる。

これを一般化すると, 微分を $2m$ 階含むスカラー場演算子

$$\mathcal{R}_\gamma^{[m]} = :e^{\gamma\phi}\left(\partial^2\phi + \frac{\gamma}{h_\gamma}\partial_\lambda\phi\partial^\lambda\phi\right)^m:$$

が共形次元 $h_\gamma + 2m$ をもつプライマリースカラーとなることが分かる。$m = 0, 1$ がそれぞれ $\mathcal{V}_\alpha$ と $\mathcal{R}_\beta$ に相当する。

7.6 物理的場の演算子

量子重力では共形不変性は一般座標不変性, すなわちゲージ不変性として現れるので, 通常の共形場理論と違い, 真空だけでなく場の演算子も共形変換の下で不変にならなければならない。そのような物理的場の演算子が満たす一般座標不変性の条件は

$$\left[Q_\zeta, \int d^4x\, \mathcal{O}(x)\right] = 0 \tag{7-34}$$

で与えられる。この物理的条件を満たす場の演算子 $\mathcal{O}$ は共形次元 4 をもつプライマリースカラー場である。なぜなら, このときすべての共形 Killing ベクトル ζ^μ に対して

$$i\left[Q_\zeta, \mathcal{O}(x)\right] = \partial_\mu\left\{\zeta^\mu \mathcal{O}(x)\right\}$$

が成り立つことから, 物理条件を満たすことが分かる。一方, プライマリーテンソル場はスピン項が存在するためにこの条件を満たさない。

物理的演算子 $\mathcal{O}$ の最も簡単な例は $h_\alpha = 4$ を持つ演算子 $\mathcal{V}_\alpha$ (7-31) である。条件式 $h_\alpha = 4$ を解くと Riegert 電荷は

$$\alpha = 2b_c\left(1 - \sqrt{1 - \frac{4}{b_c}}\right) \tag{7-35}$$

と決まる。このとき, 2 つある解のうち, 重力場と結合している物質場の数を無限大 (ラージ N 極限) にする古典極限 $b_c \to \infty$ で α が正準値 4 に近づく, すなわち $\mathcal{V}_\alpha$ が古典的な体積要素 $\sqrt{-g}$ に近づく方を選んでいる。この値を持つ $\mathcal{V}_\alpha$ のことを量子論的な宇宙項演算子と呼ぶ。ここで, (7-5) より $b_c > 4$

なので, α はいつでも実数で与えられ, この演算子は重力理論から期待されるように実の演算子となる。

同様に, $h_\beta = 2$ を持つプライマリスカラー場 $\mathcal{R}_\beta$ は物理条件を満たす。条件式を解いて, 古典極限 $b_c \to \infty$ で正準値 2 になる解を求めると Riegert 電荷は

$$\beta = 2b_c \left(1 - \sqrt{1 - \frac{2}{b_c}}\right) \tag{7-36}$$

と決まる。この解を持つ $\mathcal{R}_\beta$ を量子論的な Ricci スカラーと呼ぶ。実際, 古典極限で $\beta \to 2$, $\beta/h_\beta \to 1$ となって定義式 (7-33) から古典的な Ricci スカラー $\sqrt{-g}R$ が得られることが分かる。

一般的に, $h_\gamma + 2m = 4$ を満たす Riegert 電荷 $\gamma = 2b_c(1 - \sqrt{1 - (4-2m)/b_c})$ を持つプライマリースカラー場 $\mathcal{R}_\gamma^{[m]}$ は Ricci スカラーの m 乗 $\sqrt{-g}R^m$ に相当する物理的演算子である。

7.7 BRST 定式化と物理条件

この節では一般座標変換 (7-10) の BRST 演算子を考える。BRST 変換は 15 個のゲージ変数 ζ^μ をゴースト場 c^μ に置き換えた変換である。ゴースト場は 15 個の Grassmann 数モード, c_-^μ, $c^{\mu\nu}$, c, c_+^μ を用いて

$$\begin{aligned} c^\lambda &= c_-^\mu \left(\zeta_T^\lambda\right)_\mu + c^{\mu\nu} \left(\zeta_L^\lambda\right)_{\mu\nu} + c\zeta_D^\lambda + c_+^\mu \left(\zeta_S^\lambda\right)_\mu \\ &= c_-^\lambda + 2x_\mu c^{\mu\lambda} + x^\lambda c + x^2 c_+^\lambda - 2x^\lambda x_\mu c_+^\mu \end{aligned}$$

と展開することが出来る。ここで, $c^{\mu\nu}$ は反対称である。ゴーストモードは Hermite 演算子で, c と $c^{\mu\nu}$ は無次元, c_-^μ と c_+^μ はそれぞれ次元 -1 と 1 を持つ。

同時にゴーストモードと同じ性質を持った 15 個の反ゴーストモード b_-^μ, $b^{\mu\nu}$, b, b_+^μ を導入する。ゴーストモードとの反交換関係を

$$\begin{aligned} \{c, b\} &= 1, \qquad \{c^{\mu\nu}, b^{\lambda\sigma}\} = \eta^{\mu\lambda}\eta^{\nu\sigma} - \eta^{\mu\sigma}\eta^{\nu\lambda}, \\ \{c_-^\mu, b_+^\nu\} &= \{c_+^\mu, b_-^\nu\} = \eta^{\mu\nu} \end{aligned}$$

と設定すると，共形代数 (2-6) を満たすゴースト部分の生成子は

$$\begin{aligned}
P^\mu_{\text{gh}} &= i\left(-2\text{bc}^\mu_+ + \text{b}^\mu_+ \text{c} + \text{b}^\mu_{\ \lambda}\text{c}^\lambda_+ + 2\text{b}^\lambda_+ \text{c}^\mu_{\ \lambda}\right), \\
M^{\mu\nu}_{\text{gh}} &= i\left(\text{b}^\mu_+ \text{c}^\nu_- - \text{b}^\nu_+ \text{c}^\mu_- + \text{b}^\mu_- \text{c}^\nu_+ - \text{b}^\nu_- \text{c}^\mu_+ + \text{b}^{\mu\lambda}\text{c}^\nu_{\ \lambda} - \text{b}^{\nu\lambda}\text{c}^\mu_{\ \lambda}\right), \\
D_{\text{gh}} &= i\left(\text{b}^\lambda_- \text{c}_{+\lambda} - \text{b}^\lambda_+ \text{c}_{-\lambda}\right), \\
K^\mu_{\text{gh}} &= i\left(2\text{bc}^\mu_- - \text{b}^\mu_- \text{c} + \text{b}^\mu_{\ \lambda}\text{c}^\lambda_- + 2\text{b}^\lambda_- \text{c}^\mu_{\ \lambda}\right)
\end{aligned}$$

で与えられる。以下，ゴースト部分には "gh" をつける。

これらの生成子を用いると，BRST 変換の生成子は

$$\begin{aligned}
Q_{\text{BRST}} &= \text{c}^\mu_-\left(P_\mu + \frac{1}{2}P^{\text{gh}}_\mu\right) + \text{c}^{\mu\nu}\left(M_{\mu\nu} + \frac{1}{2}M^{\text{gh}}_{\mu\nu}\right) \\
&\quad + \text{c}\left(D + \frac{1}{2}D^{\text{gh}}\right) + \text{c}^\mu_+\left(K_\mu + \frac{1}{2}K^{\text{gh}}_\mu\right) \\
&= \text{c}\left(D + D^{\text{gh}}\right) + \text{c}^{\mu\nu}\left(M_{\mu\nu} + M^{\text{gh}}_{\mu\nu}\right) - \text{b}\,N - \text{b}^{\mu\nu}N_{\mu\nu} + \tilde{Q}
\end{aligned}$$

と定義される。ここで，P_μ, $M_{\mu\nu}$, D, K_μ はゴースト部分以外の共形変換の生成子の和である。その他の演算子は

$$\begin{aligned}
N &= 2i\text{c}^\mu_+ \text{c}_{-\mu}, \qquad N^{\mu\nu} = \frac{i}{2}\left(\text{c}^\mu_+ \text{c}^\nu_- + \text{c}^\mu_- \text{c}^\nu_+\right) + i\text{c}^{\mu\lambda}\text{c}^\nu_{\ \lambda}, \\
\tilde{Q} &= \text{c}^\mu_- P_\mu + \text{c}^\mu_+ K_\mu
\end{aligned}$$

で与えられる。BRST 演算子の冪ゼロ性は生成子 P_μ, $M_{\mu\nu}$, D, K_μ が満たす共形代数を用いて

$$Q^2_{\text{BRST}} = \tilde{Q}^2 - ND - 2i\text{c}^\mu_+ \text{c}^\nu_- M_{\mu\nu} = 0$$

と示すことが出来る。BRST 演算子と反ゴーストモードとの反交換関係は

$$\begin{aligned}
\{Q_{\text{BRST}}, \text{b}\} &= D + D_{\text{gh}}, \qquad \{Q_{\text{BRST}}, \text{b}^{\mu\nu}\} = 2\left(M^{\mu\nu} + M^{\mu\nu}_{\text{gh}}\right), \\
\{Q_{\text{BRST}}, \text{b}^\mu_-\} &= K^\mu + K^\mu_{\text{gh}}, \qquad \{Q_{\text{BRST}}, \text{b}^\mu_+\} = P^\mu + P^\mu_{\text{gh}}
\end{aligned}$$

で与えられる。このように，ゴースト部分も含めた共形変換の全生成子は BRST 自明になる。そのため，プライマリースカラー場として与えられる BRST 共形不変な物理演算子にこの並進生成子を作用させて得られるデッセンダント場は BRST 自明になるので考える必要はない。

BRST 変換は一般座標変換のゲージ自由度 ζ^μ をゴースト場 c^μ に置き換えたものになる。共形因子場の BRST 変換はその共形変換則からすぐに

$$i\left[Q_{\mathrm{BRST}}, \phi(x)\right] = c^\mu \partial_\mu \phi(x) + \frac{1}{4}\partial_\mu c^\mu(x)$$

と導ける。前節で求めた $\mathcal{V}_\alpha$ や $\mathcal{R}_\beta$ のようなプライマリースカラー場 $\mathcal{O}$ の BRST 変換はその共形次元を Δ とすると,

$$i\left[Q_{\mathrm{BRST}}, \mathcal{O}(x)\right] = c^\mu \partial_\mu \mathcal{O}(x) + \frac{\Delta}{4}\partial_\mu c^\mu \mathcal{O}(x)$$

と変換することが分かる。これより, 前に示したように, $\Delta = 4$ のとき,

$$i\left[Q_{\mathrm{BRST}}, \int d^4x\, \mathcal{O}(x)\right] = \int d^4x\, \partial_\mu \{c^\mu\, \mathcal{O}(x)\} = 0$$

のように BRST 共形不変になる。これは物理条件 (7-34) を書き換えたものである。

完全反対称テンソルで足をつぶしたゴースト場の関数

$$\omega = \frac{1}{4!}\epsilon_{\mu\nu\lambda\sigma} c^\mu c^\nu c^\lambda c^\sigma$$

を導入すると BRST 共形不変な局所演算子を構成することが出来る。ゴースト場の BRST 変換は

$$i\{Q_{\mathrm{BRST}}, c^\mu(x)\} = c^\nu \partial_\nu c^\mu(x)$$

で与えられることから, 関数 ω は

$$i\left[Q_{\mathrm{BRST}}, \omega(x)\right] = c^\mu \partial_\mu \omega(x) = -\omega \partial_\mu c^\mu(x)$$

と変換する。このとき 2 番目の等式で $c^\mu \omega = 0$ を使っている。この交換関係を使うと, ω と共形次元 $\Delta = 4$ のプライマリースカラー場の積は

$$i\left[Q_{\mathrm{BRST}}, \omega \mathcal{O}(x)\right] = \frac{1}{4}\left(\Delta - 4\right)\omega \partial_\mu c^\mu \mathcal{O}(x) = 0$$

のように BRST 共形不変な局所演算子になる。

このように, BRST 共形不変な場の演算子は共形次元が 4 のプライマリースカラー場で与えられる。一方, プライマリーテンソル場はスピン項のた

め BRST 共形不変にならないので，一般座標不変な物理演算子から排除される。

物理的場の演算子 $O_\gamma = \int d^4 x \mathcal{O}_\gamma$ の相関関数は2次元量子重力のときと同じように定義することが出来る。だが，その計算方法はまだ確立していない。ここでは，第6章6.4節と同様に，Euclid 空間で宇宙項 $\Lambda \int d^4 x \mathcal{V}_\alpha$ を相互作用項として加えた系を考えて，相関関数の Λ 依存性だけを見ることにする。空間の Euler 標数が $\int d^4 x \sqrt{g} \hat{G}_4 / 32\pi^2 = 2$ で与えられることから，共形因子場のゼロモードの積分を行うと，相関関数の振る舞いが $\langle\langle O_{\gamma_1} \cdots O_{\gamma_n} \rangle\rangle \propto \Lambda^s$ となって，冪数が $s = (4b_c - \sum_{i=1}^n \gamma_i)/\alpha$ と決まる[*14]。

これまで見てきたように，重力場を量子化するために導入した各モード自体は BRST 共形不変にならない。量子重力の物理量は重力場の実スカラー複合関数として与えられる。そのため，第1章でも述べたように，それらの相関関数等の実数性は，各モードの正定値性ではなく，経路積分の正当性を保障する，場の変数で書かれた Riegert 作用及び Weyl 作用全体の正定値性によって保障される。

従来の考え方との違い　最後に，1970年代に研究された初期の高階微分量子重力でなされたユニタリ性の議論との違いについて述べる。当時は，共形因子場の運動項として R^2 作用を導入して，すべての重力場を摂動的に扱っていた。そのため，運動項のゲージ不変性を議論する際も，(7-8) のように，場に依存しない部分の変換だけが効いてきて，正と負の計量のモードがゲージ変換で混じり合わないため，ゲージ固定で消せない負計量モードが物理的な漸近場として現れることを妨げることは出来なかった。

Lee と Wick 及びそれを重力場に応用した Tomboulis の当時の考えの基礎は，正計量と負計量のモードが相互作用を通じて混じり合うことで，結果として負計量のモードが現実世界に現れないというものである[*15]。それは，相互作用の効果が加わると，漸近自由な理論では，伝播関数が量子補正を含

[*14] この式は真空の背景電荷が $-4b_c$ で与えられることを示している。この真空については第8章8.3節の (8-23) で詳しく議論する。

[*15] T. Lee and G. Wick, Nucl. Phys. **B9** (1969) 209; N. Nakanishi, Prog. Theor. Phys. Suppl. **51** (1972) 1 を参照。T. Tomboulis は付録 F を参照。

めて
$$\frac{1}{p^2 M(p^2)}, \qquad M(p^2) = M_{\mathsf{P}}^2 + 4\beta_0 p^2 \log\left(\frac{p^2}{\Lambda_{\mathrm{QG}}^2}\right)$$

のように振舞うことから導かれる。ここで, $M_{\mathsf{P}} = 1/\sqrt{8\pi G}$ は換算 Planck 質量 (reduced Planck mass) で, すべての重力場を摂動的に扱う場合は Einstein 項は質量項の役割をする。実数の極 $1/p^2$ は正計量のモードでいわゆる重力子 (graviton) を表している。他方, 質量をもった負計量の重力子モードに相当する $1/M(p^2)$ は漸近自由性 ($\beta_0 > 0$) の帰結として実数の極を持たないことから現実の世界に現れないことが分かる。

この考えはいまでも現実の世界との接点を考える際に有効である。ただ, 紫外極限で結合定数が消えると漸近場として負計量モードがゲージ不変な状態として現れることを避けることが出来ないのは明らかである。一方, 本書で紹介した量子重力理論では共形因子場を非摂動的に扱ったことにより, 一般座標不変性の一部として残った BRST 共形不変性が正と負のモードを結びつけて, 紫外極限でも負計量モードが単独で現れることを禁止している。また, 漸近場の概念もないため, S 行列も定義されない。時空は大きく揺らいで, そこには平坦な時空を運動する粒子の描像はもはやない。

第8章

量子重力の物理状態

　この章では量子重力の物理状態を具体的に構成して分類することを考える。その際，背景時空として $R \times S^3$ のシリンダー時空を採用すると便利である。コンパクトな S^3 空間を用いることで赤外発散を気にする必要がなく，第6章の $R \times S^1$ 上の2次元量子重力との類似性も見えてくる。

　Minkowski 時空 M^4 と $R \times S^3$ は共形変換で移り変わることが出来る。理論は共形変換として表される一般座標変換 (7-10) の下でゲージ同値，すなわち背景独立なので，どちらの背景時空で計算しても結果は同じになる。

8.1　$R \times S^3$ 上での正準量子化

　背景時空 $R \times S^3$ の計量は，S^3 の半径を 1 として，Euler 角 $\hat{\mathbf{x}} = (\alpha, \beta, \gamma)$ を用いると，

$$d\hat{s}^2_{R \times S^3} = \hat{g}_{\mu\nu} dx^\mu dx^\nu = -d\eta^2 + \hat{\gamma}_{ij} d\hat{x}^i d\hat{x}^j$$
$$= -d\eta^2 + \frac{1}{4}(d\alpha^2 + d\beta^2 + d\gamma^2 + 2\cos\beta d\alpha d\gamma)$$

と表示される。ここで，α, β, γ の領域はそれぞれ $[0, 2\pi], [0, \pi], [0, 4\pi]$ である。このとき，曲率は

$$\hat{R}_{ijkl} = (\hat{\gamma}_{ik}\hat{\gamma}_{jl} - \hat{\gamma}_{il}\hat{\gamma}_{jk}), \quad \hat{R}_{ij} = 2\hat{\gamma}_{ij}, \quad \hat{R} = 6$$

及び $\hat{C}^2_{\mu\nu\lambda\sigma} = \hat{G}_4 = 0$ となる。S^3 の体積要素は

$$d\Omega_3 = d^3\hat{x}\sqrt{\hat{\gamma}} = \frac{1}{8}\sin\beta d\alpha d\beta d\gamma$$

で与えられ，その体積は

$$V_3 = \int d\Omega_3 = \int_0^{2\pi} d\alpha \int_0^\pi d\beta \int_0^{4\pi} d\gamma \frac{1}{8}\sin\beta = 2\pi^2$$

となる。

3次元球面上の調和関数 量子場は S^3 上の調和関数を用いてモード展開される。n 階の対称横波トレースレス (symmetric transverse traceless, ST^2) テンソル調和関数は S^3 の回転群 $SO(4) = SU(2) \times SU(2)$ の表現 $(J+\varepsilon_n, J-\varepsilon_n)$ を用いて分類され,それを $Y^{i_1 \cdots i_n}_{J(M\varepsilon_n)}$ と記述する。ここで,$\varepsilon_n = \pm n/2$ は分極を表す指数である。調和関数は S^3 上の Laplace 演算子 $\Box_3 = \hat{\gamma}^{ij}\hat{\nabla}_i \hat{\nabla}_j$ の固有関数で,固有値方程式

$$\Box_3 Y^{i_1 \cdots i_n}_{J(M\varepsilon_n)} = \{-2J(2J+2)+n\} Y^{i_1 \cdots i_n}_{J(M\varepsilon_n)}$$

を満たす。ここで,$J(\geq n/2)$ は整数及び半整数で与えられ,$M = (m, m')$ は分極ごとに表現の縮退度を表す指数で,

$$m = -J-\varepsilon_n,\ -J-\varepsilon_n+1, \cdots, J+\varepsilon_n-1,\ J+\varepsilon_n,$$
$$m' = -J+\varepsilon_n,\ -J+\varepsilon_n+1, \cdots, J-\varepsilon_n-1,\ J-\varepsilon_n$$

の値を取る。これより,テンソル調和関数の縮退度は分極を考慮すると $2(2J+n+1)(2J-n+1)$ になる。$n=0$ のスカラー調和関数の縮退度は $(2J+1)^2$ となる。調和関数の具体的な表式や公式等は付録 C にまとめた。

ST^2 テンソル調和関数の複素共役および規格化は

$$Y^{i_1 \cdots i_n *}_{J(M\varepsilon_n)} = (-1)^n \epsilon_M Y^{i_1 \cdots i_n}_{J(-M\varepsilon_n)},$$
$$\int_{S^3} d\Omega_3\, Y^{i_1 \cdots i_n *}_{J_1(M_1\varepsilon_n^1)} Y_{i_1 \cdots i_n J_2(M_2 \varepsilon_n^2)} = \delta_{J_1 J_2} \delta_{M_1 M_2} \delta_{\varepsilon_n^1 \varepsilon_n^2}$$

で与えられる。ここで,2 番目のクロネッカーデルタは $\delta_{M_1 M_2} = \delta_{m_1 m_2} \delta_{m'_1 m'_2}$ である。符号因子は

$$\epsilon_M = (-1)^{m-m'}$$

と定義され,$\epsilon_M^2 = 1$ を満たす。以下では特に階数 n が 2 以下の調和関数に対して分極指数

$$y = \varepsilon_1 = \pm\frac{1}{2}, \qquad x = \varepsilon_2 = \pm 1$$

を導入する。

8.1 $R \times S^3$ 上での正準量子化

スカラー場の量子化 共形不変な自由スカラー場の作用は $R \times S^3$ 上で

$$I = \int d\eta \int_{S^3} d\Omega_3 \, \frac{1}{2} \varphi \left(-\partial_\eta^2 + \Box_3 - 1 \right) \varphi$$

と書ける。作用の中で次元が不足して見える部分は S^3 の半径を 1 に取ったことによる。調和関数を使って $\varphi \propto e^{-i\omega\eta} Y_{JM}$ と展開すると，運動方程式から分散関係 $\omega^2 - (2J+1)^2 = 0$ を得るので，スカラー場は

$$\varphi = \sum_{J \geq 0} \sum_M \frac{1}{\sqrt{2(2J+1)}} \left\{ \varphi_{JM} e^{-i(2J+1)\eta} Y_{JM} + \varphi_{JM}^\dagger e^{i(2J+1)\eta} Y_{JM}^* \right\}$$

とモード展開される。

量子化は通常の手続きに従って行うことができる。共役運動量は $\mathsf{P}_\varphi = \partial_\eta \varphi$ で与えられ，場の変数 φ との同時刻交換関係は $[\varphi(\eta, \hat{\mathbf{x}}), \mathsf{P}_\varphi(\eta, \hat{\mathbf{x}}')] = i\delta_3(\hat{\mathbf{x}} - \hat{\mathbf{x}}')$ と設定される。ここで，S^3 上のデルタ関数は完全系より

$$\delta_3(\hat{\mathbf{x}} - \hat{\mathbf{x}}') = \sum_{J \geq 0} \sum_M Y_{JM}^*(\hat{\mathbf{x}}) Y_{JM}(\hat{\mathbf{x}}')$$
$$= 8\delta(\alpha - \alpha')\delta(\cos\beta - \cos\beta')\delta(\gamma - \gamma')$$

と表すことができる。このとき，生成消滅演算子の交換関係は

$$[\varphi_{J_1 M_1}, \varphi_{J_2 M_2}^\dagger] = \delta_{J_1 J_2} \delta_{M_1 M_2}$$

で与えられる。Hamilton 演算子は作用関数から

$$\begin{aligned} H &= \int_{S^3} d\Omega_3 : \left\{ \frac{1}{2} \mathsf{P}_\varphi^2 - \frac{1}{2} \varphi \left(\Box_3 - 1 \right) \varphi \right\} : \\ &= \sum_{J \geq 0} \sum_M (2J+1) \varphi_{JM}^\dagger \varphi_{JM} \end{aligned} \quad (8\text{-}1)$$

と導かれる。

ゲージ場の量子化 ゲージ場を量子化するために Coulomb ゲージ $\hat{\nabla}^i A_i = 0$ を採用すると，$R \times S^3$ 上の作用は

$$I = \int d\eta \int_{S^3} d\Omega_3 \left\{ \frac{1}{2} A^i \left(-\partial_\eta^2 + \Box_3 - 2 \right) A_i - \frac{1}{2} A_0 \Box_3 A_0 \right\}$$

となる。ここで，ゲージ場の反変ベクトルは $A^i = \hat{\gamma}^{ij} A_j$ と定義されている。ゲージ場 A_0 は作用が時間微分を含まない非力学的な変数であることから，Coulomb ゲージを保つ残りのゲージ自由度を使ってさらに $A_0 = 0$ のゲージを取ることにする。この 2 つの条件を満たすゲージのことを輻射ゲージと呼ぶ。

横波ゲージ場をベクトル調和関数を使って $A^i \propto e^{-i\omega\eta} Y^i_{J(my)}$ と展開すると，スカラー場のときと同じ分散関係 $\omega^2 - (2J+1)^2 = 0$ が得られる。これより，ゲージ場は

$$A^i = \sum_{J \geq \frac{1}{2}} \sum_{M,y} \frac{1}{\sqrt{2(2J+1)}} \Big\{ q_{J(My)} e^{-i(2J+1)\eta} Y^i_{J(My)}$$
$$+ q^\dagger_{J(My)} e^{i(2J+1)\eta} Y^{i*}_{J(My)} \Big\}$$

のようにモード展開される。共役運動量は $\mathsf{P}^i_A = \partial_\eta A^i$ となるので同時刻交換関係は $[A^i(\eta, \hat{\mathbf{x}}), \mathsf{P}^j_A(\eta, \hat{\mathbf{y}})] = i\delta^{ij}_3(\hat{\mathbf{x}} - \hat{\mathbf{y}})$ と設定される。ここで，S^3 上のデルタ関数は完全系より $\delta^{ij}_3(\hat{\mathbf{x}} - \hat{\mathbf{y}}) = \sum_{J \geq \frac{1}{2}} \sum_{M,y} Y^{i*}_{J(My)}(\hat{\mathbf{x}}) Y^j_{J(My)}(\hat{\mathbf{y}})$ と表される。これより，生成消滅演算子が満たす交換関係は

$$\left[q_{J_1(M_1 y_1)}, q^\dagger_{J_2(M_2 y_2)}\right] = \delta_{J_1 J_2} \delta_{M_1 M_2} \delta_{y_1 y_2}$$

と規格化され，ゲージ場の Hamilton 演算子は

$$H = \int_{S^3} d\Omega_3 : \left\{ \frac{1}{2} \mathsf{P}^i_A \mathsf{P}^A_i - \frac{1}{2} A^i \left(\Box_3 - 2 \right) A_i \right\} :$$
$$= \sum_{J \geq \frac{1}{2}} \sum_{M,y} (2J+1) q^\dagger_{J(My)} q_{J(My)} \tag{8-2}$$

となる。

重力場の正準量子化　Weyl 作用のゲージ固定を行うために，第 7 章 7.3 節のときと同様に，トレースレステンソル場を分解して，

$$h_{00}, \qquad h_{0i}, \qquad h_{ij} = h^{\mathbf{tr}}_{ij} + \frac{1}{3} \hat{\gamma}_{ij} h_{00}$$

と書く。ここで，$h^{\mathbf{tr}}_{ij}$ は空間のトレースレス条件 $h^{\mathbf{tr}i}{}_i = \hat{\gamma}^{ij} h^{\mathbf{tr}}_{ij} = 0$ を満たす成分である。このときトレースレステンソル場の一般座標変換は

$$\delta_\kappa h_{00} = \frac{3}{2} \partial_\eta \kappa_0 + \frac{1}{2} \hat{\nabla}_k \kappa^k, \qquad \delta_\kappa h_{0i} = \partial_\eta \kappa_i + \hat{\nabla}_i \kappa_0,$$

$$\delta_\kappa h^{\mathbf{tr}}_{ij} = \hat{\nabla}_i \kappa_j + \hat{\nabla}_j \kappa_i - \frac{2}{3}\hat{\gamma}_{ij}\hat{\nabla}_k \kappa^k$$

と分解される。

前章と同様に, 一般座標変換の 4 つの自由度を用いて横波ゲージ条件

$$\hat{\nabla}^i h_{0i} = 0, \qquad \hat{\nabla}^i h^{\mathbf{tr}}_{ij} = 0$$

を課して, この条件を満たす横波ベクトル成分を h_i, 横波トレースレステンソル成分を h_{ij}, とゴシック体を用いて記述する。

Riegert 作用と横波ゲージ固定した Weyl 作用は $R \times S^3$ 上で

$$\begin{aligned}
S_{\mathrm{4DQG}} = \int d\eta \int_{S^3} d\Omega_3 \Big\{ &-\frac{2b_c}{(4\pi)^2}\phi\left(\partial_\eta^4 - 2\Box_3 \partial_\eta^2 + \Box_3^2 + 4\partial_\eta^2\right)\phi \\
&-\frac{1}{2}\mathsf{h}_{ij}\left(\partial_\eta^4 - 2\Box_3 \partial_\eta^2 + \Box_3^2 + 8\partial_\eta^2 - 4\Box_3 + 4\right)\mathsf{h}^{ij} \\
&+\mathsf{h}_i\left(\Box_3 + 2\right)\left(-\partial_\eta^2 + \Box_3 - 2\right)\mathsf{h}^i \\
&-\frac{1}{27}h_{00}\left(16\Box_3 + 27\right)\Box_3 h_{00} \Big\}
\end{aligned} \qquad (8\text{-}3)$$

となる。場 h_{00} は作用に時間微分を含まないので力学的な自由度ではない。ここでは, 横波ゲージ条件を保つ残りのゲージ自由度を使って

$$h_{00} = 0$$

のゲージを取る。横波ゲージ条件とこの条件を合わせて輻射ゲージと呼ぶことにする。

さらに, 方程式 $(\Box_3 + 2)\mathsf{h}_i = 0$ を満たす非力学的な横波ベクトルモードを取り除く。このモードは $J = 1/2$ ベクトル調和関数で書けて, 条件式は

$$\mathsf{h}_i\big|_{J=\frac{1}{2}} = 0 \qquad (8\text{-}4)$$

と表すことができる。この条件を加えた輻射ゲージを輻射$^+$ ゲージと呼ぶことにする。このとき, 一般座標変換の残りのゲージ自由度は共形 Killing ベクトルの自由度と同じになる。詳しくは次節の共形代数の生成子を構成する際に述べる。

前章と同様に Dirac の処方箋に従って正準量子化を行う。新しい変数 $\chi = \partial_\eta \phi$ (7-12) を用いて共形因子場の作用を書き換えると

$$S_\text{R} = \int d\eta \int_{S^3} d\Omega_3 \left\{ -\frac{b_c}{8\pi^2} \left[(\partial_\eta \chi)^2 + 2\chi \Box_3 \chi \right.\right.$$
$$\left.\left. -4\chi^2 + (\Box_3 \phi)^2 \right] + v(\partial_\eta \phi - \chi) \right\}$$

となる。拘束条件を解いて得られる部分位相空間の 4 つの変数の Dirac 括弧を交換子に置き換えると

$$[\chi(\eta, \hat{\mathbf{x}}), \mathsf{P}_\chi(\eta, \hat{\mathbf{y}})] = [\phi(\eta, \hat{\mathbf{x}}), \mathsf{P}_\phi(\eta, \hat{\mathbf{y}})] = i\delta_3(\hat{\mathbf{x}} - \hat{\mathbf{y}})$$

を得る。ここで, 運動量変数は

$$\mathsf{P}_\chi = -\frac{b_c}{4\pi^2} \partial_\eta \chi, \qquad \mathsf{P}_\phi = -\partial_\eta \mathsf{P}_\chi - \frac{b_c}{2\pi^2} \Box_3 \chi + \frac{b_c}{\pi^2} \chi$$

で与えられる。Hamilton 演算子は

$$H = \int d\Omega_3 : \left\{ -\frac{2\pi^2}{b_c} \mathsf{P}_\chi^2 + \mathsf{P}_\phi \chi + \frac{b_c}{8\pi^2} \left[2\chi \Box_3 \chi - 4\chi^2 + (\Box_3 \phi)^2 \right] \right\} :$$

と書ける。

作用 (8-3) から運動方程式を導いて $\phi \propto e^{-i\omega \eta} Y_{JM}$ を代入すると分散関係 $\{\omega^2 - (2J)^2\}\{\omega^2 - (2J+2)^2\} = 0$ が得られる。これより共形因子場は

$$\phi = \frac{\pi}{2\sqrt{b_c}} \left\{ 2(\hat{q} + \hat{p}\eta) Y_{00} \right.$$
$$+ \sum_{J \geq \frac{1}{2}} \sum_M \frac{1}{\sqrt{J(2J+1)}} \left(a_{JM} e^{-i2J\eta} Y_{JM} + a_{JM}^\dagger e^{i2J\eta} Y_{JM}^* \right)$$
$$+ \sum_{J \geq 0} \sum_M \frac{1}{\sqrt{(J+1)(2J+1)}} \left(b_{JM} e^{-i(2J+2)\eta} Y_{JM} \right.$$
$$\left.\left. + b_{JM}^\dagger e^{i(2J+2)\eta} Y_{JM}^* \right) \right\}$$

とモード展開される。ここで, $Y_{00} = 1/\sqrt{\mathrm{V}_3} = 1/\sqrt{2}\pi$ である。正準交換関係から各モードの交換関係は

$$[\hat{q}, \hat{p}] = i, \quad [a_{J_1 M_1}, a_{J_2 M_2}^\dagger] = -[b_{J_1 M_1}, b_{J_2 M_2}^\dagger] = \delta_{J_1 J_2} \delta_{M_1 M_2}$$

で与えられる。これより a_{JM} は正計量, b_{JM} は負計量をもつことが分かる。

Hamilton 演算子は

$$H = \frac{1}{2}\hat{p}^2 + b_c + \sum_{J \geq 0}\sum_M \{2J a_{JM}^\dagger a_{JM} - (2J+2)b_{JM}^\dagger b_{JM}\} \quad (8\text{-}5)$$

となる。エネルギーシフト項 b_c は, 2 次元量子重力のとき同じように, 座標系に依存した Casimir 項で, 前の定義式からは出てこない。ここでは, 簡単のため, 次節で議論する $R \times S^3$ 上の共形代数が閉じるように決めている。この項の具体的な導出方法の 1 つとして, 次章の 9.7 節を参照。

横波トレースレステンソル場 h_{ij} も高階微分場なので共形因子場と同様に Dirac の処方箋に従って量子化する。横波ベクトル場 h_i は 2 階微分なので通常の量子化を行う。テンソル及びベクトル調和関数を用いて場をそれぞれ $\mathsf{h}^{ij} \propto e^{-i\omega\eta}Y^{ij}_{J(Mx)}$ と $\mathsf{h}^i \propto e^{-i\omega\eta}Y^i_{J(My)}$ で展開すると, ゲージ固定した作用 (8-3) からそれぞれ分散関係 $\{\omega^2 - (2J)^2\}\{\omega^2 - (2J+2)^2\} = 0$ と $(2J-1)(2J+3)\{\omega^2 - (2J+1)^2\} = 0$ を得る。これらより場は[*1]

$$\begin{aligned}
\mathsf{h}^{ij} &= \frac{1}{4}\sum_{J \geq 1}\sum_{M,x}\frac{1}{\sqrt{J(2J+1)}}\Big\{c_{J(Mx)}e^{-i2J\eta}Y^{ij}_{J(Mx)} \\
&\quad + c^\dagger_{J(Mx)}e^{i2J\eta}Y^{ij*}_{J(Mx)}\Big\} \\
&\quad + \frac{1}{4}\sum_{J \geq 1}\sum_{M,x}\frac{1}{\sqrt{(J+1)(2J+1)}}\Big\{d_{J(Mx)}e^{-i(2J+2)\eta}Y^{ij}_{J(Mx)} \\
&\quad + d^\dagger_{J(Mx)}e^{i(2J+2)\eta}Y^{ij*}_{J(Mx)}\Big\}, \\
\mathsf{h}^i &= \frac{1}{2}\sum_{J \geq 1}\sum_{M,y}\frac{i}{\sqrt{(2J-1)(2J+1)(2J+3)}} \\
&\quad \times \Big\{e_{J(My)}e^{-i(2J+1)\eta}Y^i_{J(My)} - e^\dagger_{J(My)}e^{i(2J+1)\eta}Y^{i*}_{J(My)}\Big\} \quad (8\text{-}6)
\end{aligned}$$

とモード展開される。先に述べたように, ベクトル場の $J = 1/2$ モードは $(\Box_3 + 2)\mathsf{h}^i|_{J=1/2} = 0$ を満たすモードで, ゲージ条件として落している。各

[*1] h^i に通常とは異なる展開式を用いているのは, 次節で求める共形変換の生成子 Q_M の規格化に合わせるための単なる便宜である。

モードの交換関係は

$$\left[c_{J_1(M_1x_1)}, c^\dagger_{J_2(M_2x_2)}\right] = -\left[d_{J_1(M_1x_1)}, d^\dagger_{J_2(M_2x_2)}\right] = \delta_{J_1 J_2}\delta_{M_1 M_2}\delta_{x_1 x_2},$$
$$\left[e_{J_1(M_1y_1)}, e^\dagger_{J_2(M_2y_2)}\right] = -\delta_{J_1 J_2}\delta_{M_1 M_2}\delta_{y_1 y_2}$$

で与えられ, $c_{J(Mx)}$ は正計量, $d_{J(Mx)}$ 及び $e_{J(My)}$ は負計量になる。Hamilton 演算子は

$$H = \sum_{J\geq 1}\sum_{M,x}\{2Jc^\dagger_{J(Mx)}c_{J(Mx)} - (2J+2)d^\dagger_{J(Mx)}d_{J(Mx)}\}$$
$$- \sum_{J\geq 1}\sum_{M,y}(2J+1)e^\dagger_{J(My)}e_{J(My)} \tag{8-7}$$

と書ける。

8.2 共形変換の生成子

共形変換の生成子は共形 Killing ベクトル ζ^μ とエネルギー運動量テンソルを用いて

$$Q_\zeta = \int_{S^3} d\Omega_3\, \zeta^\mu \hat{\Theta}_{\mu 0}$$

と書くことが出来る。実際, 共形 Killing 方程式 (7-9) とエネルギー運動量テンソルの保存則 $\hat{\nabla}^\nu \hat{\Theta}_{\mu\nu} = -\partial_\eta \hat{\Theta}_{\mu 0} + \hat{\nabla}^i \hat{\Theta}_{\mu i} = 0$ を使うと, 共形変換の生成子は $\partial_\eta Q_\zeta = -(1/4) \int d\Omega_3 \hat{\nabla}_\lambda \zeta^\lambda \hat{\Theta}^\mu_{\ \mu} = 0$ のように保存することが示せる。

$R \times S^3$ 上の共形 Killing 方程式を解いて 15 個の共形 Killing ベクトルを求める。共形 Killing 方程式を成分ごとに書くと

$$3\partial_\eta \zeta_0 + \psi = 0, \qquad \partial_\eta \zeta_i + \hat{\nabla}_i \zeta_0 = 0,$$
$$\hat{\nabla}_i \zeta_j + \hat{\nabla}_j \zeta_i - \frac{2}{3}\hat{\gamma}_{ij}\psi = 0 \tag{8-8}$$

となる。ここで, $\psi = \hat{\nabla}_i \zeta^i$ である。これらを ψ について解くと $(\Box_3 + 3)\psi = 0$ と $(\partial_\eta^2 + 1)\psi = 0$ を得る。前の式は (8-8) の最後の式に $\hat{\nabla}^j \hat{\nabla}^i$ を作用させると得られる。その結果を残りの共形 Killing 方程式に代入すると後の式を得る。これより, この 2 つの方程式を同時に満たす解は $\psi = 0$ 又は $\psi \propto e^{\pm i\eta} Y_{\frac{1}{2}M}$ と表される。

8.2 共形変換の生成子

方程式 $\psi = 0$ を満たす解は,$\partial_\eta \zeta_0 = \Box_3 \zeta_0 = 0$ 及び S^3 の Killing 方程式 $\hat{\nabla}_i \zeta_j + \hat{\nabla}_j \zeta_i = 0$ を満たす解で,その 1 つは $\zeta_i = 0$ で表される時間方向の並進ベクトル

$$\zeta_T^\mu = (1, 0, 0, 0)$$

である。もう 1 つは S^3 上の回転 (等長変換, isometry) を表す Killing ベクトルで,$\zeta_0 = 0$ と $\partial_\eta \zeta_j = 0$ を同時に満たす解である。S^3 の Killing ベクトル $\zeta_R^\mu = (0, \zeta_R^j)$ はスカラー調和関数を使って

$$(\zeta_R^j)_{MN} = i \frac{V_3}{4} \left\{ Y^*_{\frac{1}{2}M} \hat{\nabla}^j Y_{\frac{1}{2}N} - Y_{\frac{1}{2}N} \hat{\nabla}^j Y^*_{\frac{1}{2}M} \right\}$$

と表すことができる[*2]。ここで,指数 M と N はいま $SU(2) \times SU(2)$ の **4** 表現を表している。以下では簡単のため,共形 Killing ベクトルやそれに伴う共形変換の生成子の脚を記述する際は,$J = 1/2$ を省略して,縮退度の指数 M だけで表す。

これらを共形変換の生成子の定義式に代入すると,それぞれ Hamilton 演算子

$$H = \int_{S^3} d\Omega_3 : \hat{\Theta}_{00} :$$

と 6 自由度の S^3 の回転生成子

$$R_{MN} = \int_{S^3} d\Omega_3 \, (\zeta_R^j)_{MN} : \hat{\Theta}_{j0} :$$

を得る。ここで,R_{MN} は関係式

$$R_{MN} = -\epsilon_M \epsilon_N R_{-N-M}, \qquad R_{MN}^\dagger = R_{NM}$$

を満たす。

共形 Killing 方程式の $\psi \neq 0$ を満たす解 $\zeta_S^\mu = (\zeta_S^0, \zeta_S^j)$ は

$$(\zeta_S^0)_M = \frac{\sqrt{V_3}}{2} e^{i\eta} Y^*_{\frac{1}{2}M}, \quad (\zeta_S^j)_M = -i \frac{\sqrt{V_3}}{2} e^{i\eta} \hat{\nabla}^j Y^*_{\frac{1}{2}M} \qquad (8\text{-}9)$$

[*2] S^3 上の Killing ベクトルはベクトル調和関数 $Y^j_{J(My)}$ の $J = 1/2$ 成分と **G** 型の $SU(2) \times SU(2)$ Clebsch-Gordan 係数 (C-4) を用いて $(\zeta_R^j)_{MN} = i(\sqrt{V_3}/2) \sum_{V,y} \mathbf{G}^{1/2M}_{1/2(Vy);1/2N} Y^{j*}_{1/2(Vy)}$ と表すことが出来る。

及びその複素共役で与えられる。これを定義式に代入し，エネルギー運動量テンソルの保存則を使って変形すると，4個の特殊共形変換の生成子

$$Q_M = \sqrt{V_3} P^{(+)} \int_{S^3} d\Omega_3 \, Y^*_{\frac{1}{2}M} :\hat{\Theta}_{00}: \qquad (8\text{-}10)$$

を得る。ここで, $P^{(+)} = e^{i\eta}(1+i\partial_\eta)/2$ である。S^3 の空間積分を実行すると $e^{\pm i\eta}$ の関数だけが残ることが示せるので, $P^{(+)}$ はそのうちの $e^{-i\eta}$ 部分のみを選択して生成子が時間に依存しないことを保障する因子である。Q_M の Hermite 共役 $Q^\dagger_M$ は並進の生成子に相当する。

ここで, 前にも述べた輻射$^+$ ゲージ条件下での残ゲージ自由度について詳しく説明する。プラス記号のない通常の輻射ゲージ条件, $h_{00} = 0$ と $\hat{\nabla}^i h_{0i} = \hat{\nabla}^i h^{\mathrm{tr}}_{ij} = 0$, を保つ残りのゲージ自由度は方程式 $\delta_\kappa h_{00} = (3\partial_\eta \kappa_0 + \tilde{\psi})/2 = 0$, $\delta_\kappa(\hat{\nabla}^i h_{0i}) = \partial_\eta \tilde{\psi} + \Box_3 \kappa_0 = 0$, $\delta_\kappa(\hat{\nabla}^i h^{\mathrm{tr}}_{ij}) = (\Box_3 + 2)\kappa_j + \hat{\nabla}_j \tilde{\psi}/3 = 0$ で表される。ここで, $\tilde{\psi} = \hat{\nabla}_i \kappa^i$ である。これらの式は残りのゲージ自由度が共形 Killing ベクトルで張られる 15 個のゲージ自由度よりも広いことを表している。すなわち, 2番目の方程式は共形 Killing 方程式 (8-8) の2番目の条件よりも弱く, S^3 の Killing 方程式の解として $\partial_\eta \kappa^i \neq 0$ を満たすものが存在して, 任意の時間の関数を $f(\eta)$ とすると $\kappa^\mu = (0, f(\eta) Y^i_{1/2(My)})$ の解が許されることが分かる。このゲージ自由度を使って h_i の $J = 1/2$ の自由度を取り除くことができ, ゲージ固定条件 (8-4) を課すことができる。輻射$^+$ ゲージ固定後の残りの一般座標変換の自由度は共形 Killing ベクトルと同じになり, それが共形変換の自由度になる。

15 個の4次元共形変換の生成子は $SO(4,2)$ の閉じた共形代数

$$\begin{aligned}
[Q_M, Q^\dagger_N] &= 2\delta_{MN} H + 2R_{MN}, \\
[H, Q_M] &= -Q_M, \qquad [H, Q^\dagger_M] = Q^\dagger_M, \\
[H, R_{MN}] &= [Q_M, Q_N] = 0, \\
[Q_M, R_{M_1 M_2}] &= \delta_{M M_2} Q_{M_1} - \epsilon_{M_1} \epsilon_{M_2} \delta_{M-M_1} Q_{-M_2}, \\
[R_{M_1 M_2}, R_{M_3 M_4}] &= \delta_{M_1 M_4} R_{M_3 M_2} - \epsilon_{M_1} \epsilon_{M_2} \delta_{-M_2 M_4} R_{M_3 - M_1} \\
&\quad - \delta_{M_2 M_3} R_{M_1 M_4} + \epsilon_{M_1} \epsilon_{M_2} \delta_{-M_1 M_3} R_{-M_2 M_4}
\end{aligned}$$
(8-11)

を構成する。

8.2 共形変換の生成子

Hamilton 演算子は，シリンダー的背景時空 $R \times S^3$ 上では，状態の共形次元を数えるスケール変換の演算子である。このことを見るために，$dy^2 + d\Omega_3^2$ の計量を持つ Euclid 化された $R \times S^3$ 時空から $dr^2 + r^2 d\Omega_3^2$ の計量を持つ R^4 時空への共形写像 $y \to r = e^y$ を考える。スケール変換 $r \to e^a r$ はシリンダー的時空では時間並進 $y \to y + a$ に相当する。このように R^4 上で量子場の理論を定義する方法は動径量子化 (radial quantization) として知られている[*3]。Lorentz 計量を持つ $R \times S^3$ 上の場の量子論は解析接続 $y = i\eta$ をすることで得られる。これより，$e^{iE\eta}$ の時間依存性を持つ場の演算子の各モードが共形次元 E を持つことが分かる。

回転生成子 R_{MN} は Hamilton 演算子と交換するので共形次元がゼロの演算子である。特殊共形変換の生成子 Q_M は共形次元 -1，その Hermite 共役は 1 を持つ。そのため，この演算子は共形次元が 1 だけ異なる生成演算子と消滅演算子の組み合わせで表される。

回転生成子 R_{MN} の閉代数は，$SU(2) \times SU(2)$ の **4** 表現の脚 $M = \{(1/2,1/2),(1/2,-1/2),(-1/2,1/2),(-1/2,-1/2)\}$ を $\{1,2,3,4\}$ と表示して，$A_+ = R_{31}$, $A_- = R_{31}^\dagger$, $A_3 = (R_{11} + R_{22})/2$, $B_+ = R_{21}$, $B_- = R_{21}^\dagger$, $B_3 = (R_{11} - R_{22})/2$ と書くと，通常の $SU(2) \times SU(2)$ 代数の形

$$[A_+, A_-] = 2A_3, \quad [A_3, A_\pm] = \pm A_\pm,$$
$$[B_+, B_-] = 2B_3, \quad [B_3, B_\pm] = \pm B_\pm$$

に書き換えることができる。ここで，$A_{\pm,3}$ と $B_{\pm,3}$ は交換する。

4 次元量子重力はいま，スカラー場，ゲージ場，共形因子場，トレースレステンソル場の 4 つのセクターに分かれている。共形代数の生成子はすべてのセクターからの寄与の和で与えられる。以下では具体的に各々の場に対して共形変換の生成子を求める。

スカラー場 共形不変なスカラー場のエネルギー運動量テンソルは

$$\hat{\Theta}_{\mu\nu} = \frac{2}{3}\hat{\nabla}_\mu\varphi\hat{\nabla}_\nu\varphi - \frac{1}{3}\varphi\hat{\nabla}_\mu\hat{\nabla}_\nu\varphi + \frac{1}{6}\hat{R}_{\mu\nu}\varphi^2$$

[*3] S. Fubini, A. Hanson and R. Jackiw, *New Approach to Field Theory*, Phys. Rev. D **7** (1973) 1732 を参照。

$$-\frac{1}{6}\hat{g}_{\mu\nu}\left\{\hat{\nabla}_\lambda\varphi\hat{\nabla}^\lambda\varphi + \frac{1}{6}\hat{R}\varphi^2\right\}$$

と計算される。トレースを取ると $\hat{\Theta}^\lambda_\lambda = (1/3)\,\varphi(-\hat{\nabla}^2 + \hat{R}/6)\varphi = 0$ のように運動方程式に比例して消えるので、共形変換の生成子は保存することが分かる。

エネルギー運動量テンソルを代入して S^3 上の積分を実行すると生成子を求めることができる。Hamilton 演算子はすでに (8-1) で与えられたものになる。回転生成子は、**4** 表現の脚 M として前述の $\{1,2,3,4\}$ を使うと、

$$R_{11} = \sum_{J>0}\sum_M (m+m')\varphi^\dagger_{JM}\varphi_{JM},$$
$$R_{22} = \sum_{J>0}\sum_M (m-m')\varphi^\dagger_{JM}\varphi_{JM},$$
$$R_{21} = \sum_{J>0}\sum_M \sqrt{(J+1-m')(J+m')}\varphi^\dagger_{JM}\varphi_{J\overline{M}},$$
$$R_{31} = \sum_{J>0}\sum_M \sqrt{(J+1-m)(J+m)}\varphi^\dagger_{JM}\varphi_{J\underline{M}}$$

と表される[*4]。ここで、新たな指数は $\overline{M} = (m, m'-1)$ と $\underline{M} = (m-1, m')$ で定義される。

特殊共形変換の生成子は、(8-10) に正規順序付けされたエネルギー運動量テンソルを代入すると、

$$Q_M = P^{(+)} \sum_{J_1, M_1}\sum_{J_2, M_2} \frac{1}{4}\sqrt{\frac{V_3}{(2J_1+1)(2J_2+1)}} \int_{S^3} d\Omega_3\, Y^*_{\frac{1}{2}M} Y_{J_1 M_1} Y_{J_2 M_2}$$
$$\times\left\{\left[-(2J_1+1)(2J_2+1) + (2J_2+1)^2 - \frac{1}{2}\right]\right.$$

[*4] 回転生成子は **G** 型の $SU(2)\times SU(2)$ Clebsch-Gordan 係数 (C-4) を用いると

$$R_{MN} = \frac{1}{2}\sum_{J\geq 0}\sum_{S_1,S_2}\sum_{V,y}\epsilon_V \mathbf{G}^{\frac{1}{2}M}_{\frac{1}{2}(-Vy);\frac{1}{2}N} \mathbf{G}^{JS_1}_{\frac{1}{2}(Vy);JS_2}\varphi^\dagger_{JS_1}\varphi_{JS_2}$$

と表すことが出来る。$\mathbf{G}^{1/2M}_{J(Vy);JN} = -\sqrt{2J(2J+2)}C^{1/2m}_{J+yv,Jn}C^{1/2m'}_{J-yv',Jn'}$ と $\mathbf{G}^{JM}_{1/2(Vy);JN} = -\sqrt{2J(2J+2)}C^{Jm}_{1/2+yv,Jn}C^{Jm'}_{1/2-yv',Jn'}$ を代入すると本文の式になる。ここで、係数 $\mathbf{G}^{JM}_{J_1(M_1 y_1);J_2 M_2}$ は、$J = 1/2$ のときは $J_1 = J_2$ の場合にのみ値をもち、$J_1 = 1/2$ のときは $J = J_2$ のときのみ値をもつ。

8.2 共形変換の生成子

$$\times \Big(\varphi_{J_1 M_1}\varphi_{J_2 M_2} e^{-i(2J_1+2J_2+2)\eta}$$
$$+\epsilon_{M_1}\varphi^\dagger_{J_1-M_1}\epsilon_{M_2}\varphi^\dagger_{J_2-M_2} e^{i(2J_1+2J_2+2)\eta}\Big)$$
$$+\left[(2J_1+1)(2J_2+1)+(2J_2+1)^2-\frac{1}{2}\right]$$
$$\times \Big(\varphi_{J_1 M_1}\epsilon_{M_2}\varphi^\dagger_{J_2-M_2} e^{-i(2J_1-2J_2)\eta}$$
$$+\epsilon_{M_1}\varphi^\dagger_{J_1-M_1}\varphi_{J_2 M_2} e^{i(2J_1-2J_2)\eta}\Big)\Big\}$$
$$=\sum_{J\ge 0}\sum_{M_1}\sum_{M_2}\mathbf{C}^{\frac{1}{2}M}_{JM_1,J+\frac{1}{2}M_2}\sqrt{(2J+1)(2J+2)}\epsilon_{M_1}\varphi^\dagger_{J-M_1}\varphi_{J+\frac{1}{2}M_2}$$
(8-12)

と求まる。ここで, $\mathbf{C}$ は 3 つのスカラー調和関数の積を S^3 上で積分して得られる $SU(2)\times SU(2)$ Clebsch-Gordan 係数で,

$$\mathbf{C}^{JM}_{J_1 M_1,J_2 M_2}=\sqrt{V_3}\int_{S^3}d\Omega_3 Y^*_{JM}Y_{J_1 M_1}Y_{J_2 M_2}$$
$$=\sqrt{\frac{(2J_1+1)(2J_2+1)}{2J+1}}C^{Jm}_{J_1 m_1,J_2 m_2}C^{Jm'}_{J_1 m'_1,J_2 m'_2}\quad (8\text{-}13)$$

で定義される。$C^{Jm}_{J_1 m_1,J_2 m_2}$ は通常の Clebsch-Gordan 係数で, これより $J+J_1+J_2$ は整数で, 3 角不等式 $|J_1-J_2|\le J\le J_1+J_2$ 及び $M=M_1+M_2$ の条件が満たされる。また, $\mathbf{C}$ は実関数で, 関係式 $\mathbf{C}^{JM}_{J_1 M_1,J_2 M_2}=\mathbf{C}^{JM}_{J_2 M_2,J_1 M_1}=\mathbf{C}^{J-M}_{J_1-M_1,J_2-M_2}=\epsilon_{M_2}\mathbf{C}^{J_1 M_1}_{JM,J_2-M_2}$ 及び $\mathbf{C}^{JM}_{00,JN}=\delta_{MN}$ を満たす。生成子 Q_M には $J=1/2$ をもつ $\mathbf{C}$ 係数が現れている。

自由スカラー場は共形次元 1 のプライマリー場として変換する。実際に生成子と場の演算子の交換関係を計算すると (7-11) の変換則

$$i[Q_\zeta,\varphi]=\zeta^\mu\hat{\nabla}_\mu\varphi+\frac{1}{4}\hat{\nabla}_\mu\zeta^\mu\varphi$$

が得られる。例えば, 共形 Killing ベクトルが η^μ のときは生成子が Hamilton 演算子なので, $i[H,\varphi]=\partial_\eta\varphi$ と書けることがすぐに分かる。特殊共形変換の場合は変換規則の右辺に $(\zeta^\mu_S)_M$ を代入して, 付録 C.3 の調和関数の積の展開式 (C-6) を使って書き換えると左辺の交換関係 $i[Q_M,\varphi]$ と一致することが示せる。

ゲージ場　ゲージ場のエネルギー運動量テンソルは

$$\hat{\Theta}_{\mu\nu} = F_{\mu\lambda}F_\nu{}^\lambda - \frac{1}{4}\hat{g}_{\mu\nu}F_{\lambda\sigma}F^{\lambda\sigma}$$

で与えられる。ここで, $F^\mu{}_\nu = \hat{g}^{\mu\lambda}F_{\lambda\nu}$ である。このテンソルは自明にトレースレスになる。

輻射ゲージ $A_0 = \hat{\nabla}^i A_i = 0$ のもとで, 定義式にエネルギー運動量テンソルを代入して共形変換の生成子を求める。Hamilton 演算子はすでに (8-2) で求めたものになる。特殊共形変換の生成子は

$$Q_M = \sum_{J \geq \frac{1}{2}} \sum_{M_1, y_1} \sum_{M_2, y_2} \mathbf{D}^{\frac{1}{2}M}_{J(M_1 y_1), J+\frac{1}{2}(M_2 y_2)}$$
$$\times \sqrt{(2J+1)(2J+2)}(-\epsilon_{M_1}) q^\dagger_{J(-M_1 y_1)} q_{J+\frac{1}{2}(M_2 y_2)} \quad (8\text{-}14)$$

となる。ここで, 新たに導入された $SU(2) \times SU(2)$ Clebsch-Gordan 係数 $\mathbf{D}$ は

$$\mathbf{D}^{\frac{1}{2}M}_{J(M_1 y_1), J+\frac{1}{2}(M_2 y_2)} = \sqrt{\mathrm{V}_3} \int_{S^3} d\Omega_3\, Y^*_{\frac{1}{2}M} Y^i_{J(M_1 y_1)} Y_{iJ+\frac{1}{2}(M_2 y_2)}$$
$$= \sqrt{J(2J+3)}\, C^{\frac{1}{2}m}_{J+y_1 m_1,\, J+\frac{1}{2}+y_2 m_2} C^{\frac{1}{2}m'}_{J-y_1 m'_1,\, J+\frac{1}{2}-y_2 m'_2}$$

と定義される。係数 $\mathbf{D}$ の一般的な式は付録 C.2 の (C-2) に与えてある。S^3 回転の生成子については, その具体的な式は以下の議論に於いてあまり重要ではないので省略する。

共形因子場　Riegert 作用を背景時空について変分すると, 共形因子場のエネルギー運動量テンソル

$$\begin{aligned}\hat{\Theta}_{\mu\nu} = -\frac{b_c}{8\pi^2}\Big\{ &-4\hat{\nabla}^2\hat{\nabla}_\mu\phi\hat{\nabla}_\nu\phi + 2\hat{\nabla}_\mu\hat{\nabla}^2\phi\hat{\nabla}_\nu\phi + 2\hat{\nabla}_\nu\hat{\nabla}^2\phi\hat{\nabla}_\mu\phi\\
&+\frac{8}{3}\hat{\nabla}_\mu\hat{\nabla}_\lambda\phi\hat{\nabla}_\nu\hat{\nabla}^\lambda\phi - \frac{4}{3}\hat{\nabla}_\mu\hat{\nabla}_\nu\hat{\nabla}_\lambda\phi\hat{\nabla}^\lambda\phi + 4\hat{R}_{\mu\lambda\nu\sigma}\hat{\nabla}^\lambda\phi\hat{\nabla}^\sigma\phi\\
&+4\hat{R}_{\mu\lambda}\hat{\nabla}^\lambda\phi\hat{\nabla}_\nu\phi + 4\hat{R}_{\nu\lambda}\hat{\nabla}^\lambda\phi\hat{\nabla}_\mu\phi - \frac{4}{3}\hat{R}_{\mu\nu}\hat{\nabla}_\lambda\phi\hat{\nabla}^\lambda\phi\\
&-\frac{4}{3}\hat{R}\hat{\nabla}_\mu\phi\hat{\nabla}_\nu\phi - \frac{2}{3}\hat{\nabla}_\mu\hat{\nabla}_\nu\hat{\nabla}^2\phi - 4\hat{R}_{\mu\lambda\nu\sigma}\hat{\nabla}^\lambda\hat{\nabla}^\sigma\phi\\
&+\frac{14}{3}\hat{R}_{\mu\nu}\hat{\nabla}^2\phi + 2\hat{R}\hat{\nabla}_\mu\hat{\nabla}_\nu\phi - 4\hat{R}_{\mu\lambda}\hat{\nabla}^\lambda\hat{\nabla}_\nu\phi - 4\hat{R}_{\nu\lambda}\hat{\nabla}^\lambda\hat{\nabla}_\mu\phi\end{aligned}$$

8.2 共形変換の生成子

$$-\frac{1}{3}\hat{\nabla}_\mu \hat{R}\hat{\nabla}_\nu \phi - \frac{1}{3}\hat{\nabla}_\nu \hat{R}\hat{\nabla}_\mu \phi + \hat{g}_{\mu\nu}\bigg[\hat{\nabla}^2\phi\hat{\nabla}^2\phi - \frac{2}{3}\hat{\nabla}^\lambda\hat{\nabla}^2\phi\hat{\nabla}_\lambda\phi$$

$$-\frac{2}{3}\hat{\nabla}^\lambda\hat{\nabla}^\sigma\phi\hat{\nabla}_\lambda\hat{\nabla}_\sigma\phi - \frac{8}{3}\hat{R}_{\lambda\sigma}\hat{\nabla}^\lambda\phi\hat{\nabla}^\sigma\phi + \frac{2}{3}\hat{R}\hat{\nabla}^\lambda\phi\hat{\nabla}_\lambda\phi$$

$$+\frac{2}{3}\hat{\nabla}^4\phi + 4\hat{R}_{\lambda\sigma}\hat{\nabla}^\lambda\hat{\nabla}^\sigma\phi - 2\hat{R}\hat{\nabla}^2\phi + \frac{1}{3}\hat{\nabla}^\lambda\hat{R}\hat{\nabla}_\lambda\phi\bigg]\bigg\}$$

を得る。そのトレースは $\hat{\Theta}^\lambda{}_\lambda = -(b_c/4\pi^2)\hat{\Delta}_4\phi = 0$ のように $R \times S^3$ 上の共形因子場の運動方程式に比例して消える。

Hamilton 演算子はすでに (8-5) で与えられている。特殊共形変換の生成子は定義式に従って求めると

$$Q_M = \left(\sqrt{2b_c} - i\hat{p}\right) a_{\frac{1}{2}M} + \sum_{J\geq 0}\sum_{M_1,M_2} \mathbf{C}^{\frac{1}{2}M}_{JM_1, J+\frac{1}{2}M_2}\Big\{\alpha(J)\epsilon_{M_1}a^\dagger_{J-M_1}a_{J+\frac{1}{2}M_2}$$

$$+\beta(J)\epsilon_{M_1}b^\dagger_{J-M_1}b_{J+\frac{1}{2}M_2} + \gamma(J)\epsilon_{M_2}a^\dagger_{J+\frac{1}{2}-M_2}b_{JM_1}\Big\} \qquad (8\text{-}15)$$

となる。ここで, 係数 $\mathbf{C}$ はスカラー場のときに導入した (8-13) と同じである。その他の係数は

$$\alpha(J) = \sqrt{2J(2J+2)}, \qquad \beta(J) = -\sqrt{(2J+1)(2J+3)},$$
$$\gamma(J) = 1 \qquad (8\text{-}16)$$

で与えられる。回転生成子の具体的な式は以下の議論では必要ないので省略する。前にも述べたように, 共形代数 (8-11) が閉じるために Hamilton 演算子 (8-5) の Casimir 項が必要である。

共形代数 (8-11) の計算には $\mathbf{C}$ 係数が満たす交差関係式 (crossing relation)

$$\sum_{J\geq 0}\sum_M \epsilon_M \mathbf{C}^{J_1M_1}_{J_2M_2,J-M} \mathbf{C}^{J_3M_3}_{JM,J_4M_4} = \sum_{J\geq 0}\sum_M \epsilon_M \mathbf{C}^{J_1M_1}_{J_4M_4,J-M} \mathbf{C}^{J_3M_3}_{JM,J_2M_2} \qquad (8\text{-}17)$$

が有用である。この関係式は, 2 つのスカラー調和関数の積が別のスカラー調和関数を用いて

$$Y_{J_1M_1}Y_{J_2M_2} = \frac{1}{\sqrt{V_3}}\sum_{J\geq 0}\sum_M \mathbf{C}^{JM}_{J_1M_1,J_2M_2}Y_{JM}$$

と展開できることを用いて, 積分

$$\int_{S^3} d\Omega_3 Y_{J_1 M_1}^* Y_{J_2 M_2} Y_{J_3 M_3}^* Y_{J_4 M_4}$$

を 2 通りに評価すると得られる。交差関係式 (8-17) を用いると Q_M と $Q_N^\dagger$ の交換関係の非対角成分が消えることが簡単に示せて便利である。また, 次の節で物理状態を求める際にも有用である。

共形因子場の共形変換は, 生成子と場の演算子との交換関係を用いて

$$i\left[Q_\zeta, \phi\right] = \zeta^\mu \hat{\nabla}\phi + \frac{1}{4}\hat{\nabla}_\mu \zeta^\mu \tag{8-18}$$

と表すことができる。特殊共形変換の場合はスカラー場のときに使用した調和関数の積の展開式 (C-6) を使うと容易に示すことができる。

トレースレステンソル場　最後に輻射$^+$ゲージでのトレースレステンソル場の共形変換の生成子を与える。Hamilton 演算子 H はすでに (8-7) で与えている。特殊共形変換の生成子は結果のみを書くと

$$\begin{aligned}
Q_M =& \sum_{J\geq 1}\sum_{M_1,x_1}\sum_{M_2,x_2} \mathbf{E}_{J(M_1 x_1), J+\frac{1}{2}(M_2 x_2)}^{\frac{1}{2} M} \\
&\times \left\{\alpha(J)\epsilon_{M_1} c_{J(-M_1 x_1)}^\dagger c_{J+\frac{1}{2}(M_2 x_2)} + \beta(J)\epsilon_{M_1} d_{J(-M_1 x_1)}^\dagger d_{J+\frac{1}{2}(M_2 x_2)} \right. \\
&\left. + \gamma(J)\epsilon_{M_2} c_{J+\frac{1}{2}(-M_2 x_2)}^\dagger d_{J(M_1 x_1)}\right\} \\
&+ \sum_{J\geq 1}\sum_{M_1,x_1}\sum_{M_2,y_2} \mathbf{H}_{J(M_1 x_1); J(M_2 y_2)}^{\frac{1}{2} M} \\
&\times \left\{A(J)\epsilon_{M_1} c_{J(-M_1 x_1)}^\dagger e_{J(M_2 y_2)} + B(J)\epsilon_{M_2} e_{J(-M_2 y_2)}^\dagger d_{J(M_1 x_1)}\right\} \\
&+ \sum_{J\geq 1}\sum_{M_1,y_1}\sum_{M_2,y_2} \mathbf{D}_{J(M_1 y_1), J+\frac{1}{2}(M_2 y_2)}^{\frac{1}{2} M} C(J)\epsilon_{M_1} e_{J(-M_1 y_1)}^\dagger e_{J+\frac{1}{2}(M_2 y_2)}
\end{aligned} \tag{8-19}$$

となる。係数 $\alpha(J), \beta(J), \gamma(J)$ は共形因子場のときと同じ (8-16) で与えられる。さらに

$$A(J) = \sqrt{\frac{4J}{(2J-1)(2J+3)}}, \qquad B(J) = \sqrt{\frac{2(2J+2)}{(2J-1)(2J+3)}},$$

8.3 BRST 演算子と物理状態の条件

$$C(J) = \sqrt{\frac{(2J-1)(2J+1)(2J+2)(2J+4)}{2J(2J+3)}}$$

の係数が現れる。また，新たな $SU(2) \times SU(2)$ Clebsch-Gordan 係数

$$\begin{aligned}
\mathbf{E}^{\frac{1}{2}M}_{J(M_1x_1),J+\frac{1}{2}(M_2x_2)} &= \sqrt{V_3} \int_{S^3} d\Omega_3 Y^*_{\frac{1}{2}M} Y^{ij}_{J(M_1x_1)} Y_{ijJ+\frac{1}{2}(M_2x_2)} \\
&= \sqrt{(2J-1)(J+2)} \, C^{\frac{1}{2}m}_{J+x_1m_1,J+\frac{1}{2}+x_2m_2} C^{\frac{1}{2}m'}_{J-x_1m'_1,J+\frac{1}{2}-x_2m'_2}, \\
\mathbf{H}^{\frac{1}{2}M}_{J(M_1x_1);J(M_2y_2)} &= \sqrt{V_3} \int_{S^3} d\Omega_3 Y^*_{\frac{1}{2}M} Y^{ij}_{J(M_1x_1)} \hat{\nabla}_i Y_{jJ(M_2y_2)} \\
&= -\sqrt{(2J-1)(2J+3)} \, C^{\frac{1}{2}m}_{J+x_1m_1,J+y_2m_2} C^{\frac{1}{2}m'}_{J-x_1m'_1,J-y_2m'_2}
\end{aligned}$$

が必要になる。これらの係数の一般的な式は付録 C.2 の (C-3) と (C-5) で与えられる。

この生成子は，定義に従って Weyl 作用のエネルギー運動量テンソルから直接求めるのではなく，6 つの係数 $\alpha, \beta, \gamma, A, B, C$ の値をあらかじめ指定せずに，共形代数 (8-11) が閉じるようにそれらの値を決定して求めた。その際，ベクトル及びテンソル調和関数の積の展開式から導かれる交差関係式を使うと計算が簡単になる。また，係数の符号や，すでに示した場のモード展開式 (8-6) 等の決まりごとは場の共形変換則と整合するように決めている。

正計量のモード $c_{J(Mx)}$ と負計量のモード $d_{J(Mx)}, e_{J(My)}$ の間の交差項が存在することは，共形代数が閉じるためには負計量のテンソル及びベクトルモードが必要であることを表している。それは，正計量のテンソルモードだけでは共形代数は閉じないことを示している。このように，量子論的な一般座標不変性を現す共形不変性が実現するためには負計量のモードを含む高階微分重力場が必要である。

8.3　BRST 演算子と物理状態の条件

共形 Killing 方程式 $\hat{\nabla}_\mu c_\nu + \hat{\nabla}_\nu c_\mu - \hat{g}_{\mu\nu} \hat{\nabla}_\lambda c^\lambda / 2 = 0$ を満たすゴースト場 c^μ は 15 個の Grassmann 数モードで表される。それらをローマン体を用い

て $c, c_{MN}, c_M, c_M^\dagger$ と書くと，ゴースト場は

$$c^\mu = c\eta^\mu + \sum_M \left(c_M^\dagger \zeta_M^\mu + c_M \zeta_M^{\mu*} \right) + \sum_{M,N} c_{MN} \zeta_{MN}^\mu$$

と展開される。ここで，c は Hermite 演算子，c_{MN} は関係式 $c_{MN}^\dagger = c_{NM}$ と $c_{MN} = -\epsilon_M \epsilon_N c_{-N-M}$ を満たす 6 個のモードである[*5]。さらに同じ性質をもつ反ゴーストモード $b, b_{MN}, b_M, b_M^\dagger$ を導入して，反交換関係

$$\{b, c\} = 1, \qquad \{b_{MN}, c_{LK}\} = \delta_{ML}\delta_{NK} - \epsilon_M\epsilon_N\delta_{-MK}\delta_{-NL},$$
$$\{b_M^\dagger, c_N\} = \{b_M, c_N^\dagger\} = \delta_{MN}$$

を設定する。

これらを使って共形代数 (8-11) を満たす 15 個の生成子

$$\begin{aligned}
H^{\rm gh} &= \sum_M \left(c_M^\dagger b_M - c_M b_M^\dagger \right), \\
R_{MN}^{\rm gh} &= -c_M b_N^\dagger + c_N^\dagger b_M + \epsilon_M\epsilon_N \left(c_{-N} b_{-M}^\dagger - c_{-M}^\dagger b_{-N} \right) \\
&\quad - \sum_L \left(c_{LM} b_{LN} - c_{NL} b_{ML} \right), \\
Q_M^{\rm gh} &= -2c_M b - c b_M - \sum_L \left(2c_{LM} b_L + c_L b_{ML} \right), \\
Q_M^{{\rm gh}\dagger} &= 2c_M^\dagger b + c b_M^\dagger + \sum_L \left(2c_{ML} b_L^\dagger + c_L^\dagger b_{LM} \right)
\end{aligned} \qquad (8\text{-}20)$$

を構成することが出来る。以下ではこのゴースト部分を含めた共形変換の全生成子を

$$\begin{aligned}
\mathcal{H} &= H + H^{\rm gh}, & \mathcal{R}_{MN} &= R_{MN} + R_{MN}^{\rm gh}, \\
\mathcal{Q}_M &= Q_M + Q_M^{\rm gh}, & \mathcal{Q}_M^\dagger &= Q_M^\dagger + Q_M^{{\rm gh}\dagger}
\end{aligned}$$

と表すことにする。ここで，$H, R_{MN}, Q_M, Q_M^\dagger$ は前節で求めた生成子の和である。

[*5] これらの関係式から $\sum_M c_{MM} = 0$ が示せる。また，Grassmann 性より $\sum_M \epsilon_M c_{-M} c_M = 0$ が成り立つ。

8.3 BRST 演算子と物理状態の条件

背景時空 $R \times S^3$ 上で定義された一般座標変換 (7-10) の BRST 演算子は

$$Q_{\text{BRST}} = cH + \sum_M \left(c_M^\dagger Q_M + c_M Q_M^\dagger \right) + \sum_{M,N} c_{MN} R_{MN}$$
$$+ \frac{1}{2} c H^{\text{gh}} + \frac{1}{2} \sum_M \left(c_M^\dagger Q_M^{\text{gh}} + c_M Q_M^{\text{gh}\dagger} \right) + \frac{1}{2} \sum_{M,N} c_{MN} R_{MN}^{\text{gh}}$$

で与えられる。さらに変形すると

$$Q_{\text{BRST}} = c\mathcal{H} + \sum_{M,N} c_{MN} \mathcal{R}_{MN} - bM - \sum_{M,N} b_{MN} Y_{MN} + \tilde{Q} \quad (8\text{-}21)$$

と書くことが出来る。ここで, $\mathcal{H}$ と $\mathcal{R}_{MN}$ は上で定義した全生成子である。その他の項は

$$M = 2 \sum_M c_M^\dagger c_M, \qquad Y_{MN} = c_M^\dagger c_N + \sum_L c_{ML} c_{LN},$$
$$\tilde{Q} = \sum_M \left(c_M^\dagger Q_M + c_M Q_M^\dagger \right)$$

で定義される。この式を使うと冪ゼロ性は, 共形代数 (8-11) を用いて,

$$Q_{\text{BRST}}^2 = \tilde{Q}^2 - M\mathcal{H} - 2 \sum_{M,N} c_M^\dagger c_N \left[\mathcal{R}_{MN} + \sum_L \left(c_{LM} b_{LN} - c_{NL} b_{ML} \right) \right]$$
$$= \tilde{Q}^2 - MH - 2 \sum_{M,N} c_M^\dagger c_N R_{MN} = 0$$

と示すことが出来る。

BRST 演算子と反ゴーストモードの反交換関係は

$$\{Q_{\text{BRST}}, b\} = \mathcal{H}, \qquad \{Q_{\text{BRST}}, b_{MN}\} = 2\mathcal{R}_{MN},$$
$$\{Q_{\text{BRST}}, b_M\} = \mathcal{Q}_M, \qquad \left\{Q_{\text{BRST}}, b_M^\dagger\right\} = \mathcal{Q}_M^\dagger$$

で与えられる。このように, 全モードの寄与を合わせた共形変換の生成子は BRST 自明になる。そのため, 以下で, プリマリースカラー状態として与えられる BRST 共形不変な物理状態に $\mathcal{Q}_M^\dagger$ を作用させて得られるデッセンダント状態は BRST 自明になる。

BRST 変換は一般座標変換のゲージ変数 ζ^μ をゴースト場 c^μ に置き換えたもので与えられる。それはいま BRST 演算子との交換関係を用いて，

$$i[Q_{\text{BRST}}, \phi] = c^\mu \hat{\nabla}_\mu \phi + \frac{1}{4}\hat{\nabla}_\mu c^\mu$$

と表される。その他の場についても同様である。ゴースト場の場合は反交換関係を用いて

$$i\{Q_{\text{BRST}}, c^\mu\} = c^\nu \hat{\nabla}_\nu c^\mu$$

で与えられる。

物理状態は BRST 共形不変な状態として表される。以下では，それを $|\Psi\rangle$ と書いて，

$$Q_{\text{BRST}}|\Psi\rangle = 0 \tag{8-22}$$

を満たす状態を構成することを考える。

はじめに，真空状態をいくつか定義する。ゴースト部分とその他の部分に分けて，先ず後者について a_{JM} や b_{JM} などの消滅演算子及び共形因子場のゼロモード $\hat{p}$ で消える Fock 真空を $|0\rangle$ と書く。さらに，ゴースト部分を除いた共形変換の生成子 $H, R_{MN}, Q_M, Q_M^\dagger$ のすべてに対して消える共形不変な真空を

$$|\Omega\rangle = e^{-2b_c \phi_0(0)}|0\rangle \tag{8-23}$$

と書くことにする。ここで，$\phi_0(0) = \hat{q}/\sqrt{2b_c}$ である。真空 $|\Omega\rangle$ 及びその Hermite 共役 $\langle\Omega|$ はどちらも背景電荷として Riegert 電荷 $-2b_c$ を持つ。そのため共形不変な真空がもつ全背景電荷は $-4b_c$ である。この電荷は Riegert 作用の線形項に由来する。

ゴースト部分のすべての生成子 (8-20) に対して消える共形不変な真空を $|0\rangle_{\text{gh}}$ と書くことにする。これはすべての反ゴーストに対して消えるが，ゴーストに対しては消えない真空である。一方，消滅演算子 c_M と b_M を作用させると消える Fock 真空は共形不変な真空を用いて $\prod_M c_M |0\rangle_{\text{gh}}$ と表される。

Hamilton 演算子 H はゴーストの c と c_{MN}，反ゴーストの b と b_{MN} を含まない。そのため，ゴースト真空 $\prod c_M |0\rangle_{\text{gh}}$ は縮退している。縮退の相棒

はこの真空に c や $\prod c_{MN}$ を掛けたものである。その内積構造については後で議論する。

便宜のため, Riegert 電荷 γ を持つゴースト部分も含めた Fock 真空

$$|\gamma\rangle = e^{\gamma\phi_0(0)}|\Omega\rangle \otimes \prod_M c_M |0\rangle_{\text{gh}}$$

を導入する。この状態は, $i\hat{p}|\gamma\rangle = (\gamma/\sqrt{2b_c} - \sqrt{2b_c})|\gamma\rangle$ を使うと,

$$\mathcal{H}|\gamma\rangle = (h_\gamma - 4)|\gamma\rangle, \qquad h_\gamma = \gamma - \frac{\gamma^2}{4b_c} \tag{8-24}$$

を満たすことが示せる。ここで, h_γ は (7-32) で与えられたものと同じで, -4 はゴースト部分に由来する。

物理状態 $|\Psi\rangle$ はこの Fock 真空に $a_{JM}^\dagger$ や $b_{JM}^\dagger$ などの生成演算子, ゴースト系の生成演算子 $c_M^\dagger$ と $b_M^\dagger$, 及びゼロモード $\hat{p}$ を掛けて構成される。ゼロモード $\hat{p}$ については固有値に置き換えても良い。ここで, Fock 真空に b や b_{MN} を掛けると消えること, そしてそれらのモードが $\{Q_{\text{BRST}}, b\} = \mathcal{H}$ や $\{Q_{\text{BRST}}, b_{MN}\} = 2\mathcal{R}_{MN}$ を満たすことに注意すると, 物理状態として条件式

$$\mathcal{H}|\Psi\rangle = \mathcal{R}_{MN}|\Psi\rangle = 0, \qquad b|\Psi\rangle = b_{MN}|\Psi\rangle = 0 \tag{8-25}$$

を満たす部分空間を考えればよいことが分かる。この部分空間上では, (8-21) の表式より, BRST 共形不変な状態 (8-22) は $\tilde{Q}$ 不変な状態と同じになる。

部分空間 (8-25) 上で構成される物理状態として, しばらくの間

$$|\Psi\rangle = \mathcal{A}\left(\hat{p}, a_{JM}^\dagger, b_{JM}^\dagger, \cdots\right)|\gamma\rangle \tag{8-26}$$

の形をしたものを考える。ここで, ドットはゴーストモードを除くその他の生成演算子を表している。演算子 $\mathcal{A}$ と Riegert 電荷 γ は BRST 共形不変性の条件から決める。$\mathcal{A}$ の中にゴーストモードを含む場合については次節の最後で議論する。

上記のような状態に限ると, $\tilde{Q}$ 不変の条件は, $c_M|\Psi\rangle = 0$ が成り立つことから,

$$\tilde{Q}|\Psi\rangle = \sum_M c_M^\dagger Q_M |\Psi\rangle = 0$$

と表される。さらに, (8-25) の中の Hamilton 演算子と回転不変の条件を加えると, BRST 共形不変な状態の条件式として

$$(H-4)|\Psi\rangle = R_{MN}|\Psi\rangle = Q_M|\Psi\rangle = 0 \tag{8-27}$$

が得られる。このとき $Q_M^\dagger$ の条件は必要ない。この条件は BRST 共形不変な状態が共形次元 4 を持つプライマリースカラーで与えられることを表している。

BRST 共形不変の条件 (8-27) は演算子 $\mathcal{A}$ が代数

$$[H, \mathcal{A}] = l\mathcal{A}, \qquad [R_{MN}, \mathcal{A}] = 0, \qquad [Q_M, \mathcal{A}] = 0$$

を満たすことを要求する。ここで, $l\, (\geq 0)$ は $\mathcal{A}$ の共形次元である。Fock 真空 $|\gamma\rangle$ が持つ Riegert 電荷は Hamilton 演算子の条件より

$$h_\gamma + l - 4 = 0$$

を満たさなければならない。Riegert 電荷として古典極限 $b_c \to \infty$ で正準値 $4-l$ に近づく解を選ぶと, γ は各 l に対して

$$\gamma_l = 2b_c \left(1 - \sqrt{1 - \frac{4-l}{b_c}} \right) \tag{8-28}$$

で与えられる。γ_0 と γ_2 はそれぞれ前出の α (7-35) と β (7-36) に相当する。

8.4 物理状態の構成

物理状態を求めるために, まずはじめに, 特殊共形変換の生成子 Q_M を作用させると消えるプライマリー状態を求めなければならない。そこで, Q_M と交換する生成演算子の組み合わせを捜すことにする。各場についてそのような演算子を求めてから, それらを回転不変になるように組み合わせて, 最後に Hamilton 演算子条件を満たすように物理状態を構成する。

スカラー場のプライマリー状態　はじめに簡単な例としてスカラー場のプライマリー状態を調べることにする。スカラー場の生成モード $\varphi_{JM}^\dagger$ と Q_M (8-12) との交換関係は

$$[Q_M, \varphi_{JM_1}^\dagger] = \sqrt{2J(2J+1)} \sum_{M_2} \epsilon_{M_2} \mathbf{C}_{JM_1, J-\frac{1}{2}-M_2}^{\frac{1}{2}M} \varphi_{J-\frac{1}{2}M_2}^\dagger$$

で与えられる。このように, Q_M と交換する生成モードは共形次元 1 を持つ $\varphi_{00}^\dagger$ だけである。ここでは, スカラー場に Z_2 対称性 $\varphi \leftrightarrow -\varphi$ を課すことにして, $\varphi_{00}^\dagger$ の偶数積だけを許すことにする。

次に生成モードの積で定義された演算子を考える。共形次元 $2L+2$ を持つ表現 J に属する生成複合演算子の一般形は

$$\Phi_{JN}^{[L]\dagger} = \sum_{K=0}^{L} \sum_{M_1} \sum_{M_2} f(L,K) \mathbf{C}_{L-KM_1,KM_2}^{JN} \varphi_{L-KM_1}^\dagger \varphi_{KM_2}^\dagger$$

で与えられる。Q_M との交換関係を計算すると

$$\left[Q_M, \Phi_{JN}^{[L]\dagger} \right] = \sum_{K=0}^{L} \sum_{M_1} \sum_{M_2} \varphi_{L-K-\frac{1}{2}M_1}^\dagger \varphi_{KM_2}^\dagger$$
$$\times \Bigg\{ \sqrt{(2L-2K)(2L-2K+1)} f(L,K)$$
$$\times \sum_S \epsilon_S \mathbf{C}_{L-K-\frac{1}{2}M_1,L-K-S}^{\frac{1}{2}M} \mathbf{C}_{L-KS,KM_2}^{JN}$$
$$+ \sqrt{(2K+1)(2K+2)} f\left(L, K+\frac{1}{2}\right)$$
$$\times \sum_S \epsilon_S \mathbf{C}_{KM_2, K+\frac{1}{2}-S}^{\frac{1}{2}M} \mathbf{C}_{K+\frac{1}{2}S, L-K-\frac{1}{2}M_1}^{JN} \Bigg\}$$

となる。交差関係式 (8-17) を用いると, 交換子 $[Q_M, \Phi_{JN}^{[L]\dagger}]$ が消えるための条件は, $J=L$ で, L が正の整数, かつ $f(L,K)$ が漸化式

$$f\left(L, K+\frac{1}{2}\right) = -\sqrt{\frac{(2L-2K)(2L-2K+1)}{(2K+1)(2K+2)}} f(L,K)$$

を満たすときのみであることが分かる。この漸化式を解くと, L にのみ依存した規格化定数を除いて, 係数 f は

$$f(L,K) = \frac{(-1)^{2K}}{\sqrt{(2L-2K+1)(2K+1)}} \begin{pmatrix} 2L \\ 2K \end{pmatrix} \qquad (8\text{-}29)$$

と決まる。このようにして Q_M と可換な生成複合演算子を求めることが出

来る。それを $\Phi_{LN}^\dagger = \Phi_{LN}^{[L]\dagger}$ と書くと,

$$\Phi_{LN}^\dagger = \sum_{K=0}^{L} \sum_{M_1} \sum_{M_2} f(L,K) \mathbf{C}_{L-KM_1,KM_2}^{LN} \varphi_{L-KM_1}^\dagger \varphi_{KM_2}^\dagger$$

と求まる。上で示したように L は正の整数で, $L=0$ の演算子はすでに求めた $\Phi_{00}^\dagger = (\varphi_{00}^\dagger)^2$ となる。

テンソルの脚	0
生成演算子	$\Phi_{LN}^\dagger$
共形次元 ($L \in \mathbf{Z}_{\geq 0}$)	$2L+2$

表 8-1 スカラー場のプライマリー状態の構成要素。

演算子 $\Phi_{LN}^\dagger$ を $SU(2) \times SU(2)$ Clebsch-Gordan 係数を用いて組み合わせると, Q_M と可換な生成演算子の基底をつくることができる。Clebsch-Gordan 係数がもつ交差関係等により, Q_M と可換ないかなる生成演算子もそのような基本形で表すことができると思われる。このことから, 演算子 $\Phi_{LN}^\dagger$ ($L \in \mathbf{Z}_{\geq 0}$) をスカラー場のプライマリー状態の基本的な構成要素と考える。表 8-1 にそれをまとめた。

具体的にプライマリー状態と場の演算子との関係を見てみる。まず共形次元 $2n$ をもつ最も簡単なプライマリー状態 $\varphi_{00}^{2n\dagger}|0\rangle$ は, 状態演算子対応により φ^{2n} と対応する[*6]。9 個の独立成分をもつ共形次元 4 の $\Phi_{1M}^\dagger|0\rangle$ はトレースレスなエネルギー運動量テンソル $T_{\mu\nu}$ と対応する。同様に, プライマリー状態 $\Phi_{LM}^\dagger|0\rangle$ は偶数スピン $l=2L$ を持つ共形次元が $2L+2$ の対称トレースレステンソル場と対応する。

同様にして, ゲージ場のプライマリ状態の構成要素を求めることが出来る。その結果は付録 B.7 にまとめてある。

重力場のプライマリー状態 次に, 共形因子場の場合について考える。共形因子場のゼロモードと生成子 Q_M (8-15) の交換関係は

$$[Q_M, \hat{q}] = -a_{\frac{1}{2}M}, \qquad [Q_M, \hat{p}] = 0$$

[*6] $R \times S^3$ のシリンダー時空上では状態演算子対応は $|\{\mu_1 \cdots \mu_l\}; \Delta\rangle = \lim_{\eta \to i\infty} e^{-i\Delta\eta} O_{\mu_1 \cdots \mu_l}(\eta, \hat{\mathbf{x}})|0\rangle$ で与えられる。

で与えられる。$a^\dagger_{1/2M}$, $a^\dagger_{JM}$ $(J \geq 1)$ との交換関係は

$$\left[Q_M, a^\dagger_{\frac{1}{2}M_1}\right] = \left(\sqrt{2b_c} - i\hat{p}\right) \delta_{M,M_1},$$
$$\left[Q_M, a^\dagger_{JM_1}\right] = \alpha\left(J - \frac{1}{2}\right) \sum_{M_2} \mathbf{C}^{\frac{1}{2}M}_{JM_1, J-\frac{1}{2}M_2} \epsilon_{M_2} a^\dagger_{J-\frac{1}{2}-M_2}$$

となる。$b^\dagger_{JM}$ $(J \geq 0)$ との交換関係は

$$\left[Q_M, b^\dagger_{JM_1}\right] = -\gamma(J) \sum_{M_2} \mathbf{C}^{\frac{1}{2}M}_{JM_1, J+\frac{1}{2}M_2} \epsilon_{M_2} a^\dagger_{J+\frac{1}{2}-M_2}$$
$$-\beta\left(J - \frac{1}{2}\right) \sum_{M_2} \mathbf{C}^{\frac{1}{2}M}_{JM_1, J-\frac{1}{2}M_2} \epsilon_{M_2} b^\dagger_{J-\frac{1}{2}-M_2}$$

である。

スカラー場のときと同じようにして，Q_M と交換する共形次元が $2L$ の生成複合演算子を求めると，L (≥ 1) が整数のときに，

$$S^\dagger_{LN} = \frac{\sqrt{2}(\sqrt{2b_c} - i\hat{p})}{\sqrt{(2L-1)(2L+1)}} a^\dagger_{LN}$$
$$+ \sum_{K=\frac{1}{2}}^{L-\frac{1}{2}} \sum_{M_1} \sum_{M_2} x(L,K) \mathbf{C}^{LN}_{L-KM_1, KM_2} a^\dagger_{L-KM_1} a^\dagger_{KM_2},$$
$$\mathcal{S}^\dagger_{L-1N} = -\sqrt{2}(\sqrt{2b_c} - i\hat{p}) b^\dagger_{L-1N}$$
$$+ \sum_{K=\frac{1}{2}}^{L-\frac{1}{2}} \sum_{M_1} \sum_{M_2} x(L,K) \mathbf{C}^{L-1N}_{L-KM_1, KM_2} a^\dagger_{L-KM_1} a^\dagger_{KM_2}$$
$$+ \sum_{K=\frac{1}{2}}^{L-1} \sum_{M_1} \sum_{M_2} y(L,K) \mathbf{C}^{L-1N}_{L-K-1M_1, KM_2} b^\dagger_{L-K-1M_1} a^\dagger_{KM_2}$$

の 2 種類が得られる。このとき，各係数は

$$x(L,K) = \frac{(-1)^{2K}}{\sqrt{(2L-2K+1)(2K+1)}} \sqrt{\binom{2L}{2K}\binom{2L-2}{2K-1}},$$
$$y(L,K) = -2\sqrt{(2L-2K-1)(2L-2K+1)} x(L,K) \quad (8\text{-}30)$$

で与えられる。L が半整数の場合は存在しない。これら 2 種類の生成複合演算子が共形因子場部分の物理的状態の基本的な構成要素となる。それらを表 8-2 にまとめた。

テンソルの脚	0
生成演算子	$S^{\dagger}_{LN}$
	$\mathcal{S}^{\dagger}_{L-1\,N}$
共形次元 ($L \in \mathbf{Z}_{\geq 1}$)	$2L$

表 8-2 共形因子部分のプライマリー状態の構成要素。各構成要素は $L \geq 1$ の整数のとき存在する。

トレースレステンソル場の場合について同様の解析を行うと，Q_M (8-19) と交換する生成モードは横波トレースレス場 $\mathbf{h}_{ij}$ の最低次の正計量モード $c^{\dagger}_{1(Mx)}$ だけであることが分かる。さらに，スカラー場や共形因子場の時と同様に，Q_M と可換な生成複合演算子は，具体的な $SU(2) \times SU(2)$ Clebsch-Gordan 係数の値は知らなくても，3 角不等式と交差関係式を用いて分類をすることができる。この場合は階数が 4 までのテンソルの脚を持った複合演算子が現れる。表 8-3 にトレースレステンソル場の物理的状態の構成要素をまとめた。その具体的な表式は付録 B.7 を参照。

テンソルの脚	0	1	2	3	4
生成演算子	$A^{\dagger}_{LN}$	$B^{\dagger}_{L-\frac{1}{2}(Ny)}$	$c^{\dagger}_{1(Nx)}$	$D^{\dagger}_{L-\frac{1}{2}(Nz)}$	$E^{\dagger}_{L(Nw)}$
	$\mathcal{A}^{\dagger}_{L-1\,N}$				$\mathcal{E}^{\dagger}_{L-1(Nw)}$
共形次元 ($L \in \mathbf{Z}_{\geq 3}$)	$2L$	$2L$	2	$2L$	$2L$

表 8-3 トレースレステンソル部分の構成要素の分類表。$n = 0, 1, 3, 4$ の各構成要素は $L \geq 3$ の整数のときに存在する。ここで，z と w はそれぞれ分極指数 ϵ_3 と ϵ_4 である。

これらの構成要素を用いるとプライマリー状態を構成することが出来る。例えば，共形因子場の最低次のスカラー演算子

$$\mathcal{S}^{\dagger}_{00} = -\sqrt{2}(\sqrt{2b_c} - i\hat{p})b^{\dagger}_{00} - \frac{1}{\sqrt{2}} \sum_M \epsilon_M a^{\dagger}_{\frac{1}{2}-M} a^{\dagger}_{\frac{1}{2}M} \tag{8-31}$$

を真空 (8-23) に作用させると，共形次元 2 のプライマリースカラー状態 $\mathcal{S}^{\dagger}_{00}|\Omega\rangle$ が構成できる。これは，共形因子部分は除いて，Ricci スカラー R と

8.4 物理状態の構成

対応している。次にくる構成要素はそれぞれ 9 個の独立成分を持った

$$S_{1N}^\dagger = \sqrt{\frac{2}{3}}(\sqrt{2b_c} - i\hat{p})a_{1N}^\dagger - \frac{1}{\sqrt{2}} \sum_{M_1,M_2} \mathbf{C}^{1N}_{\frac{1}{2}M_1,\frac{1}{2}M_2} a^\dagger_{\frac{1}{2}M_1} a^\dagger_{\frac{1}{2}M_2},$$

$$\mathcal{S}_{1N}^\dagger = -\sqrt{2}(\sqrt{2b_c} - i\hat{p})b_{1N}^\dagger - 4b_{00}^\dagger a_{1N}^\dagger - \sqrt{2} \sum_{M_1,M_2} \mathbf{C}^{1N}_{\frac{3}{2}M_1,\frac{1}{2}M_2} a^\dagger_{\frac{3}{2}M_1} a^\dagger_{\frac{1}{2}M_2}$$

$$+ \frac{2}{\sqrt{3}} \sum_{M_1,M_2} \mathbf{C}^{1N}_{1M_1,1M_2} a^\dagger_{1M_1} a^\dagger_{1M_2} + 4 \sum_{M_1,M_2} \mathbf{C}^{1N}_{\frac{1}{2}M_1,\frac{1}{2}M_2} b^\dagger_{\frac{1}{2}M_1} a^\dagger_{\frac{1}{2}M_2}$$

である。これらより対称トレースレスプライマリーテンソルに対応する状態が得られ, 共形次元 2 の状態 $S_{1N}^\dagger|\Omega\rangle$ は $R_{\mu\nu} - g_{\mu\nu}R/4$ と対応し, 共形次元 4 の状態 $\mathcal{S}_{1N}^\dagger|\Omega\rangle$ は共形因子場のエネルギー運動量テンソルと対応している。

また, トレースレステンソル場の最低次の構成要素を用いると共形次元 2 のプライマリーテンソル状態 $c_{1(Nx)}^\dagger|\Omega\rangle$ を得る。これは 10 個の独立成分をもっていて, Weyl テンソル $C_{\mu\nu\lambda\sigma}$ に対応する。$x = \pm 1$ が自己双対 (selfdual) と反自己双対 (anti-selfdual) 成分を表す。共形次元 4 のプライマリー状態は $\sum_{N,x} \epsilon_N c_{1(-Nx)}^\dagger c_{1(Nx)}^\dagger|\Omega\rangle$ と $\mathbf{E}^{1N}_{1(N_1x_1),1(N_2x_2)} c_{1(N_1x_1)}^\dagger c_{1(N_2x_2)}^\dagger|\Omega\rangle$ で与えられ, それぞれ $C_{\mu\nu\lambda\sigma}^2$ とトレースレステンソル場のエネルギー運動量テンソルに対応する。

ここで例として上げたプライマリー状態のいくつかはユニタリ性の条件 (2-14) を満たしていない。それは高階微分場に特徴的な性質ではあるが, ここではその条件を満たす必要はない。なぜなら, それらはまだゲージに依存した状態だからである[*7]。実際, これらの状態はまだ H と R_{MN} の条件を満たしていないので, 量子重力のゲージ不変な物理状態ではない。

物理状態 物理状態 (8-26) は, 上で求めた構成要素を用いて

$$|\Psi\rangle = \mathcal{A}(\Phi^\dagger, S^\dagger, \mathcal{S}^\dagger, \cdots)|\gamma\rangle$$

と表される。ここで, 構成要素のテンソルの足は $\mathcal{A}$ が S^3 回転不変になるように $SU(2) \times SU(2)$ Clebsch-Gordan 係数を用いてすべて縮約する。演算

[*7] その他の例として, 通常の $U(1)$ ゲージ場 A_μ はプライマリーベクトル場であるが, 共形次元は 1 で, ユニタリ性の条件を満たさない。これはゲージ場がゲージに依存した場だからである。第 2 章 2.4 節の脚注*6 を参照。

子 $\mathcal{A}$ の共形次元 l は構成要素がすべて偶数次元を持つことから偶数で与えられる。それは，対応する場の演算子の微分の数に相当する。最後に，l に対して Hamilton 演算子条件を満たすように Riegert 電荷を (8-28) に選ぶと物理状態が構成できる。

例として，共形次元 l が 4 以下の物理状態について見てみる。恒等演算子 $\mathcal{A} = I$ が量子重力の衣を着た状態は $l=0$ の

$$|\gamma_0\rangle$$

で与えられる。これは物理的な体積要素 $\sqrt{-g}$ が量子補正を受けたものである。$l=2$ の状態は

$$\Phi_{00}^\dagger|\gamma_2\rangle, \qquad \mathcal{S}_{00}^\dagger|\gamma_2\rangle$$

で与えられる。左は $\sqrt{-g}\varphi^2$，右はスカラー曲率 $\sqrt{-g}R$ の量子状態にそれぞれ対応する。$l=4$ の状態は

$$(\Phi_{00}^\dagger)^2|\gamma_4\rangle, \quad \Phi_{00}^\dagger \mathcal{S}_{00}^\dagger|\gamma_4\rangle, \quad \mathcal{S}_{00}^\dagger \mathcal{S}_{00}^\dagger|\gamma_4\rangle,$$
$$\sum_N \epsilon_N S_{1-N}^\dagger S_{1N}^\dagger|\gamma_4\rangle, \quad \sum_{N,x} \epsilon_N c_{1(-Nx)}^\dagger c_{1(Nx)}^\dagger|\gamma_4\rangle$$

で与えられる。それぞれ $\sqrt{-g}\varphi^4$，$\sqrt{-g}R\varphi^2$，$\sqrt{-g}R^2$，$\sqrt{-g}(R_{\mu\nu} - g_{\mu\nu}R/4)^2$，$\sqrt{-g}C_{\mu\nu\lambda\sigma}^2$ の量子状態に対応する。$\gamma_4 = 0$ であることから，これらの物理状態には量子論的にも ϕ の指数因子が現れない。

最後にゴーストの生成モード $c_M^\dagger$ と $b_M^\dagger$ を含む物理状態について議論する。例えば $l=2$ の場合，上記以外に BRST 共形不変な状態として

$$\left\{ -\left(\sqrt{2b_c} - i\hat{p}\right)^2 \sum_M \epsilon_M b_{-M}^\dagger c_M^\dagger + \hat{h} \sum_M \epsilon_M a_{\frac{1}{2}-M}^\dagger a_{\frac{1}{2}M}^\dagger \right\}|\gamma_2\rangle \quad (8\text{-}32)$$

が存在する。ここで，$\hat{h} = \hat{p}^2/2 + b_c$ である。しかしながら，これはすでに上で与えた物理状態と BRST 同値になることが分かる。そのことを示すために $\mathcal{H}|\Upsilon\rangle = \mathcal{R}_{MN}|\Upsilon\rangle = \mathrm{b}|\Upsilon\rangle = \mathrm{b}_{MN}|\Upsilon\rangle = 0$ を満たす新たな状態

$$|\Upsilon\rangle = \left(\sqrt{2b_c} - i\hat{p}\right) \sum_M \epsilon_M b_{-M}^\dagger a_{\frac{1}{2}M}^\dagger|\gamma_2\rangle$$

を導入する。この状態に BRST 演算子を掛けると

$$Q_{\mathrm{BRST}}|\Upsilon\rangle = \Bigl\{ -\bigl(\sqrt{2b_c} - i\hat{p}\bigr)^2 \sum_M \epsilon_M \mathrm{b}^\dagger_{-M} \mathrm{c}^\dagger_M$$
$$+4\bigl(\sqrt{2b_c} - i\hat{p}\bigr) b^\dagger_{00} + 2\hat{h} \sum_M \epsilon_M a^\dagger_{\frac{1}{2}-M} a^\dagger_{\frac{1}{2}M} \Bigr\} |\gamma_2\rangle$$

となる。これより, $\hat{h}|\beta\rangle = 2|\beta\rangle$ に注意すると, BRST 共形不変な状態 (8-32) は

$$\frac{1}{2\sqrt{2}} \mathcal{S}^\dagger_{00} |\gamma_2\rangle + Q_{\mathrm{BRST}}|\Upsilon\rangle$$

と書けて, 物理状態 $\mathcal{S}^\dagger_{00}|\gamma_2\rangle$ と BRST 同値であることが示せる。

一般に, $\mathcal{A}$ にゴーストモードが含まれる物理状態は標準形 (8-26) で与えられる物理状態と BRST 同値になると思われる。そのため, 本書では標準形のみを考えることにする。

8.5 物理的場の演算子

この節では前章で議論した BRST 共形不変な物理的場の演算子を $R \times S^3$ 上で再考する。前に述べたように, そのような物理場はプライマリースカラー場から構成される。それを求めるために先ず共形因子場の n 乗演算子

$$:\phi^n: =: (\phi_> + \phi_0 + \phi_<)^n := \sum_{k=0}^n \frac{n!}{(n-k)!k!} \phi_>^{n-k} (\phi_0 + \phi_<)^k$$

の変換則について議論する。ここで, $\phi_0 = (\hat{q} + \eta\hat{p})/\sqrt{2b_c}$ はゼロモード, $\phi_<$ と $\phi_>(=\phi_<^\dagger)$ はそれぞれ場の消滅と生成演算子部分である。

時間発展と S^3 回転の変換則は

$$i\,[H, :\phi^n:] = \partial_\eta :\phi^n:, \qquad i\,[R_{MN}, :\phi^n:] = -\hat{\nabla}_J\left(\zeta^j_{MN} :\phi^n:\right)$$

で与えられる。これらの変換則に量子補正は現れない。一方, 特殊共形変換の下では, 共形因子場の各部分は

$$i\,[Q_M, \phi_>] = \zeta^\mu_M \hat{\nabla}_\mu \phi_> + \zeta^0_M \partial_\eta \phi_0 + \frac{1}{4}\hat{\nabla}_\mu \zeta^\mu_M,$$
$$i\,[Q_M, \phi_0 + \phi_<] = \zeta^\mu_M \hat{\nabla}_\mu \phi_<$$

と変換するこに注意すると,

$$i\left[Q_M, :\phi^n:\right] = \zeta_M^\mu \hat{\nabla}_\mu :\phi^n: + \frac{n}{4}\hat{\nabla}_\mu \zeta_M^\mu :\phi^{n-1}:$$
$$-\frac{1}{16b_c}n(n-1)\hat{\nabla}_\mu \zeta_M^\mu :\phi^{n-2}:$$

が得られる。右辺の最後は量子補正項で, ゼロモードの交換関係 $[\phi_0, \partial_\eta \phi_0] = i/2b_c$ に注意して得られる展開式

$$\partial_\eta \left(\phi_0 + \phi_<\right)^k = k\partial_\eta \phi_< \left(\phi_0 + \phi_<\right)^{k-1} + k\partial_\eta \phi_0 \left(\phi_0 + \phi_<\right)^{k-1}$$
$$+ i\frac{1}{4b_c} k(k-1) \left(\phi_0 + \phi_<\right)^{k-2}$$

と $i\zeta_M^0 = \hat{\nabla}_\mu \zeta_M^\mu / 4$ を使うと求まる。これらの変換則の $n=1$ の場合が一般座標変換 (8-18) である。

最も簡単なプライマリースカラー場は, ゼロモード項の指数因子を $e^{\alpha \phi_0} = e^{\hat{q}\alpha/\sqrt{2b_c}} e^{\eta \hat{p}\alpha/\sqrt{2b_c}} e^{-i\eta\alpha^2/4b_c}$ と定義すると,

$$\mathcal{V}_\alpha =: e^{\alpha \phi}: = \sum_{n=0}^{\infty} \frac{\alpha^n}{n!} :\phi^n: = e^{\alpha \phi_>} e^{\alpha \phi_0} e^{\alpha \phi_<}$$

で与えられ, その変換則は $i[H, \mathcal{V}_\alpha] = \partial_\eta \mathcal{V}_\alpha$, $i[R_{MN}, \mathcal{V}_\alpha] = \hat{\nabla}_j (\zeta_{MN}^j \mathcal{V}_\alpha)$,

$$i[Q_M, \mathcal{V}_\alpha] = \zeta_M^\mu \hat{\nabla}_\mu \mathcal{V}_\alpha + \frac{h_\alpha}{4} \hat{\nabla}_\mu \zeta_M^\mu \mathcal{V}_\alpha$$

となる。ここで, 共形次元 h_α は (8-24) で与えられる。$\mathcal{V}_\alpha$ が Hermite 演算子になるように Riegert 電荷 α を実数とすると, 並進 $Q_M^\dagger$ の変換則は右辺の ζ_M^μ を $\zeta_M^{\mu *}$ に置き換えたものになる。これらの変換則は BRST 演算子を用いると 1 つの式

$$i[Q_{\mathrm{BRST}}, \mathcal{V}_\alpha] = c^\mu \hat{\nabla}_\mu \mathcal{V}_\alpha + \frac{h_\alpha}{4} \hat{\nabla}_\mu c^\mu \mathcal{V}_\alpha$$

で表される。

これより, $h_\alpha = 4$ を持つプライマリースカラー演算子 $\mathcal{V}_\alpha$ を背景時空の体積で積分したものは

$$i\left[Q_{\mathrm{BRST}}, \int d\Omega_4 \, \mathcal{V}_\alpha \right] = \int d\Omega_4 \, \hat{\nabla}_\mu (c^\mu \mathcal{V}_\alpha) = 0$$

のように BRST 共形不変になる。ここで, $d\Omega_4 = d\eta d\Omega_3$ は体積要素である。この条件は場の演算子が 15 個すべての生成子と交換することと同等である。さらに, 前と同様に完全反対称テンソルで足をつぶしたゴースト場の関数 $\omega = (1/4!)\epsilon_{\mu\nu\lambda\sigma}c^\mu c^\nu c^\lambda c^\sigma$ を導入すると, この関数が BRST 変換の下で $i[Q_{\mathrm{BRST}}, \omega] = -\omega\hat{\nabla}_\mu c^\mu$ と変換することから, 積 $\omega\mathcal{V}_\alpha$ は

$$i[Q_{\mathrm{BRST}}, \omega\mathcal{V}_\alpha] = \frac{1}{4}(h_\alpha - 4)\omega\hat{\nabla}_\mu c^\mu \mathcal{V}_\alpha = 0$$

のように局所的に BRST 共形不変な場の演算子になる。このとき, Riegert 電荷は (8-28) の $l=0$ の式で与えられ, $\alpha = \gamma_0 = 2b_c(1 - \sqrt{1 - 4/b_c})$ となる。これは, 前章の (7-35) と同じで, この値を持つ $\mathcal{V}_\alpha$ が宇宙項演算子である。

次に, Ricci スカラー曲率に相当する場の演算子を考える。結果だけを書くと, 微分を 2 つ持つプライマリースカラー場は

$$\mathcal{R}_\beta = :e^{\beta\phi}\left(\hat{\nabla}^2\phi + \frac{\beta}{h_\beta}\hat{\nabla}_\mu\phi\hat{\nabla}^\mu\phi - \frac{h_\beta}{\beta}\right):$$
$$= \mathcal{R}_\beta^1 + \frac{\beta}{h_\beta}\mathcal{R}_\beta^2 - \frac{h_\beta}{\beta}\mathcal{V}_\beta$$

で与えられる。ここで, $\mathcal{R}_\beta^{1,2}$ は

$$\mathcal{R}_\beta^1 = \hat{\nabla}^2\phi_> V_\beta + V_\beta\hat{\nabla}^2\phi_<,$$
$$\mathcal{R}_\beta^2 = -\frac{1}{4}\partial_\eta\phi_0\partial_\eta\phi_0 V_\beta - \frac{1}{2}\partial_\eta\phi_0 V_\beta\partial_\eta\phi_0 - \frac{1}{4}V_\beta\partial_\eta\phi_0\partial_\eta\phi_0$$
$$-\partial_\eta\phi_0\left(\partial_\eta\phi_> V_\beta + V_\beta\partial_\eta\phi_<\right) - \left(\partial_\eta\phi_> V_\beta + V_\beta\partial_\eta\phi_<\right)\partial_\eta\phi_0$$
$$+\hat{\nabla}_\mu\phi_>\hat{\nabla}^\mu\phi_> V_\beta + 2\hat{\nabla}_\mu\phi_> V_\beta\hat{\nabla}^\mu\phi_< + V_\beta\hat{\nabla}_\mu\phi_<\hat{\nabla}^\mu\phi_<$$

と定義される。この演算子 $\mathcal{R}_\beta$ は共形次元 $h_\beta + 2$ のプライマリースカラー場として変換することから, BRST 変換の下で

$$i[Q_{\mathrm{BRST}}, \mathcal{R}_\beta] = c^\mu\hat{\nabla}_\mu\mathcal{R}_\beta + \frac{h_\beta + 2}{4}\hat{\nabla}_\mu c^\mu \mathcal{R}_\beta$$

と変換することが分かる。

したがって, $h_\beta = 2$ のとき, $\mathcal{R}_\beta$ の時空体積積分または場の積 $\omega\mathcal{R}_\beta$ が BRST 共形不変になる。Riegert 電荷は (8-28) の $l=2$ の式で与えられ,

$\beta = \gamma_2 = 2b_c(1 - \sqrt{1-2/b_c})$ となる。これは，前章の (7-36) と同じである。この値を持つ $\mathcal{R}_\beta$ が量子論的なスカラー曲率で，古典極限 $b_c \to \infty$ を取ると，$R \times S^3$ 上の通常のスカラー曲率 $d^4x\sqrt{-g}R = d\Omega_4 e^{2\phi}(-6\hat{\nabla}^2\phi - 6\hat{\nabla}_\mu\phi\hat{\nabla}^\mu\phi + 6)$ を -6 で割ったものに近づく。

8.6 状態演算子対応と双対状態

この節では先ず物理場演算子と状態の対応について明らかにした後，内積の構造について議論する。一般的に，BRST 共形不変の条件 $[Q_{\mathrm{BRST}}, \omega\mathcal{O}_\gamma] = 0$ を満たす Riegert 電荷 γ を持った物理場 $\mathcal{O}_\gamma$ を考えたとき，ゴースト部分は別にして，状態演算子対応は

$$\lim_{\eta \to i\infty} e^{-4i\eta}\mathcal{O}_\gamma|\Omega\rangle = |\mathcal{O}_\gamma\rangle$$

で与えられる。

例えば前節で求めた量子論的宇宙項演算子 $\mathcal{V}_\alpha$ は $h_\alpha = 4$ に注意すると

$$|\mathcal{V}_\alpha\rangle = \lim_{\eta \to i\infty} e^{-4i\eta}\mathcal{V}_\alpha|\Omega\rangle$$
$$= \lim_{\eta \to i\infty} e^{i(-4+h_\alpha)\eta}e^{\alpha\phi_>}e^{\frac{\alpha}{\sqrt{2b_c}}\hat{q}}|\Omega\rangle = e^{\alpha\phi_0(0)}|\Omega\rangle$$

となる。量子論的 Ricci スカラー曲率演算子 $\mathcal{R}_\beta$ では $h_\beta = 2$ に注意すると

$$|\mathcal{R}_\beta\rangle = \lim_{\eta \to i\infty} e^{-4i\eta}\mathcal{R}_\beta|\Omega\rangle = \lim_{\eta \to i\infty} e^{i(-4+h_\beta)\eta}\bigg\{\hat{\nabla}^2\phi_> - 2i\partial_\eta\phi_>$$
$$+ \frac{\beta}{h_\beta}\hat{\nabla}_\mu\phi_>\hat{\nabla}^\mu\phi_>\bigg\}e^{\beta\phi_>}e^{\frac{\beta}{\sqrt{2b_c}}\hat{q}}|\Omega\rangle = -\frac{\beta}{2\sqrt{2b_c}}\mathcal{S}_{00}^\dagger e^{\beta\phi_0(0)}|\Omega\rangle$$

となる。ここで，$\mathcal{S}_{00}^\dagger$ (8-31) は Q_M と交換する物理状態の構成要素の 1 つである。

ゴーストの関数 ω は $\eta \to i\infty$ の極限で最も発散する項が $\omega \propto e^{-4i\eta}\prod_M c_M$ のように振舞うことから，ゴースト部分も含めた状態演算子対応は

$$\lim_{\eta \to i\infty} \omega\mathcal{O}_\gamma|\Omega\rangle \otimes |0\rangle_{\mathrm{gh}} \propto |\mathcal{O}_\gamma\rangle \otimes \prod_M c_M|0\rangle_{\mathrm{gh}}$$

8.6 状態演算子対応と双対状態

で与えられることが分かる。右辺は 8.3 節と 8.4 節で議論した物理状態である。

次に, 内積を定義するために物理状態 $|\mathcal{O}_\gamma\rangle \otimes \prod \mathrm{c}_M |0\rangle_{\mathrm{gh}}$ の共役状態について考える。状態 $|\mathcal{O}_\gamma\rangle$ の共役を $\langle \tilde{\mathcal{O}}_\gamma |$ と書くと, それは通常の Hermite 共役 $\langle \mathcal{O}_\gamma |$ では与えられない。なぜなら, 通常の内積 $\langle \mathcal{O}_\gamma | \mathcal{O}_\gamma \rangle$ は, Riegert 電荷 γ が実数で且つ真空が背景電荷 $-4b_c$ をもつことから合計の Riegert 電荷が $2\gamma - 4b_c \neq 0$ となって保存しない (ゼロモードが相殺しない) ために, 規格化できないからである[*8]。

物理状態 $\langle \tilde{\mathcal{O}}_\gamma |$ は双対状態 (dual state) と呼ばれ, 双対関係 $h_\gamma = h_{4b_c - \gamma}$ から求められる。再び物理演算子 $\mathcal{V}_\alpha$ と $\mathcal{R}_\beta$ を考えると, これらと対な BRST 共形不変な双対場は

$$\tilde{\mathcal{V}}_\alpha = \mathcal{V}_{4b_c - \alpha},$$
$$\tilde{\mathcal{R}}_\beta = -\frac{b_c}{4} \mathcal{R}_{4b_c - \beta}$$
$$= -\frac{b_c}{4} \left(\mathcal{R}^1_{4b_c - \beta} + \frac{4b_c - \beta}{h_\beta} \mathcal{R}^2_{4b_c - \beta} - \frac{h_\beta}{4b_c - \beta} \mathcal{V}_{4b_c - \beta} \right)$$

に ω を掛けたもので与えられる。対応する双対状態は

$$\langle \tilde{\mathcal{V}}_\alpha | = \lim_{\eta \to -i\infty} e^{4i\eta} \langle \Omega | \tilde{\mathcal{V}}_\alpha = \langle \Omega | e^{(4b_c - \alpha) \phi_0(0)},$$
$$\langle \tilde{\mathcal{R}}_\beta | = \lim_{\eta \to -i\infty} e^{4i\eta} \langle \Omega | \tilde{\mathcal{R}}_\beta = \frac{4b_c - \beta}{8\sqrt{2}} \langle \Omega | e^{(4b_c - \beta) \phi_0(0)} \mathcal{S}_{00}$$

で定義される。これらを用いると内積が定義できて

$$\langle \tilde{\mathcal{V}}_\alpha | \mathcal{V}_\alpha \rangle = 1, \qquad \langle \tilde{\mathcal{R}}_\beta | \mathcal{R}_\beta \rangle = 1$$

と規格化される。このとき, 場の演算子がもつ Riegert 電荷の合計 $4b_c$ が真空が持つ背景電荷と相殺してゼロモードが消え, $\langle \Omega | e^{4b_c \phi_0(0)} | \Omega \rangle = 1$ となることを使った。

2 次元量子重力のときと同様に, 双対状態には対応する古典的な重力状態が存在しない。そのため, これらの状態は純粋に量子的な仮想的な状態として内線にしか現れない。

[*8] もし Riegert 電荷が $\gamma = ip$ のように純虚数で, 真空が背景電荷を持たなければ状態はその Hermite 共役と通常通り $\langle \mathcal{O}_{-ip} | \mathcal{O}_{ip} \rangle = 1$ のように規格化できる。

ゴースト真空とその Hermite 共役の内積を取ると ${}_{\rm gh}\langle 0|0\rangle_{\rm gh} = {}_{\rm gh}\langle 0|\prod {\rm c}_M^\dagger \prod {\rm c}_M|0\rangle_{\rm gh} = 0$ のように消えることが分かる。これは, 真空に b や b_{MN} を作用させると消えることから, 内積にゴーストモードの反交換関係 $\{{\rm b},{\rm c}\} = 1$ や $\{{\rm b}_{MN}, {\rm c}_{LK}\} = \delta_{ML}\delta_{NK} - \epsilon_M \epsilon_N \delta_{-MK}\delta_{-NL}$ を挿入すると, ${}_{\rm gh}\langle 0|0\rangle_{\rm gh} = {}_{\rm gh}\langle 0|\{{\rm b},{\rm c}\}|0\rangle_{\rm gh} = 0$ のようにすぐに示すことが出来る。そのためゴースト状態の内積は Hermite 演算子 $\vartheta = i{\rm c}\prod {\rm c}_{MN}$ を挿入して

$$ {}_{\rm gh}\langle 0|\prod {\rm c}_M^\dagger \vartheta \prod {\rm c}_M|0\rangle_{\rm gh} = 1 $$

のように規格化される。このように物理状態 $|\mathcal{O}_\gamma\rangle \otimes \prod {\rm c}_M|0\rangle_{\rm gh}$ の共役は $\langle \tilde{\mathcal{O}}_\gamma| \otimes {}_{\rm gh}\langle 0|\prod {\rm c}_M^\dagger \vartheta$ で与えられる。

第 9 章

重力相殺項と共形異常

　この章では，量子重力理論への入り口として，曲がった時空上の場の量子論のくり込みについて次元正則化を用いて議論する．紫外発散は局所的なので，平坦な時空でくり込み可能な理論を曲がった時空上に一般化することは可能だと考えられる．ここでは，曲がった時空上のくり込み可能な場の量子論が存在すると仮定して議論を進める．すなわち，取り除くべき紫外発散はすべて局所的であるということを要請すると，このくり込み可能性の条件から重力相殺項に強い制限が付く．このことは，量子論的条件が古典的一般座標不変性よりも強い条件を与えることを意味している．この考察から，Riegert が導入した E_4 (5-9) の形が共形異常として現れることが示せる．

　以下，この章と次章では初めから次元正則化に便利な D 次元 Euclid 空間を考える．

9.1　重力相殺項のまとめ

　はじめに重力場の相殺項 (counterterm) と共形異常について，この章で得られる結果について簡潔にまとめることにする．

　ここで採用する次元正則化 (dimensional regularization) は時空の次元を 4 より少し小さくすることで理論を有限化する方法である．紫外発散が $D-4$ の極として抜き出されるため，くり込み計算が容易に実行できるようになる．紫外発散を取り除いた後に次元を 4 に戻して物理量を求める．この方法は，幾つかある紫外発散の正則化法のなかで，一般座標不変性を保ったまま高次のくり込み計算ができる唯一の方法である．そして，前にも述べたように，共形異常は非局所的な有効作用の一般座標不変性を保つために現れる物理的な量である．

次元正則化のさらに優れた点は経路積分測度の選び方によらないことである。4 次元で定義された DeWitt-Schwinger の方法などでは発散量である $\delta^{(4)}(0) = \langle x|x'\rangle|_{x' \to x}$ を有限化して評価する[*1]。それが測度からの寄与として一般座標不変性を回復するために必要な共形異常を与える。一方, 次元正則化では, この量は $\delta^{(D)}(0) = \int d^D k = 0$ により恒等的にゼロになり, 測度の選び方に依らない正則化になっている。

次元正則化では, 共形異常は 4 次元と D 次元の間に含まれることになる。すなわち, ループ補正からの極 $(D-4)^{-1}$ と相殺項の 4 次元からのズレが

$$\frac{1}{D-4} \times o(D-4) \to \text{finite}$$

のように相殺して残る有限な量が共形異常である。高次の極からも同様に共形異常が生成される。そのため, D 次元での相殺項の重力場依存性を明確に決定する必要がある。

無次元の結合定数をもつ 4 次元の重力相殺項は一般座標不変性だけでは唯一に決まらず, Riemann 曲率テンソルの自乗, Ricci テンソルの自乗, スカラー曲率の自乗の 3 つの 4 階微分作用の任意の組み合わせが可能になる。どの組み合わせを選ぶかは, どのような結合定数を考えるかという問題と直結する。ここでは, 紫外極限でスケール不変な世界が実現すると考えて, 作用に共形不変性を課すことにする。このとき, 重力相殺項は Weyl テンソルの自乗と Euler 密度の 2 つにまとまる。

しかしながら, ここで 1 つ問題が生じる。作用に共形不変性を課しても量子論的にそれは壊れてしまうことである。それはくり込み計算をすると新たなスケールが現れることから明らかである。さらに, 次元正則化は文字通り次元をズラすので共形不変性が明白に壊れてしまう。そのため, 2 つの重力相殺項だけでくり込み計算が遂行できる保証がない。にもかかわらず, 次元正則化を用いた計算は上手く行くことが示せる。

この章では, くり込みの条件式から, 重力相殺項が全次数で量子論的に強

[*1] 理論に固有な正定値の正則化演算子 K を用いて $\delta^{(4)}(0) = \langle x|e^{-sK}|x\rangle|_{s \to 0}$ と書くことができる。この量は熱伝導方程式 $(\partial_s + K)\langle x|e^{-sK}|x\rangle = 0$ を解くことで求めることができる。付録 D.4 を参照。

9.1 重力相殺項のまとめ

い制限を受けることを見る。特に、曲がった時空上の量子電磁気学 (QED) や非可換ゲージ理論のような、ゲージ対称性によって古典的な作用が 4 次元で共形不変なものに制限される場の量子論を考えると、相殺項は 2 つの組み合わせに制限されることが分かる。

ここでは曲がった時空上の QED を考えて、くり込み群方程式の解析から重力の相殺項を決定する[*2]。その結果、重力相殺項は D 次元 Weyl テンソル (A-1) の自乗

$$F_D = C_{\mu\nu\lambda\sigma}^2 = R_{\mu\nu\lambda\sigma}^2 - \frac{4}{D-2}R_{\mu\nu}^2 + \frac{2}{(D-1)(D-2)}R^2 \quad (9\text{-}1)$$

と Euler 密度に $o(D-4)$ の修正項を加えた

$$G_D = G_4 + (D-4)\chi(D)H^2 \quad (9\text{-}2)$$

の 2 つで与えられることが分かる。ここで、G_4 と H はそれぞれ通常の Euler 密度とスカラー曲率の関数で、

$$G_4 = R_{\mu\nu\lambda\sigma}^2 - 4R_{\mu\nu}^2 + R^2, \qquad H = \frac{R}{D-1}$$

と定義され、χ は極をもたない有限な D だけの関数である。χ を $D-4$ の非負べきで展開して、くり込み群方程式を逐次解くと、その展開係数のすべてを決めることが出来る。最初の 3 項は具体的に計算されていて、

$$\chi(D) = \frac{1}{2} + \frac{3}{4}(D-4) + \frac{1}{3}(D-4)^2 + \cdots \quad (9\text{-}3)$$

で与えられる。

このときエネルギー運動量テンソルのトレース、すなわち共形異常は

$$\Theta = \frac{\beta}{4}[F_{\mu\nu}F^{\mu\nu}] + \frac{1}{2}(D-1+2\bar{\gamma}_\psi)[E_\psi] - \mu^{D-4}(\beta_a F_D + \beta_b E_D)$$

の形に決まる。ここで、β, β_a, β_b は後述の (9-8) と (9-9) で定義されるベータ関数、$\bar{\gamma}_\psi$ はフェルミオンの異常次元、[ ] 付きの量は正規積 (normal

---

[*2] 同様の議論が量子色力学 (QCD) の場合でも成り立つ (9.5 節脚注[*8]を参照)。

product, 自由場表示の :: と区別している) である。重力の共形異常は Weyl テンソルの自乗と修正された Euler 密度に関係した

$$E_D = G_D - 4\chi(D)\nabla^2 H^2 \tag{9-4}$$

の 2 つの組み合わせで構成される[*3]。$D \to 4$ のとき共形異常 E_D は E_4 になることが分かる。このように, 2 次元量子重力の類推から Riegert が予言した組み合わせ E_4 が量子論的に出てくることが示される[*4]。

この章では, エネルギー運動量テンソルの相関関数に対するくり込み群方程式を調べることで, 上記のことが全次数で厳密に成り立つことを示す。

9.2 曲がった時空上の QED

古典的な共形不変性をもつ曲がった時空上の質量ゼロ QED を考える理由は, 古典的なゲージ不変性と一般座標不変性だけから重力場と QED の場の相互作用が明確に定まる場の量子論として最も基本的なものだからである。その作用を QED 作用, ゲージ固定項, 重力相殺項の 3 つの部分に分けて $S = S_{\mathrm{QED}} + S_{\mathrm{g.f.}} + S_g$ と書く。以下, 添え字に 0 が付いているのはくり込まれる前の裸 (bare) の量を表している。

QED 作用は, D 次元 Euclid 空間で,

$$S_{\mathrm{QED}} = \int d^D x \sqrt{g} \left\{ \frac{1}{4} F_{0\mu\nu} F_0^{\mu\nu} + i\bar{\psi}_0 \slashed{D} \psi_0 \right\}$$

で与えられる。Dirac 微分演算子は $\gamma^\mu = e_a^\mu \gamma^a$ として $\slashed{D} = \gamma^\mu D_\mu$ で定義される。ここで, $e_\mu{}^a$ は D 次元多脚場 (vielbein field) で, 関係式 $e_\mu{}^a e_{\nu a} = g_{\mu\nu}$ 及び $e_a^\mu e_{\mu b} = \delta_{ab}$ を満たす。Dirac のガンマ行列は $\{\gamma^a, \gamma^b\} = -2\delta^{ab}$ と規格化されている。フェルミオンに作用する共変微分は

$$D_\mu \psi_0 = \partial_\mu \psi_0 + \frac{1}{2} \omega_{\mu ab} \Sigma^{ab} \psi_0 + ie_0 A_{0\mu} \psi_0,$$

[*3] この関数は付録 A.1 の (A-2) で与えた D 次元での Wess-Zumino 積分可能条件を満たす。

[*4] 共形異常の $\nabla^2 R$ 項の係数は発散の伴わない古典的な R^2 項を作用に加えることで任意に変更することができる。しかしながら, それは重力場を量子化することを想定していないから出来ることである。ここでの目的は, そのようなくり込みに関係のない項を除いた最少の重力相殺項の形を求めることである。

9.2 曲がった時空上の QED

$$D_\mu \bar{\psi}_0 = \partial_\mu \bar{\psi}_0 - \frac{1}{2}\omega_{\mu ab}\bar{\psi}_0 \Sigma^{ab} - ie_0 A_{0\mu}\bar{\psi}_0$$

で定義される。ここで, e_0 は裸の QED 結合定数。スピン接続 (spin connection) と局所 Lorentz 群の生成子はそれぞれ $\omega_{\mu ab} = e^\nu{}_a(\partial_\mu e_{\nu b} - \Gamma^\lambda_{\mu\nu} e_{\lambda b})$ と $\Sigma^{ab} = -[\gamma^a, \gamma^b]/4$ で与えられる。詳しいことは付録 A.3 を参照。

BRST 変換はゲージ変換のパラメータを Grassmann 数のゴースト場 η_0 に置き換えることで定義される。さらにゴースト場に共役な反ゴースト場 $\tilde{\eta}_0$ 及び補助場 B_0 を導入して,

$$\delta_B A_{0\mu} = \nabla_\mu \eta_0, \quad \delta_B \psi_0 = -ie_0 \eta_0 \psi_0, \quad \delta_B \bar{\psi}_0 = ie_0 \eta_0 \bar{\psi}_0,$$
$$\delta_B \eta_0 = 0, \quad \delta_B \tilde{\eta}_0 = iB_0, \quad \delta_B B_0 = 0$$

と定義される。この変換は冪ゼロ性 $\delta_B^2 = 0$ を示す。ゲージ固定項は BRST 変換を使うと BRST 自明な

$$S_{\text{g.f.}} = \int d^D x \sqrt{g}\, \delta_B \left[-i\tilde{\eta}_0 \left(\nabla^\mu A_{0\mu} - \frac{\xi_0}{2} B_0 \right) \right]$$
$$= \int d^D x \sqrt{g} \left\{ B_0 \nabla^\mu A_{0\mu} - \frac{\xi_0}{2} B_0^2 + i\tilde{\eta}_0 \nabla^2 \eta_0 \right\}$$

の形に書くことが出来る。補助場の運動方程式 $B_0 = \nabla^\mu A_{0\mu}/\xi_0$ を解くと

$$S_{\text{g.f.}} = \int d^D x \sqrt{g} \left\{ \frac{1}{2\xi_0} (\nabla^\mu A_{0\mu})^2 - i\nabla^\mu \tilde{\eta}_0 \nabla_\mu \eta_0 \right\}$$

と表される。

重力場の紫外発散を取り除くための相殺項として, 一般性を保つために, 先ずは可能な 3 項を導入して,

$$S_g = \int d^D x \sqrt{g} \left\{ a_0 F_D + b_0 G_4 + c_0 H^2 \right\} \tag{9-5}$$

を考える。以下の議論で, 後者の 2 項がくり込み群によって関係付いて, 場の量子論的に独立な相殺項は 2 つであることを摂動論の全次数で示す。

量子場や結合定数等のくり込まれた量は通常の処方箋にしたがい, それぞれくり込み因子を導入して

$$A_{0\mu} = Z_3^{1/2} A_\mu, \quad \psi_0 = Z_2^{1/2} \psi, \quad e_0 = \mu^{2-D/2} Z_3^{-1/2} e, \quad \xi_0 = Z_3 \xi$$

と定義する。ここで，結合定数のくり込み因子を定義する際，Ward-高橋恒等式を使っている。μ は不足する次元を補うための任意の質量スケールで，くり込まれた結合定数 e は無次元になる。以下では，くり込み因子はすべて微細構造定数

$$\alpha = \frac{e^2}{4\pi}$$

を用いて展開する。

　重力相殺項の裸の定数は

$$a_0 = \mu^{D-4}\left(a + L_a\right), \qquad L_a = \sum_{n=1}^{\infty} \frac{a_n(\alpha)}{(D-4)^n},$$

$$b_0 = \mu^{D-4}\left(b + L_b\right), \qquad L_b = \sum_{n=1}^{\infty} \frac{b_n(\alpha)}{(D-4)^n},$$

$$c_0 = \mu^{D-4}\left(c + L_c\right), \qquad L_c = \sum_{n=1}^{\infty} \frac{c_n(\alpha)}{(D-4)^n} \qquad (9\text{-}6)$$

と展開される。ここで，$L_{a,b,c}$ は極だけの項で，留数 a_n, b_n, c_n は D に依らない α のみの関数である。

　上記の処方箋から明らかなように，紫外発散は局所的な作用に比例した極の形で現れるが，有効作用に現れるような非局所項に比例した極は現れない事がくり込み可能な理論の本質である。

　通常のくり込み群方程式　ここで，良く知られた通常のくり込み群方程式についてまとめておく。それは正しく正則化されたくり込み可能な理論が満たすべき条件式である。次元正則化では，裸の量は任意に導入した質量スケール μ によらないことから

$$\mu \frac{d}{d\mu}(\text{bare}) = 0, \qquad \mu \frac{d}{d\mu} = \mu \frac{\partial}{\partial \mu} + \mu \frac{d\alpha}{d\mu}\frac{\partial}{\partial \alpha} + \mu \frac{d\xi}{d\mu}\frac{\partial}{\partial \xi}$$

が成り立つ。以下，この条件式から導かれる式はすべてくり込み群方程式と呼ぶことにする。

　はじめに，くり込み群方程式

$$\mu \frac{d}{d\mu}\left(\frac{e_0^2}{4\pi}\right) = 0 = \frac{\mu^{4-D}}{Z_3}\alpha\left(4 - D - \mu\frac{d}{d\mu}\log Z_3 + \frac{\mu}{\alpha}\frac{d\alpha}{d\mu}\right) \qquad (9\text{-}7)$$

を考える。微細構造定数のベータ関数を

$$\beta(\alpha, D) \equiv \frac{1}{\alpha}\mu\frac{d\alpha}{d\mu} = D - 4 + \bar{\beta}(\alpha) \tag{9-8}$$

と定義すると，α だけに依存した部分は $\bar{\beta} = \mu d(\log Z_3)/d\mu$ と書けることが分かる。ここで，くり込み因子を

$$\log Z_3 = \sum_{n=1}^{\infty} \frac{f_n(\alpha)}{(D-4)^n}$$

と定義する。これを用いて (9-7) の右辺をさらに Laurent 展開し，それが消えるための条件を求めると，留数の間に

$$\alpha\frac{\partial f_{n+1}}{\partial \alpha} + \bar{\beta}\alpha\frac{\partial f_n}{\partial \alpha} = 0$$

の関係が成り立つ。また，ベータ関数が単純極を用いて $\bar{\beta} = \alpha\partial f_1/\partial\alpha$ と書けることが分かる。

ここで，後々の計算で注意すべき点として，β は $\bar{\beta}$ と異なって $D-4$ 依存性を持つため，その逆数 $1/\beta$ は結合定数で展開すると極を持つことを指摘しておく (後述の (9-17) を参照)。

同様に，重力部分 (9-6) の結合定数 a のベータ関数を

$$\beta_a(\alpha, D) \equiv \mu\frac{da}{d\mu} = -(D-4)a + \bar{\beta}_a(\alpha) \tag{9-9}$$

と定義する。結合定数 b と c についても同様に定義する。裸の定数 a_0 が μ に依らないことから，方程式 $\mu da_0/d\mu = 0$ を解くと，留数の間に関係式

$$\frac{\partial}{\partial \alpha}(\alpha a_{n+1}) + \bar{\beta}\alpha\frac{\partial a_n}{\partial \alpha} = 0 \tag{9-10}$$

が成り立つ。また，ベータ関数は単純極を用いて $\bar{\beta}_a = -\partial(\alpha a_1)/\partial\alpha$ と表される。裸の定数 b_0 と c_0 についても同様である。

9.3　正規積

この節では正規積 (normal product) をいくつか導入する (付録 D.3 も参照)。それは相関関数の中で有限な演算子として振る舞うくり込まれた複合場のことである。

運動方程式場　はじめに，運動方程式場 (equation-of-motion field) と呼ばれるものを導入する。ゲージ場のそれは

$$E_{0A} \equiv \frac{1}{\sqrt{g}} A_{0\mu} \frac{\delta S}{\delta A_{0\mu}}$$
$$= A_{0\mu} \nabla_\nu F_0^{\mu\nu} - e_0 \bar{\psi}_0 \gamma^\mu A_{0\mu} \psi_0 - \frac{1}{\xi_0} A_{0\mu} \nabla^\mu \nabla^\nu A_{0\nu} \quad (9\text{-}11)$$

で定義される。それを異なる N_A 点のくり込まれた場の相関関数

$$\left\langle \prod_{j=1}^{N_A} A_{\mu_j}(x_j) \right\rangle = Z_3^{-\frac{N_A}{2}} \int dA_{0\mu} d\psi_0 d\bar{\psi}_0 \prod_{j=1}^{N_A} A_{0\mu_j}(x_j) e^{-S}$$

に挿入して $A_{0\mu}$ の汎関数積分の部分積分を実行すると，関係式

$$\left\langle E_{0A}(x) \prod_{j=1}^{N_A} A_{\mu_j}(x_j) \right\rangle$$
$$= -Z_3^{-\frac{N_A}{2}} \int dA_{0\mu} d\psi_0 d\bar{\psi}_0 \prod_{j=1}^{N_A} A_{0\mu_j}(x_j) \frac{1}{\sqrt{g}} A_{0\mu}(x) \frac{\delta}{\delta A_{0\mu}(x)} e^{-S}$$
$$= \sum_{j=1}^{N_A} \frac{1}{\sqrt{g}} \delta^D(x - x_j) \left\langle \prod_{j=1}^{N_A} A_{\mu_j}(x_j) \right\rangle \quad (9\text{-}12)$$

が成り立つことが分かる。このとき，次元正則化法では同じ地点での汎関数微分は $\delta A_{0\mu}(x)/\delta A_{0\nu}(x) = \delta_\mu^{\ \nu} \delta^D(0) = 0$ のように消えることに注意する[*5]。

同様にして，フェルミオン場の運動方程式場を

$$E_{0\psi} = \frac{\delta S}{\delta \chi} \equiv \frac{1}{\sqrt{g}} \left(\bar{\psi}_0 \frac{\delta S}{\delta \bar{\psi}_0} + \psi_0 \frac{\delta S}{\delta \psi_0} \right) = i \bar{\psi}_0 \overleftrightarrow{\not{D}} \psi_0 \quad (9\text{-}13)$$

と定義する。ここで，両矢印の付いた微分演算子は

$$\bar{\psi}_0 \overleftrightarrow{\not{D}} \psi_0 = \bar{\psi}_0 \gamma^\mu D_\mu \psi_0 - D_\mu \bar{\psi}_0 \gamma^\mu \psi_0$$

[*5] この章の始めに述べたように，これは経路積分が測度の選び方に依らないことを表している。それ故ここでは測度を計量場依存性のない簡潔な表式 $dA_{0\mu} d\psi_0 d\bar{\psi}_0$ で表している。

で定義される。これより関係式

$$\left\langle E_{0\psi}(x)\prod_{j=1}^{N_\psi}(\psi\,\text{or}\,\bar{\psi})(x_j)\right\rangle = \sum_{j=1}^{N_\psi}\frac{1}{\sqrt{g}}\delta^D(x-x_j)\left\langle\prod_{j=1}^{N_\psi}(\psi\,\text{or}\,\bar{\psi})(x_j)\right\rangle \quad (9\text{-}14)$$

を得る。

関係式 (9-12) と (9-14) の右辺はそれぞれくり込まれた量の相関関数で,有限であることから,この式は運動方程式場が相関関数の中で有限な演算子として振る舞うことを表している。それは正規積に他ならない。その記号を [ ] と書くと,運動方程式場は

$$E_{0A} = [E_A], \qquad E_{0\psi} = [E_\psi] \quad (9\text{-}15)$$

と表すことができる。

運動方程式場の体積積分はそれぞれ

$$\int d^Dx\sqrt{g}\,E_{0A} = \int d^Dx\sqrt{g}\left\{\frac{1}{2}F_{0\mu\nu}F_0^{\mu\nu} - e_0\bar{\psi}_0\gamma^\mu A_{0\mu}\psi_0 + \frac{1}{\xi_0}(\nabla^\mu A_{0\mu})^2\right\},$$

$$\int d^Dx\sqrt{g}\,E_{0\psi} = \int d^Dx\sqrt{g}\,2i\bar{\psi}_0\gamma^\mu D_\mu\psi_0$$

と書ける。関係式 (9-12) と (9-14) を体積積分すると,それらは相関関数の中でそれぞれ場の数 N_A と N_ψ になることが分かる。

ゲージ場の自乗積　ゲージ場の自乗の正規積は,相互作用が消える極限で裸の場の積にもどることから,一般的に

$$[F_{\mu\nu}F^{\mu\nu}] = \left(1 + \sum\text{poles}\right)F_{0\mu\nu}F_0^{\mu\nu} + \sum\text{poles}\times(\text{other fields}) \quad (9\text{-}16)$$

のような構造をもつ。ここでは,くり込まれた場の相関関数をくり込まれた変数で微分して得られる有限量の考察から,未定な部分を決めて行く。

はじめに ξ で微分した量を考えると,

$$\xi\frac{\partial}{\partial\xi}\left\langle\prod_{j=1}^{N_A}A_{\mu_j}(x_j)\prod_{k=1}^{N_\psi}(\psi\,\text{or}\,\bar{\psi})(x_k)\right\rangle = \text{finite}$$

$$= \left\langle\left\{-\frac{N_\psi}{2}\xi\frac{\partial}{\partial\xi}\log Z_2 - \xi\frac{\partial S}{\partial\xi}\right\}\prod_{j=1}^{N_A}A_{\mu_j}(x_j)\prod_{k=1}^{N_\psi}(\psi\,\text{or}\,\bar{\psi})(x_k)\right\rangle$$

$$= \frac{1}{2}\Big\langle \int d^D x \sqrt{g} \Big\{ \frac{1}{\xi}(\nabla^\mu A_\mu)^2 - [E_\psi]\xi \frac{\partial}{\partial \xi} \log Z_2 \Big\}$$
$$\times \prod_{j=1}^{N_A} A_{\mu_j}(x_j) \prod_{k=1}^{N_\psi} (\psi \text{ or } \bar{\psi})(x_k) \Big\rangle$$

が成り立つことが分かる。この時, $\partial/\partial \xi$ は積分変数である $A_{0\mu}, \psi_0, \bar{\psi}_0$ を素通りすること, N_ψ は $[E_\psi]$ の体積積分で書けること, 及び $\xi \partial S/\partial \xi = -(1/2\xi) \int d^D x \sqrt{g}(\nabla^\mu A_\mu)^2$ を使っている。これより, 右辺の { } 内の体積積分が有限な量になることが分かる。それを正規積の記号を使って $\int d^D x \sqrt{g}[(\nabla^\mu A_\mu)^2]/\xi$ と表すことにする。

同様にして有限な相関関数を α で微分した量を考える。裸の結合定数の α 依存性は

$$\alpha \frac{\partial e_0}{\partial \alpha} = \frac{D-4}{2\beta} e_0, \qquad \alpha \frac{\partial \xi_0}{\partial \alpha} = \frac{\bar{\beta}}{\beta} \xi_0,$$
$$\alpha \frac{\partial a_0}{\partial \alpha} = -\frac{D-4}{\beta} \mu^{D-4} \left(L_a + \frac{\bar{\beta}_a}{D-4} \right)$$

と計算される。b_0 と c_0 についても a_0 と同様の式が成り立つ。また, くり込み因子については

$$\alpha \frac{\partial}{\partial \alpha} \log Z_3 = \frac{\bar{\beta}}{\beta}, \qquad \alpha \frac{\partial}{\partial \alpha} \log Z_2^{1/2} = \frac{1}{\beta} \left(\gamma_\psi + \bar{\beta}\xi \frac{\partial}{\partial \xi} \log Z_2^{1/2} \right)$$

が成り立つ。ここで, $\gamma_\psi = \mu d(\log Z_2^{1/2})/d\mu$ はフェルミオンの異常次元である。これらの式を用いて作用 S を α で微分すると

$$\alpha \frac{\partial S_{\text{QED}}}{\partial \alpha} = -\frac{D-4}{2\beta} \int d^D x \sqrt{g} e_0 \bar{\psi}_0 \gamma^\mu A_{0\mu} \psi_0,$$
$$\alpha \frac{\partial S_{\text{g.f.}}}{\partial \alpha} = -\frac{\bar{\beta}}{\beta} \int d^D x \sqrt{g} \frac{1}{2\xi_0} (\nabla^\mu A_{0\mu})^2,$$
$$\alpha \frac{\partial S_g}{\partial \alpha} = -\frac{D-4}{\beta} \mu^{D-4} \int d^D x \sqrt{g} \Big[\left(L_a + \frac{\bar{\beta}_a}{D-4} \right) F_D$$
$$+ \left(L_b + \frac{\bar{\beta}_b}{D-4} \right) G_4 + \left(L_c + \frac{\bar{\beta}_c}{D-4} \right) H^2 \Big]$$

を得る。これらを用いて相関関数の α 微分を計算して, 明らかに有限な $[E_A]$ 及び $[(\nabla^\mu A_\mu)^2]/\xi$ に比例する項を省くと,

$$\left\langle \int d^D x \sqrt{g} \left\{ \frac{D-4}{4\beta} F_{0\mu\nu} F_0^{\mu\nu} - \frac{\bar{\gamma}_\psi}{\beta}[E_\psi] \right. \right.$$
$$+ \frac{D-4}{\beta} \mu^{D-4} \left[\left(L_a + \frac{\bar{\beta}_a}{D-4}\right) F_D + \left(L_b + \frac{\bar{\beta}_b}{D-4}\right) G_4 \right.$$
$$\left. \left. + \left(L_c + \frac{\bar{\beta}_c}{D-4}\right) H^2 \right] \right\} \prod_{j=1}^{N_A} A_{\mu_j}(x_j) \prod_{k=1}^{N_\psi} \left(\psi \text{ or } \bar{\psi}\right)(x_k) \right\rangle$$
$$= \text{finite}$$

が得られる。ここで,

$$\bar{\gamma}_\psi = \gamma_\psi - (D-4)\xi \frac{\partial}{\partial \xi} \log Z_2^{1/2}$$

である。この式は { } 内が全微分項を除いて正規積で表されることを示している。

ここで, $(D-4)/\beta$ の結合定数による展開式が

$$\frac{D-4}{\beta} = \frac{1}{1 + \frac{\bar{\beta}}{D-4}} = 1 + \sum_{n=1}^{\infty} \frac{(-\bar{\beta})^n}{(D-4)^n} \tag{9-17}$$

で与えられることに注意すると, 左辺の { } 内は正規積 (9-16) の構造を持つことが分かる。このことはそれが, 全微分項を除いて, 正規積 $[F_{\mu\nu} F^{\mu\nu}]/4$ に等しいことを表している。全微分項の候補は対称性から $\nabla^2 H$ だけなので, それを未知の項として

$$\frac{1}{4}[F_{\mu\nu} F^{\mu\nu}] = \frac{D-4}{4\beta} F_{0\mu\nu} F_0^{\mu\nu} - \frac{\bar{\gamma}_\psi}{\beta}[E_\psi] + \frac{D-4}{\beta} \mu^{D-4} \Big\{$$
$$\left(L_a + \frac{\bar{\beta}_a}{D-4}\right) F_D + \left(L_b + \frac{\bar{\beta}_b}{D-4}\right) G_4$$
$$+ \left(L_c + \frac{\bar{\beta}_c}{D-4}\right) H^2 - \frac{4(\sigma + L_\sigma)}{D-4} \nabla^2 H \Big\} \tag{9-18}$$

が得られる。最後の項の σ は有限な α の関数, L_σ は極だけの項である。これらを決めるためには新たな有限性の条件を考える必要がある。それについては後で議論する。

エネルギー運動量テンソル　エネルギー運動量テンソルは作用 S を計量場で変分した量として,

$$\Theta^{\mu\nu} = \frac{2}{\sqrt{g}} \frac{\delta S}{\delta g_{\mu\nu}} = \frac{1}{2} \frac{1}{\sqrt{g}} \left(e^{\mu}{}_a \frac{\delta S}{\delta e_{\nu a}} + e^{\nu}{}_a \frac{\delta S}{\delta e_{\mu a}} \right)$$

と定義される。そのトレースを

$$\Theta = \frac{\delta S}{\delta \Omega} = \frac{2}{\sqrt{g}} g_{\mu\nu} \frac{\delta S}{\delta g_{\mu\nu}}$$

と表すことにする。このとき, 有限な相関関数 $\langle \prod A_\mu \prod \psi \prod \bar{\psi} \rangle$ を計量場で変分した量は有限であることから,

$$\frac{2}{\sqrt{g}} \frac{\delta}{\delta g_{\mu\nu}} \left\langle \prod A_\mu \prod \psi \prod \bar{\psi} \right\rangle = -\left\langle \Theta^{\mu\nu} \prod A_\mu \prod \psi \prod \bar{\psi} \right\rangle$$
$$= \text{finite}$$

を得る。従って, エネルギー運動量テンソル $\Theta^{\mu\nu}$ は正規積の 1 つで, 運動方程式場と同様に, 裸の量で定義されているけれども有限な演算子である。以下, エネルギー運動量テンソルについては, 便宜上, 裸の量であることを示すゼロも正規積の記号も使わずに単に $\Theta^{\mu\nu}$ と記述することにする。

　エネルギー運動量テンソルを $\Theta^{\mu\nu} = \Theta^{\mu\nu}_{\text{QED}} + \Theta^{\mu\nu}_{\text{g.f.}} + \Theta^{\mu\nu}_g$ と分解すると, QED 部分は

$$\Theta^{\mu\nu}_{\text{QED}} = -F_0^{\mu\lambda} F_{0\lambda}^{\nu} + \frac{1}{4} g^{\mu\nu} F_{0\lambda\sigma} F_0^{\lambda\sigma}$$
$$-\frac{i}{4} \left\{ \bar{\psi}_0 \gamma^\mu D^\nu \psi_0 - D^\mu \bar{\psi}_0 \gamma^\nu \psi_0 + (\mu \leftrightarrow \nu) - 2 g^{\mu\nu} \bar{\psi}_0 \overleftrightarrow{\slashed{D}} \psi_0 \right\}$$

で与えられる。そのトレースは

$$\Theta_{\text{QED}} = (D-4) \frac{1}{4} F_{0\mu\nu} F_0^{\mu\nu} + \frac{1}{2}(D-1) i \bar{\psi}_0 \overleftrightarrow{\slashed{D}} \psi_0$$

となる。

　ゲージ固定項に由来した部分は

$$\Theta^{\mu\nu}_{\text{gf}} = \frac{1}{\xi_0} \left[A_0^\mu \nabla^\nu \nabla^\lambda A_{0\lambda} + A_0^\nu \nabla^\mu \nabla^\lambda A_{0\lambda} - g^{\mu\nu} A_{0\lambda} \nabla^\lambda \nabla^\sigma A_{0\sigma} \right.$$

$$-\frac{1}{2}g^{\mu\nu}\left(\nabla^\lambda A_{0\lambda}\right)^2\Big]$$
$$+i\nabla^\mu\tilde{\eta}_0\nabla^\nu\eta_0+i\nabla^\nu\tilde{\eta}_0\nabla^\mu\eta_0-ig^{\mu\nu}\nabla^\lambda\tilde{\eta}_0\nabla_\lambda\eta_0$$
$$=-i\,\delta_B\left[\nabla^\mu\tilde{\eta}_0 A_0^\nu+\nabla^\nu\tilde{\eta}_0 A_0^\mu-g^{\mu\nu}\nabla_\lambda\tilde{\eta}_0 A_0^\lambda-\frac{1}{2}g^{\mu\nu}\tilde{\eta}_0\nabla_\lambda A_0^\lambda\right]$$

のように BRST 自明な形で書くことが出来る。ここで, BRST 変換は B_0 の運動方程式を解いた後 (on-shell) の変換 $\delta_B\tilde{\eta}_0=i\nabla_\lambda A_0^\lambda/\xi_0$, 及びその冪ゼロ性を保障する運動方程式 $\nabla^2\eta_0=0$ を使っている。このことは, ゴースト場を含まない物理的な相関関数に $\Theta_{\rm g.f.}^{\mu\nu}$ を挿入した量はすべて消えることを表しているので, 以下の議論では $\Theta_{\rm g.f.}^{\mu\nu}$ を無視することにする。

エネルギー運動量テンソルの重力部分は

$$\begin{aligned}\Theta_g^{\mu\nu}=a_0\bigg\{&-4R^{\mu\lambda\sigma\rho}R^\nu{}_{\lambda\sigma\rho}-\frac{8(D-4)}{D-2}R^{\mu\lambda\nu\sigma}R_{\lambda\sigma}+8R^{\mu\lambda}R^\nu{}_\lambda\\&-\frac{8}{(D-1)(D-2)}R^{\mu\nu}R-\frac{8(D-3)}{D-2}\nabla^2 R^{\mu\nu}+\frac{4(D-3)}{D-1}\nabla^\mu\nabla^\nu R\\&+g^{\mu\nu}\bigg[R_{\lambda\sigma\rho\kappa}^2-\frac{4}{D-2}R_{\lambda\sigma}^2+\frac{2}{(D-1)(D-2)}R^2\\&+\frac{4(D-3)}{(D-1)(D-2)}\nabla^2 R\bigg]\bigg\}+b_0\bigg\{-4R^{\mu\lambda\sigma\rho}R^\nu{}_{\lambda\sigma\rho}+8R^{\mu\lambda\nu\sigma}R_{\lambda\sigma}\\&+8R^{\mu\lambda}R^\nu{}_\lambda-4R^{\mu\nu}R+g^{\mu\nu}G_4\bigg\}+\frac{c_0}{(D-1)^2}\bigg\{-4R^{\mu\nu}R\\&+4\nabla^\mu\nabla^\nu R+g^{\mu\nu}\left[R^2-4\nabla^2 R\right]\bigg\}\end{aligned}\qquad(9\text{-}19)$$

で与えられる。そのトレースは

$$\Theta_g=(D-4)\left[a_0 F_D+b_0 G_4+c_0 H^2\right]-4c_0\nabla^2 H$$

となる。

ここで, エネルギー運動量テンソルのトレースが実際に正規積を用いて記述できることを見る。簡単のため, 変分を行った後に計量場を平坦にして, BRST 自明な $\Theta_{\rm g.f.}$ を無視すると,

$$\Theta=\frac{D-4}{4}F_{0\mu\nu}F_0^{\mu\nu}+\frac{1}{2}(D-1)E_{0\psi}$$

$$= \frac{\beta}{4}\left[F_{\mu\nu}F^{\mu\nu}\right] + \frac{1}{2}\left(D - 1 + 2\bar{\gamma}_\psi\right)\left[E_\psi\right]$$

の表式を得る。最初の等式は定義式から導かれたもので，2番目の等式は正規積 (9-18) と (9-15) の式を使っている。右辺は共形異常と呼ばれる量で，この式はそれがベータ関数に比例することを表している。曲がった時空上での共形異常の表式は後節で議論する。

9.4 相関関数からの制限

以下の節では，前節で求めた正規積の性質を用いて，それらの相関関数から導かれる新たな Hathrell のくり込み群方程式を使って重力相殺項に制限を加えて行く。

2点相関関数　有限な分配関数を2回計量場で変分した量もまた有限であることから，エネルギー運動量テンソルに関する条件式

$$\langle \Theta^{\mu\nu}(x)\Theta^{\lambda\sigma}(y)\rangle - \frac{2}{\sqrt{g(y)}}\left\langle \frac{\delta \Theta^{\mu\nu}(x)}{\delta g_{\lambda\sigma}(y)}\right\rangle = \text{finite}$$

が得られる。この条件式の平坦極限をとって，Fourier 変換すると

$$\langle \Theta^{\mu\nu}(p)\Theta^{\lambda\sigma}(-p)\rangle_{\text{flat}} - a_0 A^{\mu\nu,\lambda\sigma}(p) - c_0 C^{\mu\nu,\lambda\sigma}(p) = \text{finite}$$

を得る。ここで，$A^{\mu\nu,\lambda\sigma}$ と $C^{\mu\nu,\lambda\sigma}$ はそれぞれ重力作用 (9-5) の Weyl 項 F_D と H^2 項に由来する部分で

$$\begin{aligned}
A^{\mu\nu,\lambda\sigma}(p) =& \frac{4(D-3)}{D-2}\Big[p^4\left(\delta^{\mu\lambda}\delta^{\nu\sigma} + \delta^{\mu\sigma}\delta^{\nu\lambda}\right) - p^2\left(\delta^{\mu\lambda}p^\nu p^\sigma\right. \\
& \left. + \delta^{\mu\sigma}p^\nu p^\lambda + \delta^{\nu\lambda}p^\mu p^\sigma + \delta^{\nu\sigma}p^\mu p^\lambda\right) + 2p^\mu p^\nu p^\lambda p^\sigma\Big] \\
& - \frac{8(D-3)}{(D-1)(D-2)}\Big[p^4 \delta^{\mu\nu}\delta^{\lambda\sigma} - p^2\left(\delta^{\mu\nu}p^\lambda p^\sigma + \delta^{\lambda\sigma}p^\mu p^\nu\right) \\
& + p^\mu p^\nu p^\lambda p^\sigma\Big], \\
C^{\mu\nu,\lambda\sigma}(p) =& \frac{8}{(D-1)^2}\Big[p^4 \delta^{\mu\nu}\delta^{\lambda\sigma} - p^2\left(\delta^{\mu\nu}p^\lambda p^\sigma + \delta^{\lambda\sigma}p^\mu p^\nu\right) \\
& + p^\mu p^\nu p^\lambda p^\sigma\Big] \quad\quad\quad\quad\quad\quad\quad\quad\quad\quad\quad\quad (9\text{-}20)
\end{aligned}$$

9.4 相関関数からの制限

で与えられる。エネルギー運動量テンソルを縮約すると

$$\langle \Theta^{\mu\nu}(p)\Theta_{\mu\nu}(-p)\rangle_{\text{flat}} - 4(D-3)(D+1)a_0 p^4 - \frac{8}{D-1}c_0 p^4 = \text{finite} \quad (9\text{-}21)$$

と

$$\langle \Theta(p)\Theta(-p)\rangle_{\text{flat}} - 8c_0 p^4 = \text{finite} \quad (9\text{-}22)$$

が得られる。(9-22) から c_0 が決まり, (9-21) から a_0 が決まる。一方, b_0 を決めるには 3 点関数を考える必要があり, それは次節で議論する。以下では条件式 (9-22) のみを考える。

エネルギー運動量テンソルのトレースを少し修正して,

$$\bar{\Theta} = \Theta - \frac{1}{2}(D-1)[E_\psi] \quad (9\text{-}23)$$

を導入する。ここで, 運動方程式場 (9-13) の重要な性質として, それと任意のフェルミオン複合場 P の 2 点関数が

$$\langle [E_\psi(x)]P(y)\rangle_{\text{flat}} = -\int P(y)\frac{\delta}{\delta\chi}e^{-S}\Big|_{\text{flat}} = \left\langle \frac{\delta P(y)}{\delta\chi(x)}\right\rangle_{\text{flat}} = 0 \quad (9\text{-}24)$$

のように消えることに注意する。最後の等式は, 2 階微分以下の作用を持つ通常のゼロ質量場に次元正則化法を用いるとオタマジャクシ (tadpole) 図はゼロになることから, 平坦時空上で 1 点関数が消えることを使っている。この性質を使って $\bar{\Theta}$ の平坦時空上で条件式 (9-22) を考えると

$$\langle \bar{\Theta}(p)\bar{\Theta}(-p)\rangle_{\text{flat}} - 8p^4 \mu^{D-4} L_c = \text{finite}$$

が得られる。

一方で, 平坦時空上で定義された複合場

$$\{A^2\} = \frac{D-4}{4\beta}F_{0\mu\nu}F_0^{\mu\nu}$$

$$= \frac{1}{4}[F_{\mu\nu}F^{\mu\nu}] + \frac{\bar{\gamma}_\psi}{\beta}[E_\psi] \quad (9\text{-}25)$$

を導入する。ゲージ固定由来の項は寄与しないとして無視すると, これは修正されたエネルギー運動量テンソルのトレースと

$$\bar{\Theta}|_{\text{flat}} = \beta\{A^2\} \quad (9\text{-}26)$$

の関係がある。ここで, $\bar{\Theta}$ は有限な演算子であるが, $1/\beta$ が極を持つことから分かるように, $\{A^2\}$ は有限ではないことに注意する。

複合場 $\{A^2\}$ の平坦時空上での 2 点相関関数を考えて, その Fourier 変換を

$$\Gamma_{AA}(p^2) = \left\langle \{A^2(p)\}\{A^2(-p)\} \right\rangle_{\text{flat}}$$

と書くことにする。このとき, $\{A^2\}$ 自身は有限な量ではないけれども, 2 点関数では有限性を壊す $1/\beta$ を含んだ項が運動方程式場の性質 (9-24) により消えるので, Γ_{AA} は正規積演算子 $[F_{\mu\nu}F^{\mu\nu}]$ の 2 点関数として表すことが出来る。くり込まれた量である正規積同士の相関関数には一般に紫外発散が生じることがあるけれども, それは局所的であって, $p^4 \log^m(p^2/\mu^2)/(D-4)^n$ のような非局所的な極は現れない。そのため,

$$\Gamma_{AA}(p^2) - p^4 \mu^{D-4} \left(\frac{D-4}{\beta}\right)^2 L_x = \text{finite} \qquad (9\text{-}27)$$

の形で表すことが出来る。ここで,

$$L_x = \sum_{n=1}^{\infty} \frac{x_n(\alpha)}{(D-4)^n}$$

である。(9-27) は極項 L_x の定義式で, その前の因子は以下の便宜のために導入したものである。

ここで, 関係式 (9-26) を使うと, $\beta^2 \Gamma_{AA} = \langle \bar{\Theta}\bar{\Theta} \rangle_{\text{flat}}$ が成り立つので, 極項は

$$(D-4)^2 L_x - 8 L_c = \text{finite} \qquad (9\text{-}28)$$

の関係を満たすことが分かる。これより, 留数の間の関係式

$$c_n = \frac{1}{8} x_{n+2} \qquad (9\text{-}29)$$

が導かれる。すなわち, x_3 が求まれば c_1 が求まる。留数 c_n が満たすくり込み群方程式 (9-10) はすでに与えられているので, これは x_3 が決まればすべての c_n が決まることを表している。同時に x_n $(n \geq 4)$ も決まる。

9.4 相関関数からの制限

次に留数 x_n の間に成り立つ関係式を求めることにする。そこで, $1/\beta$ が発散量であるにも関わらず, F が有限な量のとき,

$$\frac{1}{\beta^n}\mu\frac{d}{d\mu}\left(\beta^n F\right) = \mu\frac{dF}{d\mu} + n\alpha\frac{\partial \bar{\beta}}{\partial \alpha}F = \text{finite} \tag{9-30}$$

が $n \geq 0$ の整数に対して成り立つことを使う。有限な量 F として L_x の定義式 (9-27) を代入して $n=2$ とすると, 条件式

$$\frac{1}{\beta^2}\mu\frac{d}{d\mu}\left\{\beta^2\Gamma_{AA}(p^2) - p^4\mu^{D-4}(D-4)^2 L_x\right\} = \text{finite}$$

が得られる。定義式 (9-25) より $\beta\{A^2\}$ が裸の量で書けることから $\mu d(\beta\{A^2\})/d\mu = 0$ が成り立つので, 左辺の第 1 項が消えることが分かる。従って,

$$\frac{1}{\beta^2}\mu\frac{d}{d\mu}\left\{\mu^{D-4}(D-4)^2 L_x\right\} = \text{finite}$$

が成り立つ。

この式を Laurent 展開して, $n(\geq 1)$ 次の極が消えて左辺が有限になる条件から, くり込み群方程式

$$\frac{\partial}{\partial \alpha}(\alpha x_{n+1}) + \bar{\beta}\alpha\frac{\partial x_n}{\partial \alpha}$$
$$+ \sum_{m=1}^{n-1}(-1)^{n-m}(n-m+1)\bar{\beta}^{n-m}\left[\frac{\partial}{\partial \alpha}(\alpha x_{m+1}) + \bar{\beta}\alpha\frac{\partial x_m}{\partial \alpha}\right]$$
$$+(-1)^n(n+1)\bar{\beta}^n\frac{\partial}{\partial \alpha}(\alpha x_1) = 0$$

が得られる。特に, $n=1,2$ の式はそれぞれ

$$\frac{\partial}{\partial \alpha}(\alpha x_2) - \frac{\bar{\beta}}{\alpha}\frac{\partial}{\partial \alpha}(\alpha^2 x_1) = 0,$$
$$\frac{\partial}{\partial \alpha}(\alpha x_3) - \frac{\bar{\beta}}{\alpha}\frac{\partial}{\partial \alpha}(\alpha^2 x_2) + \frac{\bar{\beta}^2}{\alpha^2}\frac{\partial}{\partial \alpha}(\alpha^3 x_1) = 0$$

となる。これらを解くと留数 x_2 と x_3 はそれぞれ x_1 を用いて

$$x_2 = \frac{1}{\alpha}\int_0^{\alpha} d\alpha' \frac{\bar{\beta}(\alpha')}{\alpha'}\frac{\partial}{\partial \alpha'}(\alpha'^2 x_1(\alpha')),$$
$$x_3 = -\frac{\bar{\beta}(\alpha)}{\alpha}\int_0^{\alpha} d\alpha'\left\{\alpha'^2 x_1(\alpha')\frac{\partial}{\partial \alpha'}\left(\frac{\bar{\beta}(\alpha')}{\alpha'}\right)\right\} \tag{9-31}$$

と表すことが出来る。

一方で, 関係式 (9-29) からも分かるように, x_n の上記のくり込み群方程式は $n \geq 3$ で簡単になって, c_n が満たす式 (9-10) と同じ式に還元する。

3 点相関関数 分配関数を Ω で 3 回変分したものも明らかに有限であることから, 有限性の条件式

$$\langle \Theta(x)\Theta(y)\Theta(z)\rangle - \left\langle \frac{\delta\Theta(x)}{\delta\Omega(y)}\Theta(z)\right\rangle - \left\langle \frac{\delta\Theta(y)}{\delta\Omega(z)}\Theta(x)\right\rangle$$
$$- \left\langle \frac{\delta\Theta(z)}{\delta\Omega(x)}\Theta(y)\right\rangle + \left\langle \frac{\delta\Theta(x)}{\delta\Omega(y)\delta\Omega(z)}\right\rangle = \text{finite}$$

を得る。さらに, 2 点関数のときと同様に平坦極限を取り, $\bar{\Theta}$ (9-23) を使って書き換えることにする。このとき, (9-24) より, 運動方程式演算子 $[E_\psi]$ を含む 2 点関数は平坦時空上で消えるけれども, 3 点関数は値を持って

$$\langle [E_\psi(x)]P(y)Q(z)\rangle_{\text{flat}} = \left\langle \frac{\delta P(x)}{\delta\chi(x)}Q(z)\right\rangle_{\text{flat}} + \left\langle P(y)\frac{\delta Q(z)}{\delta\chi(x)}\right\rangle_{\text{flat}}$$

と表される。また, $[E_\psi]$ の変分が

$$\frac{\delta[E_\psi(x)]}{\delta\Omega(y)} = \frac{\delta\Theta(y)}{\delta\chi(x)} - D\frac{1}{\sqrt{g}}\delta^D(x-y)[E_\psi]$$

で与えられることを使うと, 3 点関数の条件式は

$$\langle \bar{\Theta}(x)\bar{\Theta}(y)\bar{\Theta}(z)\rangle_{\text{flat}} - \langle \bar{\Theta}(x)\bar{\Theta}_2(y,z)\rangle_{\text{flat}} - \langle \bar{\Theta}(y)\bar{\Theta}_2(z,x)\rangle_{\text{flat}}$$
$$- \langle \bar{\Theta}(z)\bar{\Theta}_2(x,y)\rangle_{\text{flat}} + \left\langle \frac{\delta^3 S}{\delta\Omega(x)\delta\Omega(y)\delta\Omega(z)}\right\rangle_{\text{flat}} = \text{finite}$$

と書くことが出来る。ここで,

$$\bar{\Theta}_2(x,y) = \frac{\delta\bar{\Theta}(x)}{\delta\Omega(y)} - \frac{1}{2}(D-1)\frac{\delta\bar{\Theta}(x)}{\delta\chi(y)}$$

である。この関数は $\bar{\Theta}_2(x,y) = \bar{\Theta}_2(y,x)$ を満たす。

ここで, 複合場 $\{A^2\}$ の 3 点関数 Γ_{AAA} を導入し, その Fourier 変換を

$$\Gamma_{AAA}(p_x^2, p_y^2, p_z^2) = \langle \{A^2(p_x)\}\{A^2(p_y)\}\{A^2(p_z)\}\rangle_{\text{flat}}$$

と定義する。ゲージ固定由来項は相関関数の中で消えるものとして無視すると, $\bar{\Theta}|_{\text{flat}} = \beta\{A^2\}$ 及び $\Theta_2(x,y)|_{\text{flat}} = -4\beta\{A^2(x)\}\delta^D(x-y) + 8c_0\partial^4\delta^D(x-y)$ であることから,

$$\beta^3\Gamma_{AAA}(p_x^2, p_y^2, p_z^2) + 4\beta^2\left\{\Gamma_{AA}(p_x^2) + \Gamma_{AA}(p_y^2) + \Gamma_{AA}(p_z^2)\right\}$$
$$+b_0 B(p_x^2, p_y^2, p_z^2) + c_0 C(p_x^2, p_y^2, p_z^2) = \text{finite} \tag{9-32}$$

が成り立つ。このとき, Θ_2 の第 2 項からの寄与は消える。関数 B と C はそれぞれ $b_0 G_4$ と $c_0 H^2$ の変分から導かれる項で,

$$B(p_x^2, p_y^2, p_z^2) = -2(D-2)(D-3)(D-4)$$
$$\times \left[p_x^4 + p_y^4 + p_z^4 - 2\left(p_x^2 p_y^2 + p_y^2 p_z^2 + p_z^2 p_x^2\right)\right],$$
$$C(p_x^2, p_y^2, p_z^2) = -4\Big[(D+2)\left(p_x^4 + p_y^4 + p_z^4\right)$$
$$+ 4\left(p_x^2 p_y^2 + p_y^2 p_z^2 + p_z^2 p_x^2\right)\Big]$$

で与えられる。

以下では計算を簡単にするために, 一部の運動量が質量殻 (on-shell) 条件を満たす, $p_z^2 = 0$ 且つ $p_x^2 = p_y^2$ と $p_y^2 = p_z^2 = 0$, の 2 つの場合を考える[*6]。このとき, 関数 B と C はそれぞれ

$$B(p^2, p^2, 0) = 0,$$
$$C(p^2, p^2, 0) = -8(D+4)p^4,$$
$$B(p^2, 0, 0) = -2(D-2)(D-3)(D-4)p^4,$$
$$C(p^2, 0, 0) = -4(D+2)p^4$$

になる。さらに (9-27) と (9-28) から $\beta^2\Gamma_{AA}(p^2) - 8p^4\mu^{D-4}L_c = \text{finite}$ が成り立つので, これらを使って (9-32) を書き換えると, 関係式 $\beta^3\Gamma_{AAA}(p^2, p^2, 0) - 8(D-4)p^4\mu^{D-4}L_c - \text{finite}$ と

$$\beta^3\Gamma_{AAA}(p^2, 0, 0) - p^4\mu^{D-4}\big[2(D-2)(D-3)(D-4)L_b$$
$$+4(D-6)L_c\big] = \text{finite} \tag{9-33}$$

[*6] ここでは Euclid 空間を考えているが, 解析接続して on-shell でも運動量自体はゼロではなく保存則 $p_x + p_y + p_z = 0$ が成り立っているとしている。Minkowski 計量のままでの議論は原論文を参照。

を得る。

次に、少し異なる方法で Γ_{AAA} の情報を引き出すことにする。L_x の定義式 (9-27) に微分演算子 $\alpha\partial/\partial\alpha$ を作用させて得られる有限量を、

$$\alpha\frac{\partial S}{\partial \alpha}\bigg|_{\text{flat}} = \int d^D x \left\{ -\{A^2\} + \frac{D-4}{2\beta}[E_A] - \frac{1}{2\xi_0}\left(\partial^\mu A_{0\mu}\right)^2 \right\},$$

$$\alpha\frac{\partial}{\partial \alpha}\{A^2\} = -\frac{\alpha}{\beta}\frac{\partial\bar{\beta}}{\partial \alpha}\{A^2\}$$

を使って書き換えると

$$\left\langle \{A^2\}\{A^2\}\int d^D x\, \{A^2\} \right\rangle_{\text{flat}} - \frac{D-4}{2\beta} \left\langle \{A^2\}\{A^2\}\int d^D x\, [E_A] \right\rangle_{\text{flat}}$$
$$-2\frac{\alpha}{\beta}\frac{\partial\bar{\beta}}{\partial \alpha}\left\langle \{A^2\}\{A^2\} \right\rangle_{\text{flat}} - p^4 \mu^{D-4}\alpha\frac{\partial}{\partial \alpha}\left[\left(\frac{D-4}{\beta}\right)^2 L_x\right] = \text{finite}$$

を得る。ここで、ゲージ固定項はゲージ不変性から消える。左辺の第 1 項は、$\int d^D x\{A^2(x)\} = \{A^2(p=0)\}$ に注意すると、$\Gamma_{AAA}(p^2, p^2, 0)$ を与えることが分かる。第 2 項は運動方程式場 $[E_A] = E_{0A}$ の定義式 (9-11) にしたがってゲージ場の部分積分を実行し、さらに

$$\int d^D x A_{0\mu}(x) \frac{\partial}{\partial A_{0\mu}(x)}\{A^2(y)\} = 2\{A^2(y)\}$$

を使うと、関係式

$$\left\langle \{A^2(y)\}\{A^2(z)\}\int d^D x [E_A(x)] \right\rangle_{\text{flat}} = 4 \left\langle \{A^2(y)\}\{A^2(z)\} \right\rangle_{\text{flat}}$$

が得られる。この式を Fourier 変換して使うと、最終的に

$$\Gamma_{AAA}(p^2, p^2, 0) - 2\frac{\alpha^2}{\beta}\frac{\partial}{\partial \alpha}\left(\frac{\bar{\beta}}{\alpha}\right) \Gamma_{AA}(p^2)$$
$$- p^4 \mu^{D-4}\frac{1}{\alpha}\frac{\partial}{\partial \alpha}\left[\alpha^2\left(\frac{D-4}{\beta}\right)^2 L_x\right] = \text{finite}$$

の条件式を得る。

この式は前に求めた式よりも，全体に β^3 が掛かっていない分，より強い関係式である。一般的に Γ_{AAA} は

$$\Gamma_{AAA}(p_x^2,p_y^2,p_z^2) - \sum \text{poles} \times \{\Gamma_{AA}(p_x^2) + \Gamma_{AA}(p_y^2)$$
$$+ \Gamma_{AA}(p_z^2)\} - \mu^{D-4} \sum \text{poles} \times \{\text{terms in } p_i^2 p_j^2\} = \text{finite}$$

の構造を持つ。Γ_{AAA} は，Γ_{AA} とは異なって，非局所的な極を持つ。なぜなら，$[E_\psi]$ を含む 3 点関数が消えないことから，$\{A^2\}$ (9-25) の有限性を壊す $[E_\psi]/\beta$ 項からの寄与が残るからである。上式の Γ_{AA} を含む第 2 項はその非局所的な極を相殺して局所的な極だけにする役割がある。

この考察から，$\Gamma_{AAA}(p^2,0,0)$ が満たす条件式が容易に

$$\Gamma_{AAA}(p^2,0,0) - \frac{\alpha^2}{\beta} \frac{\partial}{\partial \alpha}\left(\frac{\bar{\beta}}{\alpha}\right) \Gamma_{AA}(p^2)$$
$$- p^4 \mu^{D-4} \left(\frac{D-4}{\beta}\right)^3 L_y = \text{finite} \tag{9-34}$$

と推察することができる。このとき，Γ_{AA} の前の極を含む因子の係数が $\Gamma_{AAA}(p^2,p^2,0)$ の場合の半分になっていることが重要である。一方，最後の項はこの関係式で定義される新たな極項で

$$L_y = \sum_{n=1}^\infty \frac{y_n(\alpha)}{(D-4)^n}$$

と書くことにする。その前の因子は便宜上導入したものである。

(9-34) に β^3 を掛け，$\beta^2 \Gamma_{AA}$ になる部分を (9-27) と (9-28) を使って書き換えると

$$\beta^3 \Gamma_{AAA}(p^2,0,0) - p^4 \mu^{D-4} \left[8\alpha^2 \frac{\partial}{\partial \alpha}\left(\frac{\bar{\beta}}{\alpha}\right) L_c + (D-4)^3 L_y \right] = \text{finite}$$

を得る。この式と (9-33) から Γ_{AAA} を消去すると極項の間の関係式

$$2(D-2)(D-3)(D-4)L_b + 4\left[D-6-2\alpha^2 \frac{\partial}{\partial \alpha}\left(\frac{\bar{\beta}}{\alpha}\right)\right] L_c$$
$$-(D-4)^3 L_y = \text{finite} \tag{9-35}$$

が得られる。

最後に，極項 L_y が満たす条件式を考える。L_x のときと同様に，L_y の定義式 (9-34) を有限な関数 F として (9-30) に代入して $n=3$ とすると

$$-\alpha^2 \frac{\partial \bar{\beta}}{\partial \alpha} \Gamma_{AA}(p^2) - p^4 \mu^{D-4} \left(\frac{D-4}{\beta}\right)^3 \left[(D-4)L_y + \beta\alpha \frac{\partial}{\partial \alpha} L_y\right] = \text{finite}$$

を得る。このとき，$\beta\{A^2\}$ が裸の量で書けることから，$\mu d(\beta^2 \Gamma_{AA})/d\mu = \mu d(\beta^3 \Gamma_{AAA})/d\mu = 0$ が成り立つことと，$\mu d\{\alpha^2 \partial(\bar{\beta}/\alpha)/\partial \alpha\}/d\mu = \beta\alpha^2 \partial^2 \bar{\beta}/\partial \alpha^2$ を使っている。ここで，(9-27) を使うと，最終的に L_x と L_y を関係付けるくり込み群方程式

$$\left(\frac{D-4}{\beta}\right)^3 \left[(D-4)L_y + \beta\alpha \frac{\partial}{\partial \alpha} L_y\right] + \alpha^2 \frac{\partial^2 \bar{\beta}}{\partial \alpha^2} \left(\frac{D-4}{\beta}\right)^2 L_x = \text{finite} \quad (9\text{-}36)$$

が得られる。この式を Laurent 展開したときに極項が消えるための条件から，留数の間の関係式

$$\frac{\partial}{\partial \alpha}(\alpha y_{n+1}) + \frac{1}{2}\sum_{m=1}^{n}(-1)^m(m+1)\bar{\beta}^m \left[(m+2)\frac{\partial}{\partial \alpha}(\alpha y_{n-m+1}) \right.$$
$$\left. - m\alpha \frac{\partial}{\partial \alpha} y_{n-m+1}\right] - \alpha^2 \frac{\partial^2 \bar{\beta}}{\partial \alpha^2}\sum_{m=1}^{n}(-1)^m m \bar{\beta}^{m-1} x_{n-m+1} = 0 \quad (9\text{-}37)$$

が求まる。すでに，x_1 から一般の x_n を求める式があるので，この式はさらに y_1 が求まれば一般の y_n が決まることを示している。

極項 $\mathbf{L_x}$ と $\mathbf{L_y}$ の留数値 くり込み群方程式 (9-36) を通して極項 L_y は L_x と関係し，L_x は (9-28) を通して L_c と関係していることから，くり込み群方程式 (9-35) は L_b と L_c の関係を与えることが分かる。ここでは具体的にくり込み群方程式を解いて L_x と L_y の留数の値を求める。そのために必要なデータは QED のベータ関数及び極項の単純極 x_1 と y_1 で，それらは

$$\bar{\beta} = \beta_1 \alpha + \beta_2 \alpha^2 + \beta_3 \alpha^3 + o(\alpha^4),$$
$$x_1 = X_1 + X_2 \alpha + X_3 \alpha^2 + o(\alpha^3),$$
$$y_1 = Y_1 + Y_2 \alpha + Y_3 \alpha^2 + o(\alpha^3)$$

と展開される。これらの係数の具体的な値は後で与える。

はじめに留数 x_n を計算する。x_1 から x_2 と x_3 を求める式はすでに積分表示で (9-31) に示している。x_n ($n \geq 3$) は関係式 (9-29) からも分かるように c_n が満たす式 (9-10) と同じ式を満たす。ここでは上記の $\bar{\beta}$, x_1, y_1 を使って x_n をそれぞれ $o(\alpha^{n+1})$ まで計算する。$n = 2, 3, 4$ の場合について具体的に書き下すと

$$x_2 = \beta_1 X_1 \alpha + \left(\frac{2\beta_2 X_1}{3} + \beta_1 X_2\right)\alpha^2 + \left(\frac{\beta_3 X_1}{2} + \frac{3\beta_2 X_2}{4} + \beta_1 X_3\right)\alpha^3,$$

$$x_3 = -\frac{\beta_1 \beta_2 X_1}{12}\alpha^3 + \left(-\frac{\beta_2^2 X_1}{15} - \frac{\beta_1 \beta_3 X_1}{10} - \frac{\beta_1 \beta_2 X_2}{20}\right)\alpha^4,$$

$$x_4 = \frac{\beta_1^2 \beta_2 X_1}{20}\alpha^4 + \left(\frac{31\beta_1 \beta_2^2 X_1}{360} + \frac{\beta_1^2 \beta_2 X_2}{30} + \frac{\beta_1^2 \beta_3 X_1}{15}\right)\alpha^5 \qquad (9\text{-}38)$$

となる。ここで, x_n の最低次が $n \leq 2$ では $o(\alpha^{n-1})$ なのに対して, $n \geq 3$ では $o(\alpha^n)$ になること, そして x_2 の $o(\alpha^3)$ の項には 3 ループの寄与 X_3 が現れるのに対して, $n \geq 3$ の x_n の $o(\alpha^{n+1})$ の項には X_3 が現れないことに注意する。

関係式 (9-29) より, c_n は $x_{n+2}/8$ で与えられるので, x_n ($n \geq 3$) の性質より, c_n の最低次の次数は $o(\alpha^{n+2})$ になる。

次に, くり込み群方程式 (9-37) に x_n の値を代入して解くと, 留数 y_n が求まる。それぞれ $o(\alpha^{n+1})$ まで計算すると

$$y_2 = \frac{3\beta_1 Y_1}{2}\alpha + \left(-\frac{2\beta_2 X_1}{3} + \beta_2 Y_1 + \frac{5\beta_1 Y_2}{3}\right)\alpha^2$$
$$+ \left(-\frac{3\beta_3 X_1}{2} - \frac{\beta_2 X_2}{2} + \frac{3\beta_3 Y_1}{4} + \frac{5\beta_2 Y_2}{4} + \frac{7\beta_1 Y_3}{4}\right)\alpha^3,$$

$$y_3 = \frac{\beta_1^2 Y_1}{2}\alpha^2 + \left(-\frac{2\beta_1 \beta_2 X_1}{3} + \frac{5\beta_1 \beta_2 Y_1}{8} + \frac{2\beta_1^2 Y_2}{3}\right)\alpha^3$$
$$+ \left(-\frac{3\beta_1 \beta_3 X_1}{2} - \frac{\beta_1 \beta_2 X_2}{2} - \frac{2\beta_2^2 X_1}{5} + \frac{3\beta_1^2 Y_3}{4} + \frac{59\beta_1 \beta_2 Y_2}{60}\right.$$
$$\left. + \frac{\beta_2^2 Y_1}{5} + \frac{9\beta_1 \beta_3 Y_1}{20}\right)\alpha^4,$$

$$y_4 = \frac{\beta_1^2 \beta_2 Y_1}{40}\alpha^4 + \left(\frac{\beta_1^2 \beta_3 Y_1}{30} + \frac{13\beta_1 \beta_2^2 Y_1}{240} + \frac{\beta_1^2 \beta_2 Y_2}{90} + \frac{13\beta_1 \beta_2^2 X_1}{180}\right)\alpha^5,$$

$$y_5 = -\frac{\beta_1^3 \beta_2 Y_1}{60}\alpha^5 + \left(-\frac{53\beta_1^2\beta_2^2 X_1}{1260} - \frac{\beta_1^3\beta_3 Y_1}{42} - \frac{89\beta_1^2\beta_2^2 Y_1}{1680} - \frac{\beta_1^3\beta_2 Y_2}{126}\right)\alpha^6 \qquad (9\text{-}39)$$

を得る。ここでも, y_n の最低次の次数が $n \leq 3$ では $o(\alpha^{n-1})$ であるのに対して, $n \geq 4$ では $o(\alpha^n)$ から始まることに注意する。また, y_n の $o(\alpha^{n+1})$ の項は, $n \leq 3$ では 3 ループの値 Y_3 を含むが, $n \geq 4$ のそれには現れないことにも注意する。このことは, x_n のくり込み群方程式が $n \geq 3$ で簡単な形になるのと同様に, くり込み群方程式 (9-37) が $n = k+3$ ($k \geq 1$) で

$$\frac{\partial}{\partial\alpha}(\alpha y_{k+4}) + \bar{\beta}\alpha\frac{\partial y_{k+3}}{\partial\alpha} = -\alpha^2\frac{\partial^2\bar{\beta}}{\partial\alpha^2}(x_{k+3} + \bar{\beta}x_{k+2})$$

のように簡単になることと関係している。

最後に具体的な数値を代入して各留数の値を求めることにする。ベータ関数の値は

$$\beta_1 = \frac{8}{3}\frac{1}{4\pi}, \qquad \beta_2 = 8\frac{1}{(4\pi)^2}, \qquad \beta_3 = -\frac{124}{9}\frac{1}{(4\pi)^3} \qquad (9\text{-}40)$$

で与えられる[*7]。$X_{1,2}$ と $Y_{1,2}$ の値はそれぞれ Γ_{AA} と Γ_{AAA} を $o(\alpha)$ まで計算すると求まる。

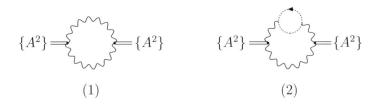

図 9-1 Γ_{AA} の量子補正。

はじめに図 9-1 で与えられる Γ_{AA} を計算する。複合場 $\{A^2\}$ を Fourier 変換して代入すると, この関数は

$$\Gamma_{AA}(p^2)(2\pi)^D\delta^D(p+q)$$

[*7] S. Gorishny, A. Kataev, S. Larin and L. Surguladze, *The Analytical Four Loop Corrections to The QED β-Function in The MS Scheme and to The QED ψ-Function: Total Reevaluation*, Phys. Lett. **B256** (1991) 81 を参照。

$$= \left(\frac{D-4}{\beta}Z_3\right)^2 \frac{1}{4} \int \frac{d^D k}{(2\pi)^D} \frac{d^D l}{(2\pi)^D} K^{\mu\nu}(k, k-p) K^{\lambda\sigma}(l, l-q)$$
$$\times \langle A_\mu(k) A_\nu(p-k) A_\lambda(l) A_\sigma(q-l) \rangle$$

と書ける。ここで,

$$K^{\mu\nu}(k, k-p) = k \cdot (k-p) \delta^{\mu\nu} - (k-p)^\mu k^\nu$$

である。Z_3 因子は $\{A^2\}$ の定義の中で $A_{0\mu}$ を $Z_3^{1/2} A_\mu$ に置き換えた際に現れる。ゲージ場 A_μ の 4 点関数の部分を計算して積分を実行すると, 紫外発散部分が

$$\Gamma_{AA}(p^2) = \frac{\mu^{D-4}}{(4\pi)^2} p^4 \left\{ -\frac{1}{2}\frac{1}{D-4} + \frac{\alpha}{4\pi}\left(\frac{4}{3}\frac{1}{(D-4)^2} + \frac{5}{3}\frac{1}{D-4}\right) \right\}$$

と求まる。これより $X_{1,2}$ は

$$X_1 = -\frac{1}{2}\frac{1}{(4\pi)^2}, \qquad X_2 = \frac{5}{3}\frac{1}{(4\pi)^3} \tag{9-41}$$

と決まる。また, L_x の定義式の中の $(D-4)^2/\beta^2$ 因子を考慮して留数 x_2 を求めると, その最低次の項が $-4\alpha/3(4\pi)^3$ と決まる。その値はくり込み群方程式の結果と整合する。

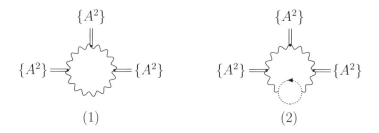

図 9-2 Γ_{AAA} の量子補正。

同様に Γ_{AAA} も計算すると

$$\Gamma_{AAA}(p^2, 0, 0) = \frac{\mu^{D-4}}{(4\pi)^2} p^4 \left\{ -\frac{1}{2}\frac{1}{D-4} + \frac{\alpha}{4\pi}\left(2\frac{1}{(D-4)^2} + \frac{11}{6}\frac{1}{D-4}\right) \right\}$$

が得られる。これより，

$$Y_1 = -\frac{1}{2}\frac{1}{(4\pi)^2}, \qquad Y_2 = \frac{11}{6}\frac{1}{(4\pi)^3} \tag{9-42}$$

と決まる。また，L_y の定義式の中の $(D-4)^3/\beta^3$ 因子を考慮すると，留数 y_2 の最低次の項が $-2\alpha/(4\pi)^3$ と決まって，それはくり込み群方程式の結果と整合する。

9.5 重力相殺項の決定

前節で求めたように L_y はすでに与えられているので，くり込み群方程式 (9-35) は L_b と L_c の関係を与えることが分かる。このことは独立な重力相殺項が G_4 と H^2 を組み合わせた関数と D 次元 Weyl 項 F_D (9-1) の 2 つであることを示唆している。そこで，$\chi(D)$ を D だけの有限な関数として，先のまとめで提示した新たな関数 (9-2)

$$G_D = G_4 + (D-4)\chi(D)H^2$$

を導入して，重力相殺項を

$$S_g = \int d^D x \sqrt{g}\,\{a_0 F_D + b_0 G_D\}$$

と定義する。修正された Euler 密度 G_D は 4 次元極限で通常の Euler 密度 G_4 になる。このとき，L_b と L_c の関係は

$$L_c - (D-4)\chi(D)L_b = \text{finite} \tag{9-43}$$

で与えられる。また，c_0 (9-6) の中の結合定数 c は取り除いて，b_0 の中の b だけを考える。以下，この関係式とくり込み群方程式 (9-35) を連立して解くと，関数 $\chi(D)$ が決定できることを見る。

くり込み群方程式 (9-35) から留数の間に

$$\begin{aligned}&4b_{n+1} + 6b_{n+2} + 2b_{n+3} - 8\left[1 + \alpha^2 \frac{\partial}{\partial \alpha}\left(\frac{\bar{\beta}}{\alpha}\right)\right]c_n \\ &+ 4c_{n+1} - y_{n+3} = 0\end{aligned} \tag{9-44}$$

の関係式が成り立つことが分かる。$n \geq 2$ の式は各留数が満たすくり込み群方程式を用いると $n = 1$ の式から導けるので，以下では $n = 1$ の式のみを考える。

ここでは，摂動論で解くために，$\chi(D)$ を

$$\chi(D) = \sum_{n=1}^{\infty} \chi_n (D-4)^{n-1} = \chi_1 + \chi_2(D-4) + \chi_3(D-4)^2 + \cdots$$

と展開して，次数ごとに決めていくことを考える。このとき，関係式 (9-43) から

$$c_1 = \chi_1 b_2 + \chi_2 b_3 + \chi_3 b_4 + \cdots \tag{9-45}$$

の関係が成り立つ。くり込み群方程式 (9-10) の b_n の式より，$n \geq 3$ の留数は b_2 から導けるので，c_1 は b_2 と関係付くことになる。そこで，

$$b_2 = B_1 \alpha^3 + B_2 \alpha^4 + B_3 \alpha^5 + o(\alpha^6)$$

と置くと，(9-10) から

$$b_3 = -\frac{3}{5}\beta_1 B_1 \alpha^4 - \left(\frac{1}{2}\beta_2 B_1 + \frac{2}{3}\beta_1 B_2\right)\alpha^5 + o(\alpha^6),$$

$$b_4 = \frac{2}{5}\beta_1^2 B_1 \alpha^5 + o(\alpha^6), \qquad b_5 = o(\alpha^6)$$

が得られる。また，b_1 の結合定数 α に依存した部分が

$$b_1 = -\frac{2B_1}{\beta_1}\alpha^2 + \left(-\frac{5B_2}{3\beta_1} + \frac{4\beta_2 B_1}{3\beta_1^2}\right)\alpha^3 + o(\alpha^4) \tag{9-46}$$

と求まる。従って，$b_{2,3,4}$ の表式を (9-45) に代入すると，留数 c_1 は

$$c_1 = \chi_1 B_1 \alpha^3 + \left(\chi_1 B_2 - \frac{3}{5}\chi_2 \beta_1 B_1\right)\alpha^4 + \Big\{\chi_1 B_3$$
$$-\chi_2 \left(\frac{1}{2}\beta_2 B_1 + \frac{2}{3}\beta_1 B_2\right) + \frac{2}{5}\chi_3 \beta_1^2 B_1\Big\}\alpha^5 + o(\alpha^6)$$

と表すことが出来る。一方，留数 c_1 は $x_3/8$ で与えられることから，くり込み群方程式の解 (9-38) と照らし合わすと，係数 B_n は

$$B_1 = -\frac{\beta_1 \beta_2 X_1}{96\chi_1},$$

$$B_2 = -\frac{\chi_2 \beta_1^2 \beta_2 X_1}{160\chi_1^2} - \frac{\beta_2^2 X_1}{120\chi_1} - \frac{\beta_1 \beta_3 X_1}{80\chi_1} - \frac{\beta_1 \beta_2 X_2}{160\chi_1}$$

と読み取ることが出来る。また, c_n $(n \geq 2)$ は (9-10) より c_1 から求めることが出来る。

くり込み群方程式 (9-44) の $n = 1$ 式に上記の b_n と c_n の表式を代入し, α^5 まで展開して $o(\alpha^6)$ を無視すると,

$$4(1-2\chi_1)B_1\alpha^3 + \left\{4(1-2\chi_1)B_2 - \frac{3}{5}(6+4\chi_1-8\chi_2)\beta_1 B_1\right\}\alpha^4$$
$$+ \left\{4(1-2\chi_1)B_3 - 8\chi_1\beta_2 B_1 - (6+4\chi_1-8\chi_2)\left(\frac{1}{2}\beta_2 B_1 + \frac{2}{3}\beta_1 B_2\right)\right.$$
$$\left. + \frac{2}{5}(2+4\chi_2-8\chi_3)\beta_1^2 B_1\right\}\alpha^5 - y_4(\alpha) = o(\alpha^6)$$

を得る。ここで, y_4 (9-39) が $o(\alpha^4)$ から始まることに注意すると, $o(\alpha^3)$ の項が消える条件から

$$\chi_1 = \frac{1}{2}$$

と決まる。さらに, y_4 の具体形 (9-39) を代入して, $o(\alpha^4)$ が消える条件を解くと

$$\chi_2 = 1 - \frac{Y_1}{4X_1}$$

が求まる。$o(\alpha^5)$ の条件式は $\chi_1 = 1/2$ を代入すると B_3 の依存性が消えることから解くことが出来て,

$$\chi_3 = \frac{1}{8}\left(2 - \frac{Y_1}{X_1}\right)\left(3 - \frac{Y_1}{X_1}\right) - \frac{1}{6}\frac{\beta_2}{\beta_1^2}\left(1 - \frac{Y_1}{X_1}\right) + \frac{1}{6}\frac{X_2}{\beta_1 X_1}\left(\frac{Y_2}{X_2} - \frac{3}{2}\frac{Y_1}{X_1}\right)$$

が得られる。このように次数ごとに χ_n を決めることが出来る。

具体的な数値 (9-40), (9-41), (9-42) を代入すると, 最終的に

$$\chi_1 = \frac{1}{2}, \qquad \chi_2 = \frac{3}{4}, \qquad \chi_3 = \frac{1}{3} \tag{9-47}$$

が得られ, (9-3) が導かれる。

最後に重力結合定数の留数 $b_{1,2}$ の結果をまとめると

$$b_1 = \frac{73}{360}\frac{1}{(4\pi)^2} - \frac{1}{6}\frac{\alpha^2}{(4\pi)^4} + \frac{25}{108}\frac{\alpha^3}{(4\pi)^5} + o(\alpha^4),$$
$$b_2 = \frac{2}{9}\frac{\alpha^3}{(4\pi)^5} + \frac{22}{135}\frac{\alpha^4}{(4\pi)^6} + o(\alpha^5)$$

となる。ここで, b_1 の値は (9-46) から求めたものである。ただし, 定数項はくり込み群方程式からは決まらないので, 1 ループの直接計算から求めた値 b_c (5-12) に $N_S = 0, N_F = 1, N_A = 1$ を代入して, $(4\pi)^2$ で割ると求まる。

また, $\Theta_{\mu\nu}$ の 2 点相関関数から留数 a_1 は

$$a_1 = -\frac{3}{20}\frac{1}{(4\pi)^2} - \frac{7}{72}\frac{\alpha}{(4\pi)^3} + o(\alpha^2)$$

と求まる。ここで, 定数項は $-\zeta_1/(4\pi)^2$ (5-12) で与えられる。

同様の議論を QCD の場合に行うと, QED と同じ形のくり込み群方程式が得られる。それを解くと, ゲージ群やフェルミオンの表現に依らずに $\chi_{1,2}$ の値が上と同じになることが示せる[*8]。最初の係数 χ_1 の値は特に重要で, 次節で議論するように, この値から Riegert が導入した共形異常の組み合わせが導かれる。

9.6 共形異常の形の決定

前節の結果から複合場 $[F_{\mu\nu}^2]$ は

$$\frac{1}{4}[F_{\mu\nu}F^{\mu\nu}] = \frac{D-4}{4\beta}F_{0\mu\nu}F_0^{\mu\nu} - \frac{\bar{\gamma}_\psi}{\beta}[E_\psi] + \frac{D-4}{\beta}\mu^{D-4}\bigg\{\bigg(L_a + \frac{\bar{\beta}_a}{D-4}\bigg)F_D$$
$$+ \bigg(L_b + \frac{\bar{\beta}_b}{D-4}\bigg)G_D - \frac{4\chi(D)(\sigma+L_\sigma)}{D-4}\nabla^2 H\bigg\}$$

と表すことが出来る。ここで, 最後の項に便宜上 $\chi(D)$ を掛けている。この式を使ってエネルギー運動量テンソルのトレースの式を書き換えると, ゲー

[*8] M. Freeman, Ann. Phys. **153** (1984) 339 及び K. Hamada and M. Matsuda, arXiv:1511.09161 (Phys. Rev. D に掲載) の Appendix B を参照。

ジ固定項を除いて，

$$
\begin{aligned}
\Theta &= (D-4)\frac{1}{4}F_{0\mu\nu}F_0^{\mu\nu} + \frac{1}{2}(D-1)i\bar{\psi}_0 \overleftrightarrow{\slashed{D}} \psi_0 \\
&\quad + (D-4)\left\{a_0 F_D + b_0\left[G_D - 4\chi(D)\nabla^2 H\right]\right\} \\
&= \frac{\beta}{4}\left[F_{\mu\nu}F^{\mu\nu}\right] + \frac{1}{2}\left(D-1+2\bar{\gamma}_\psi\right)\left[E_\psi\right] - \mu^{D-4}\left(\beta_a F_D + \beta_b G_D\right) \\
&\quad - 4\mu^{D-4}\chi(D)\left[(D-4)b - \sigma + b_1\right]\nabla^2 H
\end{aligned}
$$

と表すことが出来る．このとき，最後の項が有限になるための条件式 $(D-4)(b+L_b) - (\sigma + L_\sigma) = (D-4)b - \sigma + b_1$ から，L_σ の留数 σ_n $(n \geq 1)$ は L_b の留数を使って

$$\sigma_n = b_{n+1}$$

と表される．さらにこの結果を用いて，$\mu d\Theta/d\mu = 0$ に注意しながら，(9-30) による $\beta^{-1}\mu d(\beta[F_{\mu\nu}^2])/d\mu$ が有限である条件を同じように解くと

$$\sigma = \bar{\beta}_b + b_1$$

を得る．

この結果を代入すると共形異常の形は

$$\Theta = \frac{\beta}{4}\left[F_{\mu\nu}F^{\mu\nu}\right] + \frac{1}{2}\left(D-1+2\bar{\gamma}_\psi\right)\left[E_\psi\right] - \mu^{D-4}\left(\beta_a F_D + \beta_b E_D\right)$$

と決まる．最後の項はまとめの (9-4) で与えた

$$E_D = G_D - 4\chi(D)\nabla^2 H^2$$

である．この項は $D=4$ と置くと，$\chi(4) = 1/2$ より，

$$E_4 = G_4 - \frac{2}{3}\nabla^2 R$$

となる．これは第 5 章で議論した 2 次元重力との類似性から Riegert によって予想された組み合わせ (5-9) である．ここでは曲がった時空上の場の量子論のくり込みの整合性条件からその組み合わせが厳密に現れることを示した．

新しい関数 E_D の体積積分 (G_D のそれと同じ) の共形変分は, D 次元 Weyl 作用のそれと同じように,

$$\frac{\delta}{\delta \Omega} \int d^D x \sqrt{g} F_D = (D-4) F_D,$$
$$\frac{\delta}{\delta \Omega} \int d^D x \sqrt{g} E_D = (D-4) E_D$$

で与えられる。このとき, $\delta \int d^D x \sqrt{g} H^2 / \delta \Omega = (D-4) H^2 - 4\nabla^2 H$ を使っている。

9.7 Casimir 効果

最後に曲がった空間による Casimir 効果について簡単に記述する。それは, Lorentz 計量に戻したエネルギー運動量テンソルの 00 成分から求まる。

ここでは, 曲がった時空上の自由場からの寄与を考える。時空として共形平坦なものに制限すると, Casimir 効果は $b_0 G_D$ 作用から生じる。b_0 の単純極の留数を $b_1 = b_c/(4\pi)^{D/2}$ として計算すると 4 次元極限で残る部分として

$$\begin{aligned}
\langle \Theta^{\mu\nu} \rangle |_{\text{conf.}} &= -\frac{b_c}{(4\pi)^2} \lim_{D \to 4} \frac{1}{D-4} \frac{2}{\sqrt{-g}} \frac{\delta}{\delta g_{\mu\nu}} \left(\int d^D x \sqrt{-g} \, G_D \right) \Big|_{\text{conf.}} \\
&= -\frac{b_c}{(4\pi)^2} \left\{ 2 R^{\mu\lambda} R^{\nu}{}_{\lambda} - \frac{4}{3} R^{\mu\nu} R - g^{\mu\nu} \left(R_{\lambda\sigma}^2 - \frac{1}{2} R^2 \right) \right. \\
&\quad \left. - \frac{2}{9} \left(R^{\mu\nu} - \nabla^{\mu} \nabla^{\nu} R \right) + \frac{1}{18} g^{\mu\nu} \left(R^2 - 4\nabla^2 R \right) \right\}
\end{aligned}$$

が得られる。これは (9-19) の c_0 を $(D-4)\chi(D)b_0$ に置き換えた式で, 共形平坦な時空では Weyl テンソルが消えることを使って Riemann 曲率テンソルを消去している。また全体に掛かる負号は Lorentz 計量に戻したことによる。

空間として第 8 章で用いた単位球をもつ $R \times S^3$ 時空を考えると, 曲率が $R = 6$, $R_{0\mu} = 0$, $R_{\mu\nu}^2 = 12$ で, 単位球の体積は $V_3 = \int d\Omega_3 = 2\pi^2$ 与えられることから, Casimir 効果が

$$E_c = \int d\Omega_3 \langle \Theta^{00} \rangle = 8 \frac{b_c}{(4\pi)^2} V_3 = b_c$$

と計算される。この内 G_D の中の G_4 からの寄与が $3b_c/4$ で,残り $b_c/4$ が $(D-4)\chi(D)H^2$ からの寄与である。この効果が (8-5) の Hamilton 演算子に現れている。

第10章
くり込み可能な量子重力理論

　本書の前半で，背景時空独立な重力の量子論が共形不変性をゲージ対称性としてもつ特別な共形場理論 (Riegert 理論) として記述できることを見た。ここで議論する量子重力理論は Planck 質量を超える高エネルギー極限でその共形場理論が現れるくり込み可能な場の量子論である。それは，トレースレステンソル場を摂動的に取り扱う一方，共形因子場を厳密に非摂動的に量子化することで実現される。また，背景時空独立性のおかげで背景時空を平坦に選んでも一般性が失われない。そのため，量子重力理論を通常の平坦な時空上の場の量子論として定式化することができる。

10.1　D 次元作用とくり込みの処方箋

　量子重力理論はその部分として曲がった時空上の場の量子論を含んでいるので，前章で求めた次元正則化の重力相殺項を量子重力理論の相殺項として使うことにする。

　前章と同様に量子電磁気学 (QED) と重力が結合した系を例に議論する。D 次元での量子重力の裸の作用は，Euclid 計量で考えると[*1]，

$$S = \int d^D x \sqrt{g} \left\{ \frac{1}{t_0^2} F_D + b_0 G_D + \frac{1}{4} F_{0\mu\nu} F_0^{\mu\nu} + \sum_{j=1}^{n_F} i \bar{\psi}_{0j} \slashed{D} \psi_{0j} \right.$$
$$\left. - \frac{M_0^2}{2} R + \Lambda_0 \right\}$$

で与えられる[*2]。最初の 2 項は前章で定義されたもので，再掲すると，F_D は

[*1] 背景時空独立性から平坦な背景時空を採用しても一般性は失われないので，その平坦時空上で Euclid 時間 $\tau = i\eta$ に Wick 回転することが出来る。

[*2] Euclid 空間では全体の符号が逆になることに注意すると，この作用は $D \to 4$ で作用

D 次元に一般化された Weyl 作用 (9-1) で,

$$F_D = C_{\mu\nu\lambda\sigma}^2 = R_{\mu\nu\lambda\sigma}R^{\mu\nu\lambda\sigma} - \frac{4}{D-2}R_{\mu\nu}R^{\mu\nu} + \frac{2}{(D-1)(D-2)}R^2$$

と定義される。t_0 はトレースレステンソル場の結合定数で, 前章の a_0 を $1/t_0^2$ と置き換えている。G_D (9-2) は通常用いられる Euler 密度の組み合わせ $G_4 = R_{\mu\nu\lambda\sigma}^2 - 4R_{\mu\nu}^2 + R^2$ を D 次元に一般化したもので,

$$G_D = G_4 + (D-4)\chi(D)H^2, \qquad H = \frac{R}{D-1} \tag{10-1}$$

で定義される。それは前章で議論した共形異常 $E_D = G_D - 4\chi(D)\nabla^2 H$ (9-4) のバルク部分でもある。$\chi(D)$ は D のみの有限な関数で

$$\chi(D) = \sum_{n=1}^{\infty} \chi_n (D-4)^{n-1}$$

と展開される。係数 χ_n は次数ごとに決定することが出来る結合定数に依らない数である。

最低次の有限項 χ_1 と 1 次のゼロ項 χ_2 は特に重要で, これらの値は普遍な定数と考えられる。実際, 曲がった時空上の QED 及び QCD の計算から, ゲージ群やフェルミオンの数, 表現に依らずに, (9-47) の値

$$\chi_1 = \frac{1}{2}, \qquad \chi_2 = \frac{3}{4} \tag{10-2}$$

に決まる。曲がった時空上のスカラー場の議論からも $\chi_1 = 1/2$ が導かれる[*3]。一方, χ_3 については結合する物質場の理論に依存する可能性が残されているが, QED の計算からは $\chi_3 = 1/3$ が求まっている。以下の議論で

I (7-1) になる。また, 記号として I ではなく S を用いたのは, 前章で議論したように, D 次元の作用には Riegert 作用 S_R (7-4) のような量子補正項が含まれるからである。

[*3] スカラー場の場合は共形結合からのズレを表す相互作用項 $\eta_0 R\varphi^2$ を導入する必要性が指摘されている。この場合の相殺項は $(1/t_0^2)F_D$, $b_0 G_D$ と $\kappa_0 R^2$ の 3 つが必要になる。前の 2 つが共形結合を支配し, 最後がそこからのズレを制御する。標準模型に現れるようなゲージ場と結合したスカラー場の理論で共形結合が保たれるかどうかについてはまだ議論されていない。

10.1 D 次元作用とくり込みの処方箋

は χ_3 は任意の数として議論を進める。その値に関係する重力相互作用は 3 ループ以上の補正にのみ寄与する。

フェルミオンと重力場の相互作用については前章 9.2 節および付録 A.3 を参照。

重力場は共形因子の指数を表す共形因子場 ϕ とトレースレステンソル場 $h_{0\mu\nu}$ に分解され，結合定数 t_0 を用いて

$$g_{\mu\nu} = e^{2\phi}\bar{g}_{\mu\nu},$$
$$\bar{g}_{\mu\nu} = (\hat{g}e^{t_0 h_0})_{\mu\nu} = \hat{g}_{\mu\nu} + t_0 h_{0\mu\nu} + \frac{t_0^2}{2}h_{0\mu}^{\lambda}h_{0\lambda\nu} + \cdots$$

と展開される。これらの計量の逆行列は $g^{\mu\lambda}g_{\lambda\nu} = \bar{g}^{\mu\lambda}\bar{g}_{\lambda\nu} = \hat{g}^{\mu\lambda}\hat{g}_{\lambda\nu} = \delta^{\mu}_{\nu}$ で定義される。テンソル場 $h_{0\mu\nu}$ の足の上げ下げは背景計量を用いて $h^{\mu}_{0\nu} = \hat{g}^{\mu\lambda}h_{0\lambda\nu}$ と定義する。

ここで注意すべきことは，共形因子には固有の結合定数を導入せず，ϕ を厳密に扱っていることである。共形因子場 ϕ は積分変数なので場を $\phi \to \phi - \sigma$ のようにシフトさせても，それは単なる積分変数の変換であって，理論は不変になる。このシフトは背景計量を $\hat{g}_{\mu\nu} \to e^{2\sigma}\hat{g}_{\mu\nu}$ と変換することと同等であることから背景時空独立性が実現する。このことから，背景時空として平坦時空を採用しても一般性は失われない。以下，特に触れない限り $\hat{g}_{\mu\nu}$ は Euclid 平坦計量 $\delta_{\mu\nu}$ とする。

トレースレステンソル場，ゲージ場，フェルミオン場のくり込み因子は通常の処方箋にしたがって

$$A_{0\mu} = Z_3^{1/2}A_{\mu}, \quad \psi_{0j} = Z_2^{1/2}\psi_j, \quad h_{0\mu\nu} = Z_h^{1/2}h_{\mu\nu} \qquad (10\text{-}3)$$

と定義する。また，QED とトレースレステンソル場の結合定数については

$$e_0 = \mu^{2-D/2}Z_e e, \quad t_0 = \mu^{2-D/2}Z_t t \qquad (10\text{-}4)$$

と定義する。また，QED 相互作用項のくり込み因子を通常通り Z_1 と記述すると，Ward-高橋恒等式 $Z_1 = Z_2$ は重力の量子場と結合した系でも成り立って，関係式 $Z_e = Z_3^{-1/2}$ が導かれる。ここではこの関係式が成り立つとして議論を進め，詳細は 10.4 節で述べることにする。

量子重力のくり込みでもっとも特徴的なことは，共形因子場 ϕ がくり込みを受けないことである。それは共形因子場に結合定数を導入していないことから来る性質で，

$$Z_\phi = 1 \tag{10-5}$$

と表される。10.4 節では，この非くり込み定理が実際に成り立っていることを具体的な計算によって示す。

次元正則化では紫外発散は $D-4$ の負べきで現れる。そのため，それらを除去するためのくり込み因子は $D-4$ の Laurent 展開で与えられ，

$$\log Z_3 = \sum_{n=1}^{\infty} \frac{f_n}{(D-4)^n}, \qquad \log Z_t^{-2} = \sum_{n=1}^{\infty} \frac{g_n}{(D-4)^n} \tag{10-6}$$

のように定義される。その他のくり込み因子も同様に展開される。留数 f_n, g_n はそれぞれくり込まれた結合定数の関数で与えられる。以下では結合定数として

$$\alpha = \frac{e^2}{4\pi}, \qquad \alpha_t = \frac{t^2}{4\pi}$$

を使うことにする。

一方，裸の定数 b_0 については注意が必要である。作用 G_D は 4 次元では位相的になることから，これを 4 次元の周りで展開すると重力場の運動項は $o(D-4)$ から現れる。このことは，この作用は古典的には重力のダイナミクスに寄与しない事を意味している。そのため b_0 は独立な結合定数とみなすことはできない。したがって，ここでは前章とは異なって，b_0 は $D-4$ の負べきだけを用いて，

$$b_0 = \frac{\mu^{D-4}}{(4\pi)^{D/2}} L_b, \qquad L_b = \sum_{n=1}^{\infty} \frac{b_n}{(D-4)^n} \tag{10-7}$$

のように展開する。

前章の計算からも分かるように，留数 b_n $(n \geq 2)$ は結合定数のみの関数である。一方，単純極の留数 b_1 には定数項が存在して

$$b_1 = b + b_1' \tag{10-8}$$

10.1 D次元作用とくり込みの処方箋

と分解できる。ここで, b'_1 は結合定数に依存した部分で, b はただの数である[*4]。

共形異常と呼ばれる量は, 前章で解説したように, 4 次元の周りで作用を展開したときの $D-4$ のゼロ項とくり込み因子の極が相殺して残る有限な量のことである。それは一般座標不変性を保つために現れる量子論的な量であって, 物理的には異常なものではない。その中で特に重要なのが G_D の展開の $o(D-4)$ の項と b_0 の単純極との相殺から誘導される Riegert 作用 (7-4) で, 共形因子場の運動項になる。詳しくは次節の (10-20) で示す。Riegert 作用と Weyl 作用が揃って初めて量子論的な一般座標変換が完成することはすでに第 7, 8 章で示した通りである。

ここで注意しなければならないことは, 重力を量子化すると量子効果によって誘導される Riegert 作用の前の定数 b の中に, 共形因子場自身のループからの寄与が含まれることである。そのため, くり込み計算に Riegert 作用の寄与を体系的に取り込むためには, 次のような処方箋が必要になる。

まず, 当面の間, 定数である b を新たな結合定数とみなして計算することにする。このとき, 量子重力の有効作用は

$$\Gamma = \frac{\mu^{D-4}}{(4\pi)^{D/2}} \frac{b-b_c}{D-4} \int d^D x \sqrt{\hat{g}} \hat{G}_4 + \Gamma_{\text{ren}}(\alpha, \alpha_t, b)$$

の構造を持つ。Γ_{ren} はくり込まれた有限な関数である。発散項は曲がった背景時空を採用したときにのみ残って, b_c は QED 及び重力場の 1 ループ補正から決まる結合定数に依らない定数で,

$$b_c = \frac{11 n_F}{360} + \frac{40}{9}$$

で与えられる[*5]。すべてのくり込み計算を終えた後に $b = b_c$ と置いて有効作用 $\Gamma_{\text{ren}}(\alpha, \alpha_t, b_c)$ を求める。このようにして, 量子重力のダイナミクスが

[*4] 前章で導入した b_0 の中の結合定数 b とは, 同じ記号を使っているが, 全く別物であることに注意。

[*5] 一般的には (7-5) の $b_c = (N_S + 11 N_F + 62 N_A)/360 + 769/180$ で与えられる。ここで, N_S, N_F と N_A は共形結合を持つスカラー場, フェルミオン及びゲージ場の数である。最後の数は $-7/90$ と $87/20$ の和で, それぞれ重力場 ϕ と $h_{\mu\nu}$ に由来する。

ただ 1 つの無次元重力結合定数 α_t によって規定されるくり込み可能な理論が構成される。

Riegert 作用の前に b が現れることから共形因子場による量子ループ補正は $1/b$ で現れる。すなわち, b が大きくなると共形因子が古典的になる。これは場の数を多くする, いわゆる大きい N 展開に相当する。

結合定数 α と α_t のベータ関数はそれぞれ

$$\beta \equiv \frac{\mu}{\alpha}\frac{d\alpha}{d\mu} = D - 4 + \bar{\beta},$$
$$\beta_t \equiv \frac{\mu}{\alpha_t}\frac{d\alpha_t}{d\mu} = D - 4 + \bar{\beta}_t \quad (10\text{-}9)$$

と定義する。ここで, β の定義は前章の (9-8) と同じである。その定義に沿って β_t も定義している[*6]。一方, b については, 前章とは異なって,

$$\mu\frac{db}{d\mu} = (D-4)\bar{\beta}_b \quad (10\text{-}10)$$

と定義する。

はじめに, くり込み群方程式 $\mu db_0/d\mu = 0$ を考える。μ の微分

$$\mu\frac{d}{d\mu} = \mu\frac{\partial}{\partial\mu} + \mu\frac{d\alpha}{d\mu}\frac{\partial}{\partial\alpha} + \mu\frac{d\alpha_t}{d\mu}\frac{\partial}{\partial\alpha_t} + \mu\frac{db}{d\mu}\frac{\partial}{\partial b} + \cdots$$

を (10-9) と (10-10) を用いて書き換えて, $\mu db_0/d\mu$ に b_0 の定義式 (10-7) を代入して Laurent 展開する。それが消えるためには展開の係数がすべて消えなければならないことから, 留数が満たすくり込み群方程式

$$\left(\alpha\frac{\partial}{\partial\alpha} + \alpha_t\frac{\partial}{\partial\alpha_t} + \bar{\beta}_b\frac{\partial}{\partial b} + 1\right)b_{n+1} + \left(\bar{\beta}\alpha\frac{\partial}{\partial\alpha} + \bar{\beta}_t\alpha_t\frac{\partial}{\partial\alpha_t}\right)b_n = 0$$

が得られる。この方程式は α_t と b の依存性を除くと, 前章で議論した曲がった時空上の QED で得られた式に戻る。さらに, 有限部分が消えることから

$$\bar{\beta}_b = -\left(\frac{\partial b_1}{\partial b}\right)^{-1}\left(b_1 + \alpha\frac{\partial b_1}{\partial\alpha} + \alpha_t\frac{\partial b_1}{\partial\alpha_t}\right)$$

[*6] 第 7 章 1 節で t のベータ関数に触れたときの定義とは少し異なる。

が求まる。また, 極項 L_b を単純極 b_1 の構造 (10-8) に応じて $L_b = b/(D-4) + L'_b$ と分解すると, $\bar{\beta}_b = -b - (D-4)L'_b - \mu dL'_b/d\mu$ と書くことができる。

関数 $\bar{\beta}_b$ が有限であることから, (10-10) は $D \to 4$ の極限で $\mu db/d\mu \to 0$ となることを表している。このように, くり込み計算をすべて終えた後に結合定数 b を定数 b_c に置き換えることが正当化される。

単純極 b_1 と 2 重極 b_2 の結合定数 α の依存性はすでに前章でそれぞれ $o(\alpha^3)$ と $o(\alpha^4)$ まで計算されている。ここでは,

$$b_1 = b - \frac{n_F^2}{6}\left(\frac{\alpha}{4\pi}\right)^2, \qquad b_2 = \frac{2n_F^3}{9}\left(\frac{\alpha}{4\pi}\right)^3 \tag{10-11}$$

の結果を使うことにする。このとき,

$$\bar{\beta}_b = -b + \frac{n_F^2}{2}\left(\frac{\alpha}{4\pi}\right)^2 \tag{10-12}$$

を得る。

くり込み群方程式 $\mu d(e_0^2/4\pi)/d\mu = 0$ から, $\log Z_3$ の留数 f_n は

$$\left(\alpha\frac{\partial}{\partial \alpha} + \alpha_t\frac{\partial}{\partial \alpha_t} + \bar{\beta}_b\frac{\partial}{\partial b}\right)f_{n+1} + \left(\bar{\beta}\alpha\frac{\partial}{\partial \alpha} + \bar{\beta}_t\alpha_t\frac{\partial}{\partial \alpha_t}\right)f_n = 0 \tag{10-13}$$

を満たすことが分かる。ベータ関数は

$$\bar{\beta} = \alpha\frac{\partial f_1}{\partial \alpha} + \alpha_t\frac{\partial f_1}{\partial \alpha_t} + \bar{\beta}_b\frac{\partial f_1}{\partial b}$$

で与えられる。同様の式が $\log Z_t^{-2}$ の留数 g_n に対しても成り立つ。また, ベータ関数はくり込み因子を用いて $\bar{\beta} = \mu d(\log Z_3)/d\mu$, $\bar{\beta}_t = \mu d(\log Z_t^{-2})/d\mu$ と表すことが出来る。

ここで, 後の 10.4 節で行う幾つかの計算から導かれる結果について先にまとめておく。通常の QED 補正に $o(1/b)$ の共形因子場のループ補正を加えたゲージ場のくり込み因子 (10-31) から導かれる留数 f_1 と f_2 の結果は

$$f_1 = \frac{8n_F}{3}\frac{\alpha}{4\pi} + \left(4n_F - \frac{16n_F^2}{27b}\right)\left(\frac{\alpha}{4\pi}\right)^2,$$

$$f_2 = -\frac{32n_F^2}{9}\left(\frac{\alpha}{4\pi}\right)^2 - \left(\frac{128n_F^2}{9} - \frac{160n_F^3}{81b}\right)\left(\frac{\alpha}{4\pi}\right)^3 \tag{10-14}$$

で与えられる。トレースレステンソル場からの f_1 に対する $o(\alpha_t)$ の 1 ループ補正は存在しない。このとき，$\bar{\beta}_b = -b + o(\alpha^2)$ に注意すると，留数 $f_{1,2}$ はくり込み群方程式 (10-13) を満たしていることが分かる。QED のベータ関数は単純極の留数 f_1 から

$$\bar{\beta} = \frac{8n_F}{3}\frac{\alpha}{4\pi} + \left(8n_F - \frac{16n_F^2}{9}\frac{1}{b}\right)\left(\frac{\alpha}{4\pi}\right)^2 \tag{10-15}$$

と求まる。最後に，b を定数 b_c に置き換えると最終的な結果を得る。$b_c > 0$ より $o(1/b_c)$ の重力補正項は負の寄与を与える。

同様に，10.4 節の重力結合定数のくり込み因子の結果 (10-30) からベータ関数を求めると

$$\bar{\beta}_t = -\left(\frac{n_F}{20} + \frac{20}{3}\right)\frac{\alpha_t}{4\pi} - \frac{7n_F}{36}\frac{\alpha\alpha_t}{(4\pi)^2} \tag{10-16}$$

が得られる。これより，トレーステンソル場は漸近自由性を示すことが分かる。このことは方法論として採用した共形平坦な時空の周りでの摂動展開が正当化されることを示している。

ここで注意しなければならないことは，歴史的な呼び名に従って漸近自由性という言葉を用いたけれども，この結果は紫外極限でテンソル場の自由漸近場が現れることを意味しない。いま，共形因子には結合定数を導入していないので，この結果は紫外極限で共形因子の揺らぎが優勢になることを表している。その結果，背景時空独立な世界が実現する。そのため，平坦な時空を弱い重力波や粒子が伝搬する描像はもはや成り立たない。

一方で，この漸近自由性は，QCD のときと同様に，新たな重力の力学的赤外エネルギースケール Λ_{QG} の存在を示唆する。このスケール以下では共形不変な重力のダイナミクスが消えて，重力場を共形因子とトレースレステンソル場に分離して扱うことが正しくなくなる。これらは低エネルギーでは強く結びついて一体の重力場として振る舞うようになり，そのダイナミクスは Einstein 作用で支配されるようになる。

10.2 運動項と相互作用

くり込み計算は裸の作用をくり込まれた量で Laurent 展開することで実行される。その際, $D-4$ の負べきを持った項を紫外発散を消去するための相殺項とし, ゼロ又は正のべきをもった項を新たな運動項や相互作用項として扱う。

はじめにゲージ場の場合を議論する。くり込み因子 $Z_3 - 1$ の Laurent 展開式を $\sum_{n=1} x_n/(D-4)^n$ と書くと, ゲージ場の裸の作用は

$$\frac{1}{4}\int d^D x \sqrt{g} F_{0\mu\nu} F_0^{\mu\nu} = \frac{1}{4} Z_3 \int d^D x e^{(D-4)\phi} F_{\mu\nu} F_{\lambda\sigma} \bar{g}^{\mu\lambda} \bar{g}^{\nu\sigma}$$
$$= \frac{1}{4}\int d^D x \bigg\{ \bigg(1 + \frac{x_1}{D-4} + \frac{x_2}{(D-4)^2} + \cdots \bigg) F_{\mu\nu} F_{\lambda\sigma} \bar{g}^{\mu\lambda} \bar{g}^{\nu\sigma}$$
$$+ \bigg(D-4 + x_1 + \frac{x_2}{D-4} + \cdots \bigg) \phi F_{\mu\nu} F_{\lambda\sigma} \bar{g}^{\mu\lambda} \bar{g}^{\nu\sigma}$$
$$+ \frac{1}{2}\bigg((D-4)^2 + (D-4)x_1 + x_2 + \cdots \bigg) \phi^2 F_{\mu\nu} F_{\lambda\sigma} \bar{g}^{\mu\lambda} \bar{g}^{\nu\sigma}$$
$$+ \cdots \bigg\} \tag{10-17}$$

のように展開される。係数 $x_{1,2}$ は $\log Z_3$ の留数 $f_{1,2}$ (10-6) を用いると

$$x_1 = f_1, \qquad x_2 = f_2 + \frac{1}{2} f_1^2 \tag{10-18}$$

と表される。くり込まれたゲージ場は

$$F_{\mu\nu} = \nabla_\mu A_\nu - \nabla_\nu A_\mu = \partial_\mu A_\nu - \partial_\nu A_\mu$$

で与えられる。Laurent 展開式 (10-17) の最初の列はゲージ場の通常の運動項と相殺項である。結合定数 t_0 で展開するとさらにトレースレステンソル場を含む相互作用項とそれに伴う相殺項が現れる。係数 $f_{1,2}$ の具体値は結果だけ先に (10-14) で与えた。

第 2 列は通常の平坦な時空上の量子化では現れない項で, $\phi F_{\mu\nu}^2$ はゲージ場の共形異常 $F_{\mu\nu}^2$ を共形因子場について積分して得られる Wess-Zumino 作用である。逆に, この作用を共形因子場で変分すると共形異常が得られる。

このように共形異常はベータ関数と関係している。第3列は高次の共形異常を出す項である。

同様にして，Weyl作用を考えることが出来る[*7]。D 次元では共形因子場 ϕ に依存した項が現れて，

$$\frac{1}{t_0^2}\int d^Dx\sqrt{g}F_D = \frac{1}{t_0^2}\int d^Dx\sqrt{\hat{g}}e^{(D-4)\phi}\bar{C}_{\mu\nu\lambda\sigma}^2$$
$$= \int d^Dx\sqrt{\hat{g}}\left[\frac{1}{t_0^2}\bar{C}_{\mu\nu\lambda\sigma}^2 + \frac{D-4}{t_0^2}\phi\bar{C}_{\mu\nu\lambda\sigma}^2 + \cdots\right] \quad (10\text{-}19)$$

となる。裸の量をくり込まれた量に置き換えて Laurent 展開すると，運動項，相互作用項及び相殺項が生じる。その中に共形異常に関係した相互作用 $\phi^n\bar{C}_{\mu\nu\lambda\sigma}^2$ が現れる。

トレースレステンソル場及びゲージ場の運動項のゲージ固定等については次節で議論する。

次に，係数 (10-2) をもつ Euler 密度 G_D (10-1) の項を議論する。裸の定数 b_0 の Laurent 展開式 (10-7) と付録 A.4 で与えた G_D の体積積分の展開式 (A-10) から裸の作用は

$$b_0\int d^Dx\sqrt{g}G_D = \frac{\mu^{D-4}}{(4\pi)^{D/2}}\int d^Dx\Bigg\{\left(\frac{b_1}{D-4} + \frac{b_2}{(D-4)^2} + \cdots\right)\bar{G}_4$$
$$+ \left(b_1 + \frac{b_2}{D-4} + \cdots\right)\left(2\phi\bar{\Delta}_4\phi + \bar{G}_4\phi - \frac{2}{3}\bar{\nabla}^2\bar{R}\phi + \frac{1}{18}\bar{R}^2\right)$$
$$+ \left[(D-4)b_1 + \cdots\right]\Bigg(\phi^2\bar{\Delta}_4\phi + \frac{1}{2}\bar{G}_4\phi^2 + 3\phi\bar{\nabla}^4\phi$$
$$+ 4\phi\bar{R}^{\mu\nu}\bar{\nabla}_\mu\bar{\nabla}_\nu\phi - \frac{14}{9}\phi\bar{R}\bar{\nabla}^2\phi + \frac{10}{9}\phi\bar{\nabla}^\mu\bar{R}\bar{\nabla}_\mu\phi + \cdots\Bigg)$$
$$+ \left[(D-4)^2b_1 + \cdots\right]\left[\frac{1}{3}\phi^3\bar{\Delta}_4\phi + \left(4\chi_3 - \frac{1}{2}\right)\left(\bar{\nabla}^\mu\phi\bar{\nabla}_\mu\phi\right)^2 + \cdots\right]$$
$$+ \cdots\Bigg\} \quad (10\text{-}20)$$

[*7] これは Duff, Nucl. Phys. B125 (1977) 334 が採用した相殺項とは異なることに注意。Duff は D 次元積分可能条件を満たさない 4 次元の Weyl テンソル自乗をそのまま D 次元の相殺項として採用しているため，2 ループ以上で問題が生じると思われる。

と展開される。ここで，$\bar{\Delta}_4$ は第 5 章で導入した (5-10) の 4 次元で共形不変になる 4 階微分演算子

$$\bar{\Delta}_4 = \bar{\nabla}^4 + 2\bar{R}^{\mu\nu}\bar{\nabla}_\mu\bar{\nabla}_\nu - \frac{2}{3}\bar{R}\nabla^2 + \frac{1}{3}\bar{\nabla}^\mu\bar{R}\bar{\nabla}_\mu$$

で定義される。展開の最初の列は $\bar{G}_4$ に比例した発散を取り除くための相殺項で，留数 b_n を決める。第 2 列がその発散から誘導される Riegert 作用 S_R (7-4) の項で，改めてその有限な部分を

$$S_\mathrm{R} = \frac{\mu^{D-4}}{(4\pi)^{D/2}} b_1 \int d^D x \left(2\phi\bar{\Delta}_4\phi + \bar{E}_4\phi + \frac{1}{18}\bar{R}^2 \right) \quad (10\text{-}21)$$

と書く。ここで，$E_4 = G_4 - 2\nabla^2 R/3$ (5-9) である。この作用が共形因子場の運動項を与える。展開式 (10-20) の第 3 列以下は高次で現れる新たな自己相互作用項である。係数 $b_{1,2}$ の具体値としてここでは (10-11) を使う。

共形因子場の運動項は (10-21) を結合定数 t_0 で展開したときのゼロ次の項で，b_1 の α と α_t に依らない部分から，

$$\frac{\mu^{D-4}}{(4\pi)^{D/2}} 2b \int d^D x \, \phi \partial^4 \phi$$

で与えられる。ここで，$\partial^2 = \partial_\lambda\partial_\lambda$ は平坦な Euclid 背景時空でのダランベールシャンである。以下，約束事として，平坦な Euclid 背景時空の脚はすべて下付で表し，同じ脚は $\delta_{\mu\nu}$ で縮約をとるものとする。これより共形因子場の伝播関数は

$$\langle \phi(k)\phi(-k) \rangle = \mu^{4-D} \frac{(4\pi)^{D/2}}{4b} \frac{1}{k^4} \quad (10\text{-}22)$$

となる。このことから共形因子場によるループ量子補正は $1/b$ で入ることになる。

ここで，10.4 節の計算で必要になる重力場同士の相互作用項を書き下して置く。展開式 (10-20) の第 3 列から，共形因子場の自己 3 点相互作用

$$S_{\mathrm{G}[\phi\phi\phi]}^{(D-4)b} = (D-4)b \frac{\mu^{D-4}}{(4\pi)^{D/2}} \int d^D x \, \phi^2 \partial^4 \phi \quad (10\text{-}23)$$

が現れる。全体に $D-4$ が掛かっていることから，この相互作用が紫外発散に寄与するのは 2 ループ以上になることに注意する。さらに，(10-20) の第 5 列から $(D-4)^2$ の掛かった自己 4 点相互作用が現れる。

裸の作用 (10-20) をさらに結合定数 t で展開すると，共形因子場とトレースレステンソル場の相互作用項が現れる。Riegert 作用 S_R (10-21) の $\bar{\nabla}^2 \bar{R} \phi$ 項と $\bar{R}^2$ 項からそれぞれ，場の 2 次の相互作用項

$$S^{bt}_{\mathrm{G}[\phi h]} = -bt \frac{\mu^{D/2-2}}{(4\pi)^{D/2}} \int d^D x \, \frac{2}{3} \partial^2 \phi \partial_\mu \chi_\mu,$$

$$S^{bt^2}_{\mathrm{G}[hh]} = \frac{bt^2}{(4\pi)^{D/2}} \int d^D x \, \frac{1}{18} \partial_\mu \chi_\mu \partial_\nu \chi_\nu \qquad (10\text{-}24)$$

が得られる。ここで，$\chi_\mu = \partial_\nu h_{\mu\nu}$ である。次節で定義する Landau ゲージを採用するとこれらの相互作用は消えて，Feynman 図の数をかなり減らすことが出来る。

運動項 $\phi \bar{\Delta}_4 \phi$ からは 3 点, 4 点の相互作用

$$\begin{aligned} S^{bt}_{\mathrm{G}[\phi\phi h]} &= b \frac{\mu^{D-4}}{(4\pi)^{D/2}} \int d^D x \, 2\phi \bar{\Delta}_4 \phi \Big|_{o(t)} \\ &= bt \frac{\mu^{D/2-2}}{(4\pi)^{D/2}} \int d^D x \Big\{ 4 \partial_\mu \phi \partial_\nu \partial^2 \phi + \frac{8}{3} \partial_\mu \partial_\lambda \phi \partial_\nu \partial_\lambda \phi \\ &\quad - \frac{4}{3} \partial_\lambda \phi \partial_\mu \partial_\nu \partial_\lambda \phi - 4 \partial_\mu \partial_\nu \phi \partial^2 \phi \Big\} h_{\mu\nu} \end{aligned} \qquad (10\text{-}25)$$

と

$$\begin{aligned} S^{bt^2}_{\mathrm{G}[\phi\phi hh]} &= b \frac{\mu^{D-4}}{(4\pi)^{D/2}} \int d^D x \, 2\phi \bar{\Delta}_4 \phi \Big|_{o(t^2)} \\ &= \frac{bt^2}{(4\pi)^{D/2}} \int d^D x \Big\{ 2 \partial^2 \phi \partial_\mu \partial_\nu \phi h_{\mu\lambda} h_{\nu\lambda} \\ &\quad + 2 \partial_\mu \partial_\nu \phi \partial_\lambda \partial_\sigma \phi h_{\mu\nu} h_{\lambda\sigma} + \text{ terms with } \partial h \Big\} \end{aligned} \qquad (10\text{-}26)$$

が得られる。ここで，$S^{bt^2}_{\mathrm{G}[\phi\phi hh]}$ の中の 2 項は $\bar{\nabla}^2 \phi \bar{\nabla}^2 \phi$ からで，トレースレステンソル場の微分を含む項は，10.4 節の 1 ループ計算では寄与がゼロになるので省略した (図 10-1 の (2) 参照)。

10.7 節で宇宙項の 2 ループ補正を計算するときは, これら以外に (10-20) の第 3, 4 列を t で展開した相互作用項が必要になる. また, (10-26) の中の省略した項も無視することが出来ない. これらの相互作用項の導出は付録 A.1 の展開式 (A-5) と (A-6) を参照.

フェルミオンの作用は一般の D 次元で共形不変である (付録 A.3 参照). すなわちフェルミオン場を適当に再定義することで共形因子場依存性を吸収することが出来る[*8]. 次元正則化は測度の選び方によらないので, 共形因子場依存性が消えるように定義されたフェルミオン場を使うことにする. 裸のフェルミオン作用を平坦な背景時空のまわりで $o(t_0^2)$ まで展開すると

$$\int d^D x\, i\bar{\psi}_0 \slashed{\partial} \psi_0$$
$$= \int d^D x \bigg\{ i\bar{\psi}_0 \gamma_\mu \partial_\mu \psi_0 - i\frac{t_0}{4}(\bar{\psi}_0 \gamma_\mu \partial_\nu \psi_0 - \partial_\nu \bar{\psi}_0 \gamma_\mu \psi_0) h_{0\mu\nu}$$
$$+ i\frac{t_0^2}{16}(\bar{\psi}_0 \gamma_\mu \partial_\nu \psi_0 - \partial_\nu \bar{\psi}_0 \gamma_\mu \psi_0) h_{0\mu\lambda} h_{0\nu\lambda}$$
$$+ i\frac{t_0^2}{16}\bar{\psi}_0 \gamma_{\mu\nu\lambda} \psi_0 h_{0\mu\sigma} \partial_\lambda h_{0\nu\sigma} - e_0 \bar{\psi}_0 \gamma_\mu \psi_0 A_{0\mu}$$
$$+ \frac{e_0 t_0}{2} \bar{\psi}_0 \gamma_\mu \psi_0 A_{0\nu} h_{0\mu\nu} - \frac{e_0 t_0^2}{8}\bar{\psi}_0 \gamma_\mu \psi_0 A_{0\nu} h_{0\mu\lambda} h_{0\nu\lambda} \bigg\} \quad (10\text{-}27)$$

となる. ここで, $\gamma_{\mu\nu\lambda} = (1/3!)(\gamma_\mu \gamma_\nu \gamma_\lambda + \text{anti-sym.})$ である. 裸の結合定数 e_0 と t_0, 裸のフェルミオン場 ψ_0 をくり込まれた量で展開すると, 相互作用項及び相殺項を得る.

10.3 ゲージ固定

ここではトレースレステンソル場と $U(1)$ ゲージ場の運動項のゲージ固定を行う. トレースレステンソル場の運動項は Weyl 作用の展開 (10-19) の最

[*8] 作用を $\psi_0' = e^{(D-1)\phi/2} \psi_0$ で書き換えると, $\int d^D x \sqrt{g} \bar{\psi}_0 \slashed{\partial} \psi_0 = \int d^D x \sqrt{\hat{g}} \bar{\psi}_0' \slashed{\partial} \psi_0'$ のように共形因子場依存性を消すことが出来る. ここでは ψ_0' を改めて ψ_0 と書いている.

低次から，
$$\int d^D x \left\{ \frac{D-3}{D-2} \left(h_{0\mu\nu} \partial^4 h_{0\mu\nu} + 2\chi_{0\mu} \partial^2 \chi_{0\mu} \right) - \frac{D-3}{D-1} \chi_{0\mu} \partial_\mu \partial_\nu \chi_{0\nu} \right\}$$
で与えられる。ここで，$\chi_{0\mu} = \partial_\lambda h_{0\lambda\mu}$ である。

BRST ゲージ固定の処方箋に従ってゲージ固定項とそれに伴うゴースト作用
$$S_{\text{g.f.}} = \int d^D x \, \delta_B \left\{ -i\tilde{c}_0 \left(\partial_\mu A_{0\mu} - \frac{\xi_0}{2} B_0 \right) - i\tilde{c}_{0\mu} N_{\mu\nu} \left(\chi_{0\nu} - \frac{\zeta_0}{2} B_{0\nu} \right) \right\}$$
を導入する。$\tilde{c}_0$ と $\tilde{c}_{0\mu}$ は反ゴースト場，B_0 と $B_{0\mu}$ は補助場である。$N_{\mu\nu}$ は対称な 2 階微分の演算子で，後に Feynman ゲージを採用したとき Weyl 作用の最初の項だけが残るように，
$$N_{\mu\nu} = \frac{2(D-3)}{D-2} \left(-2\partial^2 \delta_{\mu\nu} + \frac{D-2}{D-1} \partial_\mu \partial_\nu \right)$$
と設定する。トレースレステンソル場及びゲージ場の BRST 変換は，一般座標変換の変数 ξ_μ/t_0 をゴースト場 $c_{0\mu}$ に，$U(1)$ ゲージ変換の変数をゴースト場 c_0 に置き換えて，
$$\begin{aligned} \delta_B A_{0\mu} &= \partial_\mu c_0 + t_0 \left(c_{0\lambda} \partial_\lambda A_{0\mu} + A_{0\lambda} \partial_\mu c_{0\lambda} \right), \\ \delta_B h_{0\mu\nu} &= \partial_\mu c_{0\nu} + \partial_\nu c_{0\mu} - \frac{2}{D} \delta_{\mu\nu} \partial_\lambda c_{0\lambda} + t_0 c_{0\lambda} \partial_\lambda h_{0\mu\nu} \\ &\quad + \frac{t_0}{2} h_{0\mu\lambda} \left(\partial_\nu c_{0\lambda} - \partial_\lambda c_{0\nu} \right) + \frac{t_0}{2} h_{0\nu\lambda} \left(\partial_\mu c_{0\lambda} - \partial_\lambda c_{0\mu} \right) + \cdots \end{aligned}$$
で与えられる。共形因子場の BRST 変換は
$$\delta_B \phi = t_0 c_{0\lambda} \partial_\lambda \phi + \frac{t_0}{D} \partial_\lambda c_{0\lambda}$$
で与えられる。このとき，Grassmann 性と BRST 変換の冪ゼロ性から，ゴースト場，反ゴースト場，補助場の BRST 変換は
$$\begin{aligned} \delta_B c_0 &= t_0 c_{0\lambda} \partial_\lambda c_0, \\ \delta_B \tilde{c}_0 &= i B_0, \qquad \delta_B B_0 = 0, \\ \delta_B c_{0\mu} &= t_0 c_{0\lambda} \partial_\lambda c_{0\mu}, \\ \delta_B \tilde{c}_{0\mu} &= i B_{0\mu}, \qquad \delta_B B_{0\mu} = 0 \end{aligned}$$

10.3 ゲージ固定

となる*9。

BRST 変換を使うとゲージ固定項とゴースト作用は

$$S_{\text{g.f.}} = \int d^D x \bigg\{ B_0 \partial_\mu A_{0\mu} - \frac{\xi_0}{2} B_0^2 + i\tilde{c}_0 \partial_\mu (\delta_{\text{B}} A_{0\mu})$$
$$+ B_{0\mu} N_{\mu\nu} \chi_{0\nu} - \frac{\zeta_0}{2} B_{0\mu} N_{\mu\nu} B_{0\nu} + i\tilde{c}_{0\mu} N_{\mu\nu} \partial_\lambda (\delta_{\text{B}} h_{0\nu\lambda}) \bigg\}$$

と書ける。さらに,補助場 B_0 と $B_{0\mu}$ を積分して消去するとゲージ固定項は

$$\int d^D x \left\{ \frac{1}{2\xi_0} (\partial_\mu A_{0\mu})^2 + \frac{1}{2\zeta_0} \chi_{0\mu} N_{\mu\nu} \chi_{0\nu} \right\} \tag{10-28}$$

となる*10。このとき,ゲージ固定項とゴースト作用には共形因子場 ϕ との相互作用が現れないことに注意する。

裸の量をくり込まれた量に置き換えると,伝播関数,頂点関数及び紫外発散を取り除くための相殺項が導かれる。その際,ゲージ固定パラメータのくり込み因子は $\xi_0 = Z_3 \xi$ と $\zeta_0 = Z_h \zeta$ で定義される。このとき,各運動項の相殺項はゲージ不変な形になる。また,ゴースト場に対しても新たなくり込み因子を導入する必要がある。

ゲージ固定項 (10-28) を含むトーレーレステンソル場の運動方程式を $K^{(\zeta)}_{\mu\nu,\lambda\sigma}(k) h_{\lambda\sigma}(k) = 0$ と書くと,運動項は

$$K^{(\zeta)}_{\mu\nu,\lambda\sigma}(k) = \frac{2(D-3)}{D-2} \bigg\{ I^{\text{H}}_{\mu\nu,\lambda\sigma} k^4 + \frac{1-\zeta}{\zeta} \bigg[\frac{1}{2} k^2 (\delta_{\mu\lambda} k_\nu k_\sigma + \delta_{\nu\lambda} k_\mu k_\sigma $$
$$+ \delta_{\mu\sigma} k_\nu k_\lambda + \delta_{\nu\sigma} k_\mu k_\lambda) - \frac{1}{D-1} k^2 (\delta_{\mu\nu} k_\lambda k_\sigma + \delta_{\lambda\sigma} k_\mu k_\nu)$$
$$+ \frac{1}{D(D-1)} \delta_{\mu\nu} \delta_{\lambda\sigma} k^4 - \frac{D-2}{D-1} k_\mu k_\nu k_\lambda k_\sigma \bigg] \bigg\}$$

で与えられる。ここで,I^{H} は $(I^{\text{H}})^2 = I^{\text{H}}$ を満たす射影テンソル

$$I^{\text{H}}_{\mu\nu,\lambda\sigma} = \frac{1}{2} (\delta_{\mu\lambda} \delta_{\nu\sigma} + \delta_{\mu\sigma} \delta_{\nu\lambda}) - \frac{1}{D} \delta_{\mu\nu} \delta_{\lambda\sigma}$$

[*9] 一般の背景計量 $\hat{g}_{\mu\nu}$ ではゴースト場は c_0^μ で定義され,下付きは $c_{0\mu} = \hat{g}_{\mu\nu} c_0^\nu$ で与えられる (第 6.2 節参照)。ゴーストの BRST 変換は Grassmann 性より $\delta_{\text{B}} c_0^\mu = t_0 c_0^\nu \hat{\nabla}_\nu c_0^\mu = t_0 c_0^\nu \partial_\nu c_0^\mu$ となって背景時空の選び方に依らない。

[*10] $B_{0\mu}$ を積分すると $\det^{-1/2}(N_{\mu\nu})$ が現れる。背景場の方法のように曲がった背景時空を考える場合はこの行列式を評価する必要がある。

である。伝播関数は $K^{(\zeta)}_{\mu\nu,\lambda\sigma}(k)\langle h_{\lambda\sigma}(k)h_{\rho\kappa}(-k)\rangle = I^{\rm H}_{\mu\nu,\rho\kappa}$ で定義され, それを

$$\langle h_{\mu\nu}(k)h_{\lambda\sigma}(-k)\rangle = \frac{D-2}{2(D-3)}\frac{1}{k^4}I^{(\zeta)}_{\mu\nu,\lambda\sigma}(k) \tag{10-29}$$

と書くと, 分子のテンソル関数は, トレースレステンソル場が持つ対称性を反映させて,

$$\begin{aligned}I^{(\zeta)}_{\mu\nu,\lambda\sigma}(k) = I^{\rm H}_{\mu\nu,\lambda\sigma} + (\zeta - 1)&\left[\frac{1}{2}\left(\delta_{\mu\lambda}\frac{k_\nu k_\sigma}{k^2} + \delta_{\nu\sigma}\frac{k_\mu k_\lambda}{k^2} + \delta_{\mu\sigma}\frac{k_\nu k_\lambda}{k^2}\right.\right.\\&\left.+\delta_{\nu\lambda}\frac{k_\mu k_\sigma}{k^2}\right) - \frac{1}{D-1}\left(\delta_{\mu\nu}\frac{k_\lambda k_\sigma}{k^2} + \delta_{\lambda\sigma}\frac{k_\mu k_\nu}{k^2}\right)\\&\left.+\frac{1}{D(D-1)}\delta_{\mu\nu}\delta_{\lambda\sigma} - \frac{D-2}{D-1}\frac{k_\mu k_\nu k_\lambda k_\sigma}{k^4}\right]\end{aligned}$$

で与えられる。これより, $\zeta = 1$ のときは $I^{\rm H}$ だけの簡単な形になる。これを Feynman ゲージと呼ぶことにする。また, 横波の条件が

$$k_\mu I^{(\zeta)}_{\mu\nu,\lambda\sigma}(k) = \zeta\left(\frac{1}{2}k_\lambda \delta_{\nu\sigma} + \frac{1}{2}k_\sigma \delta_{\nu\lambda} - \frac{1}{D}k_\nu \delta_{\lambda\sigma}\right)$$

で与えられることから, $k_\mu I^{(\zeta)}_{\mu\nu,\lambda\sigma}(k) = 0$ になる $\zeta = 0$ のことを Landau ゲージと呼ぶことにする。

10.4 くり込み因子の計算

この節ではいくつか具体的な計算を示しながら紫外発散のくり込みを議論する。以下の計算からも分かるように, 量子重力理論ではループ展開は $\hbar$ 展開にはならない。これは, 共形因子場の運動項である Riegert 作用が量子効果として現れることからも分かる。前にも述べたように, 4 次元の 4 階微分重力作用は Weyl 作用も含めて完全に無次元の量で, $\hbar$ のゼロ次で与えられることに由来する。

赤外発散を取り扱うために, ここでは重力場に無限小の質量 $z\ (\ll 1)$ を加えて正則化する。すなわち, ϕ と $h_{\mu\nu}$ の伝播関数 (10-22) と (10-29) の分母

10.4 くり込み因子の計算

の運動量依存性を

$$\frac{1}{k^4} \to \frac{1}{k_z^4} = \frac{1}{(k^2+z^2)^2}$$

と置き換えて計算する。このとき赤外発散は $\log z^2$ の形で現れる。これは QED の赤外発散を処理する際に光子質量を導入するのと同じ方法である。この質量項はゲージ不変ではないので, 最終的に赤外発散は相殺して消えなければならない[*11]。

ここで, Einstein 項や宇宙項は 4 階微分場の質量項と見なすことはできないことを指摘しておく。4 階微分重力作用は結合定数 t の展開にともなって ϕ の依存性が多項式で現れるが, これら低階微分作用は t のゼロ次でも ϕ の指数関数因子が現れる。この共形因子も含めて低階微分作用は一般座標不変になるため, 場の 2 次の項で定義されるゲージ不変な質量項を与えない。また, この共形因子があるために, Planck 質量等の依存性がべき的な振る舞いをすることが示唆される。このような複合場のくり込みについては後の節で議論する。

以下では, 次元を

$$D = 4 - 2\epsilon$$

として計算する。共形因子場 ϕ, トレースレステンソル場 $h_{\mu\nu}$, ゲージ場 A_μ, フェルミオン ψ の伝播関数をそれぞれ, 実線, 螺線, 波線, 矢印付き点線で表す。重力場を含むループ計算は非常に煩雑なので, 多くの場合は結果だけを書くことにする。

共形因子場の非くり込み定理 (I) はじめに, Feynman 図が図 10-1 で与えられる共形因子場の 2 点関数に対する $\alpha_t = t^2/4\pi$ の 1 次の補正を計算し, この場が実際にくり込みを受けないことを示す。

相互作用 $S^{bt}_{\mathrm{G}[\phi\phi h]}$ (10-25) より, 図 10-1 の (1) からの寄与は, Feynman ゲージ $(\zeta=1)$ で計算すると,

$$\int \frac{d^D k}{(2\pi)^D} \phi(k)\phi(-k) \left\{ -\frac{D-2}{2(D-3)} \frac{b}{6} \frac{t^2}{(4\pi)^{D/2}} \int \frac{d^D l}{(2\pi)^D} \frac{1}{l_z^4 (l+k)_z^4} \right.$$

[*11] 実際に赤外発散が相殺することを見ることで計算がうまくいっていることを確かめることが出来る。

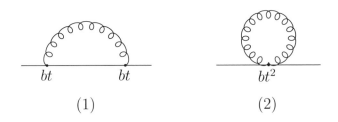

図 10-1 共形因子場の $o(\alpha_t)$ の量子補正。

$$\times \Bigg[6(l^2 k^6 + l^6 k^2) + 24 l^4 k^4 - 16(l \cdot k)(l^2 k^4 + l^4 k^2)$$
$$-20(l \cdot k)^2 l^2 k^2 - 2(l \cdot k)^2 (l^4 + k^4) + 8(l \cdot k)^3 (l^2 + k^2) + 8(l \cdot k)^4$$
$$+ \frac{4-D}{3D} \Big(-36 l^4 k^4 + 24(l \cdot k)(l^2 k^4 + l^4 k^2) + 40(l \cdot k)^2 l^2 k^2$$
$$-4(l \cdot k)^2 (l^4 + k^4) - 16(l \cdot k)^3 (l^2 + k^2) - 16(l \cdot k)^4 \Big) \Bigg] \Bigg\}$$

となる。付録 D.1 の公式を用いて運動量 l の積分を $z \ll 1$ の条件で実行すると，$\{\ \}$ 括弧内は

$$\frac{\mu^{D-4}}{(4\pi)^{D/2}} 2bk^4 \left[-3 \frac{\alpha_t}{4\pi} \left(\frac{1}{\bar{\epsilon}} - \log \frac{z^2}{\mu^2} + \frac{7}{6} \right) \right]$$

と計算される[*12]。ここで，$1/\bar{\epsilon} = 1/\epsilon - \gamma + \log 4\pi$ と定義している。このとき非局所項 $\log(k^2/\mu^2)$ は相殺して現れない。

図 10-1 の (2) のオタマジャクシ (tadpole) 図からの寄与は相互作用 $S^{bt^2}_{\mathrm{G}[\phi\phi hh]}$ (10-26) より容易に計算できる。$h_{\mu\nu}$ の微分が含まれる相互作用項が関係する図は運動量積分をすると $z \to 0$ で消えるので，記された 2 項だけが寄与して

$$\frac{\mu^{D-4}}{(4\pi)^{D/2}} 2bk^4 \left[3 \frac{\alpha_t}{4\pi} \left(\frac{1}{\bar{\epsilon}} - \log \frac{z^2}{\mu^2} + \frac{7}{12} \right) \right]$$

が得られる。

[*12] ここでは，$1 = \mu^{D-4} \mu^{4-D} \cong \mu^{D-4}(1 + \epsilon \log \mu^2)$ に注意して，赤外発散を $\log(z^2/\mu^2)$ の形に書き換えている。

これら 2 つの Feynman 図からの寄与を足すと紫外発散及び赤外発散が相殺することが分かる。このようにして $o(\alpha_t)$ で $Z_\phi = 1$ (10-5) が示された。

計算は任意のゲージでも行われていて, 結果だけを書くと, 図 10-1 からの寄与の和は

$$\frac{\alpha_t}{4\pi}\left[-\frac{7}{4}+\frac{1}{3}(\zeta-1)\right]\frac{\mu^{D-4}}{(4\pi)^{D/2}}2b\int\frac{d^Dk}{(2\pi)^D}\phi(k)k^4\phi(-k)$$

となる。

トレースレステンソル場のくり込み トレースレステンソル場のくり込み因子の決定には 2 点関数と 3 点関数を計算する必要がある (図 10-2)。ここで, Weyl 作用からの相殺項にはトレースレステンソル場の 2 点及び 3 点関数があるが, 係数 b_n を決めるために必要な $\bar{G}_4$ に比例した相殺項は 3 点関数からしか現れない[*13]。

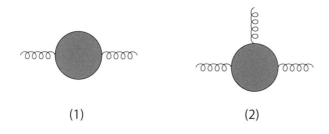

図 10-2 トレースレステンソル場の 2 点関数及び 3 点関数のループ補正。

トレースレステンソル場の 2 点関数のくり込み計算の例として内部にフェルミオンが伝搬する図 10-3 の場合を考える。相互作用 (10-27) より, 1 ループ補正は

$$\frac{\mu^{4-D}}{32}t^2\int\frac{d^Dk}{(2\pi)^D}h_{\mu\nu}(k)h_{\lambda\upsilon}(-k)\int\frac{d^Dp}{(2\pi)^D}\frac{1}{p^2(p+k)^2}$$
$$\times tr\left(\gamma_\alpha\gamma_\mu\gamma_\beta\gamma_\lambda\right)p_\alpha(p+k)_\beta(2p+k)_\nu(2p+k)_\sigma$$
$$=\frac{\alpha_t}{4\pi}\int\frac{d^Dk}{(2\pi)^D}h_{\mu\nu}(k)h_{\lambda\sigma}(-k)\left\{-\frac{1}{40}\left(\frac{1}{2}\delta_{\mu\lambda}\delta_{\nu\sigma}k^4-\delta_{\mu\lambda}k_\nu k_\sigma k^2\right.\right.$$

[*13] 平坦な背景時空上で $\bar{G}_4$ の $o(h^2)$ 項は任意の次元で全微分になる ((A-4) を参照)。

$$+ \frac{1}{3} k_\mu k_\nu k_\lambda k_\sigma \Bigg) \left(\frac{1}{\epsilon} - \log \frac{k^2}{\mu^2} + \frac{12}{5} \right) + \frac{1}{360} k_\mu k_\nu k_\lambda k_\sigma \Bigg\}$$

と計算される[*14]。これを D 次元の Weyl 作用の組み合わせで書くと

$$\frac{\alpha_t}{4\pi} \int \frac{d^D k}{(2\pi)^D} h_{\mu\nu}(k) h_{\lambda\sigma}(-k) \Bigg\{ -\frac{1}{40} \left(\frac{1}{\epsilon} - \log \frac{k^2}{\mu^2} + \frac{17}{5} \right)$$
$$\times \left[\frac{D-3}{D-2} \left(\delta_{\mu\lambda} \delta_{\nu\sigma} k^4 - 2\delta_{\mu\lambda} k_\nu k_\sigma k^2 \right) + \frac{D-3}{D-1} k_\mu k_\nu k_\lambda k_\sigma \right] \Bigg\}$$

が得られる[*15]。この紫外発散を相殺するように, (10-3) で定義されるトレースレステンソル場のくり込み因子が

$$Z_h = 1 + \frac{1}{40} \frac{\alpha_t}{4\pi} \frac{1}{\epsilon}$$

と決まる。内部にフェルミオンが伝搬する図の場合はゲージパラメータに依らないので, くり込み因子の間にゲージ不変性の条件 $Z_t Z_h^{1/2} = 1$ が成り立つ。この関係式より結合定数のくり込み因子 Z_t へのフェルミオン1ループの寄与が $-(1/80)(\alpha_t/4\pi)(1/\epsilon)$ と求まる。

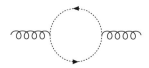

図 **10-3** フェルミオンによるループ補正。

同様にして, 内部に共形因子場が伝搬する場合を計算する。紫外発散が生じる可能性のある Feynman 図は図 10-4 で与えられ, 3 点と 4 点の相互作用はそれぞれ $S^{bt}_{G[\phi\phi h]}$ (10-25) と $S^{bt^2}_{G[\phi\phi hh]}$ (10-26) が寄与する。しかしながら,

---

[*14] 当初, Duff [Nucl.Phys.**125**(1977)334] が与えた共形異常の表式 $F_4 + 2\nabla^2 R/3$ は, この式から発散を取り除いて得られる有効作用を 4 次元の非局所 Weyl 作用と局所 R^2 作用で表した式を共形変分して求めたものである。しかしながら, 最後の項は R^2 ではなく D 次元 Weyl 作用の中に含めるのが正しい。

[*15] 角括弧 [ ] 内の量に $h_{\mu\nu}(k) h_{\lambda\sigma}(-k)$ を作用させた量は (9-20) を用いて書くと $h_{\mu\nu}(k) h_{\lambda\sigma}(-k) A_{\mu\nu,\lambda\sigma}(k)/8$ となる。

10.4 くり込み因子の計算

4点相互作用の構造から共形因子場には必ず微分が掛かっているのでオタマジャクシ図 (2) は消える。図 (1) からの寄与は，結果だけを書くと，フェルミオンの時と同様に D 次元 Weyl 作用の形にまとって，

$$\frac{\alpha_t}{4\pi}\frac{1}{30}\left(\frac{1}{\epsilon}-\log\frac{k^2}{\mu^2}+\frac{289}{60}\right)$$

が得られる。このとき赤外発散は図 (1) の計算の中ですべて相殺する。これより Z_h への寄与は $(-1/30)(\alpha_t/4\pi)(1/\epsilon)$ になる。この場合もゲージ不変な関係式 $Z_t = Z_h^{-1/2}$ が成り立って，Z_t への寄与を求めることが出来る。

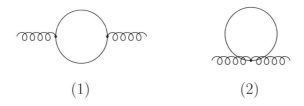

図 **10-4**　共形因子場によるループ補正。

一般に，トレースレステンソル場のくり込み計算は大変である。ここでは，非可換ゲージ場や重力場のくり込みの際にしばしば用いられる背景場の方法 (background field method)[*16] を用いて計算された結果だけを書くことにすると，(10-4) で定義される重力結合定数のくり込み因子は

$$Z_t = 1 - \left(\frac{n_F}{80}+\frac{5}{3}\right)\frac{\alpha_t}{4\pi}\frac{1}{\epsilon}-\frac{7n_F}{288}\frac{\alpha\alpha_t}{(4\pi)^2}\frac{1}{\epsilon}+o(\alpha_t^2) \qquad (10\text{-}30)$$

で与えられる。1 ループ Feynman 図からの $o(\alpha_t)$ の寄与は，内線にフェルミオンが伝播する図から $-n_F/80$，$U(1)$ ゲージ場及びそのゴースト場から $-1/40$，共形因子場からの寄与が $1/60$，トレースレステンソル場及びそのゴースト場からの寄与が $-199/120$ である。$o(\alpha\alpha_t)$ の寄与は内線として重

[*16] 背景場の方法については L. Abbott, Nucl. Phys. B 185 (1981) 189 を参照。重力場への適用は付録 F に挙げた E. Fradkin and A. Tseytlin, Nucl. Phys. B 201 (1982) 469; I. Antoniadis, P. Mazur and E. Mottola, Nucl. Phys. B 388 (1992) 627; K. Hamada and F. Sugino, Nucl. Phys. B 553 (1999) 283 等を参照 。

力場以外のフェルミオンとゲージ場が伝播する 2 ループの Feynman 図からの寄与である。この結果から, 結合定数 α_t のベータ関数が (10-16) と求まる。

背景場の方法では, 背景場 $\hat{g}_{\mu\nu} = (e^{t\hat{h}})_{\mu\nu}$ に対してくり込み因子 $Z_{\hat{h}}$ を $\hat{h}_{\mu\nu} = Z_{\hat{h}}^{1/2} \hat{h}_{\mu\nu}^r$ と定義すると, ゲージ不変性の条件として $Z_t Z_{\hat{h}}^{1/2} = 1$ が成り立つことが保障される。このように, 背景場の方法のよいところは, 通常のくり込みでは Z_h はゲージ依存性を示すのに対して, 背景場のくり込み因子 $Z_{\hat{h}}$ は明白にゲージ不変になることである。そのため, $Z_{\hat{h}}$ を計算すると Z_t が計算できる。(10-30) はこのようにして計算されたものである。

共形因子場の非くりこみ定理 (II) 共形因子場の 2 点関数の計算から, この場が $o(\alpha_t)$ でくり込みを受けないことはすでに示した。ここでは, 前章の結果を使って $o(\alpha^3)$ の次数まで $Z_\phi = 1$ (10-5) が成り立つことを示す。

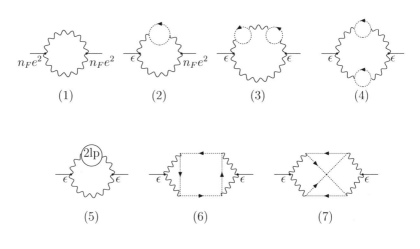

図 10-5 共形因子場の $o(\alpha^2)$ ループ補正。

はじめに, 誘導された $\phi F_{\mu\nu}^2$ 相互作用の次数から, $o(\alpha)$ の共形因子場 ϕ の 2 点関数は自明に有限になることが分かる。

次に, $o(\alpha^2)$ の量子補正を考える。その Feynman 図は図 10-5 で与えられる。ここで, $n_F e^2$ を持つ 3 点相互作用は留数 $x_1 = (8n_F/3)(\alpha/4\pi)$ によって誘導されたものである。円の中に 2lp と書かれている部分はゲージ場の

通常の 2 ループ自己エネルギー図である。部分図 (subdiagram) の発散を相殺するための相殺項を部分として含む図は簡単のため省略している。また，$o(\alpha^2)$ では部分図以外に相殺項は現れない。なぜなら，先に示したように 2 重極の留数 b_2 は $o(\alpha^3)$ から現れるので，2 点関数の全体の紫外発散を消去する単純極の相殺項は，作用 G_D の Laurent 展開式 (10-20) より，$o(\alpha^3)$ から現れる。

Feynman 図 10-5 の各図について述べると，図 (5) からの寄与は，ゲージ場の 2 ループ自己エネルギーが単純極の発散しか出さないことから，共形因子場の頂点にある ϵ と相殺して自明に有限になる。また，フェルミオンループを含むゲージ場の 4 点関数は有限になることから，図 (6) と (7) も有限である。このように，単純極の紫外発散を出す図は (1) から (4) までで，すべて加えると相殺して有限になる。

$o(\alpha^3)$ の場合も同様にして，前章の結果を用いると，$Z_\phi = 1$ を示すことができる。$o(\alpha^3)$ の計算で留意すべき点は，すでに述べたように，留数 b_2 が値を持つため共形因子場の運動項に単純極の相殺項が現れることである。

Ward-高橋恒等式 フェルミオン場のくり込み因子に対する $o(\alpha_t)$ の寄与は自己エネルギー図 10-6 から計算される。Feynman ゲージだと，

$$Z_2 = 1 - \frac{21}{64} \frac{\alpha_t}{4\pi} \frac{1}{\epsilon}$$

で与えられる。一方，頂点関数のくり込み因子 Z_1 に対する $o(\alpha_t)$ の寄与は図 10-7 で与えられる。ここでは，両者の関係を調べて，重力の量子場を加えた場合でも Ward-高橋恒等式 $Z_1 = Z_2$ が成り立つことを見る。

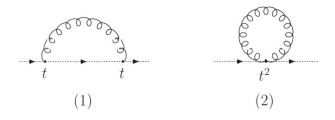

図 10-6 Z_2 の $o(\alpha_t)$ 量子補正。

自己エネルギー関数に対する図 10-6 の (1) からの寄与は，全体に掛かる係数を無視すると，

$$\Sigma^{(a)} = \gamma_\mu \frac{1}{\slashed{k}+\slashed{p}} \gamma_\lambda \frac{1}{k^4} I^H_{\mu\nu,\lambda\sigma}(k+2p)_\nu (k+2p)_\sigma$$

の形で与えられる．ここで，p はフェルミオンの外線の運動量，k が内線のトレースレステンソル場の運動量である．このとき，$k+2p$ の運動量依存性が重力相互作用 (10-27) から生じるため，通常の QED の Ward-高橋恒等式の場合と違って，外線 p での微分がこの依存性に作用して，

$$\begin{aligned}\frac{\partial}{\partial p_\rho}\Sigma^{(a)} = &-\gamma_\mu \frac{1}{\slashed{k}+\slashed{p}} \gamma_\rho \frac{1}{\slashed{k}+\slashed{p}} \gamma_\lambda \frac{1}{k^4} I^H_{\mu\nu,\lambda\sigma}(k+2p)_\nu (k+2p)_\sigma \\ &+ \gamma_\mu \frac{1}{\slashed{k}+\slashed{p}} \gamma_\lambda \frac{1}{k^4} I^H_{\mu\nu,\lambda\sigma}\{2\delta_{\nu\rho}(k+2p)_\sigma + 2\delta_{\sigma\rho}(k+2p)_\nu\}\end{aligned}$$

となる．右辺の最初の項が外線光子の運動量をゼロにした頂点関数の図 10-7 の (1) に相当する．2 番目の項は図 10-7 の (2) と (3) の和に相当する．

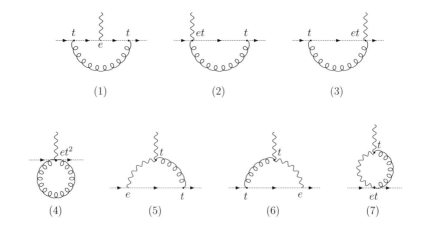

図 10-7 頂点関数のくり込み因子 Z_1 の $o(\alpha_t)$ 量子補正．

オタマジャクシ図 10-6 の (2) について同様の議論を行うと，図 10-7 の (4) が対応することが分かる．これは相互作用 (10-27) の中の $\bar{\psi}\gamma_\mu\psi A_\nu(h^n)_{\mu\nu}$ が相互作用 $\bar{\psi}\gamma_\mu p_\nu \psi(h^n)_{\mu\nu}$ に $p_\nu \to p_\nu - eA_\nu$ の置き換えをすることによっ

て生じるという事実を反映している。一方, その他の重力相互作用は, トレースレステンソル場に微分が掛かるので, フェルミオン運動量の微分は素通りする。

図 10-6 に対応するものがない図 10-7 の (5) から (7) は紫外発散を含まない。さらに, 光子の外線の運動量をゼロにした場合はこれらはゲージ対称性により消えることが分かる。このようにして $o(\alpha_t)$ で $Z_1 = Z_2$ を示すことが出来る。一般的に, 頂点関数の外線の光子が $\phi^n FF$ や $h^n FF$ 型をした重力相互作用に由来している場合は, ゲージ不変性より $F_{\mu\nu}$ の形で現れるので, 外線の光子の運動量をゼロにすると消える。

全次数で Ward-高橋恒等式が成り立つことを示すためには, 図 10-8 の (1) や (2) のような, 外線の光子が内線のフェルミオンループに直結している形の頂点関数補正が, 外線光子の運動量をゼロにしたとき, すべて消えなければならない。

先ず, 図 10-8 の (1) が消えることを示すために, 一般化された Furry の定理, 付着している重力場の数に関係なく奇数本の光子が付着したフェルミオンループ図は消える, を使う。これは荷電共役変換を取った時, 光子場は符号を変えるが重力場は変えないことからすぐに示せる。一方, 図 10-8 の (2) はゲージ不変性から外線光子場は $F_{\mu\nu}$ の形で現れるので, やはり運動量をゼロにしたとき消える。このようにして $Z_1 = Z_2$ が示せる。

図 10-8 内部フェルミオンループに外線光子が付着した頂点関数補正の例。

ゲージ場のくり込み $U(1)$ ゲージ場のくり込み因子 Z_3 への重力相互作用の寄与を計算する。内線にトレースレステンソル場が伝播する $o(\alpha_t)$ の補

正は図 10-9 の Feynman 図で与えられる。この寄与は，自己エネルギー図 (1) とオタマジャクシ図 (2) からの紫外発散が相殺して有限になることが分かる。

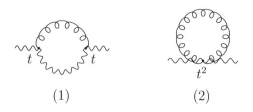

図 10-9　Z_3 の $o(\alpha_t)$ ループ補正。

内線に共形因子場が伝播する Feynman 図は $o(\alpha^2/b)$ から現れる。その中で，単純極が生じる図は 3 つで，図 10-10 で与えられる。先にも述べたように，単純極しか出さないゲージ場の 2 ループ自己エネルギーなどを含む Feynman 図は自明に有限になるので省略している。また，$o(\alpha^3/b)$ で 2 重極を生じる Feynman 図は図 10-11 で与えられる。

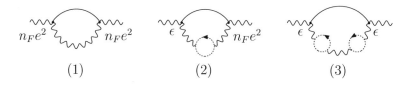

図 10-10　Z_3 に $o(\alpha^2/b)$ の単純極を与える Feynman 図。

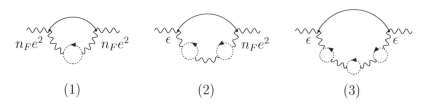

図 10-11　Z_3 に $o(\alpha^3/b)$ の 2 重極を与える Feynman 図。

通常の QED の量子補正に，これらの図からの寄与を加えると，くり込み因子 Z_3 は

$$Z_3 = 1 - \frac{4n_F}{3}\frac{\alpha}{4\pi}\frac{1}{\epsilon} + \left(-2n_F + \frac{8}{27}\frac{n_F^2}{b}\right)\frac{\alpha^2}{(4\pi)^2}\frac{1}{\epsilon}$$
$$+ \left(-\frac{8n_F^2}{9} + \frac{8}{81}\frac{n_F^3}{b}\right)\frac{\alpha^3}{(4\pi)^3}\frac{1}{\epsilon^2} + o(\alpha\alpha_t, \alpha_t^2) \quad (10\text{-}31)$$

となる。この結果から留数 $f_{1,2}$ (10-14) が読み取れる。また，ベータ関数が (10-15) と計算される。

共形因子場の非くり込み定理 (III)[頂点関数]　ここではさらに非自明な頂点関数 $\phi F_{\mu\nu}^2$ のくり込み計算を行い，これが $Z_\phi = 1$ で，すなわち，すでに計算された Z_3 の情報だけで有限になることを示す。

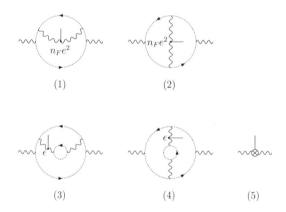

図 10-12　頂点関数 $\phi F_{\mu\nu}^2$ の $o(\alpha^3)$ ループ補正。

ゲージ場のくり込み因子 Z_3 に現れる 2 重極が $o(\alpha^3)$ から生じることから，Laurent 展開式 (10-17) より，相互作用 $\phi F_{\mu\nu}^2$ の単純極の相殺項は $o(\alpha^3)$ から誘導される。このことから，非自明な紫外発散を含む Feynman 図はこの次数から現れる。

はじめに，内線に QED の場しか伝播しない場合を考える。簡単のため以下では共形因子場の運動量をゼロに置いて計算する。紫外発散が生じる Feynman 図は図 10-12 で与えられる。図 (1) と (2) の和はゲージ場の 2 ルー

プの自己エネルギーに相互作用 $n_F e^2 \phi F_{\mu\nu}^2$ を付けたものである。2 ループの自己エネルギーは単純極を与えるので，これらの図の和も単純極を与える。

図 10-12 の (3) と (4) は 3 ループの自己エネルギーに $\epsilon \phi F_{\mu\nu}^2$ の相互作用を付けたものである。フェルミオンループが 2 つ存在する 3 ループの自己エネルギーは 2 重極を与えることが知られているので，共形因子場の頂点にある ϵ を考慮するとこれらの図の和も単純極を与えることが分かる。

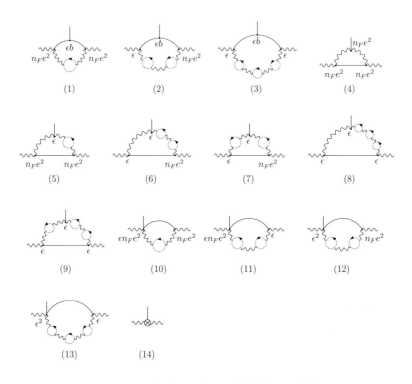

図 10-13 頂点関数 $\phi F_{\mu\nu}^2$ の $o(\alpha^3/b)$ ループ補正。

最後の図 (5) は Z_3 の 2 重極にともなって Laurent 展開式 (10-17) に現れる単純極の相殺項である。その他にも，1 つのフェルミオンループと 2 本のゲージ場が伝播している 3 ループの図に $\epsilon \phi F_{\mu\nu}^2$ を付けた Feynman 図も存在する。ただ，フェルミオンループが 1 つしかない 3 ループ自己エネルギーの和は単純極しか生じないため，共形因子場の頂点関数の ϵ と相殺して自明

に有限になるのでここでは省略した。

それぞれの紫外発散の寄与をまとめると

$$\Gamma_{\mu\nu}^{\phi AA}(0;k,-k)|_{\alpha^3}^{\mathrm{div}} = \frac{1}{\epsilon}\left\{-\frac{8}{3}+\frac{16}{9}+\frac{8}{9}\right\}n_F^2\left(\frac{\alpha}{4\pi}\right)^3(\delta_{\mu\nu}k^2-k_\mu k_\nu) = 0$$

のように相殺して有限になることが示せる。ここで, 頂点関数の有効作用は

$$\Gamma = \int \frac{d^D k}{(2\pi)^D}\frac{d^D l}{(2\pi)^D}\phi(-k-l)A_\mu(k)A_\nu(l)\Gamma_{\mu\nu}^{\phi AA}(-k-l;k,l)$$

と規格化している。最初の $-8/3$ は図 10-12 の (1) と (2) からの寄与の和で, 第 2 項の $16/9$ は (3) と (4) から, 最後の $8/9$ は (5) の相殺項からの寄与である。

最後に, 内線に共形因子場が伝播する $o(\alpha^3/b)$ の頂点関数のくり込みを考える。紫外発散が生じる Feynman 図は図 10-13 で与えられる。他にも, ゲージ場の 2 ループ及び 3 ループ自己エネルギー図を含む Feynman 図が存在するが, それらは自明に有限になるので省略している。共形因子場の内線を含む図には自己 3 点相互作用 $S_{\mathrm{G}[\phi\phi\phi]}^{(D-4)b}$ (10-23) 及び $\phi^2 F_{\mu\nu}^2$ 型の相互作用が寄与するため, 作用 G_D 及びゲージ場作用の Laurent 展開式 (10-20) と (10-17) の非自明な検証になる。図 10-13 からの寄与をすべて足し合わせると紫外発散は相殺して

$$\Gamma_{\mu\nu}^{\phi AA}(0;k,-k)|_{\alpha^3/b}^{\mathrm{div}} = \frac{1}{\epsilon}\left\{-\frac{8}{81}+\frac{16}{81}-\frac{8}{81}\right\}\frac{n_F^3}{b}\left(\frac{\alpha}{4\pi}\right)^3(\delta_{\mu\nu}k^2-k_\mu k_\nu) = 0$$

のように有限になる。ここで, 最初の項は図 10-13 の (1) から (3) までの和, 第 2 項は (10) から (13) までの和である。第 3 項は (14) からの寄与で, Z_3 の 2 重極に由来して生じる単純極の相殺項である。また, (4) から (9) までの紫外発散の寄与は和を取ると相殺して有限になる。

10.5 背景時空独立性の再考

背景時空独立性は共形因子場を非摂動的に扱うことで実現される。実際, 背景時空の共形変換 $\hat{g}_{\mu\nu} \to e^{2\sigma}\hat{g}_{\mu\nu}$ は共形因子場のシフト $\phi \to \phi + \sigma$ と同等である。このシフトは積分変数の変更に過ぎない。従って, 背景時空独立

性は ϕ の経路積分測度のシフト不変性として表される. このように, 背景時空独立性は古典論には存在しない純粋に量子論的な対称性である.

このシフト不変性を反映して, 背景時空独立性は

$$\int d\phi \frac{\delta}{\delta\phi(y)} \left(O(x) e^{-S} \right) = 0$$

と表される. 演算子 O として $\sqrt{g}\Theta = \delta S/\delta\phi$ を考えると,

$$\langle \sqrt{g}\Theta(x) \sqrt{g}\Theta(y) \rangle - \left\langle \frac{\delta \sqrt{g}\Theta(x)}{\delta\phi(y)} \right\rangle = 0 \quad (10\text{-}32)$$

が得られる. ここで, $\Theta = \Theta_A + \Theta_\psi + \Theta_g$ はエネルギー運動量テンソルのトレースである. 各項は $\Theta_A = (D-4)F_{0\mu\nu}F_0^{\mu\nu}/4$, $\Theta_\psi = (D-1)\sum_{j=1}^{n_F} i\bar\psi_{0j} \overleftrightarrow{\not{D}} \psi_{0j}$, $\Theta_g = (D-4)(C_{\mu\nu\lambda\sigma}^2/t_0^2 + b_0 E_D)$ で与えられる. このとき, 前章で議論した曲がった時空上の場の量子論と異なって, (10-32) の右辺が消えることが重要である.

ここでは関係式 (10-32) が実際に成り立っていることを共形因子場 ϕ の役割に注意しながら見ていく. はじめに, 平坦な背景時空上で直接計算して確かめてみる. $\sqrt{g}\Theta$ を $D-4$ で展開すると, ゲージ場部分は

$$\sqrt{g}\Theta_A = (D-4) Z_3 \frac{1}{4} e^{(D-4)\phi} F_{\mu\nu} F_{\mu\nu}$$
$$= \frac{D-4}{4} \left[1 + \frac{f_1}{D-4} + (D-4+f_1)\phi + \cdots \right] F_{\mu\nu} F_{\mu\nu} \quad (10\text{-}33)$$

と展開される. 重力場の b に依存した部分は

$$\sqrt{g}\Theta_g = \frac{\mu^{D-4}}{(4\pi)^{D/2}} \Bigg\{ 4b\partial^4\phi + (D-4)b \left[2\phi\partial^4\phi + \partial^4(\phi^2) \right]$$
$$+ (D-4)^2 b \bigg[\phi^2 \partial^4\phi + \frac{1}{3}\partial^4(\phi^3)$$
$$- 2(8\chi_3 - 1) \partial_\lambda (\partial_\lambda\phi \partial_\sigma\phi \partial_\sigma\phi) \bigg] + \cdots \Bigg\} \quad (10\text{-}34)$$

で与えられる. これらの展開式ではトレースレステンソル場との相互作用は省いている. また, Weyl 作用に由来する重力場部分は $(D-4)e^{(D-4)\phi}\bar{C}_{\mu\nu\lambda\sigma}^2/t_0^2$ と展開される. この部分はトレースレステンソル

場の自己相互作用が関係する項で扱いが困難であるが, (10-33) と同じような構造をしているので, 以下のゲージ場部分の議論からこの部分の振る舞いを類推することが出来る。

図 **10-14**　背景時空独立性を表す樹木 (tree) 図。

以下, 具体的に背景独立を表す式 (10-32) が成り立っていることを見てみる。$\sqrt{g}\Theta$ の 2 点相関関数の $o(b)$ の寄与は図 10-14 の (1) で与えられる。ここで, 2 重線は $\sqrt{g}\Theta$ を表す。展開式 (10-34) の第 1 項から, ϕ の伝播関数 (10-22) を用いると, その寄与は運動量表示で容易に $4b\mu^{D-4}k^4/(4\pi)^{D/2}$ と計算される。一方, 図 10-14 の (2) で表される (10-32) の第 2 項も (10-34) の第 1 項から計算出来て, それが図 (1) の寄与と相殺して $o(b)$ で等式が成り立つ。

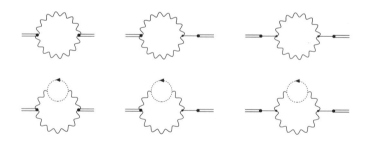

図 **10-15**　背景時空独立性を表す 1 ループ Feynman 図 I。

さらに, $o(1)$ と $o(\alpha)$ の等式は, 展開式 (10-34) と相互作用 (10-20) を用いると, 図 10-15 と図 10-16 のように成り立つことが示せる。ここで, 図 10-16 の最後のオタマジャクシ図は (10-32) の第 2 項からの寄与を表す。一方, $o(\alpha)$ の第 2 項からの寄与はない。このことは留数 b_1 に $o(\alpha)$ の項がないという前章のくり込み群の結果と一致する。いま考えている次数では, 結果

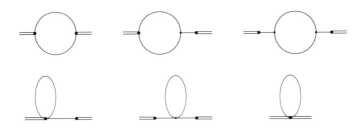

図 10-16 背景時空独立性を表す 1 ループ Feynman 図 II。

は χ_3 の値に依らずに成り立っている。

最後に, (10-32) が背景時空独立を表していることをより明白な形で示す。作用を背景時空で変分して得られるエネルギー運動量テンソルのトレース $\sqrt{\hat{g}}\hat{\Theta} = \delta S/\delta\sigma$ を考える。ここで, $\delta/\delta\sigma = 2\hat{g}_{\mu\nu}\delta/\delta\hat{g}_{\mu\nu}$ である。元の計量場 $g_{\mu\nu}$ で書かれた量では, ϕ の変化は σ の変化として表すことが出来るので, ゲージ固定に由来する項を除いてエネルギー運動量テンソルの間に $\sqrt{\hat{g}}\hat{\Theta} = \sqrt{g}\Theta$ の関係式が成り立つ。従って, ゲージ不変性を考慮すると, (10-32) は σ の変分で表すことができる。背景時空による変分は相関関数の外に出すことが出来るので, 式は $\delta^2 \langle 1 \rangle / \delta\sigma(x)\delta\sigma(y) = 0$ と表すことが出来る。このように, 背景時空の選び方に依らないことが示せる。

10.6 一般座標不変な有効作用

ここでは, 有効作用の考察から, 共形異常に伴う Wess-Zumino 作用が一般座標不変性を保障するために現れることを見る。

はじめに, QED における共形異常とベータ関数の関係について述べる。くり込みを行うと運動量空間で $\log(k^2/\mu^2)$ の形をした非局所項が有効作用に現れる。これはくり込み操作によるスケールの現れで, その前の係数がベータ関数 $\bar{\beta}$ を与える。

共形因子場の依存性まで含めた QED の有効作用は

$$\Gamma_{\mathrm{QED}} = \left\{ 1 - \frac{\bar{\beta}}{2}\log\left(\frac{k^2}{\mu^2}\right) + x_1\phi + 4n_F\frac{\alpha^2}{(4\pi)^2}\phi \right\} \frac{1}{4}\bar{F}^2_{\mu\nu}(k)$$

で与えられる。右辺の第3項は留数 x_1 により誘導された Wess-Zumino 作用である。第4項は図 10-17 から来る有限な寄与である。光子の2ループ自己エネルギー補正が単純極しかもたないので，それが ϵ と相殺して有限になる。簡単のため，ここでは ϕ のゼロモード部分だけを考えている。有効作用を ϕ についての変分すると共形異常が求まって，その係数は

$$\delta_\phi \Gamma_{\text{QED}} = \left(x_1 + 4n_F \frac{\alpha^2}{(4\pi)^2}\right) \frac{1}{4}\sqrt{g} F_{\mu\nu}^2 = \bar{\beta} \frac{1}{4}\sqrt{g} F_{\mu\nu}^2$$

のようにベータ関数に比例する。ここで，$\bar{\beta}$ の α^2 項は留数 x_1 のそれの2倍であることに注意する。これは前章で求めた共形異常の式に相当する。

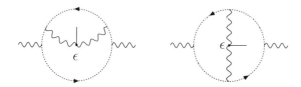

図 10-17 頂点関数 $\phi F_{\mu\nu}^2$ の $o(\alpha^2)$ の有限補正。

運動量の自乗は $k^2 \, (= k_\mu k_\nu \delta^{\mu\nu})$ のように平坦な背景時空上で定義されていることに注意して，ここでは元の計量 $g_{\mu\nu} \, (= e^{2\phi} \delta_{\mu\nu})$ で定義された物理的運動量

$$k_{\text{phy}}^2 = \frac{k^2}{e^{2\phi}} \tag{10-35}$$

を導入する。これを用いて有効作用は

$$\Gamma_{\text{QED}} = \left\{1 - \frac{\bar{\beta}}{2}\log\left(\frac{k_{\text{phy}}^2}{\mu^2}\right)\right\} \frac{1}{4}\sqrt{g} F_{\mu\nu}^2$$

のように一般座標不変な式で書くことができる。

このように共形異常はくり込みに伴うスケールの現われと関係する量で，Wess-Zumino 作用は非局所項を一般座標不変な形にするために現れる。そのため，共形異常はゲージ異常とは異なり，一般座標不変性を保つために必要なものである。高次のベータ関数にともなう非局所項 $\log^n(k^2/\mu^2)$ に対して，$\phi^n F_{\mu\nu}^2$ の相互作用が対応する。

同様のことが Weyl 作用についても成り立つ。くり込み操作にともなって非局所項 $\log(k^2/\mu^2)$ と Wess-Zumino 作用 $\phi C_{\mu\nu\lambda\sigma}^2$ が誘導され、ベータ関数を $\bar{\beta}_t = -8\pi\beta_0\alpha_t$ $(\beta_0 > 0)$ とすると[*17]、有効作用は

$$\Gamma_{\rm W} = \left\{ \frac{1}{t^2} - 2\beta_0\phi + \beta_0 \log\left(\frac{k^2}{\mu^2}\right) \right\} \bar{C}_{\mu\nu\lambda\sigma}^2$$
$$= \frac{1}{\tilde{t}^2(k_{\rm phy}^2)} \sqrt{g} C_{\mu\nu\lambda\sigma}^2$$

で与えられる。括弧 { } 内をまとめた関数 $\tilde{t}(k_{\rm phy}^2)$ が漸近自由性にともなうランニング結合定数で,

$$\tilde{t}^2(k_{\rm phy}^2) = \frac{1}{\beta_0 \log(k_{\rm phy}^2/\Lambda_{\rm QG}^2)} \tag{10-36}$$

と表される。ここで, $k_{\rm phs}^2$ は物理的運動量の自乗 (10-35) である。力学的赤外スケールは $\Lambda_{\rm QG} = \mu \exp\{-1/(2\beta_0 t^2)\}$ と定義される。高次のベータ関数にともなう非局所項 $\log^n(k^2/\mu^2)$ に対しては $\phi^n C_{\mu\nu\lambda\sigma}^2$ が対応する。

次に, Euler 項に伴う共形異常と関係した一般座標不変な有効作用について述べる。Euler 密度 $\bar{G}_4$ に比例した留数 b_1 の単純極の紫外発散にともなって生じる有効作用を考える。$\bar{G}_4$ が 2 点関数を持たないことから, 対応する Feynman 図はトレースレステンソル場の 3 点関数で与えられ, それから得られる有限部分の形は, b_1 の最低次で,

$$W_{\rm G}(\bar{g}) = \frac{b_c}{(4\pi)^2} \int d^4x \left\{ \frac{1}{8} \bar{E}_4 \frac{1}{\bar{\Delta}_4} \bar{E}_4 - \frac{1}{18} \bar{R}^2 \right\}$$

になると考えられる。$\bar{R}^2$ に比例した項は W_G が平坦な時空のまわりで展開したときトレースレステンソル場の 2 点関数を持たないことを保障している。同時に, この作用の共形変分が $\bar{G}_4$ に比例することも保障している。

4 次元量子重力の有効作用は Riegert 作用 $S_{\rm R}$ (10-21) とこの有限部分 W_G の和で与えられ,

$$\Gamma_{\rm R} = S_{\rm R}(\phi, \bar{g}) + W_{\rm G}(\bar{g}) = \frac{b_c}{8(4\pi)^2} \int d^4x \sqrt{g} E_4 \frac{1}{\Delta_4} E_4$$

[*17] β_0 はベータ関数を $\mu dt/d\mu = -\beta_0 t^3 + o(t^5)$ と定義した時の係数である。第 7 章 7.1 節及び第 12 章と第 14 章ではこの β_0 の係数を使っている。

と表される。このとき，$\bar{R}^2$ 項は相殺して一般座標不変な形になる。このようにして，第 5 章の (5-16) で与えたスケール不変な非局所的 Riegert 作用が現れる。

さらに，Riegert 作用の前の係数に結合定数 t に依存した高次補正がある場合を考えると，それをランニング結合定数に置き換えて $\tilde{t}^2(k_{\mathrm{phy}}^2) = t^2 + 2\beta_0 t^4 \phi - \beta_0 t^4 \log(k^2/\mu^2) + \cdots$ のように展開すると，その ϕ 依存性から有効作用に $\phi^2 \bar{\Delta}_4 \phi$ の項が現れることが分かる。このように，$\phi^n \bar{\Delta}_4 \phi$ ($n \geq 2$) 項は係数の結合定数依存性がランニング結合定数で置き換えることができることを保障していると考えることができる。

10.7　Einstein 項と宇宙項のくり込み

この節では Einstein 項と宇宙項のくり込み計算を行い，Planck 質量や宇宙定数の異常次元を求める。

まず，共形因子場 ϕ を厳密に取り扱っていることから，宇宙項はその指数関数場として

$$S_\Lambda = \Lambda_0 \int d^D x \sqrt{g} = \Lambda_0 \int d^D x e^{D\phi}$$

と表される。Einstein 作用は $o(h^2)$ まで展開すると

$$\begin{aligned}
S_{\mathrm{EH}} &= -\frac{M_0^2}{2} \int d^D x \sqrt{g} R = -\frac{M_0^2}{2} \int d^D x e^{(D-2)\phi} \Big\{ \bar{R} - (D-1) \bar{\nabla}^2 \phi \Big\} \\
&= \frac{3}{2} M_0^2 \int d^D x e^{(D-2)\phi} \bigg\{ \frac{D-1}{3} \partial^2 \phi + \frac{D-2}{3} t_0 h_{0\mu\nu} \Big(-\partial_\mu \partial_\nu \phi \\
&\quad + \partial_\mu \phi \partial_\nu \phi \Big) + \frac{D-1}{6} t_0^2 h_{0\mu\lambda} h_{0\nu\lambda} \partial_\mu \partial_\nu \phi + \frac{D-1}{6} t_0^2 h_{0\mu\nu} \partial_\mu h_{0\nu\lambda} \partial_\lambda \phi \\
&\quad \frac{D-3}{6} t_0^2 h_{0\mu\nu} \chi_{0\mu} \partial_\nu \phi + \frac{t_0^2}{12} \partial_\lambda h_{0\mu\nu} \partial_\lambda h_{0\mu\nu} - \frac{t_0^2}{6} \chi_{0\mu} \chi_{0\mu} \bigg\}
\end{aligned} \quad (10\text{-}37)$$

となる。

共形因子場がくり込みを受けないこと，すなわち $Z_\phi = 1$ に注意すると，くり込み計算は裸の Planck 質量と宇宙定数をそれぞれ

$$M_0^2 = \mu^{D-4} Z_{\mathrm{EH}} M^2,$$

$$\Lambda_0 = \mu^{D-4} Z_\Lambda \left(\Lambda + L_M M^4\right)$$

と置き換えるとで実行できる。ここで，M は正準次元 1 をもつくり込まれた Planck 質量，Λ は正準次元 4 をもつくり込まれた宇宙項定数である。Z_{EH} と Z_Λ はそのくり込み因子で，L_M は極だけをもつ項である。

Planck 質量の自乗の異常次元は

$$\gamma_{\text{EH}} \equiv -\frac{\mu}{M^2}\frac{dM^2}{d\mu} = D - 4 + \bar{\gamma}_{\text{EH}}$$

で定義される。このとき，$\bar{\gamma}_{\text{EH}} = \mu d(\log Z_{\text{EH}})d\mu$ である。宇宙定数の異常次元は

$$\gamma_\Lambda \equiv -\frac{\mu}{\Lambda}\frac{d\Lambda}{d\mu} = D - 4 + \bar{\gamma}_\Lambda + \frac{M^4}{\Lambda}\bar{\delta}_\Lambda, \qquad (10\text{-}38)$$

で定義され，$\bar{\gamma}_\Lambda = \mu d(\log Z_\Lambda)d\mu$ と

$$\bar{\delta}_\Lambda = \mu \frac{dL_M}{d\mu} - (D-4)L_M + (\bar{\gamma}_\Lambda - 2\bar{\gamma}_{\text{EH}})L_M$$

で与えられる。

以下では，重力場の結合定数のみを考えて，くり込み因子を

$$\log Z_\Lambda = \sum_{n=1}^\infty \frac{u_n}{(D-4)^n}$$

と Laurent 展開すると，異常次元 $\bar{\gamma}_\Lambda$ の展開式の有限部分から

$$\bar{\gamma}_\Lambda = \left(\bar{\beta}_b \frac{\partial}{\partial b} + \alpha_t \frac{\partial}{\partial \alpha_t}\right) u_1$$

が得られる。また，極が消えるための条件として，くり込み群方程式

$$\left(\bar{\beta}_b \frac{\partial}{\partial b} + \alpha_t \frac{\partial}{\partial \alpha_t}\right) u_{n+1} + \bar{\beta}_t \alpha_t \frac{\partial}{\partial \alpha_t} u_n = 0$$

が求まる。くり込み因子 Z_{EH} についても同様である。

はじめに，$\alpha_t \to 0$ の場合について計算する。この場合は BRST 共形不変性から異常次元の厳密解が求まっているので，それと比較することが出来る。

10.7 Einstein 項と宇宙項のくり込み

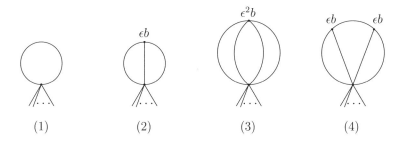

図 10-18 宇宙項の $o(1/b^3)$ の量子補正。

単純極 u_1 に寄与する $1/b$ 展開の 3 次までの Feynman 図は図 10-18 で与えられる。ここで，指数関数部分は $e^{D\phi} = \sum_n D^n \phi^n/n!$ と展開して扱い，図の下部は ϕ^n を表す。

単純極 u_1 への寄与は図 10-18 の (1) から $4/b$, (2) から $4/b^2$, (3) と (4) からそれぞれ $-8/3b^3$ と $28/3b^3$ になる。このとき赤外発散が残るけれども，その相殺については次節で議論する。ここでは無視して紫外発散のみを考えている。$\alpha_t \to 0$ では $\bar{\beta}_b = -b$ であることに注意すると，

$$\bar{\gamma}_\Lambda = -b \frac{\partial u_1}{\partial b} = \frac{4}{b} + \frac{8}{b^2} + \frac{20}{b^3} + \cdots$$

が得られる。最後に，$b = b_c$ と置き換えると宇宙項の異常次元が求まる。ここで，$b \to \infty$ で異常次元が消えることは，この極限で共形因子場が古典的になって伝播しなくなることと整合する。

この結果を厳密解と比較してみる。量子補正を受けた宇宙項の共形因子場依存性は $\delta_\phi S_\Lambda = (4 + \gamma_\Lambda) S_\Lambda$ と表される。一方，BRST 共形不変性から決めた宇宙項物理演算子の共形因子場依存性は $\int d^4x : e^{\alpha\phi} :$ で Riegert 電荷 α は (7-35) で与えられる。このことから γ_Λ の厳密解は

$$\gamma_\Lambda = \alpha - 4 = 2b_c \left(1 - \sqrt{1 - \frac{4}{b_c}} \right) - 4$$

で与えられる。この表式を $1/b_c$ で展開すると，最初の 3 項が一致していることが分かる。

同様にして，Einstein 作用項のくり込み計算を行うことが出来て，

$$Z_{\rm EH} = 1 - \left[\frac{1}{2b} + \frac{1}{4b^2}\right]\frac{1}{\epsilon}, \qquad L_M = \frac{9}{16}\frac{(4\pi)^2}{b^2}\frac{1}{\epsilon}$$

が得られる。これより，Planck 質量の自乗の異常次元が

$$\gamma_{\rm EH} = \frac{1}{b_c} + \frac{1}{b_c^2} + \cdots$$

と求まる。この結果は Ricci スカラー演算子の Riegert 電荷 β (7-36) から導かれる異常次元の厳密解 $\gamma_{\rm EH} = \beta - 2$ を $1/b_c$ で展開したものと整合する。また，極項 L_M より

$$\bar{\delta}_\Lambda = -\frac{9}{8}\frac{(4\pi)^2}{b_c^2}$$

が得られる。

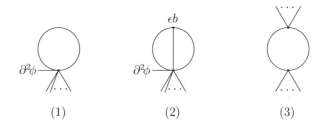

図 10-19　図 (1) と (2) はそれぞれ $Z_{\rm EH}$ に対する $o(1/b)$ と $o(1/b^2)$ の補正を与える。(3) は L_M に対する $o(1/b^2)$ の補正を与える。

トレースレステンソル場による量子補正　トレースレステンソル場による補正は Landau ゲージで計算されている。このゲージを採用すると 2 点相互作用 (10-24) が消えるため，Feynman 図の数をかなり減らすことが出来る[18]。

また，このときまだ計算されていない $\bar{\beta}_b$ の α_t の依存性が必要になる。ゲージ場の結合定数 α の依存性は (10-12) で与えられることが分かっている

---

[18] Landau ゲージでの計算結果およびその他のゲージに関する事柄は K. Hamada and M. Matsuda, arXiv:1511.09161 (Phys. Rev. D に掲載) を参照。

10.7 Einstein 項と宇宙項のくり込み

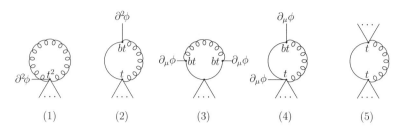

図 10-20 図 (1) から (4) までは Z_{EH} に対する $o(\alpha_t)$ の補正を, (5) は L_M に対する $o(\alpha_t/b)$ の補正を与える。

ので, この結果を踏まえて, ここではゲージ場作用とトレースレステンソル場の Weyl 作用の類似性から, $\bar{\beta}_b$ の α_t の依存性が α と同様に,

$$\bar{\beta}_b = -b + o(\alpha_t^2)$$

で与えられるものと仮定する。これは将来の課題である。

Planck 質量の異常次元に $o(\alpha_t)$ の補正を与える可能性がある Landau ゲージでの Feynman 図は図 10-20 で与えられる。しかしながら, その内の (2), (3), (4) は Landau ゲージのとき紫外発散が消える。また, L_M に寄与する (5) も Landau ゲージでは有限になる。その結果, 図 10-20 の (1) からの寄与だけが残って, $Z_{\text{EH}} - 1 = -(5/8)(\alpha_t/4\pi\epsilon)$ が得られる。これより, 前の結果も合わせて, 異常次元は

$$\gamma_{\text{EH}} = \frac{1}{b_c} + \frac{1}{b_c^2} + \frac{5}{4}\frac{\alpha_t}{4\pi} \tag{10-39}$$

と求まる。

宇宙定数の異常次元に対するトレースレステンソル場からの補正は $o(\alpha_t/b)$ の 2 ループから生じる。それは図 10-22 を部分図に持つ Feynman 図 10-21 で与えられる。このとき, 部分図 10-22 の (1) と (2) は図 10-1 のそれらと同じである。(3) は Weyl 作用から誘導される Wess-Zumino 作用の結合定数 t に依らない $D-4$ の因子を持つ 3 点相互作用部分

$$S_{F[\phi hh]}^{D-4} = \frac{D-4}{t_0^2} \int d^D x\, \phi\, \bar{C}_{\mu\nu\lambda\sigma}^2 \bigg|_{o(t^0)}$$

図 10-21 Landau ゲージでの Z_Λ に対する $o(\alpha_t/b)$ の量子補正。ここで, bt^2 を囲む灰色部分は図 10-22 で与えられる。

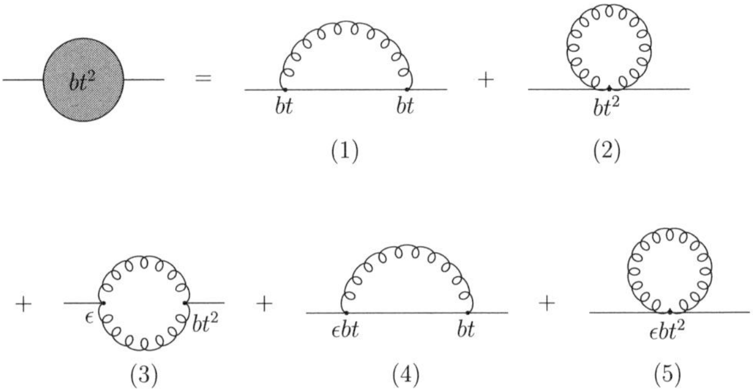

図 10-22 Z_Λ の $o(\alpha_t/b)2$ ループ補正に必要な 1 ループ部分図。

と Euler 項から誘導される $o(bt^2)$ の 3 点相関関数

$$S_{\text{G}[\phi hh]}^{bt^2} = b\frac{\mu^{D-4}}{(4\pi)^{D/2}} \int d^D x\, \phi \left(\bar{G}_4 - \frac{2}{3}\bar{\nabla}^2 \bar{R} \right)\bigg|_{o(t^2)}$$

が寄与する。(4) はこの 3 点相互作用と $(D-4) \times o(bt)$ の 3 点相互作用

$$S_{\text{G}[\phi\phi h]}^{(D-4)bt} = (D-4)b\frac{\mu^{D-4}}{(4\pi)^{D/2}} \int d^D x \bigg[\frac{1}{2}\bar{G}_4\phi^2 + 3\phi\bar{\nabla}^4\phi + 4\phi\bar{R}^{\mu\nu}\bar{\nabla}_\mu\bar{\nabla}_\nu\phi \\ - \frac{14}{9}\phi\bar{R}\bar{\nabla}^2\phi + \frac{10}{9}\phi\bar{\nabla}^\lambda\bar{R}\bar{\nabla}_\lambda\phi \bigg]\bigg|_{o(t)}$$

が寄与する。(5) は上の式を $o(t^2)$ まで展開した 4 点相互作用 $S_{\text{G}[\phi\phi hh]}^{(D-4)bt^2}$ が寄与する。計算は煩雑で, ここではすべての寄与を加えた結果だけを書くと

$$(Z_\Lambda - 1)|_{\zeta=0} = \frac{155}{18}\frac{t^2}{b(4\pi)^2}\frac{1}{\epsilon}$$

で与えられる。

これより宇宙定数の異常次元は、前の結果も合わせて、

$$\gamma_\Lambda = \frac{4}{b_c} + \frac{8}{b_c^2} + \frac{20}{b_c^3} - \frac{9(4\pi)^2}{8b_c^2}\frac{M^4}{\Lambda} - \frac{310}{9b_c}\frac{\alpha_t}{4\pi} \tag{10-40}$$

で与えられる。このように、異常次元の α_t に依存する部分が負の値になる。一方、Planck 質量の異常次元は正になる。このことは、低エネルギー領域で Einstein 項が宇宙項より優勢になって、宇宙項問題が力学的に解決できる可能性を示唆する。

有効ポテンシャル 最後に、宇宙項の 1 ループ有効ポテンシャルを計算する。ここでは背景場 σ を導入して、共形因子場をそのまわりで $\phi = \sigma + \sqrt{(4\pi)^{D/2}/4b}\mu^{D-4}\varphi$ と展開して、φ の 2 次まで求めると、作用は

$$S|_{\varphi^2} = \int d^D x \left\{ \frac{1}{2}\varphi\partial^4\varphi + \frac{D^2(4\pi)^{D/2}}{8b}\Lambda e^{D\sigma}\varphi^2 - \frac{1}{\bar{\epsilon}}\frac{2}{b}\mu^{D-4}\Lambda e^{D\sigma}\right\}$$

となる。最後の項は宇宙項の 1 ループ相殺項である。ここで、$A = \left(D^2(4\pi)^{D/2}/4b\right)\Lambda e^{D\sigma}$ と置いて、運動項の演算子を $\mathcal{D} = k^4 + A$, $\mathcal{D}_0 = k^4$ と書くと、1 ループの有効ポテンシャル (図 10-23) は

$$V^{\text{loop}} = -\log\left[\det\left(\mathcal{D}_0^{-1}\mathcal{D}\right)\right]^{-\frac{1}{2}}$$
$$= \frac{\mu^{4-D}}{2}\int\frac{d^D k}{(2\pi)^D}\log\left(1 + \frac{A}{k_z^4}\right) = \frac{\mu^{4-D}}{2}\sum_{n=1}^{\infty}\frac{(-1)^{n-1}}{n}A^n I_n$$

と計算できる。ここで、I_n はオタマジャクシ型の積分で

$$I_n = \int \frac{d^D k}{(2\pi)^D}\frac{1}{(k_z^4)^n}$$

と定義される。I_1 は紫外と赤外の両方の発散をもち、$n \geq 2$ では赤外発散のみが現れて、それぞれ

$$I_1 = \frac{1}{(4\pi)^2}\left(\frac{1}{\bar{\epsilon}} - \log z^2\right), \qquad I_{n\,(\geq 2)} = \frac{1}{(4\pi)^2}\frac{z^{2(2-2n)}}{(2n-1)(2n-2)}$$

で与えられる。

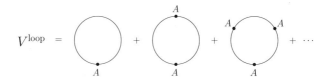

図 10-23 宇宙項の 1 ループ有効ポテンシャル。

紫外発散を相殺項と相殺させて取り除き, $D=4$ とすると, 量子補正が

$$V^{\text{loop}} = \frac{1}{(4\pi)^2}\left\{-\frac{A}{2}\log\frac{z^2}{\mu^2} + z^4\sum_{n=2}^{\infty}\frac{(-1)^{n-1}A^n z^{-4n}}{2n(2n-1)(2n-2)}\right\}$$

$$= \frac{1}{(4\pi)^2}\left\{-\frac{A}{2}\log z^2 + \frac{1}{4}\left(z^4-A\right)\log\left(1+\frac{A}{z^4}\right)\right.$$

$$\left. -z^2\sqrt{A}\arctan\left(\frac{\sqrt{A}}{z^2}\right) + \frac{3}{4}A\right\}$$

と求まる[*19]。これは, $z\to 0$ の極限を取ることが出来て, 極限値は $V^{\text{loop}} = A\{3-\log(A/\mu^4)\}/4(4\pi)^2$ となる。このようにして赤外発散はすべてを加えると相殺することが示せる。これに古典 (tree) 項 $\Lambda e^{4\sigma}$ を加えて, $b=b_c$ と置くと, 宇宙項の 1 ループ有効ポテンシャルが

$$V = \Lambda e^{4\sigma}\left\{1 + \frac{1}{b_c}\left[3-\log\left(\frac{64\pi^2}{\mu^4}\frac{\Lambda}{b_c}\right)\right]\right\}$$

と求まる。

[*19] 級数の和 $f(x)=\sum_{n=2}^{\infty}(-1)^{n-1}x^{2n}/2n(2n-1)(2n-2)$ を計算するために, $h(x)=\partial^2/\partial x^2\{f(x)/x\}$ を考えると良い。これは容易に $h(x)=[\log(1+x^2)-x^2]/2x^3$ と求まるので, 元の級数は $f(x)=x\int_0^x du\int_0^u dv h(v)$ と計算できる。ここで, $z^4 f(\sqrt{A}/z^2)$ とすると級数部分が求まる。

第11章

Einstein 理論の宇宙

　量子重力がなぜ必要なのか．その痕跡がなぜ現在の宇宙背景放射の中に残されていると考えることが出来るのか．これらの疑問に答える前に，まずは Einstein 方程式の解として与えられる Friedmann 宇宙について知る必要がある．この章の目的は Friedmann 宇宙について知られていることを簡潔にまとめ，後の章につなぐことである．

11.1　不安定性とゆらぎの進化

　まず初めに述べて置かなければならないことは，Einstein 方程式の Friedmann 解は不安定な解であるということである．通常，このような解が物理として選ばれることはない．なぜなら，この解のまわりの小さなゆらぎ (摂動) を考えるとそれは時間とともに成長して解から大きくずれてしまうからである．にもかかわらず宇宙は Friedmann 解で良く近似できる．このことは初期のゆらぎが不自然なほどに小さかったことを意味している[*1]．そのような異常に小さなゆらぎを生成する宇宙初期のダイナミクスが何で与えられるのかを明らかにすることが宇宙論の大きな問題の 1 つであった．

　100 億年以上も長く宇宙が続くために必要な非常に小さな初期ゆらぎをつくるアイデアとして 1980 年前後にインフレーション理論が提案された．それは，物質が生成されるビッグバン以前に指数関数的に宇宙が急膨張する時期があって，その時期にゆらぎが小さくなったとする考えである．このアイデアは同時に何故ホライズンサイズよりも大きなサイズの相関が宇宙初期に

[*1] 考えるゆらぎ変数にもよるが，物質密度 ρ のゆらぎ $\delta\rho/\rho$ で見ると 10^{-60} の小ささが必要になる．

存在したのか (地平線問題) を説明することができる。

ビッグバン以後,ゆらぎが成長して星や銀河,銀河団といった構造が造られる。これらの構造形成は非線形効果を含むので単純な摂動論では記述できないが,宇宙が中性化するまではゆらぎはまだ小さく摂動論が適用可能である。さらに,中性化以後,光は物質との相互作用から自由(脱結合)になるためゆらぎが成長しなくなる。それを表す式を Sachs-Wolfe 関係式と呼ぶ[*2]。そのため,脱結合する時点でのゆらぎのスペクトルが分かれば現在の宇宙マイクロ波背景放射 (CMB) スペクトルのおおよそを知ることができる。

Penzias と Wilson によって 1964 年に発見された CMB の温度 T は 3 度 K の Planck 分布をしている[*3]。それからのズレをあらわす温度ゆらぎの振幅 $\delta T/T$ は摂動論が十分に機能する 10^{-5} のオーダーであることが 1990 年代に Cosmic Background Explorer (COBE) 人工衛星による実験によってはじめて観測された。この事実に基づいて宇宙の発展を摂動的に記述する学問を宇宙論的摂動論 (cosmological perturbation theory) と呼ぶ。

COBE の後継機である Wilkinson Microwave Anisotropies Probe (WMAP) による観測から得られた CMB の温度ゆらぎスペクトル (図 11-1) は放射優勢な時代から現在までの宇宙の歴史を記録している。宇宙初期のスペクトルはほぼ特徴のないスケール不変な形であったと考えられている。Harrison-Zel'dovich 型と呼ばれるそのスペクトルを図 11-1 のなかに書き込むと真横一直線になる[*4]。すなわち,その直線からの変形が宇宙の発展のなかでゆらぎが受けたダイナミクスを表している。

これらの変形のほとんどは宇宙が放射優勢から物質優勢に移る時期から中性化するまでの期間に起こる。それ以前はスケール不変なスペクトルが保た

[*2] 現在の温度ゆらぎ $(\delta T/T)(\eta_0)$ と脱結合時 (最終散乱面) での重力ポテンシャルの値 $\Psi(\eta_{\text{dec}})$ を結びつける関係式。原始スペクトルの情報をそのまま残している考えられる長波長のゆらぎ (大角度成分) に限れば,$(\delta T/T)(\eta_0, \mathbf{x}_0) \simeq \Psi(\eta_{\text{dec}}, \mathbf{x}_{\text{dec}})/3$ の関係が成り立つ。詳しくは付録 E.1 を参照。原論分は R. Sachs and A. Wolfe, Astrophys. J. **147** (1967) 73 である。

[*3] 原論文は A. Penzias and R. Wilson, Astrophys. J. **142** (1965) 419 である。

[*4] 原論文は E. Harrison, Phys. Rev. D **1** (1970) 2726; Ya. Zel'dovich, Mon. Not. R. Astron. Soc. **160** (1972) P1 である。

れるため放射優勢な時代が続く限りどこまでも過去に遡ることができる[*5]。そのため, Einstein 理論が正しい限り, 現在の CMB スペクトルから原始スペクトルが生成されたビッグバン時の情報を引き出すことができる。

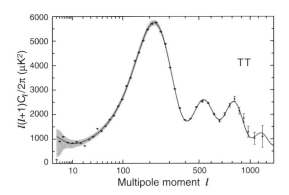

図 11-1 WMAP 温度ゆらぎスペクトル [C. Bennett, et.al., Astrophys. J. Suppl. **208** (2013) 20]。

スペクトルは大まかに 3 つの領域に分けることができる。スケール不変な原始の宇宙のスペクトルをほぼそのまま伝えていると考えられる低多重極成分領域 ($l < 30$), 放射優勢の時代から物質優勢の時代に入って宇宙が中性化するまでの光子とバリオンのプラズマ流体の振動が現れている領域 ($30 < l < 800$), そして中性化の過程で光子のゆらぎの振幅が指数関数的に減少する Silk 減衰領域 ($l > 800$)。この減衰領域では完全流体の近似が破れ非等方ストレスが現れる。

Silk 減衰が起こるのは, 物質が中性化するプロセス (再結合) が始まってから光が物質から完全に自由になる (脱結合) までの間に, 光の平均自由行程が長くなり熱平衡が保てなくなることによる。平均自由行程よりも波長が長ければ完全流体の近似が成り立つが, 短い波長のゆらぎは拡散 (photon

---

[*5] ゆらぎのサイズがホライズンサイズより大きな時期ではスペクトルはほとんど変化しない。特に, $l < 30$ の CMB 多重極成分は宇宙の中性化以後にホライズンの内側に入るか, もしくは現在も入っていないサイズのゆらぎ成分で, ビッグバン直後の原始のスペクトルをそのまま保っていると考えられる。

diffusion) してゆらぎが平均化され振幅は減衰する[*6]。この効果は第 1 音波ピークを越えた辺りから現れはじめ, $l \simeq 800$ を越えると著しくなる。したがって, 完全流体を仮定した宇宙論的摂動論が比較的有効なのは長波長領域のせいぜい $l < 800$ までで, それについては第 13 章で詳しく解説する。Silk 減衰を扱うためには Thomson 散乱を考慮した Boltzmann 方程式を解く必要があるが, 本書では扱わない。

CMB 温度ゆらぎスペクトルの計算はすでにプログラム化されており, CMBFAST など既存の計算コードが公開されている。多くの初期宇宙論の役目はその初期条件である原始スペクトルを与えることである。量子重力理論の目的はまさにインフレーションのダイナミクスとスケール不変な原始スペクトルを与えることである。

11.2 Friedmann 時空

ここでは Friedmann 宇宙についてまとめ, そこに現れるスケールについて解説する。観測の結果から空間曲率はほとんどゼロなので以下では簡単のため無視する。また, 物質として完全流体を考える。このとき背景時空の計量および各状態の物質のエネルギー運動量テンソルは

$$ds^2 = e^{2\hat{\phi}} \left(-d\eta^2 + d\mathbf{x}^2 \right),$$
$$T_{(\alpha)\nu}^{\mu} = \mathrm{diag}(-\rho_\alpha, P_\alpha, P_\alpha, P_\alpha)$$

で与えられる。ここで, $\hat{\phi}(\eta)$ は共形因子背景場, η は共形時間 (conformal time), $\mathbf{x}$ は共動座標 (comoving coordinate) である。共動座標は宇宙が膨張してもかわらない角度のような座標である。これに対して

$$d\tau = e^{\hat{\phi}} d\eta \tag{11-1}$$

定義される時間 τ を物理時間 (固有時間, proper time), $\mathbf{r} = e^{\hat{\phi}} \mathbf{x}$ を物理的距離と呼ぶ。ρ_α と P_α はある状態 α のエネルギー密度と圧力を表す。通常, 物

[*6] 完全流体は粘性がゼロの流体である ($\neq$ 理想気体)。粘性は平均自由行程に比例する量で, 粘性がゼロであるとは, 平均自由行程がゼロの強結合の系を意味する。このように頻繁に相互作用している系ではその系の中で熱のやり取りが閉じていて熱平衡が実現できる。

質として複数の状態を考える。これらの変数は共形時間 η にのみ依存する関数である。

物質の状態 α は圧力とエネルギー密度の比例係数として定義される状態方程式パラメータ (equation of state parameter)

$$w_\alpha = \frac{P_\alpha}{\rho_\alpha}$$

で表される。放射の状態では状態方程式パラメータは 1/3 となり，エネルギー運動量テンソルはトレースレスになる。また，質量をもった粒子でもビッグバン直後のように温度が十分高ければ質量ゼロとみなせるので放射の状態として記述される。宇宙が冷えて温度が粒子の質量よりも低くなれば放射圧が消えて状態方程式パラメータは 0 になる。

粒子の源泉がない場合の物質の保存則 $\nabla_\mu T^\mu_{(\alpha)\nu} = 0$ は各状態に対して

$$\partial_\eta \rho_\alpha + 3\partial_\eta \hat{\phi}(\rho_\alpha + P_\alpha) = 0 \tag{11-2}$$

で与えられる。Einstein 方程式のトレース部分と (00) 成分はそれぞれ

$$M_{\mathsf{P}}^2 e^{-2\hat{\phi}}\left(6\partial_\eta^2 \hat{\phi} + 6\partial_\eta \hat{\phi}\partial_\eta \hat{\phi}\right) - \rho + 3P - 4\Lambda = 0,$$
$$-3M_{\mathsf{P}}^2 e^{-2\hat{\phi}}\partial_\eta \hat{\phi}\partial_\eta \hat{\phi} + \rho + \Lambda = 0 \tag{11-3}$$

で与えられる。ここで，$M_{\mathsf{P}} = 1/\sqrt{8\pi G}$ は換算 Planck 質量 (reduced Planck mass)，Λ は宇宙項である。エネルギー密度 ρ と圧力 P はすべての状態について和を取った

$$\rho = \sum_\alpha \rho_\alpha, \qquad P = \sum_\alpha P_\alpha \tag{11-4}$$

で与えられる。

保存則 (11-2) は各状態 α に対して成り立つのに対し，Einstein 方程式は状態の和の形で入ってくることに注意しなければならない。もちろん，保存則は状態の和の変数 ρ, P に対しても成り立ち，状態方程式パラメータは $w = P/\rho$ で与えられる。

通常よく用いられるスケール因子 a を導入すると，

$$a = e^{\hat{\phi}}, \qquad \partial_\eta \hat{\phi} = \frac{\partial_\eta a}{a} = aH \tag{11-5}$$

と書ける。ここで, H は Hubble 変数である。この変数を使って方程式を書き直すと, Einstein 方程式は

$$6M_{\mathsf{P}}^2\left(a^{-1}\partial_\eta H+2H^2\right)=\rho-3P+4\Lambda=(1-3w)\rho+4\Lambda,$$
$$3M_{\mathsf{P}}^2 H^2 = \rho + \Lambda \tag{11-6}$$

となる。エネルギー保存則は

$$\partial_\eta \rho_\alpha = -3aH\left(\rho_\alpha + P_\alpha\right) = -3\left(1+w_\alpha\right)aH\rho_\alpha \tag{11-7}$$

と書ける。

Hubble 変数の現在の値を表す Hubble 定数は Friedmann 宇宙を指定する宇宙論パラメータの 1 つで, しばしば小文字の h を使って $H_0 = 100h$ [kms^{-1}Mpc^{-1}] と表す。自然単位系 ($c = \hbar = 1$) では

$$H_0 = \frac{h}{2997.9} = 0.00024 \text{Mpc}^{-1}$$

で与えられる。ここでは $h = 0.72$ の値を採用した。このとき, 現在見えている宇宙の大きさを表すためによく使われる Hubble 距離 $1/H_0$ は 4164Mpc になる。

現在の密度パラメータは Hubble 定数を使って

$$\Omega_\alpha = \frac{\rho_{\alpha 0}}{3M_{\mathsf{P}}^2 H_0^2}$$

と定義する。$\rho_{\alpha 0}$ は状態 α の現在のエネルギー密度を表す。物質の状態 α として, 冷たい暗黒物質 (cold dark matter, CDM) は c[*7], バリオンを b, 放射を r と書く。c と b を合わせた質量をもつ物質全体をダストと呼び d と記述する。また, 宇宙項は $w = -1$ の物質とみなすことができて, $\Omega_\Lambda = \Lambda/3M_{\mathsf{P}}^2 H_0^2$ という量を定義する。本書では

$$\Omega_r = \Omega_\gamma + \Omega_\nu = 4.2 \times 10^{-5}/h^2 = 8.1 \times 10^{-5},$$
$$\Omega_b = 0.042,$$
$$\Omega_d = \Omega_c + \Omega_b = 0.27,$$
$$\Omega_\Lambda = 0.73$$

[*7] 暗黒物質は通常の物質とほとんど相互作用をしない重力的な影響のみを与える未知の物質である。観測された CMB のスペクトルや銀河の回転曲線, 重力レンズ効果などを説明するために間接的にその存在が予言されている。

の値を使うことにする。ここで、Ω_r は光子からの寄与 Ω_γ と 3 世代のニュートリノからの寄与 Ω_ν を合計した値である。その比は $\rho_{\gamma 0} = 2(\pi^2/30)T_\gamma^4$ と $\rho_{\nu 0} = N_\nu 2(\pi^2/30)(7/8)T_\nu^4$ より

$$\frac{\Omega_\nu}{\Omega_\gamma} = \frac{\rho_{\nu 0}}{\rho_{\gamma 0}} = N_\nu \frac{7}{8} \left(\frac{T_\nu}{T_\gamma}\right)^4 = 0.68$$

で与えられる。ここで、N_ν は世代数で、最後の等式では $T_\nu/T_\gamma = (4/11)^{1/3}$ と $N_\nu = 3$ を使った。これより光子密度は $\Omega_\gamma = 4.8 \times 10^{-5}$ になる。

これらの量は Einstein 方程式 (11-6) から

$$\Omega_d + \Omega_\Lambda = 1$$

をみたすことが分かる。ここで、Ω_r は小さいので無視している。これは空間が平坦であることを示す関係式で、もし空間に曲率があれば右辺は 1 からずれるが、観測は 1 であることを示唆している。

状態 r, c, b の状態方程式パラメータはそれぞれ

$$w_r = \frac{1}{3}, \quad w_c = 0, \quad w_b = 0$$

であることから、保存則 (11-7) を解くと

$$\rho_r = \rho_{r0}\left(\frac{a_0}{a}\right)^4 = 3M_{\mathsf{P}}^2 H_0^2 \Omega_r \left(\frac{a_0}{a}\right)^4,$$
$$\rho_c = \rho_{c0}\left(\frac{a_0}{a}\right)^3 = 3M_{\mathsf{P}}^2 H_0^2 \Omega_c \left(\frac{a_0}{a}\right)^3,$$
$$\rho_b = \rho_{b0}\left(\frac{a_0}{a}\right)^3 = 3M_{\mathsf{P}}^2 H_0^2 \Omega_b \left(\frac{a_0}{a}\right)^3$$

を得る。a_0 は現在のスケール因子でしばしば $a_0 = 1$ と規格化される。以下では断らない限り $a_0 = 1$ とする。これを Einstein 方程式 (11-6) に代入すると Hubble 変数は

$$H^2 = H_0^2 \left\{\Omega_r \left(\frac{a_0}{a}\right)^4 + \Omega_d \left(\frac{a_0}{a}\right)^3 + \Omega_\Lambda\right\} \tag{11-8}$$

と書ける。この式から分かるように宇宙項は現在に近い $a_0/a < 2$ くらいにならないとダイナミクスに寄与しない。

現在からどれぐらい過去に遡ったかを表すのに使われる赤方偏移 (red shift) z はスケール因子を使って

$$z + 1 = \frac{a_0}{a}$$

で定義される。赤方偏移と距離 (comoving angular size distance)*8の関係は, (11-8) から $H = \partial_\eta a/a^2$ を使って $d\eta = \cdots$ の式に書き換えて積分すると,

$$d = \eta_0 - \eta = \frac{1}{a_0 H_0} \int_0^z \frac{dz}{\sqrt{\Omega_r(z+1)^4 + \Omega_d(z+1)^3 + \Omega_\Lambda}}$$

で与えられる。具体的な数値を挙げれば

$$z = 0.1 \Leftrightarrow d = 408\,\text{Mpc},$$
$$z = 1 \Leftrightarrow d = 3271\,\text{Mpc},$$
$$z = 5 \Leftrightarrow d = 7822\,\text{Mpc},$$
$$z_\text{dec} = 1100 \Leftrightarrow d_\text{dec} = 13808\,\text{Mpc}\ (\simeq 宇宙の大きさ)$$

となる。ここで, z_dec は宇宙が中性化する最終散乱面 (last scattering surface) の赤方偏移を表す。

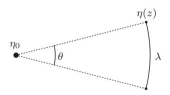

図 11-2 赤方偏移と距離。

距離と角度の関係は図 11-2 より $\theta \simeq \lambda/d$ で与えられる。ここで多重極 (multipole) l とゆらぎのサイズをあらわす共動波数 (comoving wave number) $k = \pi/\lambda$ の関係を与えておく。Sachs-Wolfe 関係を用いて C_l を定

---

*8 その他 proper motion distance, angular diameter distance, transverse comoving distance とも呼ばれる。

義する際に距離の変数 d_{dec} が入ってくることから, l は $d = d_{\text{dec}}$ を使って評価され

$$l \simeq \frac{\pi}{\theta} = kd_{\text{dec}} \tag{11-9}$$

の関係が成り立つ。これより

$$k = 0.0002\,\text{Mpc}^{-1} \Leftrightarrow l \simeq 3,$$
$$k = 0.002\,\text{Mpc}^{-1} \Leftrightarrow l \simeq 30,$$
$$k = 0.005\,\text{Mpc}^{-1} \Leftrightarrow l \simeq 70,$$
$$k = 0.015\,\text{Mpc}^{-1} \Leftrightarrow l \simeq 210,$$
$$k = 0.05\,\text{Mpc}^{-1} \Leftrightarrow l \simeq 700$$

となる。物理的なゆらぎの波数は共動波数をスケール因子で割って $p = k/a$ で与えられる。いま $a_0 = 1$ としているので k の値は現在の物理的なゆらぎのサイズをあらわしている。$l = 3$ に相当するゆらぎの波長は宇宙の大きさを表す Hubble 距離 $(1/H_0)$ と同程度の $1/k \simeq 5000\,\text{Mpc}$ になる。$l \simeq 30$ は $1/k \simeq 500\,\text{Mpc}$ のサイズをあらわす。$l \simeq 700$ でも $1/k \simeq 20\,\text{Mpc}$ で超銀河団 (super cluster of galaxies) の 10〜30Mpc のサイズである。

放射のエネルギー密度が宇宙膨張とともに a^{-4} で減少するのに対して質量をもった物質は a^{-3} で減少するため, 宇宙は $\rho_r \gg \rho_d$ の放射優勢な時代から $\rho_r \ll \rho_d$ の物質優勢な時代に変わる時期がある。その時期を示す赤方偏移値は定義式 $\rho_r = \rho_d$ を解くと

$$z_{\text{eq}} + 1 = \frac{\Omega_d}{\Omega_r} = 3333$$

になる。

最後にスケール因子の振る舞いについて見てみる。放射優勢時代では $\rho_d = 0$ と近似すると Einstein 方程式は簡単に解けて $a \propto \eta$ を得る。一方, 物質優勢時代では $\rho_r = 0$ と近似できて $a \propto \eta^2$ になる。ここでは共形時間を用いたけれど, 物理時間 (11-1) ではそれぞれ $a \propto \tau^{1/2}$ と $a \propto \tau^{2/3}$ になる。

第 12 章

量子重力的宇宙論

　この章ではくり込み可能な重力の量子論にもとづく初期宇宙進化のモデルを構築する．時間の概念も，空間の概念もない共形不変な時空から私たちの現在の宇宙が構成される過程を，Planck 質量 $m_{\rm pl} = 1/\sqrt{G} \simeq 10^{19} {\rm GeV}$ と力学的エネルギースケール $\Lambda_{\rm QG}$ の 2 つを用いて説明する．力学的エネルギースケールを Planck スケールより低い $\Lambda_{\rm QG} \simeq 10^{17} {\rm GeV}$ の値に取ると，宇宙の進化はこれらのスケールによって共形不変性が破れていく過程として表され，インフレーションから，時空の相転移としてのビッグバンを経て，Friedmann 宇宙に移行するシナリオを構成することができる．

12.1　インフレーションと時空相転移

　Planck 質量よりも高いエネルギー領域では高階微分作用が優勢になり，時空のゆらぎは背景時空独立な重力の量子論で記述される．ここではエネルギーが Planck スケールまで下がってきて，Einstein 作用が有効になる領域について議論する．一方，宇宙項はこの時点で十分に小さいとして無視する．

　はじめに述べたように，ダイナミクスを支配する 2 つの重力的エネルギースケールの間に

$$m_{\rm pl} \gg \Lambda_{\rm QG}$$

の関係があるとする．このときインフレーション解が存在する[*1]．

　これ以後の宇宙論の各章では，計量場は以前と同様に $g_{\mu\nu} = e^{2\phi} \bar{g}_{\mu\nu}$ と

[*1] この条件はユニタリ性の問題ともかかわってくる．第 1 章でも述べたように，Planck エネルギーまで重力が古典的であるとすると，Planck 質量を持った素励起はブラックホールになってしまい，その情報は失われてしまう．この条件の下では Planck エネルギーに到達する前に量子重力の効果が現れることからその問題を回避することが出来る．

分解される。一方、結合定数 t が大きくなる場合も考慮して、バー付きの計量は $\bar{g}_{\mu\nu} = \eta_{\mu\nu} + h_{\mu\nu} + \cdots$ のように t を導入せずに展開する。すなわち、以下では $th_{\mu\nu}$ を $h_{\mu\nu}$ と書く。背景平坦時空 $\eta_{\mu\nu} = (-1,1,1,1)$ の座標を $x^\mu = (\eta, x^i)$ と表して、前章と同様に、η を共形時間、x^i を共動座標と呼ぶ。

安定なインフレーション解 漸近自由性によりエネルギーが力学的スケールより十分高いときは結合定数 t を無視することができる。このとき、量子重力のダイナミクスは作用 I (7-1) に量子論的に誘導された Riegert 作用 S_R (5-11) を加えた S_4DQG (7-6) で記述される。

共形因子場 ϕ の運動方程式を考える。その空間的に等質な成分 $\hat{\phi}(\eta)$ が満たす方程式は

$$-\frac{b_c}{4\pi^2}\partial_\eta^4\hat{\phi} + 6M_\mathrm{P}^2 e^{2\hat{\phi}}\left(\partial_\eta^2\hat{\phi} + \partial_\eta\hat{\phi}\partial_\eta\hat{\phi}\right) = 0$$

となる。ここで、物質の作用が共形因子場に依らないことを使っている。この方程式がインフレーション解をもつことを見るために、前章で導入した Hubble 変数 H (11-5) を用いて書き換えると、

$$\frac{b_c}{8\pi^2}\left(\dddot{H} + 7H\ddot{H} + 4\dot{H}^2 + 18H^2\dot{H} + 6H^4\right) - 3M_\mathrm{P}^2\left(\dot{H} + 2H^2\right) = 0$$

を得る。ここで、ドットは物理時間 τ (11-1) による微分である。この方程式はインフレーション解 (de Sitter 解)

$$H = H_\mathrm{D}, \qquad H_\mathrm{D} = \sqrt{\frac{8\pi^2}{b_c}}M_\mathrm{P} = \sqrt{\frac{\pi}{b_c}}m_\mathrm{pl} \qquad (12\text{-}1)$$

をもつ。スケール因子 a (11-5) は物理時間の関数として

$$a(\tau) \propto e^{H_\mathrm{D}\tau}$$

のように指数関数的に増大する。

宇宙における時間とは単調に増大する変数のことで、インフレーション解はそれがスケール因子に他ならないことを表している。このことは、言いかえれば指数関数的な膨張を引き起こす Planck スケールによって時間が力学的に生み出されていると言える。それ以前は変化が極めて緩やかで、ゆらぎの方が勝っている時間のない世界と考えることができる。

12.1 インフレーションと時空相転移

係数 b_c (7-5) の値は標準模型や GUT 模型ではおよそ 10 になるので, 定数 H_D の値は換算 Planck 質量 $M_\mathrm{P} = 2.4 \times 10^{18}\,\mathrm{GeV}$ と通常の Planck 質量 $m_\mathrm{pl} = 1.2 \times 10^{19}\,\mathrm{GeV}$ の中間に位置することになる. 以下では, H_D も Planck スケールの 1 つとして扱い, 宇宙が急膨張し始める時間

$$\tau_\mathrm{P} = \frac{1}{H_\mathrm{D}} \tag{12-2}$$

を Planck 時間と定義する.

このインフレーション解が安定であることを示す. 解からのズレを δ として $H = H_\mathrm{D}(1+\delta)$ を方程式に代入して, $o(\delta^2)$ の項を無視すると,

$$\dddot{\delta} + 7H_\mathrm{D}\ddot{\delta} + 15H_\mathrm{D}^2\dot{\delta} + 12H_\mathrm{D}^3\delta = 0$$

を得る. この式に $\delta = e^{\upsilon\tau}$ を代入して解くと, υ の値として $-4H_\mathrm{D}$, $(-3/2 \pm i\sqrt{3}/2)H_\mathrm{D}$ を得る. 3 つのモードすべてが負の実部を持つことから, ズレは時間とともに指数関数的に小さくなり, インフレーション解が安定であることが分かる. また, 後の章で示すように, 空間方向のゆらぎ (摂動) に対しても安定で, この場合はべき的に小さくなることが分かる.

時空の相転移 Planck スケール付近での共形不変性の破れは小さく量子相関はべき的に振舞うのに対して, 力学的エネルギースケール Λ_QG での破れはランニング結合定数を通して対数関数的で, 共形不変性はこのスケールのときに急激にそして完全に壊れる.

量子重力の物理的な相関距離は $\xi_\Lambda = 1/\Lambda_\mathrm{QG}$ で与えられる. これよりも短いサイズのゆらぎは量子的で, これより長いサイズは古典的なゆらぎと考えることができる. エネルギーが Λ_QG より低くなれば, 時空のゆらぎはすべて古典的になる.

相転移のダイナミクスを考えるに当たって, 漸近自由性を示す場の量子論の代表格である量子色力学 (QCD) を参考にする. QCD には力学的エネルギースケール Λ_QCD が存在して, これよりも低いエネルギーではゲージ場の運動項が消える. 同様に, 時空の相転移では共形不変な重力場の運動項が消えると考えることができる. 実際, 結合定数が力学的スケールで無限大になるとすると, 曲率は有限なので, Weyl 作用 $-(1/t^2)C_{\mu\nu\lambda\sigma}^2$ は消えることが分

かる*2。

　共形因子場のダイナミクスについては次のように考える。Riegert 作用の前の係数 b_c は量子補正を受けると

$$b_c \to b_c \left(1 - a_1 t^2 + \cdots\right) = b_c B_0(t)$$

のように置き換わるので，その非摂動的な表式として大胆に

$$B_0(t) = \frac{1}{(1 + \frac{a_1}{\kappa} t^2)^\kappa} \tag{12-3}$$

とまとめ上げた形を用いることにする。ここで，κ は高次の摂動効果をあらわす現象論的パラメータで，$0 < \kappa \leq 1$ の範囲にあるとする。

　この効果を入れると共形因子場の運動方程式は

$$-\frac{b_c}{4\pi^2} B_0 \partial_\eta^4 \hat{\phi} + M_{\rm P}^2 e^{2\hat{\phi}} \left\{ 6\partial_\eta^2 \hat{\phi} + 6\partial_\eta \hat{\phi} \partial_\eta \hat{\phi} \right\} = 0 \tag{12-4}$$

のように変更される。また，エネルギー運動量テンソルの $(0,0)$ 成分からエネルギー保存の式を求めると

$$\frac{b_c}{8\pi^2} B_0 \left\{ 2\partial_\eta^3 \hat{\phi} \partial_\eta \hat{\phi} - \partial_\eta^2 \hat{\phi} \partial_\eta^2 \hat{\phi} \right\} - 3M_{\rm P}^2 e^{2\hat{\phi}} \partial_\eta \hat{\phi} \partial_\eta \hat{\phi} + e^{4\hat{\phi}} \rho = 0 \tag{12-5}$$

と表される。ここで，ρ は物質のエネルギー密度である。

　結合定数がランニングする効果を取り入れることで，インフレーションから時空の相転移までの時間発展を表すことにする。ここでは，唯一のスケールである物理時間に対する応答として，ランニング結合定数をくりこみ群方程式 $-\tau d\tilde{t}/d\tau = \beta(\tilde{t}) = -\beta_0 \tilde{t}^3$ で定義する。力学的時間スケール

$$\tau_\Lambda = \frac{1}{\Lambda_{\rm QG}}$$

で無限大になる解は

$$\tilde{t}^2(\tau) = \frac{1}{\beta_0 \log(1/\tau^2 \Lambda_{\rm QG}^2)} \tag{12-6}$$

---

*2 現実には，結合定数が無限大になる前に変化が現れると考えるのが自然と思われるが，ここでは理想的に無限大になるものとして，運動項の消滅を表すことにする。

12.1 インフレーションと時空相転移

で与えられる。これはランニング結合定数 (10-36) で物理的運動量 k_{phy} を物理時間の逆数 $1/\tau$ $(\tau > 0)$ に置き換えたものに相当する。

結合定数 t を時間に依存したランニング結合定数 $\tilde{t}(\tau)$ に置き換えて，力学的因子 B_0 を時間の関数として表す。さらに，Hubble 変数を使って書き換えると，運動方程式

$$B_0(\tau)\left(\dddot{H} + 7H\ddot{H} + 4\dot{H}^2 + 18H^2\dot{H} + 6H^4\right) - 3H_{\text{D}}^2\left(\dot{H} + 2H^2\right) = 0 \tag{12-7}$$

を得る。また，エネルギー保存の式は

$$B_0(\tau)\left(2H\ddot{H} - \dot{H}^2 + 6H^2\dot{H} + 3H^4\right) - 3H_{\text{D}}^2 H^2 + \rho = 0 \tag{12-8}$$

となる。

結合定数が小さなインフレーション初期では，運動方程式の解は $H \simeq H_{\text{D}}$ で与えられる。この解を保存則に代入すると $\rho \simeq 0$ になる。このように物質のエネルギー密度はインフレーション解 $H = H_{\text{D}}$ からズレ始めると生成される。結合定数はインフレーション期に次第に大きくなり，相転移近くで急激に増大する。それに伴って力学的因子 B_0 は減少して，相転移点で消滅する[*3]。

物質のエネルギー密度の生成は，共形異常に伴う

$$\phi F_{\mu\nu}^2$$

のような新たな Wess-Zumino 相互作用が結合定数 $\tilde{t}$ の増大とともに開くことから説明できる。相転移時ではこの相互作用が非常に強くなって，重力場のスカラー自由度が一気に物質に転化してビックバンが起こると考えられる。

このように相転移点では高階微分作用項が消え，保存則 (12-8) から，その項が持っていた重力のエネルギーが物質に移って，物質のエネルギー密度

[*3] このとき相転移点では，Hubble 変数 H は $0 < \kappa < 1$ のときその 3 階微分が発散する。$\kappa = 1$ のときは 2 階微分も発散するが，いずれにせよ $B_0 \ddot{H}$ は有限になるので，物理量である物質エネルギー密度は有限のままである。

$\rho(\tau_\Lambda) = 3M_{\mathsf{P}}^2 H^2(\tau_\Lambda)$ が生成されることが分かる.このことは,保存則を時間で微分した式

$$\dot{\rho} + 4H\rho = \frac{b_c}{8\pi^2}\dot{B}_0(\tau)\left(2H\ddot{H} - \dot{H}^2 + 6H^2\dot{H} + 3H^4\right)$$

を考えると分かりやすい.右辺は物質の源泉を表す項で,力学的因子 B_0 が大きく時間変化すると物質が生成されることを表している.このように,インフラトンのような人為的なスカラー自由度を導入することなしに,インフレーションとビッグバンを説明することができる.

宇宙のスケールが急激に膨張し始める Planck 時間 $\tau_{\mathsf{P}}\,(= 1/H_{\mathbf{D}})$ から時空相転移が起こる力学的時間 $\tau_\Lambda\,(= 1/\Lambda_{\mathrm{QG}})$ までをインフレーションの期間として,この期間の宇宙の膨張率 (e-foldings) を

$$\mathcal{N}_e = \log\frac{a(\tau_\Lambda)}{a(\tau_{\mathsf{P}})}$$

と定義する.もし相転移時までほぼ指数関数 $a \simeq e^{H_{\mathbf{D}}\tau}$ のまま膨張したとすると,膨張率は 2 つのスケールの比

$$\mathcal{N}_e \simeq \frac{H_{\mathbf{D}}}{\Lambda_{\mathrm{QG}}} \tag{12-9}$$

で与えられる.実際の膨張率は力学的パラメータ β_0, a_1, κ に依存して増加する.これらは t の強結合ダイナミクスに依存する現象論的なパラメータなので,ここでは厳密なものとは考えず,計算の便宜を考えて適切に選ぶことにする.図 12-1 及び図 12-2 に,$H_{\mathbf{D}}/\Lambda_{\mathrm{QG}} = 60$,$\beta_0/b_c = 0.06$,$a_1/b_c = 0.01$,$\kappa = 0.5$ の場合の計算結果を示す.図では $H_{\mathbf{D}} = 1$ と規格化しているので,相転移時間は $\tau_\Lambda = 60$ となる.このとき膨張率は $\mathcal{N}_e = 65.0$ になる.低エネルギー領域 $(\tau > \tau_\Lambda)$ については以下の節で議論する.

Planck 定数が $M_{\mathsf{P}} = 2.4 \times 10^{18}$ GeV であることから $b_c = 10$ とすると $H_{\mathbf{D}} = 6.7 \times 10^{18}$ GeV になる.これより,上記の膨張率を与える力学的エネルギースケールは

$$\Lambda_{\mathrm{QG}} = 1.1 \times 10^{17} \text{ GeV} \tag{12-10}$$

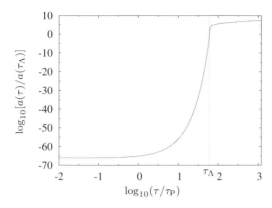

図 12-1 スケール因子 $a(\tau)$ の時間発展。時空は Planck 時間 τ_P から急激の膨張し始める。インフレーションは力学的時間スケール τ_Λ ($=60\tau_\mathrm{P}$) で終わり, Friedmann 宇宙に移る。

となる。また, この値を用いてゆらぎの大きさを次元解析から推定すると, インフレーション期にゆらぎが小さくなって, 時空の相転移時には

$$\left.\frac{\delta R}{R}\right|_{\tau_\Lambda} \sim \frac{\Lambda_\mathrm{QG}^2}{12 H_\mathrm{D}^2} \sim 10^{-5}$$

となることが予想される。分母はインフレーション (de Sitter) 時空の曲率である。この値は CMB の観測から要求されるスカラー振幅の大きさと合致している。第 14 章では実際にゆらぎの時間発展を考えて振幅が小さくなることをみる。

12.2 低エネルギー有効理論

力学的エネルギースケール Λ_QG 以下の低エネルギー領域では Einstein 作用が優勢になり, 私達が通常考える粒子が行き交う古典的な時空が現れる。この節では量子重力の低エネルギー有効理論について考察する。

QCD では力学的エネルギースケール Λ_QCD より高いエネルギー領域では, ゲージ場の運動項がダイナミクスを記述するが, それ以下ではその運動項が消えて, メソンとバリオンが力学的な場の変数となる。一方, 量子重力では少し事情が異なる。Λ_QG より十分高いエネルギー領域では, 重力場の 2

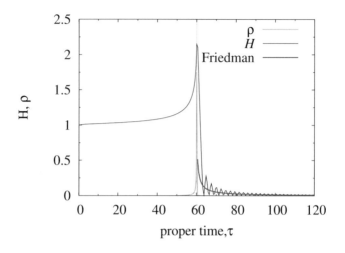

図 12-2 Hubble 変数 H と物質のエネルギー密度 ρ の時間発展。ここでは $H_\mathrm{D}=1$ と規格化している。相転移点 $\tau=60$ 以降, 時間が経つと Friedmann 解に漸近する。

つのモードである共形因子場とトレースレステンソル場がそれぞれ固有の運動項をもち, それらが共形不変なダイナミクスを記述する。Λ_QG 以下ではそれら運動項が消えるが, Einstein 作用が重力場の運動項として残るため, 2 つのモードが固く結びついた複合場としての重力場が新たな力学的変数になる。

量子重力の低エネルギー有効相互作用は重力場の微分展開として

$$I_\mathrm{low} = \int d^4x \sqrt{-g}\,\{\mathcal{L}_2 + \mathcal{L}_4 + \cdots\}$$

で与えられる。ここで, 添え字の数字は微分の数を表す。微分を含まない宇宙項は初期宇宙では無視できるので考えていない。微分を 2 つ含む項は Einstein 作用と物質の作用から構成され,

$$\mathcal{L}_2 = \frac{M_\mathrm{P}^2}{2}R + \mathcal{L}_\mathrm{M}$$

で与えられる。ここで, $\mathcal{L}_\mathrm{M}$ は物質の作用密度である。

12.2 低エネルギー有効理論

ここでは微分を4つ含む作用まで考える。低エネルギー有効理論では最低次の Einstein 項は1ループまでの量子効果を考えるが, 高階微分項は古典的に扱う。このとき, 換算 Planck 質量 M_P はカイラル摂動論のパイオン崩壊定数 $4\pi F_\pi$ に対応する。換算 Planck 質量の逆数による高階微分項の展開は $M_\mathrm{P} \gg \Lambda_\mathrm{QG}$ の関係によって保障され, 可能な4階微分作用 $\mathcal{L}_4$ には

$$R^2, \quad R^2_{\mu\nu}, \quad R^2_{\mu\nu\lambda\sigma}, \quad \frac{1}{M_\mathrm{P}^2} R_{\mu\nu} T^{\mu\nu}, \quad \frac{1}{M_\mathrm{P}^4} T^{\mu\nu} T_{\mu\nu}$$

の5種類がある。ここで, $T_{\mu\nu}$ は共形不変な物質のエネルギー運動量テンソルで, トレースレスの条件を満たす。

低エネルギー有効理論は最低次である Einstein 理論のまわりでの展開として定義されるので, 高次の展開項は Einstein 方程式 $M_P^2 R_{\mu\nu} = T_{\mu\nu}$ で結びつくものは独立ではないと考える。Einstein 方程式は $R=0$ でもあり, これらの方程式を使って $\mathcal{L}_4$ の数を減らすことができる。さらに, Euler の関係式を使って Riemann 曲率テンソルの自乗を消すと, 独立な作用は1つになって,

$$\mathcal{L}_4 = \frac{\kappa}{(4\pi)^2} R^{\mu\nu} R_{\mu\nu}$$

で与えられる。ここで, κ は実験的に決めなければならない現象論的パラメータである。

結合定数 κ はループの量子補正を受ける。低エネルギー有効理論のくりこみは, カットオフ E $(< \Lambda_\mathrm{QG})$ を導入して, Einstein 方程式を満たす背景場のまわりで展開して計算する。量子補正を κ にくり込むとカットオフに依存した関数

$$\kappa(E) = \kappa(\Lambda_\mathrm{QG}) + \zeta \log(E^2/\Lambda_\mathrm{QG}^2) \tag{12-11}$$

が得られる。内線にスカラー場, Dirac フェルミオン, ゲージ場がそれぞれ N_S, N_F, N_A 種類伝播する Feynman 図からの寄与は $\zeta = (N_S + 6N_F + 12N_A)/120$ と計算される。Ricci テンソルが $\nabla^\mu R_{\mu\nu}$ $(= \nabla^\mu T_{\mu\nu}) = 0$ を満たすことから, 係数 ζ はゲージ不変になる。

現象論的結合定数のエネルギースケール Λ_QG での値 $\kappa(\Lambda_\mathrm{QG})$ を正の数とすると, ζ が正であることから, (12-11) は低エネルギーで $\kappa(E)$ が小さくな

り，4階微分作用項がすぐに効かなくなることを表している。

また，低エネルギー有効理論のエネルギースケールは Λ_{QG} 以下であるのに対して，高階微分作用から生じるゴーストの極は Planck スケールなので，低エネルギーではゴーストが現れることはなく，ユニタリ性の問題に抵触することはない。

空間が一様等方であると仮定して運動方程式を求めると

$$M_{\mathsf{P}}^2 \left(\dot{H} + 2H^2 \right) + \frac{\kappa}{4\pi^2} \left(\dddot{H} + 7H\ddot{H} + 4\dot{H}^2 + 12H^2\dot{H} \right) = 0 \quad (12\text{-}12)$$

となる。エネルギーの保存を表す式は

$$-3M_{\mathsf{P}}^2 H^2 + \rho + \frac{\kappa}{4\pi^2} \left(-6H\ddot{H} + 3\dot{H}^2 - 18H^2\dot{H} \right) = 0 \quad (12\text{-}13)$$

で与えられる。

前節と同様に，結合定数を時間に依存した関数に置き換えることで，量子効果を取り入れることにする。ここではカットオフを $E = 1/\tau$ と置き換えることで，ランニング結合定数を

$$\kappa(\tau) = \kappa_\Lambda + \zeta \log \left(\frac{1}{\tau^2 \Lambda_{\mathrm{QG}}^2} \right) \simeq \frac{\kappa_\Lambda}{1 + \frac{\zeta}{\kappa_\Lambda} \log(\tau^2 \Lambda_{\mathrm{QG}}^2)}$$

と書く。ここで，$\kappa_\Lambda = \kappa(\Lambda_{\mathrm{QG}})$ である。また，最後の書き換えはランニング結合定数が最終的には消えることを仮定している。

相転移前後の様子を記述するためには格子 QCD のような非摂動的な方法が必要であるが，ここではインフレーション期を表す運動方程式と低エネルギー有効理論から求めた運動方程式を単純に相転移時間 $\tau = \tau_\Lambda$ でつなぐことにする。低エネルギー有効理論の運動方程式を解くための H, $\dot{H}$, ρ の初期値はインフレーション解とつながるように選ぶ。また，(12-12) を解くための $\ddot{H}$ の初期値は保存の式 (12-13) から決める。図 12-2 と図 12-1 に数値計算の結果を示した。ここでは，パラメータを $\kappa_\Lambda = 1$ と $\zeta = 1$ に選んでいる。

運動方程式 (12-12) と (12-13) は $\dot{H} + 2H^2 = 0$ と $3M_{\mathsf{P}}^2 H^2 = \rho$ を満たす Friedmann 解を含んでいる。接続した解は，最初急激に H の値が小さくなり，振動しながらしだいに Friedmann 解に近づいていく。図 12-2 の中に書き込まれている Friedmann 解はその漸近解である。

12.2 低エネルギー有効理論

秩序パラメータ 相転移の前後で大きく変化する量としてスカラー曲率がある。インフレーションは $R \neq 0$ と表されるのに対し，Friedmann 宇宙は $R = 0$ である。変化の様子を見るためにスカラー曲率 $R = 6\dot{H} + 12H^2$ を導入して，運動方程式 (12-12) と (12-13) を書き換えると

$$\ddot{R} + 3H\dot{R} + \frac{4\pi^2}{\kappa}M_{\mathsf{P}}^2 R = 0,$$

$$\rho = 3M_{\mathsf{P}}^2 H^2 + \frac{\kappa}{4\pi^2}\left(H\dot{R} + H^2 R - \frac{1}{12}R^2\right)$$

が得られる。ここで，Planck スケールの質量スケール $m_{\text{rsp}} = M_{\mathsf{P}}\sqrt{8\pi^2/2\kappa}$ を定義すると，この方程式はインフレーション解 $R \neq 0$ からおよそ $1/m_{\text{rsp}}$ の Planck 時間内に Friedmann 時空 $R = 0$ に変化することを表している。

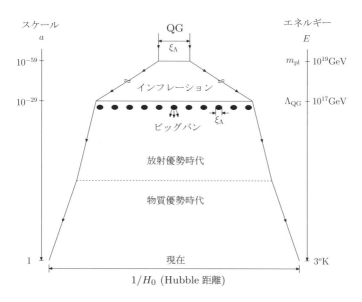

図 12-3 量子重力的インフレーション宇宙論。宇宙が膨張を始める前の Planck 時間以前に相関距離 $\xi_\Lambda = 1/\Lambda_{\text{QG}}$ ($\gg l_{\text{pl}}$) の大きさであったゆらぎが現在までに 10^{59} 倍膨張して，宇宙の大きさを表す Hubble 距離 $1/H_0$ ($\simeq 5000\,\text{Mpc}$) まで膨張する。すなわち，$1/H_0 \simeq 10^{59}\xi_\Lambda$ である。

第13章

宇宙論的摂動論－ビッグバン後－

　宇宙論的摂動論 (cosmological perturbation theory) とは，ある一様等方な背景時空のまわりで，ゆらぎ (摂動) が十分に小さいとしてその時間発展を線形近似で記述する学問である。ここでは，Einstein 方程式を Friedmann 時空のまわりで解いて，ビッグバン後のゆらぎの時間発展を調べる。インフレーションによって得られた小さなゆらぎがビッグバン後にどのように進化するかを知ることで，逆に時間を遡って，宇宙の始まりの量子ゆらぎの情報を得ることが出来る。

13.1　摂動変数

　はじめに，宇宙論的摂動論で良く使われるゲージ不変な摂動変数を導入する。重力場は共形因子場 ϕ とトレースレステンソル場 $h_{\mu\nu}$ に分けて

$$g_{\mu\nu} = e^{2\phi}\bar{g}_{\mu\nu}, \quad \bar{g}_{\mu\nu} = (e^h)_{\mu\nu} = \eta_{\mu\nu} + h_{\mu\nu} + \cdots$$

と展開する。ここで，トレースレステンソル場の足の上げ下げは $\eta_{\mu\nu}$ で行い，$h^\lambda_{\;\lambda} = 0$ である。さらに，共形因子場を

$$\phi(\eta, \mathbf{x}) = \hat{\phi}(\eta) + \varphi(\eta, \mathbf{x})$$

のように背景場 $\hat{\phi}$ と摂動 φ に分解すると，重力場は線形近似で

$$\begin{aligned}ds^2 &= g_{\mu\nu}dx^\mu dx^\nu = e^{2\hat{\phi}}(1+2\varphi)\left(\eta_{\mu\nu} + h_{\mu\nu}\right)dx^\mu dx^\nu \\ &= a^2\Big\{-(1+2\varphi - h_{00})d\eta^2 + 2h_{0i}d\eta dx^i \\ &\quad + (\delta_{ij} + 2\varphi\delta_{ij} + h_{ij})\,dx^i dx^j\Big\}\end{aligned}$$

と展開される[*1]. ここで, $a = e^{\hat{\phi}}$ (11-5) はスケール因子, $i, j = 1, 2, 3$ は空間座標の成分を表す. 物質場のエネルギー密度と圧力の摂動は各状態 α についてそれぞれ

$$\rho_\alpha(\eta, \mathbf{x}) = \rho_\alpha(\eta) + \delta\rho_\alpha(\eta, \mathbf{x}),$$
$$P_\alpha(\eta, \mathbf{x}) = P_\alpha(\eta) + \delta P_\alpha(\eta, \mathbf{x})$$

のように定義する. 以下では特に断らない限り ρ, P と書けば時間にのみ依存する部分を表すものとする.

物質は完全流体に空間方向の非等方ストレスを加えて記述する. そのエネルギー運動量テンソルは各状態 α に対して

$$T^{\mu}_{(\alpha)\nu} = \{\rho_\alpha(\eta, \mathbf{x}) + P_\alpha(\eta, \mathbf{x})\} u^\mu_\alpha u^\alpha_\nu + P_\alpha(\eta, \mathbf{x}) \left(\delta^\mu_\nu + \Pi^{\alpha\mu}{}_\nu\right)$$

で与えられる. ここで, $\Pi^\alpha_{\mu\nu}$ が完全流体からのずれを表す非等方ストレスで, 時間と空間の非対角成分 $\Pi^\alpha_{0\nu}$ はゼロである. 変数 u^μ_α は状態 α の粒子の 4 元速度で

$$g_{\mu\nu} u^\mu_\alpha u^\nu_\alpha = -1 \tag{13-1}$$

をみたす. 摂動がない場合の 4 元速度は $u^\mu_\alpha = (1/a, 0, 0, 0)$ で与えられる. これより 4 元速度 u^μ_α と $u^\alpha_\mu = g_{\mu\nu} u^\nu_\alpha$ は (13-1) を摂動の一次まで解くと

$$u^0_\alpha = \frac{1}{a}\left(1 - \varphi + \frac{1}{2}h_{00}\right), \quad u^i_\alpha = \frac{v^i_\alpha}{a},$$
$$u^\alpha_0 = -a\left(1 + \varphi - \frac{1}{2}h_{00}\right), \quad u^\alpha_i = a\left(v^\alpha_i + h_{0i}\right)$$

となる. ここで, v^i_α と $v^\alpha_i = \delta_{ij} v^j_\alpha$ は 4 元速度の空間成分で, (13-1) から決まらない摂動変数である.

4 元速度の式を代入して物質場のエネルギー運動量テンソルを一次の摂動まで求めると

$$T^0_{(\alpha)0} = -(\rho_\alpha + \delta\rho_\alpha),$$

[*1] 宇宙論的摂動論でよく使われる記号は A, B_i, H_{ij} で, $ds^2 = a^2\{-(1+2A)d\eta^2 - 2B_i d\eta dx^i + (\delta_{ij} + 2H_{ij})dx^i dx^j\}$ で定義される.

13.1 摂動変数

$$T^{\ i}_{(\alpha)0} = -(\rho_\alpha + P_\alpha)v^i_\alpha,$$
$$T^{\ 0}_{(\alpha)j} = (\rho_\alpha + P_\alpha)(v^\alpha_j + h_{0j}),$$
$$T^{\ i}_{(\alpha)j} = (P_\alpha + \delta P_\alpha)\delta^i_{\ j} + P_\alpha \Pi^{\alpha i}_{\ j} \tag{13-2}$$

を得る。左辺のように $T^{\ \mu}_{(\alpha)\nu}$ と書いたときは脚の上げ下げは物理的計量 $g_{\mu\nu}$ で行うが，右辺に表れる摂動変数の空間の脚は $v_i = \delta_{ij}v^j$ のように δ_{ij} で行う。2 番目と 3 番目の式が非対称に見えるのはそのためで，$T^0_{\ i} = g^{0\lambda}T_{\lambda i} \neq g^{i\lambda}T_{\lambda 0} = T^i_{\ 0}$ に由来する。速度の摂動変数は

$$v^\alpha_i = \partial_i v^\alpha + v^{\mathrm{T}\alpha}_i$$

と分解され，$v^{\mathrm{T}\alpha}_i$ は横波の条件を満たす。 Π^α_{ij} は非等方性を表す空間ストレステンソルでトレースレスの条件 $\Pi^{\alpha i}_{\ i} = 0$ を満たす。

ゲージ変換　一般座標変換 $\delta_\xi g_{\mu\nu} = g_{\mu\lambda}\nabla_\nu \xi^\lambda + g_{\nu\lambda}\nabla_\mu \xi^\lambda$ のもとで重力場の摂動変数は線形近似の範囲内で

$$\delta_\xi \varphi = \xi^\lambda \partial_\lambda \hat\phi + \frac{1}{4}\partial_\lambda \xi^\lambda,$$
$$\delta_\xi h_{\mu\nu} = \partial_\mu \xi_\nu + \partial_\nu \xi_\mu - \frac{1}{2}\eta_{\mu\nu}\partial_\lambda \xi^\lambda$$

のように変換する。展開式では下付のゲージ変数は平坦計量を用いて $\xi_\mu = \eta_{\mu\nu}\xi^\nu$ と定義する。トレースレステンソル場をさらに

$$h_{00} = h, \qquad h_{0i} = h^{\mathrm{T}}_i + \partial_i h',$$
$$h_{ij} = h^{\mathrm{TT}}_{ij} + \partial_{(i}h^{\mathrm{T}\prime}_{j)} + \frac{1}{3}\delta_{ij}h + \left(\frac{\partial_i \partial_j}{\partial^2} - \frac{1}{3}\delta_{ij}\right)h''$$

のように分解する。ここで，h^{T}_i と $h^{\mathrm{T}\prime}_i$ は横波のベクトル変数である。 h^{TT}_{ij} は横波トレースレスの条件を満たす。$\partial^2 = \partial^i \partial_i$ は空間成分の共動座標ラプラシアンである。ゲージ変数 ξ^μ を ξ^0 と $\xi_l = \xi^{\mathrm{T}}_i + \partial_l \xi^{\mathrm{S}}$ に分解すると，一般座標変換は

$$\delta_\xi \varphi = \xi^0 \partial_\eta \hat\phi + \frac{1}{4}\partial_\eta \xi^0 + \frac{1}{4}\partial^2 \xi^{\mathrm{S}},$$
$$\delta_\xi h = -\frac{3}{2}\partial_\eta \xi^0 + \frac{1}{2}\partial^2 \xi^{\mathrm{S}}, \qquad \delta_\xi h' = -\xi^0 + \partial_\eta \xi^{\mathrm{S}}, \qquad \delta_\xi h'' = 2\partial^2 \xi^{\mathrm{S}},$$
$$\delta_\xi h^{\mathrm{T}}_i = \partial_\eta \xi^{\mathrm{T}}_i, \qquad \delta_\xi h^{\mathrm{T}\prime}_i = 2\xi^{\mathrm{T}}_i, \qquad \delta_\xi h^{\mathrm{TT}}_{ij} = 0$$

のように分解することができる。

物質場のエネルギー運動量テンソルは一般座標変換のもとで

$$\delta_\xi T^{\mu}_{(\alpha)\nu} = \partial_\nu \xi^\lambda T^{\mu}_{(\alpha)\lambda} - \partial_\lambda \xi^\mu T^{\lambda}_{(\alpha)\nu} + \xi^\lambda \partial_\lambda T^{\mu}_{(\alpha)\nu}$$

のように変換する。これより，物質場の摂動は各状態 α にたいして

$$\delta_\xi v^\alpha = -\partial_\eta \xi^{\mathrm{S}}, \qquad \delta_\xi v_i^{\mathrm{T}\alpha} = -\partial_\eta \xi_i^{\mathrm{T}},$$
$$\delta_\xi(\delta\rho_\alpha) = \xi^0 \partial_\eta \rho_\alpha, \qquad \delta_\xi(\delta P_\alpha) = \xi^0 \partial_\eta P_\alpha, \qquad \delta_\xi \Pi^{\alpha i}{}_j = 0$$

のように変換する。

ゲージ不変な摂動変数 線形近似の範囲内でゲージ不変な変数を導入する。スカラー変数として Bardeen ポテンシャルと呼ばれる 2 つの重力ポテンシャル

$$\Phi = \varphi + \frac{1}{6}h - \frac{1}{6}h'' + \sigma \partial_\eta \hat{\phi},$$
$$\Psi = \varphi - \frac{1}{2}h + \sigma \partial_\eta \hat{\phi} + \partial_\eta \sigma \tag{13-3}$$

がある。ここで，

$$\sigma = h' - \frac{1}{2}\frac{\partial_\eta h''}{\partial^2} \tag{13-4}$$

である。この σ 変数が一般座標変換のもとで $\delta_\xi \sigma = -\xi^0$ と変換することを使うと，Bardeen ポテンシャルが $\delta_\xi \Phi = \delta_\xi \Psi = 0$ をみたすゲージ不変な変数になることが容易に示せる。

縦型ゲージ (longitudinal gauge) 又は共形ニュートンゲージ (conformal Newtonian gauge) と呼ばれる $h' = h'' = 0$ ゲージを採用すると，Bardeen ポテンシャルが $\Phi = \varphi + h/6$ と $\Psi = \varphi - h/2$ で書けるため，計量のスカラー成分の形が

$$ds^2 = a^2 \left[-(1+2\Psi)\,d\eta^2 + (1+2\Phi)\,d\mathbf{x}^2 \right]$$

のように簡単になる。この式から，時間成分に現れる Ψ を Newton ポテンシャルとも言う。

13.1 摂動変数

重力場のゲージ不変なベクトルやテンソル摂動は

$$\Upsilon_i = h_i^{\mathrm{T}} - \frac{1}{2}\partial_\eta h_i^{\mathrm{T}\prime}, \qquad h_{ij}^{\mathrm{TT}}$$

と定義される。横波トレースレステンソル場はそれ自身でゲージ不変になる。

各物質状態 α に対して良く使われるゲージ不変な摂動変数は

$$V^\alpha = v^\alpha + \frac{1}{2}\frac{\partial_\eta h''}{\partial^2}, \qquad V_i^\alpha = v_i^{\mathrm{T}\alpha} + \frac{1}{2}\partial_\eta h_i^{\mathrm{T}\prime},$$

$$D^\alpha = \frac{\delta\rho_\alpha}{\rho_\alpha} + \frac{\partial_\eta\rho_\alpha}{\rho_\alpha}\sigma - 3(1+w_\alpha)\partial_\eta\hat{\phi}V^\alpha$$

$$= \frac{\delta\rho_\alpha}{\rho_\alpha} - 3(1+w_\alpha)\partial_\eta\hat{\phi}(\sigma + V^\alpha),$$

$$\mathcal{D}^\alpha = \frac{\delta\rho_\alpha}{\rho_\alpha} + \frac{\partial_\eta\rho_\alpha}{\rho_\alpha}\sigma + 3(1+w_\alpha)\Phi$$

$$= \frac{\delta\rho_\alpha}{\rho_\alpha} + 3(1+w_\alpha)(\Phi - \partial_\eta\hat{\phi}\sigma),$$

$$\Omega_i^\alpha = v_i^{\mathrm{T}\alpha} + h_i^{\mathrm{T}}, \qquad \Pi_{ij}^\alpha \tag{13-5}$$

で与えられる。変数 (13-5) の中の $\partial_\eta\rho_\alpha$ の項は源泉のない保存の式 $\partial_\eta\rho_\alpha = -3(1+w_\alpha)\partial_\eta\hat{\phi}\rho_\alpha$ を使って書き換えられている。そのため源泉がある場合は最初の式で定義しなければならない。ここで導入したスカラー及びベクトル変数は独立ではなく，それぞれ $D^\alpha = \mathcal{D}^\alpha - 3(1+w_\alpha)(\Phi + \partial_\eta\hat{\phi}V^\alpha)$ 及び $\Upsilon_i + V_i^\alpha - \Omega_i^\alpha = 0$ を満たす。次の節で議論するが，D^α は Poisson 方程式の右辺に現れるエネルギー密度変数である。一方，$\mathcal{D}^\alpha$ は CMB の温度ゆらぎスペクトルを考えるときに有用な密度変数である[*2]。

状態の和を表す変数として，ρ と P はすでに (11-4) で定義されている。摂動変数 $D, \mathcal{D}, V$ は

$$\rho D = \sum_\alpha \rho_\alpha D^\alpha, \qquad \rho\mathcal{D} = \sum_\alpha \rho_\alpha \mathcal{D}^\alpha,$$

$$(1+w)\rho V = (\rho+P)V = \sum_\alpha(\rho_\alpha + P_\alpha)V^\alpha = \sum_\alpha(1+w_\alpha)\rho_\alpha V^\alpha,$$

[*2] 光子の密度変数としばしば使われる変数 Θ の関係は共形 Newton ゲージで $\mathcal{D}^\gamma/4 = \Theta + \Phi$ となる。

$$PΠ_{ij} = \sum_α P_α Π_{ij}^α \tag{13-6}$$

で定義される。状態方程式パラメータは

$$w = \frac{P}{ρ} = \frac{\sum_α P_α}{\sum_α ρ_α},$$

で定義される。ここで, $D \neq \sum_α D^α$, $\mathcal{D} \neq \sum_α \mathcal{D}^α$, $V \neq \sum_α V^α$, $w \neq \sum_α w_α$ であることに注意しなければならない。これは, $D^α$ などの変数は $ρ_α$ で割って定義しているため, 和を取ることが出来る量はエネルギー運動量テンソルに現れる $ρ_α D_α \sim δρ_α$ の形でなければならないことによる。同様に, 速度変数は $(ρ_α + P_α)V^α$ の形で現れるため, V は上式で定義される。

最後にエントロピーに関係する変数を導入する。圧力とエネルギー密度の摂動の間には熱力学的関係

$$δP = \left(\frac{\partial P}{\partial ρ}\right)_S δρ + \left(\frac{\partial P}{\partial S}\right)_ρ δS = c_s^2 δρ + TδS$$

が成り立つ。宇宙は断熱膨張しているので断熱流体近似 ($δS = 0$) を考えると, $δρ$ と $δP$ は比例関係になり, その係数が音速 (sound speed) の自乗 $c_s^2 = \partial P/\partial ρ$ で与えられる。この関係式と関連したゲージ不変量として各状態 $α$ のエントロピーに比例する変数

$$Γ^α = \frac{1}{P_α}\left(δP_α - c_α^2 δρ_α\right) = \frac{δP_α}{P_α} - \frac{c_α^2}{w_α}\frac{δρ_α}{ρ_α}$$

を導入する。ここで, 各状態の音速は

$$c_α^2 = \frac{\partial_η P_α}{\partial_η ρ_α}$$

で定義される。

また, 系全体のエントロピーを表す不変量 $Γ$ を

$$PΓ = δP - c_s^2 δρ \tag{13-7}$$

と定義する。ここで, $δP$ 及び $δρ$ は単純に状態の和を取ったもので, 音速は

$$c_s^2 = \frac{\partial_η P}{\partial_η ρ} = \frac{\sum_α \partial_η P_α}{\sum_α \partial_η ρ_α}$$

で定義される。ここで, $c_s^2 \neq \sum_α c_α^2$ であることに注意。

13.2 ゆらぎ (摂動) の発展方程式

ゆらぎの発展方程式を Einstein 方程式と物質場の各状態 α に対する保存則から求める。

13.2.1 Einstein 方程式

共形因子場を特別に扱う扱うために, 作用の変分を

$$\delta I = \frac{1}{2}\int d^4x\sqrt{-g}T^{\mu\nu}\delta g_{\mu\nu}$$
$$= \frac{1}{2}\int d^4x\sqrt{-\bar{g}}\left\{2\bar{T}^\lambda_\lambda\delta\phi + \bar{T}^{\mu\nu}\delta\bar{g}_{\mu\nu}\right\}$$
$$= \int d^4x\left\{\mathbf{T}^\lambda_{\ \lambda}\delta\phi + \frac{1}{2}\mathbf{T}^\mu_{\ \nu}\delta h^\nu_{\ \mu}\right\}$$

と定義して, $T_{\mu\nu}$, $\bar{T}_{\mu\nu}$, $\mathbf{T}_{\mu\nu}$ の 3 種類のエネルギー運動量テンソルを導入する。これらは共形平坦な時空のまわりの摂動を考えるときに便利である。2 つ目の等式は計量 $g_{\mu\nu} = e^{2\phi}\bar{g}_{\mu\nu}$ の変分をモードで分解した式

$$\delta g_{\mu\nu} = 2e^{2\phi}\bar{g}_{\mu\nu}\delta\phi + e^{2\phi}\delta\bar{g}_{\mu\nu}$$

を使っている。それぞれ, どの計量で縮約するのか注意しなければならない。最初の等式で定義されている通常のエネルギー運動量テンソル $T_{\mu\nu}(g)$ は物理的計量 $g_{\mu\nu}$ で縮約を取る。2 行目の $\bar{T}_{\mu\nu}(\phi, \bar{g})$ は共形因子場を除いたバー付の計量 $\bar{g}_{\mu\nu}$ で, 最後に導入した $\mathbf{T}_{\mu\nu}(\varphi, h)$ は平坦な Minkowski 計量 $\eta_{\mu\nu}$ で縮約を取る。

通常のエネルギー運動量テンソルとバー付のそれとの関係は共形因子場依存性として現れて, $T^{\mu\nu} = e^{-6\phi}\bar{T}^{\mu\nu} = e^{-6\hat{\phi}}(1-6\varphi)\bar{T}^{\mu\nu}$ や $T^\mu_{\ \nu} = e^{-4\phi}\bar{T}^\mu_{\ \nu} = e^{-4\hat{\phi}}(1-4\varphi)\bar{T}^\mu_{\ \nu}$ で与えられる。さらに, バー付と太字のエネルギー運動量テンソルの関係は, トレースレステンソル場の線形近似の範囲内では対称化された $\mathbf{T}_{\mu\nu} = \eta_{\lambda(\mu}\bar{T}^\lambda_{\ \nu)}$ で与えられ, 定義式より $\mathbf{T}^\lambda_{\ \lambda}(=\eta^{\mu\nu}\mathbf{T}_{\mu\nu}) = \bar{T}^\lambda_{\ \lambda}$ をみたす。

Einstein 方程式は Einstein 項, 宇宙項, 物質項を合わせて

$$\mathbf{T}_{\mu\nu} = \mathbf{T}^{\text{EH}}_{\mu\nu} + \mathbf{T}^\Lambda_{\mu\nu} + \mathbf{T}^{\text{M}}_{\mu\nu} = 0$$

と書くことが出来る。ここで, 物質場のエネルギー運動量テンソルはすべての状態の和

$$\mathbf{T}^{\mathrm{M}}_{\mu\nu} = \sum_\alpha \mathbf{T}^{(\alpha)}_{\mu\nu}$$

で与えられる。エネルギー運動量テンソル (13-2) を太字のそれに書き換え, 状態についての和をとると

$$\begin{aligned}
\mathbf{T}^{\mathrm{M}\lambda}{}_\lambda &= e^{4\hat{\phi}}\left\{-\rho + 3P - \delta\rho + 3\delta P + 4(-\rho + 3P)\varphi\right\}, \\
\mathbf{T}^{\mathrm{M}}_{00} &= e^{4\hat{\phi}}(\rho + \delta\rho + 4\rho\varphi), \\
\mathbf{T}^{\mathrm{M}}_{0i} &= -e^{4\hat{\phi}}(\rho + P)\left(v_i + \frac{1}{2}h_{0i}\right), \\
\mathbf{T}^{\mathrm{M}}_{ij} &= e^{4\hat{\phi}}\left\{(P + \delta P + 4P\varphi)\delta_{ij} + P\Pi_{ij}\right\}
\end{aligned} \quad (13\text{-}8)$$

と表される。ここで, $\delta\rho$ と δP は (11-4) と同様に状態の和を取ったもので, Π_{ij} は (13-6) で定義される。速度変数 v_i は (13-6) の中の V の定義式と同様に状態の和を取ったものである。

非等方空間ストレステンソルはトレースレスであることから

$$\Pi_{ij} = \left(-\frac{\partial_i\partial_j}{\partial^2} + \frac{1}{3}\delta_{ij}\right)\Pi^S + \partial_{(i}\Pi^V_{j)} + \Pi^T_{ij}$$

のように分解する。ここで, Π^V_i は横波の条件を, Π^T_{ij} は横波トレースレスの条件を満たす。各状態にたいする変数 Π^α_{ij} の分解も同様である。

Einstein 作用から導かれるエネルギー運動量テンソルは, トレースレステンソル場の一次のオーダーまで展開すると,

$$\begin{aligned}
\mathbf{T}^{\mathrm{EH}}_{\mu\nu} = M_{\mathrm{P}}^2 e^{2\phi}\Big\{& 2\partial_\mu\partial_\nu\phi - 2\partial_\mu\phi\partial_\nu\phi + \eta_{\mu\nu}\left(-2\partial^2\phi - \partial^\lambda\phi\partial_\lambda\phi\right) \\
& -\partial_{(\mu}\chi_{\nu)} + \frac{1}{2}\partial^2 h_{\mu\nu} - 2h^\lambda_{(\mu}\partial_{\nu)}\partial_\lambda\phi + 2h^\lambda_{(\mu}\partial_{\nu)}\phi\partial_\lambda\phi \\
& -2\partial_{(\mu}h^\lambda_{\nu)}\partial_\lambda\phi + \partial^\lambda h_{\mu\nu}\partial_\lambda\phi \\
& +\eta_{\mu\nu}\left(\frac{1}{2}\partial_\lambda\chi^\lambda + 2h^{\lambda\sigma}\partial_\lambda\partial_\sigma\phi + h^{\lambda\sigma}\partial_\lambda\phi\partial_\sigma\phi + 2\chi^\lambda\partial_\lambda\phi\right)\Big\}
\end{aligned}$$

となる。ここで, $\chi_\mu = \partial_\lambda h^\lambda{}_\mu$, $\partial^2 = \partial^\lambda\partial_\lambda = -\partial^2_\eta + \vec{\partial}^2$ である。共形因子場 ϕ についてはまだ摂動展開していない。この式のトレースを取ると

$$\mathbf{T}^{\mathrm{EH}\lambda}{}_\lambda = M_{\mathrm{P}}^2 e^{2\phi}\Big\{-6\partial^2\phi - 6\partial^\lambda\phi\partial_\lambda\phi + \partial_\lambda\chi^\lambda + 6h^{\lambda\sigma}\partial_\lambda\partial_\sigma\phi$$

$$+6\chi^\lambda\partial_\lambda\phi + 6h^{\lambda\sigma}\partial_\lambda\phi\partial_\sigma\phi\Big\}$$

を得る。

共形因子場 ϕ を背景共形場 $\hat\phi$ と摂動 φ に分解して φ の一次までさらに展開する。ここでは簡単のため 4 つのゲージ自由度を使って $h' = h'' = h_i^{\mathrm{T}\prime} = 0$ の共形ニュートンゲージを取って考える。このとき, Einstein 作用のエネルギー運動量テンソルの成分は

$$\mathbf{T}^{\mathrm{EH}}{}^\lambda_\lambda = M_{\mathsf{P}}^2 e^{2\hat\phi}\Big\{6\partial_\eta^2\hat\phi + 6\partial_\eta\hat\phi\partial_\eta\hat\phi + 12(\partial_\eta^2\hat\phi + \partial_\eta\hat\phi\partial_\eta\hat\phi)\varphi + 6\partial_\eta^2\varphi - 6\partial^2\varphi$$
$$+12\partial_\eta\hat\phi\partial_\eta\varphi + \partial_\eta^2 h + \frac{1}{3}\partial^2 h + 6\partial_\eta\hat\phi\partial_\eta h + 6(\partial_\eta^2\hat\phi + \partial_\eta\hat\phi\partial_\eta\hat\phi)h\Big\},$$

$$\mathbf{T}^{\mathrm{EH}}_{00} = M_{\mathsf{P}}^2 e^{2\hat\phi}\Big\{-3\partial_\eta\hat\phi\partial_\eta\hat\phi - 6\partial_\eta\hat\phi\partial_\eta\hat\phi\varphi - 6\partial_\eta\hat\phi\partial_\eta\varphi + 2\partial^2\varphi$$
$$-3\partial_\eta\hat\phi\partial_\eta\hat\phi h - \partial_\eta\hat\phi\partial_\eta h + \frac{1}{3}\partial^2 h\Big\},$$

$$\mathbf{T}^{\mathrm{EH}}_{0i} = M_{\mathsf{P}}^2 e^{2\hat\phi}\Big\{2\partial_\eta\partial_i\varphi - 2\partial_\eta\hat\phi\partial_i\varphi + \frac{1}{3}\partial_\eta\partial_i h + \partial_\eta\hat\phi\partial_i h + \frac{1}{2}\partial^2 h_i^{\mathrm{T}}$$
$$+(\partial_\eta^2\hat\phi - \partial_\eta\hat\phi\partial_\eta\hat\phi)h_i^{\mathrm{T}}\Big\},$$

$$\mathbf{T}^{\mathrm{EH}}_{ij} = M_{\mathsf{P}}^2 e^{2\hat\phi}\Big\{2\partial_i\partial_j\varphi + \delta_{ij}\Big[2\partial_\eta^2\hat\phi + \partial_\eta\hat\phi\partial_\eta\hat\phi + 2\partial_\eta^2\varphi - 2\partial^2\varphi$$
$$+2\partial_\eta\hat\phi\partial_\eta\varphi + \left(4\partial_\eta^2\hat\phi + 2\partial_\eta\hat\phi\partial_\eta\hat\phi\right)\varphi\Big] - \frac{1}{3}\partial_i\partial_j h$$
$$+\delta_{ij}\left[\frac{1}{3}\partial_\eta^2 h + \frac{1}{3}\partial^2 h + \frac{5}{3}\partial_\eta\hat\phi\partial_\eta h + \left(2\partial_\eta^2\hat\phi + \partial_\eta\hat\phi\partial_\eta\hat\phi\right)h\right]$$
$$+\partial_\eta\partial_{(i}h_{j)}^{\mathrm{T}} + 2\partial_\eta\hat\phi\partial_{(i}h_{j)}^{\mathrm{T}} - \frac{1}{2}\partial_\eta^2 h_{ij}^{\mathrm{TT}} + \frac{1}{2}\partial^2 h_{ij}^{\mathrm{TT}} - \partial_\eta\hat\phi\partial_\eta h_{ij}^{\mathrm{TT}}\Big\}$$

と展開される。また, 宇宙項のエネルギー運動量テンソルは

$$\mathbf{T}^\Lambda_{\mu\nu} = -\Lambda e^{4\hat\phi}(1 + 4\varphi)\eta_{\mu\nu}$$

で与えられる。最後に共形ニュートンゲージで成り立つ $\varphi = (3\Phi + \Psi)/4$ や $h = 3(\Phi - \Psi)/2$ の関係等を使ってゲージ不変な変数に置き換えればよい。

線形スカラー方程式　スカラー変数が満たす方程式として

$$e^{-4\hat{\phi}}\mathbf{T}^\lambda{}_\lambda = 0, \qquad e^{-4\hat{\phi}}\left(\mathbf{T}^i{}_i - 3\frac{\partial^i\partial^j}{\partial^2}\mathbf{T}_{ij}\right) = 0,$$

$$e^{-4\hat{\phi}}\left(\mathbf{T}_{00} + 3\partial_\eta\hat{\phi}\frac{\partial^i}{\partial^2}\mathbf{T}_{i0}\right) = 0, \qquad e^{-4\hat{\phi}}\frac{\partial^i}{\partial^2}\mathbf{T}_{i0} = 0 \qquad (13\text{-}9)$$

の4つの型を考える。ここでは，上式の左辺の組み合わせががそのまま求めた方程式の左辺になるように規格化している。

最初のトレースの方程式は

$$M_\mathsf{P}^2 e^{-2\hat{\phi}}\Big\{6\partial_\eta^2\Phi + 18\partial_\eta\hat{\phi}\partial_\eta\Phi - 4\partial^2\Phi - 6\partial_\eta\hat{\phi}\partial_\eta\Psi$$
$$+ \left(12\partial_\eta^2\hat{\phi} + 12\partial_\eta\hat{\phi}\partial_\eta\hat{\phi} - 2\partial^2\right)\Psi\Big\} + (3c_s^2 - 1)\rho\left\{D + 3(1+w)\partial_\eta\hat{\phi}V\right\}$$
$$+3w\rho\Gamma + (3w-1)\rho(3\Phi+\Psi) - 4\Lambda(3\Phi+\Psi) = 0 \qquad (13\text{-}10)$$

となる。ここで，物質項は (13-7) を用いて δP を $P\Gamma + c_s^2\delta\rho$ と置き換えてから不変変数に書き換えている。2番目の式から Φ と Ψ の関係式

$$M_\mathsf{P}^2 e^{-2\hat{\phi}}(-2\partial^2)(\Phi+\Psi) + 2P\Pi^S = 0 \qquad (13\text{-}11)$$

が得られる。3番目の式から Poisson 方程式

$$M_\mathsf{P}^2 e^{-2\hat{\phi}}2\partial^2\Phi + \rho D = 0 \qquad (13\text{-}12)$$

を得る。4番目の式は速度変数を含む

$$M_\mathsf{P}^2 e^{-2\hat{\phi}}\left\{2\partial_\eta\Phi - 2\partial_\eta\hat{\phi}\Psi\right\} - (1+w)\rho V = 0 \qquad (13\text{-}13)$$

となる。これらの式を求めるのに背景場 $\hat{\phi}$ が満たす Einstein 方程式 (11-3) を使っている。

ここで，$\Pi^S = 0$ としてみる。実際，比較的大きいサイズのゆらぎに対しては完全流体の近似が成り立つので，非等方性ストレステンソルはゼロとしても観測と矛盾しない。この場合これらの方程式系は4つの変数に対して4つ式があるので解くことが出来る。ただここで注意しなければならないのは，解くことが出来る変数はあくまでもすべての状態の和を取った変数 D, V と Φ, Ψ だけである。ビッグバン直後のように一つの放射状態として近似

13.2 ゆらぎ (摂動) の発展方程式　　　　257

できる場合は良いけれども, いろいろな物質状態が共存している場合は各状態に対して以下で求める保存則をそれぞれ解かなければならない.

線形ベクトル方程式　ベクトル変数が満たす方程式として

$$e^{-4\hat{\phi}}\frac{\partial^j}{\partial^2}\mathbf{T}_{ij}=0, \qquad e^{-4\hat{\phi}}\mathbf{T}_{0i}=0$$

の 2 つの型を考える. それぞれの式からベクトル成分を取り出すと

$$M_{\mathsf{P}}^2 e^{-2\hat{\phi}}\left\{\frac{1}{2}\partial_\eta \Upsilon_i + \partial_\eta\hat{\phi}\Upsilon_i\right\} + \frac{1}{2}P\Pi_i^V = 0 \qquad (13\text{-}14)$$

と Ω_i を含んだ式

$$\frac{1}{2}M_{\mathsf{P}}^2 e^{-2\hat{\phi}}\partial^2\Upsilon_i - (1+w)\rho\Omega_i = 0 \qquad (13\text{-}15)$$

を得る. これらの式を求める際にも背景場 $\hat{\phi}$ の Einstein 方程式 (11-3) を使っている. スカラー方程式系と同様にこの方程式系も $\Pi_i^V = 0$ ならば (13-14) は容易に解くことが出来る. また, その解を (13-15) に代入すると Ω_i を求めることができる.

線形テンソル方程式　テンソル変数の方程式は $e^{-4\hat{\phi}}\mathbf{T}_{ij}=0$ より

$$M_{\mathsf{P}}^2 e^{-2\hat{\phi}}\left\{-\frac{1}{2}\partial_\eta^2 h_{ij}^{\mathrm{TT}} - \partial_\eta\hat{\phi}\partial_\eta h_{ij}^{\mathrm{TT}} + \frac{1}{2}\partial^2 h_{ij}^{\mathrm{TT}}\right\} + P\Pi_{ij}^T = 0 \ (13\text{-}16)$$

で与えられる. この方程式も $\Pi_{ij}^T = 0$ ならば容易に解くことが出来る.

13.2.2　物質場の保存則

先に述べたように Einstein 方程式に現れる状態変数は各状態 α の和の形で現れるため, Einstein 方程式だけでは各状態の変化を求めることは出来ない. 一方, 物質場の保存則は源泉項がなければ各状態に対して

$$\nabla_\mu T_{(\alpha)\nu}^{\ \mu} = \frac{1}{\sqrt{-g}}\partial_\mu\left(\sqrt{-g}T_{(\alpha)\nu}^{\ \mu}\right) + \frac{1}{2}\left(\partial_\nu g_{\mu\lambda}\right)g^{\lambda\sigma}T_{(\alpha)\sigma}^{\ \mu} = 0$$

が成り立つ. 状態が一つではない場合は Einstein 方程式と保存則を組み合わせて解くことになる.

これまでと同様に，ここでも煩雑ではあるが物質の状態 α をはっきりと記すことにする．物質場のエネルギー運動量テンソルを代入すると容易にゲージ変数 $\mathcal{D}^\alpha$, V^α, Ω_i^α の満たす式を求めることが出来る．保存則の各成分にたいして

$$-\frac{1}{\rho_\alpha}\nabla_\mu T_{(\alpha)0}^{\ \ \mu} = 0, \qquad \frac{1}{(1+w_\alpha)\rho_\alpha}\nabla_\mu T_{(\alpha)i}^{\ \ \mu} = 0$$

のように規格化された式を考えると，最初の 0 成分の式から

$$\partial_\eta \mathcal{D}^\alpha + 3\left(c_\alpha^2 - w_\alpha\right)\partial_\eta \hat{\phi} \mathcal{D}^\alpha + (1+w_\alpha)\partial^2 V^\alpha + 3w_\alpha \partial_\eta \hat{\phi} \Gamma^\alpha = 0 \quad (13\text{-}17)$$

を得る．i 成分の式に ∂^i/∂^2 を作用させて横波成分を取り除き，スカラー成分を取り出すと

$$\partial_\eta V^\alpha + \left(1 - 3c_\alpha^2\right)\partial_\eta \hat{\phi} V^\alpha + \Psi - 3c_\alpha^2 \Phi$$
$$+ \frac{c_\alpha^2}{1+w_\alpha}\mathcal{D}^\alpha + \frac{w_\alpha}{1+w_\alpha}\left[\Gamma^\alpha - \frac{2}{3}\Pi^{S\alpha}\right] = 0 \qquad (13\text{-}18)$$

を得る．また，i 成分の式から横波成分を抜き出すと，ベクトル変数がみたす方程式

$$\partial_\eta \Omega_i^\alpha + \left(1 - 3c_\alpha^2\right)\partial_\eta \hat{\phi} \Omega_i^\alpha + \frac{w_\alpha}{2(1+w_\alpha)}\partial^2 \Pi_i^{V\alpha} = 0 \qquad (13\text{-}19)$$

を得る．これらの式を導くのに背景場の保存則 (11-2) と計算に役立つ状態方程式パラメータの微分の式

$$\partial_\eta w_\alpha = \left(c_\alpha^2 - w_\alpha\right)\frac{\partial_\eta \rho_\alpha}{\rho_\alpha} = -3(1+w_\alpha)\left(c_\alpha^2 - w_\alpha\right)\partial_\eta \hat{\phi}$$

を使った．ここで注意すべきことは，式を変形する際に各状態の保存則は用いているが Einstein 方程式は使っていないので，式が各状態について成り立っていることである．

これらの式は状態を表す記号 α をもつ変数を状態の和の変数 $\mathcal{D}$, V, w, c_s^2 などに置き換えても成り立つ．それは方程式 $-\rho^{-1}\nabla_\mu T^{\mathrm{M}\mu}_{\ \ 0} = 0$ と $(1+w)^{-1}\rho^{-1}\nabla_\mu T^{\mathrm{M}\mu}_{\ \ i} = 0$ を考えればすぐに導ける．

最後に，ゲージ不変な変数 D^α が満たすスカラー方程式を求める。2 つの変数の間の関係式

$$D^\alpha = \mathcal{D}^\alpha + 3\left(1+w_\alpha\right)\left(\Phi + \partial_\eta\hat\phi V^\alpha\right)$$

を使うと，V^α の微分を含んだ式 (13-18) は各状態について

$$\partial_\eta V^\alpha + \partial_\eta\hat\phi V^\alpha + \Psi + \frac{c_\alpha^2}{1+w_\alpha}D^\alpha + \frac{w_\alpha}{1+w_\alpha}\left[\Gamma^\alpha - \frac{2}{3}\Pi^{S\alpha}\right] = 0$$

と書き換えることが出来る。一方，(13-17) を変形する際は Einstein 方程式 (11-3) と (13-13) を使うので，

$$\partial_\eta D^\alpha - 3w_\alpha\partial_\eta\hat\phi D^\alpha + (1+w_\alpha)\partial^2 V^\alpha + 2w_\alpha\partial_\eta\hat\phi\Gamma^\alpha$$
$$+\frac{3}{2M_\mathsf{P}^2}(1+w_\alpha)(1+w)\rho a^2\left(V - V^\alpha\right) = 0$$

のように状態の和の変数 ρ, w, V が最後の項に現れる。そのため，以下では，計算の際は摂動変数 $\mathcal{D}^\alpha$ を使うことにする。

13.3　発展方程式の Fourier 変換

発展方程式は共動運動量空間で解かれる。いま 3 次元空間の曲率をゼロとしているので通常の Fourier 変換を考えればよい[*3]。無次元のスカラー変数 $\Psi, \Phi, D, \mathcal{D}$ の Fourier 変換は

$$\Psi(\eta, \mathbf{x}) = \int \frac{d^3\mathbf{k}}{(2\pi)^3}\Psi(\eta, \mathbf{k})e^{i\mathbf{k}\cdot\mathbf{x}}$$

のように定義する。無次元の横波ベクトル変数 $V_i, \Omega_i, \Upsilon_i$ 及び横波トレースレステンソル変数 h_{ij}^{TT} の Fourier 変換も同様である。次元を持ったスカラー変数 V に対しては

$$V(\eta, \mathbf{x}) = \int \frac{d^3\mathbf{k}}{(2\pi)^3}\left(-\frac{1}{k}\right)V(\eta, \mathbf{k})e^{i\mathbf{k}\cdot\mathbf{x}}$$

と定義する。ここで，$k = |\mathbf{k}|$ である。

[*3] 空間曲率がある場合はその空間上の調和関数で展開する。

以下の議論では，簡単のため宇宙項 Λ 及び非等方ストレステンソル Π_{ij}^α はゼロとする．実際，宇宙項は宇宙が中性化する以前ではその効果は無視できる．現在に近くなってからその効果が大きくなり，Integrated Sachs-Wolfe 効果として CMB スペクトルの大角度成分を持ち上げる効果があるが，ここでは議論しない．また，物質は $\Gamma^\alpha = 0$ の断熱流体であるとする．

このとき，運動量表示されたスカラー方程式は (13-11), (13-12), (13-17), (13-18) よりそれぞれ

$$\Phi = -\Psi,$$

$$k^2 \Phi = \frac{a^2}{2M_{\mathsf{P}}^2} \sum_\alpha \rho_\alpha D^\alpha$$

$$= \frac{a^2}{2M_{\mathsf{P}}^2} \sum_\alpha \rho_\alpha \left\{ \mathcal{D}^\alpha + 3(1+w_\alpha)\left(\Psi + aH\frac{V^\alpha}{k}\right) \right\},$$

$$\partial_\eta \mathcal{D}^\alpha + 3\left(c_\alpha^2 - w_\alpha\right) aH\mathcal{D}^\alpha = -(1+w_\alpha)kV^\alpha,$$

$$\partial_\eta V^\alpha + \left(1 - 3c_\alpha^2\right) aHV^\alpha = k\left(\Psi - 3c_\alpha^2 \Phi\right) + \frac{c_\alpha^2}{1+w_\alpha} k\mathcal{D}^\alpha \quad (13\text{-}20)$$

のように簡単になる．ベクトル方程式は (13-14) と (13-19) より

$$\partial_\eta \Upsilon_i + 2aH\Upsilon_i = 0,$$
$$\partial_\eta \Omega_i^\alpha + \left(1 - 3c_\alpha^2\right) aH\Omega_i^\alpha = 0 \quad (13\text{-}21)$$

で与えられ，テンソル方程式は (13-16) より

$$\partial_\eta^2 h_{ij}^{\mathrm{TT}} + 2aH\partial_\eta h_{ij}^{\mathrm{TT}} + k^2 h_{ij}^{\mathrm{TT}} = 0 \quad (13\text{-}22)$$

で与えられる．

13.4 断熱条件

初期宇宙は熱平衡状態にあり，閉じた系なので外部からの熱の出入りもない断熱状態にあったと考えられる．それは宇宙マイクロ波背景放射のスペクトルが黒体放射の Planck 分布を示すことからも分かる．このことから以下では発展方程式を解くために必要な初期条件として断熱条件を課すことにする．

13.4 断熱条件

ここでは放射とダストからなる混合流体の断熱条件を求める。ダストは $P_d = \delta P_d = 0$ であることから系のエネルギー密度及び圧力は

$$\rho = \rho_r + \rho_d \qquad \delta\rho = \delta\rho_r + \delta\rho_d,$$
$$P = P_r = \frac{1}{3}\rho_r, \qquad \delta P = \delta P_r = \frac{1}{3}\delta\rho_r$$

で与えられる。これより音速は

$$c_s^2 = \frac{\partial_\eta P}{\partial_\eta \rho} = \frac{1}{3}\frac{1}{1 + \frac{3}{4}\frac{\rho_d}{\rho_r}}$$

となる。ここで, 放射とダストの保存則を使って微分の式を書き換えている。これらの表式を使うと, 系のエントロピーは

$$T\delta S = \delta P - c_s^2 \delta\rho = \frac{1}{3}\frac{\rho_d}{1+\frac{3}{4}\frac{\rho_d}{\rho_r}}\left(\frac{3}{4}\frac{\delta\rho_r}{\rho_r} - \frac{\delta\rho_d}{\rho_d}\right)$$

と計算される。これより, 混合流体の断熱条件 $\delta S = 0$ は

$$\frac{\delta\rho_r}{\rho_r} = \frac{4}{3}\frac{\delta\rho_d}{\rho_d} \tag{13-23}$$

で与えられる。ゲージ不変な変数で書くと $\mathcal{D}^r = (4/3)\mathcal{D}^d$ となる。また, 断熱条件として速度変数が $V^r = V^d$ となることを考慮すると $D^r = (4/3)D^d$ である。

発展方程式の初期条件としての断熱条件は放射優勢の時代に設定する。ゆらぎが 1 つのスカラー的な量から生まれたとして, ここでは放射及びダストの各成分の任意のペアにそれぞれ独立の断熱条件 (13-23) が成り立つとして, 初期条件を

$$\frac{\delta\rho_\gamma}{\rho_\gamma} = \frac{\delta\rho_\nu}{\rho_\nu} = \frac{4}{3}\frac{\delta\rho_c}{\rho_c} = \frac{4}{3}\frac{\delta\rho_b}{\rho_b}\left(=\frac{\delta\rho}{\rho}\right) \tag{13-24}$$

と設定する。最後の括弧内の等式は放射優勢であることから CDM やバリオンに比べて放射のエネルギー密度が圧倒的に大きいことを表している。また, 後で述べるように, 光子とバリオンは宇宙が中性化するまでは強く結合しているので, それまでは良い近似でこの断熱条件が保たれた一つの流体として振舞う。

13.5 ベクトル, テンソル方程式の解

はじめに, スカラー方程式より簡単なベクトル及びテンソル方程式を解くことにする。物理 (固有) 時間に変換した方程式から物理的な描像を把握した後, 扱いやすい共形時間のままの方程式を解くことにする。

13.5.1 物理時間を用いた解

線形方程式は各共動運動量 k について解くことになる。そのため, 各 k に対する実際のゆらぎのサイズを表す物理的な運動量 $p = k/a$ は宇宙膨張とともに小さくなる。現在のスケール因子を $a_0 = 1$ と規格化すると, k は現在のゆらぎのサイズを表すことになる。たとえば, 現在のホライズンサイズに相当するゆらぎ $k = 0.0002 \mathrm{Mpc}^{-1}$ は宇宙が中性化した時期は $1/a = 1 + z = 1100$ より $0.2 \mathrm{Mpc}^{-1}$ のサイズであったことになる。

はじめにベクトル方程式の性質について調べる。物理時間 τ の定義式 $d\tau = ad\eta$ (11-1) を使って方程式を書き換えると, (13-21) の第 1 式のベクトル方程式は

$$\dot{\Upsilon}_i + 2H\Upsilon_i = 0$$

となる。ここで, ドットは τ による微分を表す。もし Hubble 変数 H が正の定数ならばこの式はベクトルゆらぎが時間とともに $e^{-2H\tau}$ で減衰することを表している。実際は, H は時間とともに減少する正の関数なので, 最終的には減衰は止まる。ただ, たとえ初期宇宙で大きなベクトルゆらぎが存在したとしても, すぐに減衰して現在では観測することが出来なくなる。変数 Ω_i^α も (13-21) の第 2 式から, 放射優勢の時期は $c_\alpha^2 \simeq 1/3$ なので振幅はほとんど変化しないが, 次第に $c_\alpha^2 < 1/3$ となって減衰し始める。そのため, 通常は CMB 異方性スペクトルの解析ではベクトルゆらぎは考えない。

テンソル方程式 (13-22) は物理時間を使って書くと

$$\ddot{h}_{ij}^{\mathrm{TT}} + 3H\dot{h}_{ij}^{\mathrm{TT}} + \frac{k^2}{a^2} h_{ij}^{\mathrm{TT}} = 0$$

となる。最後の項に物理的運動量 k/a が現れ, スケール因子が時間とともに大きくなるにつれて小さくなる。一方, H も減少する。最後の項が第 2 項に

比べて無視できる領域では $\dot{h}_{ij}^{\mathrm{TT}} = 0$ を満たす解が安定になり, テンソルゆらぎはある一定値を保つが, 最後の項が優勢な領域ではテンソルゆらぎは減衰する。

減衰するかしないかの境目は Hubble 変数 H に比べて物理的運動量 k/a が大きいか小さいかによる。それは, 実空間でのゆらぎのサイズ a/k を考えると, 宇宙初期ではホライズンサイズ $1/H$ より大きかったテンソルゆらぎが, 宇宙膨張にともなってホライズンの中に入って来ると減衰することを意味している。すなわち, a/k も $1/H$ も宇宙膨張にともなって増大するが, 途中でホライズンサイズの方がゆらぎのサイズを追い抜いてしまう時期があり, それ以後にテンソルゆらぎの減衰が始まる。サイズがホライズンサイズより大きいことをスーパーホライズン (superhorizon), 小さいことをサブホライズン (subhorizon) と呼ぶ。

現在, CMB 温度ゆらぎスペクトルとして観測している波長 $1/k$ は $10\sim 5000\mathrm{Mpc}$ の大きさであり, Hubble 距離 $1/H_0 = 4164\mathrm{Mpc}$ と同程度からそれより小さい領域にある。一方, これらのゆらぎは過去に遡ればすべて $a/k > 1/H$ であることから, 一番大きいサイズのゆらぎは宇宙初期からホライズンの内側に入ることなし現在まで伝播していることになる。すなわち, 宇宙初期にテンソルゆらぎが存在すれば, それは CMB スペクトルの大角度成分に減衰することなく残っていることを示している。逆に小角度成分では初期のテンソルゆらぎはホライズンの内側に入った段階で減衰し始め, 現在ではほとんど観測できないほど小さくなっている。

13.5.2 共形時間を用いた解

同じ方程式を共形時間のままで解くことにする。その際, 時間変数として

$$x = k\eta \quad (0 < x < \infty)$$

を導入すると便利である。この変数を使ってゆらぎのサイズがスーパーホライズンになる点を表すと, 放射優勢 (物質優勢) の時代では $a \propto \eta\ (\eta^2)$ より $aH = \partial_\eta a/a = 1/\eta\ (2/\eta)$ となるので

$$\frac{a}{k} > \frac{1}{H} \implies x < 1\ (x < 2)$$

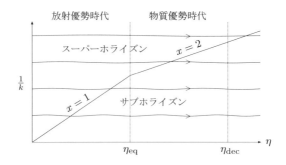

図 13-1 典型的なゆらぎサイズ $1/k$ とホライズン内に入る時期。斜めの実線はホライズンの位置 ($k = aH$) を表す。

となる。すなわち, x が 1 (2) より小さければスーパーホライズンゆらぎで, 時間が経って 1 (2) より小さくなればゆらぎのサイズがホライズンの内側に入ってサブホライズンゆらぎになったことを表す。1 か 2 の違いはそれが放射優勢の時代に入ったか物質優勢の時代に入ったかの違いである。

ここで注意しなければならないことは, 時間変数 x は非常に大きいサイズのゆらぎに対しては現在でも $x \ll 1$ の値をとる場合があるということである。そのようなゆらぎは生成されたときから現在までずっとスーパーホライズンサイズであったことになる。CMB スペクトルでは低多重極の $l = 2, 3$ がそのようなゆらぎに相当する。

図 13-1 に典型的なゆらぎのサイズ $1/k$ とホライズン内に入る時期を示した。上から $k = 0.002 \mathrm{Mpc}^{-1} (l \simeq 30)$, $k = 0.005 \mathrm{Mpc}^{-1} (l \simeq 70)$, $k = 0.015 \mathrm{Mpc}^{-1} (l \simeq 210)$, $k = 0.05 \mathrm{Mpc}^{-1} (l \simeq 700)$ に相当する。ここで, 多重極成分 l との関係は $l \simeq \pi/\theta = k d_{\mathrm{dec}}$ (11-9) で与えられる。現在 CMB 温度ゆらぎとして観測された大角度のゆらぎ ($l \simeq 30$) は宇宙が中性化したあとでサブホライズンサイズのゆらぎになったことが分かる。これに対して最初の音波ピーク付近の $l \simeq 210$ のゆらぎは放射優勢の時代にサブホライズンサイズになったことが分かる。

共形時間のベクトル方程式は $aH = \partial_\eta a/a$ を用いると

$$\partial_\eta \Upsilon_i + 2aH \Upsilon_i = \partial_\eta (a^2 \Upsilon_i) = 0,$$

$$\partial_\eta \Omega_i^\alpha + (1 - 3c_\alpha^2)aH\Omega_i^\alpha \simeq \partial_\eta(a^{1-3c_\alpha^2}\Omega_i^\alpha) = 0$$

とかける。ここで簡単のため音速 c_α は定数とした。これより

$$\Upsilon_i \propto a^{-2}, \quad \Omega_i^\alpha \propto a^{3c_\alpha^2 - 1}$$

のように Υ_i は宇宙の膨張とともにすばやく減衰し，Ω_i^α も $c_\alpha^2 < 1/3$ になると減衰する。

テンソル方程式は変数 x を使って書き換え，放射優勢 ($q=1$) と物質優勢 ($q=2$) の時期ではそれぞれ $aH = q/x$ であることを用いると

$$\partial_x^2 h_{ij}^{\mathrm{TT}} + 2\frac{q}{x}\partial_x h_{ij}^{\mathrm{TT}} + h_{ij}^{\mathrm{TT}} = 0$$

を得る。この方程式の解は Bessel 関数を使うと $h_{ij}^{\mathrm{TT}} = e_{ij} x^{1/2-q} J_{1/2-q}(x)$ で与えられる。ここで，e_{ij} は横波トレースレス分極テンソルである。これよりテンソルゆらぎは

$$h_{ij}^{\mathrm{TT}} = \begin{cases} \text{const.} & \text{for } x \ll 1 \text{ (superhorizon)} \\ \frac{1}{a} & \text{for } x > 1 \text{ (subhorizon)} \end{cases}$$

のように変化する。すなわち，ゆらぎのサイズがホライズンの内側に入ると減衰する解が得られた。

13.6 スカラー方程式の簡単な解－バリオンなし－

この節では方程式の性質を理解するために簡単に解けるような状態を考えることにする。物質は放射と冷たい暗黒物質 (CDM) だけで，非等方ストレステンソル及び宇宙項はゼロとする。また，時間変数として前の節で導入した $x = k\eta$ を使う。

13.6.1 放射優勢時代

はじめに，放射優勢時代に CDM と放射が存在する系を考える。放射優勢であることから

$$\rho_r \gg \rho_c$$

である。そのため Friedmann 方程式は $3M_{\mathsf{P}}^2 H^2 = \rho \simeq \rho_r$ と近似できる。Poisson 方程式 ((13-20) の第 2 式) も同様に右辺の和の中から ρ_c を無視すると，

$$-\Psi \simeq \frac{3}{2}\frac{1}{x^2}\left\{\mathcal{D}^r + 4\left(\Psi + \frac{1}{x}V^r\right)\right\} \tag{13-25}$$

を得る。ここで，(13-20) の第 1 式を使った。また，放射優勢の時代は $a \propto \eta$ であることから $aH = \partial_\eta a/a = 1/\eta$ 及び $a^2\rho_r/2M_{\mathsf{P}}^2 = (3/2)(aH)^2 = 3/2\eta^2$ を使って変形した。

放射に対する保存則は $w_r = c_r^2 = 1/3$ より

$$\partial_x \mathcal{D}^r + \frac{4}{3}V^r = 0, \qquad \partial_x V^r = 2\Psi + \frac{1}{4}\mathcal{D}^r \tag{13-26}$$

となる。CDM の保存則は $w_c = c_c^2 = 0$ より

$$\partial_x \mathcal{D}^c + V^c = 0, \qquad \partial_x V^c + \frac{1}{x}V^c = \Psi \tag{13-27}$$

で与えられる。

微分方程式 (13-25) と (13-26) を組み合わせると

$$(x^2 + 6)\partial_x^2 \mathcal{D}^r + \frac{12}{x}\partial_x \mathcal{D}^r + \frac{1}{3}(x^2 - 6)\mathcal{D}^r = 0$$

が得られる。この微分方程式の一般解は

$$\mathcal{D}^r = A\left\{\cos\left(\frac{x}{\sqrt{3}}\right) - \frac{2\sqrt{3}}{x}\sin\left(\frac{x}{\sqrt{3}}\right)\right\} + B\left\{\sin\left(\frac{x}{\sqrt{3}}\right) + \frac{2\sqrt{3}}{x}\cos\left(\frac{x}{\sqrt{3}}\right)\right\}$$

で与えられる。初期条件として $x \to 0$ で正則性を課すと $B = 0$ となり，

$$\mathcal{D}^r = A\left\{\cos\left(\frac{x}{\sqrt{3}}\right) - \frac{2\sqrt{3}}{x}\sin\left(\frac{x}{\sqrt{3}}\right)\right\},$$

$$V^r = -\frac{3}{4}\partial_x \mathcal{D}^r = A\frac{3}{4}\left\{\frac{x^2 - 6}{\sqrt{3}x^2}\sin\left(\frac{x}{\sqrt{3}}\right) + \frac{2}{x}\cos\left(\frac{x}{\sqrt{3}}\right)\right\},$$

$$\Psi = -\frac{1}{12 + 2x^2}\left(3\mathcal{D}^r + \frac{12}{x}V^r\right)$$

を得る。

スーパーホライズン極限 ($x \ll 1$) での解の振る舞いを見てみると

$$\Psi = \Psi_i - \frac{1}{30}\Psi_i x^2 + \cdots,$$
$$\mathcal{D}^r = -6\Psi_i - \frac{1}{3}\Psi_i x^2 + \cdots,$$
$$V^r = \frac{1}{2}\Psi_i x + \cdots \tag{13-28}$$

となる。ここで, Bardeen ポテンシャルの初期値 $\Psi_i = A/6$ は波数 k だけの関数である。スーパーホライズン領域では x^2 項は無視できるので Ψ と $\mathcal{D}^r$ はほとんど変化しないことがわかる。ただし, Poisson 方程式の右辺に現れるエネルギー密度ゆらぎ D^r は

$$D^r = -\frac{2}{3}\Psi_i x^2$$

となり, 初期値はほとんどゼロになる。平坦性問題を解くために初期のゆらぎが非常に小さくなくてはならないというのは, エネルギー密度ゆらぎではこの D 変数が小さいことを指す。

CDM の速度ゆらぎ V^c は Ψ の解を微分方程式 (13-27) の第 2 式に代入するとで求めることが出来る。また, エネルギー密度ゆらぎ $\mathcal{D}^c$ は V^c の解を (13-27) の第 1 式に代入することで求めることが出来る。その際, 初期条件として断熱条件 (13-24)

$$\mathcal{D}^c(x=0) = \frac{3}{4}\mathcal{D}^r(x=0), \qquad V^c(x=0) = V^r(x=0)$$

を課す。Ψ の解の展開式 (13-28) を CDM の微分方程式に代入して, 断熱条件のもとで解くと

$$\mathcal{D}^c = -\frac{9}{8}\Psi_i - \frac{1}{4}\Psi_i x^2 + \cdots,$$
$$V^c = \frac{1}{2}\Psi_i x + \cdots.$$

を得る。$\mathcal{D}^c$ もスーパーホライズン領域では変化しないことが分かる。

ゆらぎがホライズンの内側に入ってくるサブホライズン領域 ($x \gg 1$) では $\mathcal{D}^r$ と V^r は振動を始める。一方, Bardeen ポテンシャルの解は

$$\Psi = -\frac{3}{2x^2}\mathcal{D}^r$$

のように $1/x^2$ で減衰する。そこで, $\Psi \simeq 0$ として CDM のゆらぎを解くと

$$\mathcal{D}^c \propto \log x, \qquad V^c \propto -\frac{1}{x}$$

を得る。したがって, $\mathcal{D}^c$ の成長はサブホライズン領域でもゆっくりである (Mezaros 効果)。

13.6.2 物質優勢時代

物質優勢の時代は $\rho_r \ll \rho_c$ なので, Friedmann 方程式は $3M_{\rm P}^2 H^2 = \rho_c$ で近似できる。スケール因子 $a \propto \eta^2$ より $aH = 2/\eta$ となるので, (13-20) の中の Poisson 方程式は $-k^2 \Psi = (a^2/2M_{\rm P}^2)\rho_c D^c = (6/\eta^2) D^c$ と書けて, Bardeen ポテンシャルが CDM のゆらぎから決まる。CDM の状態を表すパラメータ $w_c = c_c^2 = 0$ を代入すると, CDM ゆらぎが満たす微分方程式は

$$-(x^2+18)\Psi = 6\mathcal{D}^c + \frac{36}{x}V^c, \quad \partial_x \mathcal{D}^c + V^c = 0, \quad \partial_x V^c + \frac{2}{x}V^c = \Psi$$

で与えられる。これらを組み合わせると

$$(x^2+18)\partial_x^2 V^c + \left(4x + \frac{72}{x}\right)\partial_x V^c - \left(4 + \frac{72}{x^2}\right)V^c = 0$$

が得られる。この微分方程式の一般解は

$$V^c = V_0 x + \frac{V_1}{x}$$

で与えられ, 初期条件として $x \to 0$ で有限であることを要求すると $V_1 = 0$ となる。この解を上の微分方程式に代入するとその他のゆらぎも計算できて,

$$\begin{aligned}\Psi &= \Psi_{\rm i}, \\ \mathcal{D}^c &= -5\Psi_{\rm i} - \frac{1}{6}\Psi_{\rm i} x^2, \\ V^c &= \frac{1}{3}\Psi_{\rm i} x \end{aligned} \qquad (13\text{-}29)$$

という解を得る。ここで, $\Psi_{\rm i} = 3V_0$ である。

放射ゆらぎが満たす微分方程式は, 状態変数 $w_r = c_r^2 = 1/3$ を代入すると,

$$\partial_x \mathcal{D}^r + \frac{4}{3}V^r = 0, \qquad \partial_x V^r = 2\Psi + \frac{1}{4}\mathcal{D}^r$$

13.6 スカラー方程式の簡単な解－バリオンなし－

で与えられる。これらを組み合わせると

$$\partial_x^2 V^r + \frac{1}{3} V^r = 2\partial_x \Psi$$

を得る。Bardeen ポテンシャルは定数なので右辺はゼロになり，この式は容易に解くことが出来る。また，その解を $\mathcal{D}^r$ の式に代入することで一般解

$$V^r = A \sin\left(\frac{x}{\sqrt{3}}\right) + B \cos\left(\frac{x}{\sqrt{3}}\right),$$

$$\mathcal{D}^r = \frac{4A}{\sqrt{3}} \cos\left(\frac{x}{\sqrt{3}}\right) - \frac{4B}{\sqrt{3}} \sin\left(\frac{x}{\sqrt{3}}\right) - 8\Psi_i$$

を得る。係数 A と B を断熱条件で決める。$x \to 0$ で $V^r = V^c$ 及び $\mathcal{D}^r = (1/3)\mathcal{D}^c$ が成り立つとすると，$B = 0$ 及び $A = \Psi_i/\sqrt{3}$ と決まる。したがって，解は

$$\mathcal{D}^r = -8\Psi_i + \frac{4}{3}\Psi_i \cos\left(\frac{x}{\sqrt{3}}\right),$$

$$V^r = \frac{\Psi_i}{\sqrt{3}} \sin\left(\frac{x}{\sqrt{3}}\right) \tag{13-30}$$

となる。スーパーホライズンゆらぎ ($x \simeq 0$) では $\mathcal{D}^r \simeq (-20/3)\Psi_i$ となる。

物質優勢の時代では Bardeen ポテンシャルはまったく変化しないことが分かる。放射優勢の時代でもスーパーホライズンサイズのゆらぎに対しては Bardeen ポテンシャルは変化しないことはすでに述べた。あとで示すように，大きいサイズの CMB 温度ゆらぎの振幅は脱結合時の Bardeen ポテンシャルの大きさで決まる Sachs-Wolfe 関係 (E-5) があるので，現在のゆらぎの大きさ $\Delta T/T \simeq 10^{-5}$ は宇宙初期のビッグバン当時の Bardeen ポテンシャルの振幅の大きさをそのまま伝えていると考えることができる。

エネルギー密度ゆらぎはホライズンの内側に入ると大きく変化する。スーパーホライズン領域 ($x \ll 2$) では $\mathcal{D}^c$ と $\mathcal{D}^r$ は定数であるが，ホライズンの内側 ($x \gg 2$) にはいると CDM ゆらぎ $\mathcal{D}^c$ は x^2 で急速に大きくなる。放射ゆらぎ $\mathcal{D}^r$ は振動を始める。

CDM の速度ゆらぎ V^c は x の一次で単調に成長する。これに対して，放射の速度ゆらぎ V^r はスーパーホライズンでは x の一次で成長するが，サブホライズン領域に入ると $\mathcal{D}^r$ と同様に振動し始める。

ここで注意しなければならないのは，いま物質優勢の条件で解いているので $x \to 0$ としても放射優勢の時代にはつながらない．初期条件をスーパーホライズン領域 $(x \simeq 0)$ で与えたので，このゆらぎは物質優勢の時代に入ってもまだホライズンの内側に入っていないことを仮定したことになる．すなわち，多重極で $l < 200$ くらいの比較的大きいサイズのゆらぎを考えたことになる．また，物質優勢の時代に入ってもずっとスーパーホライズン領域にあるような十分に大きなサイズのゆらぎでも，Ψ は変化しないが，$\mathcal{D}^r$ は時代の変わり目 $(\eta = \eta_{\mathrm{eq}})$ で $\mathcal{D}^r = -6\Psi_{\mathrm{i}}$ から $\mathcal{D}^r = (-20/3)\Psi_{\mathrm{i}}$ へ変化して振幅が少し大きくなることが分かる．

最後に第1音波ピーク (first acoustic peak) の位置について簡単に述べておく．この領域の CMB 温度ゆらぎスペクトルは宇宙が中性化した時のゆらぎの値からほとんど決まってしまう．付録 E.1 に掲載した Sachs-Wolfe 関係 (E-4) のスカラー成分の式を使うと，CMB 温度ゆらぎは

$$\frac{\Delta T}{T}(\eta_0) \simeq \frac{1}{4}\mathcal{D}^r(\eta_{\mathrm{dec}}) + 2\Psi(\eta_{\mathrm{dec}}) = \frac{1}{3}\Psi_{\mathrm{i}} \cos(c_s x_{\mathrm{dec}}) \quad (13\text{-}31)$$

で与えられる．ここで，(13-29) と (13-30) を使った．また $c_s = c_r = 1/\sqrt{3}$ は音速である．この式から極値は $c_s x_{\mathrm{dec}} = c_s k \eta_{\mathrm{dec}} = 0, \pi, 2\pi, \cdots$ で与えられる．ゼロを除くと最初の極値は $k_{1\mathrm{peak}} = \pi/r_s$ で与えられる．ここで $r_s = c_s \eta_{\mathrm{dec}}$ は脱結合時での音波の地平線と呼ばれる．(11-9) を使って多重極の位置を求めると

$$l_{1\mathrm{peak}} \simeq k_{1\mathrm{peak}} d_{\mathrm{dec}} = \frac{\pi(\eta_0 - \eta_{\mathrm{dec}})}{c_s \eta_{\mathrm{dec}}} = \frac{\pi}{c_s}\left(\sqrt{z_{\mathrm{dec}} + 1} - 1\right) \quad (13\text{-}32)$$

になるので，音速の値と $z_{\mathrm{dec}} = 1100$ を代入すると $l_{1\mathrm{peak}} \simeq 174$ を得る．この値は観測値よりも小さいが，それは音速にバリオンの効果が入っていないためである．以下の節で述べるようにバリオンと放射からなる流体では音速は $c_s < 1/\sqrt{3}$ となり，ピークの位置が l の大きいほうに移動する．

13.7 スカラー方程式の解－バリオンを含む－

宇宙が中性化する前のバリオンを含む状態を考える．中性化以前では電子とバリオンは強く相互作用しているので一体とみなせる．そのため，ここで

13.7 スカラー方程式の解 — バリオンを含む —

バリオンと呼ぶものは電子とバリオンが一体になったものを表す。

バリオンと光子の相互作用は Thomson 散乱によるもので，その散乱断面積は $\sigma_T = 8\pi\alpha^2/3m_e^2$ ($\alpha = e^2/4\pi \simeq 1/137$) で与えられる．Thomson 散乱の効果を入れた方程式を求めるためには相互作用がある場合の Boltzmann 方程式を扱う必要がある．ここでは導出の議論はせず天下り的に式を書き下して，その性質をみることにする．

バリオンの状態方程式パラメータ及び音速は w_b, $c_b^2 \ll 1$ である[*4]。ここでは簡単のためそれらをゼロとする．また，放射の成分として光とニュートリノは分けて考えて

$$w_\gamma = w_\nu = c_\gamma^2 = c_\nu^2 = \frac{1}{3},$$
$$w_c = w_b = c_c^2 = c_b^2 = 0$$

とする．すなわち $P_\gamma = \rho_\gamma/3$, $P_\nu = \rho_\nu/3$, $P_c = P_b = 0$ とする．このとき Poisson 方程式は

$$-2M_{\mathsf{P}}^2 \frac{k^2}{a^2}\Psi = \rho_c \left\{ \mathcal{D}^c + 3\left(\Psi + aH\frac{V^c}{k}\right) \right\} + \rho_\nu \left\{ \mathcal{D}^\nu + 4\left(\Psi + aH\frac{V^\nu}{k}\right) \right\}$$
$$+ \rho_\gamma \left\{ \mathcal{D}^\gamma + 4\left(\Psi + aH\frac{V^\gamma}{k}\right) \right\} + \rho_b \left\{ \mathcal{D}^b + 3\left(\Psi + aH\frac{V^b}{k}\right) \right\} \quad (13\text{-}33)$$

となる．物質の保存則をあらわす方程式は，バリオンは光子と相互作用をするがニュートリノとはしないことを考慮に入れて，

$$\partial_\eta \mathcal{D}^c = -kV^c, \qquad \partial_\eta V^c + aHV^c = k\Psi,$$
$$\partial_\eta \mathcal{D}^\nu = -\frac{4}{3}kV^\nu, \qquad \partial_\eta V^\nu = 2k\Psi + \frac{1}{4}k\mathcal{D}^\nu,$$
$$\partial_\eta \mathcal{D}^\gamma = -\frac{4}{3}kV^\gamma, \qquad \partial_\eta V^\gamma = 2k\Psi + \frac{1}{4}k\mathcal{D}^\gamma - \frac{1}{\eta_T}\left(V^\gamma - V^b\right),$$
$$\partial_\eta \mathcal{D}^b = -kV^b, \qquad \partial_\eta V^b + aHV^b = k\Psi + \frac{1}{\eta_T}\frac{4}{3}\frac{\rho_\gamma}{\rho_b}\left(V^\gamma - V^b\right) \quad (13\text{-}34)$$

[*4] 詳しくは $\rho_b = nm_p$, $P_b = nT_b$ で与えられる．ここで，$m_p \simeq 1\text{GeV}$ はバリオンの平均的な質量，$n (\propto 1/a^3)$ 及び $T_b (\propto 1/a)$ は数密度及び温度である．これより，$w_b = P_b/\rho_b = T_b/m_p$ と $c_b^2 = \partial_\eta P_b / \partial_\eta \rho_b = 4T_b/3m_p$ を得る．いま考えている放射優勢から物質優勢に変わる z_{eq} 付近から中性化する z_{dec} までの時期は十分に非相対論的な $T_b \ll m_p$ で与えられるので $w_b = c_b^2 = 0$ と近似できる．

で与えられる。ここで，Thomson 散乱の強さを表す変数として

$$\eta_T = \frac{1}{a\sigma_T n_e}$$

を導入した。η_T が小さいとき，光とバリオンが強く結合していることを表している。方程式から $\eta_T \to 0$ の極限は断熱条件 $V^r = V^b$ を意味することがわかる。

これらの方程式を解くための断熱初期条件 (13-24) は放射優勢の時期に

$$\mathcal{D}^c(0) = \mathcal{D}^b(0) = \frac{3}{4}\mathcal{D}^\gamma(0) = \frac{3}{4}\mathcal{D}^\nu(0),$$
$$V^c(0) = V^b(0) = V^\gamma(0) = V^\nu(0)$$

と設定される。

放射とバリオンが強く結びついているときは一つの流体として記述することができる。そのため，宇宙が中性化するまでバリオンと放射の間の断熱条件

$$\mathcal{D}^b(x) \simeq \frac{3}{4}\mathcal{D}^\gamma(x)$$

が良い近似で成り立つ。宇宙が中性化して結合が外れるとこの条件は成り立たなくなる。実際，保存則 (13-34) の中の式を組み合わせると $\partial_\eta(\mathcal{D}^b - 3\mathcal{D}^\gamma/4) = -k(V^b - V^\gamma)$ が導けるので放射とバリオンが強く結合している極限では $V^b = V^r$ であることからこの式は初期の断熱条件が良い近似で保持されることを意味している。

1つの流体であることを強調するために新しい変数を導入する。2つの状態の和を表す変数として

$$\rho = \rho_\gamma + \rho_b, \qquad P = P_\gamma + P_b = \frac{1}{3}\rho_\gamma$$

を導入すると，この流体の状態方程式パラメータ及び音速は

$$w = \frac{P}{\rho} = \frac{1}{3}\frac{1}{1 + \frac{\rho_b}{\rho_\gamma}}, \qquad c_s^2 = \frac{\partial_\eta P}{\partial_\eta \rho} = \frac{1}{3}\frac{1}{1 + \frac{3}{4}\frac{\rho_b}{\rho_\gamma}} \qquad (13\text{-}35)$$

になる。また，このプラズマ流体の摂動変数は

$$\mathcal{D} = \frac{1}{\rho}\left(\rho_\gamma \mathcal{D}^\gamma + \rho_b \mathcal{D}^b\right),$$

13.7 スカラー方程式の解 — バリオンを含む — 　　　　273

$$V = \frac{1}{\rho + P}\left\{(\rho_\gamma + P_\gamma)V^\gamma + \rho_b V^b\right\}$$

で与えられる。この状態を $\alpha = b\gamma$ と表すことにする。

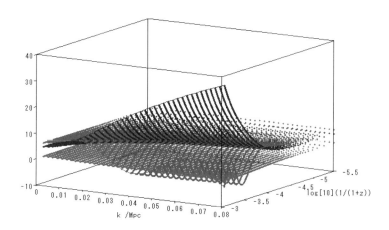

図 13-2 ゆらぎ変数の時間発展。上から CDM 密度ゆらぎ $\mathcal{D}^c$(黒), 光子密度ゆらぎ $\mathcal{D}^\gamma$(濃灰) と Bardeen ポテンシャル Φ(淡灰)。時間を赤方偏移 z の対数を用いて表している。放射優勢の時代から脱結合時 ($z \simeq 10^3$) までを, Harrison-Zel'dovich スペクトルを仮定して Φ の初期値を波数 k によらず 1 として計算。$\mathcal{D}^c$ は $z_{\rm eq}$ 以後ホライズン内に先に入る波長の短いゆらぎから単調に増大していくが, $\mathcal{D}^\gamma$ は大きく振動する。Φ の変化は図 13-3 の方が分かりやすい。

これらの変数に対する Poisson 方程式は (13-20) の第 2 式に 3 つの状態 $\alpha = c, \nu, b\gamma$ を代入すると

$$-2M_{\rm P}^2\frac{k^2}{a^2}\Psi = \rho_c\left\{\mathcal{D}^c + 3\left(\Psi + aH\frac{V^c}{k}\right)\right\} + \rho_\nu\left\{\mathcal{D}^\nu + 4\left(\Psi + aH\frac{V^\nu}{k}\right)\right\}$$
$$+ \rho\left\{\mathcal{D} + 3(1+w)\left(\Psi + aH\frac{V}{k}\right)\right\} \tag{13-36}$$

となる。この式は (13-33) とまったく同じである。保存則は (13-20) の第 1, 3, 4 式から

$$\partial_\eta \mathcal{D} + 3\left(c_s^2 - w\right)aH\mathcal{D} = -(1+w)kV,$$

$$\partial_\eta V + \left(1 - 3c_s^2\right) aHV = k\left(1 + 3c_s^2\right)\Psi + \frac{c_s^2}{1+w}k\mathcal{D} \quad (13\text{-}37)$$

で与えられる。

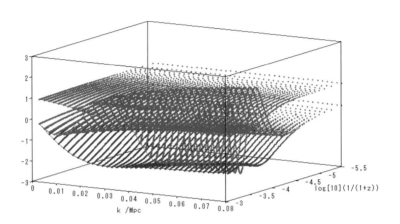

図 13-3　上から Bardeen ポテンシャル Φ (淡灰), 大きく振動するバリオン速度ゆらぎ V^b (濃灰) と CDM 速度ゆらぎ V^c (黒)。図 13-2 と同じ条件の下で計算。Φ の振幅は z_eq 以前の高波数領域で振幅が少し減衰するが z_eq 以後はまた変化しなくなる。

これらの保存則はもとの式と次のように関係している。保存則 (13-34) の中の放射とバリオンの式を組み合わせて $\partial_\eta \mathcal{D}$ を計算すると

$$\rho\partial_\eta \mathcal{D} = -(1+w)\rho kV + 3waH\rho\mathcal{D} - aH\rho_r \mathcal{D}^\gamma$$

が得られる。上でも述べたように, $V^b \sim V^\gamma$ ならば 2 つの密度ゆらぎの微分が $\partial_\eta(\mathcal{D}^b - 3\mathcal{D}^\gamma/4) \sim 0$ を満たすことから断熱条件は良い近似で保持されており, $\mathcal{D}^b \simeq 3\mathcal{D}^\gamma/4$ と置くことができる。そこで, 最後の微分を含まない項に対して断熱条件から得られる関係式 $\mathcal{D} = 3(1+w)\mathcal{D}^\gamma/4$ を使って $\rho^\gamma\mathcal{D}^\gamma$ を $3c_s^2\rho\mathcal{D}$ に書き換えると保存則 (13-37) の第 1 式を得ることができる。同様にして, 保存則 (13-34) の中の放射とバリオンの速度変数の微分を含む式

から $(1+w)\rho\partial_\eta V$ を計算すると,Thomson 散乱の項は相殺して

$$(1+w)\rho\partial_\eta V = (1+w)\rho\left\{-\left(1-3c_s^2\right)aHV + \left(1+3c_s^2\right)k\Psi\right\} + \frac{1}{3}k\rho_r\mathcal{D}^\gamma$$

を得る。最後の項を上と同様に書き換えると保存則 (13-37) の第 2 式を得る。

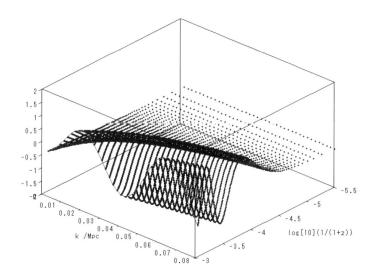

図 13-4 Sachs-Wolfe 関係式に現れる組み合わせ $\mathcal{D}^\gamma/4 + 2\Psi$ の時間発展。図 13-2 と同じ条件の下で計算している。最後の実線は脱結合時 ($z \simeq 10^3$) のスペクトルで,cos 関数が現れている [(13-31) を参照]。波数 0.02Mpc^{-1} 付近の最初の極値が CMB の第 1 音波ピークに相当する。

バリオンと光子が強く結合した系の数値計算の結果を図 13-2 から図 13-5 に示した。保存則 (13-34) の中の CDM 変数 $\mathcal{D}^c$ と V^c,ニュートリノ変数 $\mathcal{D}^\nu$ と V^ν の方程式と放射バリオン流体変数 $\mathcal{D}$ と V の方程式 (13-37) 及び Bardeen ポテンシャル $\Phi(=-\Psi)$ を決める Poisson 方程式 (13-36) を Friedman 背景時空の方程式とともに連立して解いた。宇宙論パラメータは第 11 章で与えた $\Omega_b = 0.042, \Omega_d = 0.27, \Omega_r = 8.1\times 10^{-5}, \Omega_\gamma = 4.8\times 10^{-5}$, $\Omega_\Lambda = 0.73, h = 0.72$ を用いて計算した。初期値は放射優勢の時期に与え,Harrison-Zel'dovich スペクトルを表す $\Psi_i = -1$ とした (放射優勢の解を参

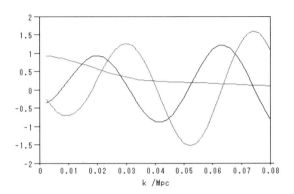

図 13-5 Bardeen ポテンシャル Φ (淡灰), Sachs-Wolfe 関係式に現れる組み合わせ $\mathcal{D}^\gamma/4 + 2\Psi$ (黒), バリオン速度ゆらぎ V^b (濃灰) の脱結合時 $(z \simeq 10^3)$ のスペクトル。

照)[*5]。このとき, 光子密度ゆらぎとバリオン速度ゆらぎは断熱近似の関係式 $\mathcal{D}^\gamma = 4(1+w)\mathcal{D}/4$ と $V^b = V$ を用いて求めている。また, Sachs-Wolfe 関係式に現れる組み合わせ $\mathcal{D}^\gamma/4 + 2\Psi$ の時間発展を図 13-4 に示した[*6]。また, 図 13-5 に脱結合時のスペクトルを抜き出して示した。

ここで再び第 1 音波ピークの位置について考える。保存則 (13-37) は放射とバリオンが一つの流体として音速 (13-35) で振動することを表している。脱結合時の音速を求めると

$$c_s(\eta_{\text{dec}}) = \frac{1}{\sqrt{3\left(1 + \frac{3\Omega_b}{4\Omega_\gamma}\frac{a_{\text{dec}}}{a_0}\right)}} = \frac{1}{\sqrt{3\left(1 + \frac{3\Omega_b}{4\Omega_\gamma}\frac{1}{z_{\text{dec}}+1}\right)}}$$

[*5] 実際には, Harrison-Zel'dovich スペクトルは $k^3|\Psi|^2$ が k に依らない定数になる場合なので, この初期条件は $k^{3/2}\Psi_i = -1$ と与えるのが正しい。ただ, 線形近似の範囲内では, 新たに無次元の変数 $\bar{\Psi} = k^{3/2}\Psi$ (他の変数も同様) を導入しても, この無次元変数は元の変数と同じ線形方程式を満たすので, 各図は無次元変数で $\bar{\Psi}_i = -1$ として計算したものと考えてよい。

[*6] この組み合わせは Hu-Sugiyam, ApJ, **444** (1995) 489 の $k^{3/2}(\Theta_0 + \Psi)$ に相当する。

となる。第2節で与えた数値を代入すると $c_s = 0.456$ を得るので，この値を第1音波ピークの位置を決める (13-32) に代入すると，観測値と良く合う

$$l_{1\mathrm{peak}} \simeq \frac{\pi}{c_s(\eta_{\mathrm{dec}})} \left(\sqrt{z_{\mathrm{dec}}+1} - 1\right) = 220$$

という値を得る。

13.8　中性化以後の物質ゆらぎの発展

宇宙が中性化した後は光のスペクトルは宇宙の進化の影響をあまり受けなくなり現在までそのスペクトルを保つ (Sachs-Wolfe 関係)。一方，CDM やバリオンのようなダストのゆらぎは成長を続け，銀河や銀河団などの宇宙構造を造る。ここでは脱結合以後のダストのゆらぎを考える。

CDM と中性化したバリオンのゆらぎの方程式は

$$\partial_\eta \mathcal{D}^{c,b} = -kV^{c,b},$$
$$\partial_\eta V^{c,b} + aHV^{c,b} = k\Psi$$

のように同じ式で与えられる。これより $V^{c,b}$ を消去すると

$$\partial_\eta^2 \mathcal{D}^{c,b} + aH \partial_\eta \mathcal{D}^{c,b} = k^2 \Psi$$

を得る。

CDM とバリオンは同じ式をみたすことから二つの変数の差は

$$\partial_\eta^2 \left(\mathcal{D}^c - \mathcal{D}^b\right) + aH \partial_\eta \left(\mathcal{D}^c - \mathcal{D}^b\right) = 0$$

をみたす。この方程式の安定解は $\partial_\eta \mathcal{D}^c = \partial_\eta \mathcal{D}^b$ である。CDM の密度ゆらぎは物質優勢の時代に入ったころから成長を始めるのに対して，バリオンは光との相互作用のため脱結合時までその成長が抑えられる。微分係数が同じになる安定解の意味はすでに成長過程に入って急速にゆらぎが成長している CDM，すなわち $\partial_\eta \mathcal{D}^c(\eta_{\mathrm{dec}}) > 0$ に対して，まだゆらぎの成長が抑えられていた $\partial_\eta \mathcal{D}^b(\eta_{\mathrm{dec}}) \simeq 0$ のバリオンが CDM に引っ張られる形で成長を加速させることを意味する。

このことは逆にCDMがなければバリオンのゆらぎの成長が抑えられ，バリオンによって構成される銀河分布が現在とは異なるものになることを意味する。これは銀河の回転曲線の問題とともにCDMが存在することの間接的な証拠とされている。

第14章

量子重力ゆらぎから CMB 多重極まで

　時空相転移としてのビッグバンのエネルギースケールが $\Lambda_{\rm QG} \simeq 10^{17}$ GeV であるとすると，相転移後の宇宙はおよそ 10^{29} 倍ほど膨張したことになる (図 12-3 参照)。インフレーション期に宇宙は 10^{30} 倍ほど膨張するので，Planck 時間に Planck 長さであったゆらぎは 10^{59} 倍ほど膨張して，現在では銀河団よりも大きな数百メガパーセク (Mpc) の大きさになっていると考えられる。この大きさのゆらぎは，前章で述べたように，長くスーパーホライズン領域に留まって，あまり振幅の変化を受けず現在まで届くので，CMB を観測することによって調べることができる。そのため，CMB のペクトルを研究することで Planck スケールの現象を理解することができる。

　この章では，インフレーション解からの摂動 (ゆらぎ) を考え，前章で紹介した宇宙論的摂動論を適用して量子重力ゆらぎの発展方程式を導出する。それを実際に解いてインフレーション解が安定であることを示す。すなわち，ゆらぎの振幅が次第に小さくなり，平坦性やホライズン問題が解決できることを示す。また，Planck 時間以前に設定された共形不変な初期スペクトルがどのように時間発展するかを考察して，相転移点でのスペクトルを推定する。それをビッグバン後の宇宙構造形成の種となる原始ゆらぎパワースペクトルと同定して CMB 異方性スペクトルを計算する。

14.1　ビックバン後の簡単なまとめ

　はじめに，宇宙全体がビッグバン直後の熱平衡状態にある場合の Einstein 理論の線形発展方程式について簡潔にまとめる。

　Bardeen(重力) ポテンシャルの間に，(13-11) から

$$\Phi + \Psi = 0$$

の関係があるので，ビッグバン直後の宇宙では方程式は 1 つの Bardeen ポテンシャルで記述することが出来る．この関係式と物質のエネルギー運動量テンソルのトレースが消えることを用いて Einstein 方程式を求めると，(13-10) から
$$3\partial_\eta^2 \Phi + 12\partial_\eta \hat{\phi} \partial_\eta \Phi - \partial^2 \Phi = 0$$
を得る．ここで，背景場 $\hat{\phi}$ は Friedmann 方程式を満たす．

テンソル場の発展方程式 (13-16) は
$$\partial_\eta^2 h_{ij}^{\mathrm{TT}} + 2\partial_\eta \hat{\phi} \partial_\eta h_{ij}^{\mathrm{TT}} - \partial^2 h_{ij}^{\mathrm{TT}} = 0$$
で与えられる．ベクトルゆらぎは時間とともに減衰して消えてしまうので通常は考えない．

時間が経って宇宙の温度が下がっていくと，いろんな物質状態が熱平衡状態から分離して現れてくる．その時期になると状態によってそのエネルギー運動量テンソルはもはやトレースレスではなくなり，Einstein 方程式もその影響を受けるようになる．そのため各状態の保存則等と一緒に Einstein 方程式を解く必要がある．

第 11 章で述べたように，現在の温度ゆらぎは Sacks-Wolfe 関係式によって宇宙が中性化した当時の Bardeen ポテンシャルの値で与えられる．また，発展方程式から Bardeen ポテンシャルの値は，特に原始のゆらぎの情報を含む長波長領域に於いて，ビックバン後から宇宙が中性化するまでほとんど変化しないことが分かる．このことから，相転移直後の Bardeen ポテンシャルの値が現在の温度ゆらぎと同じ 10^{-5} のオーダーであったことが分かる．量子重力的宇宙論の目的の 1 つはこの値を出すことで，第 12 章 12.1 節の最後に与えた次元解析による簡単な推定がそれである．

14.2 量子重力の発展方程式

ゆらぎが小さくなることが期待されることから，先ずは一様等方なインフレーション解のまわりで摂動展開した線形の運動方程式を考えることにする．線形近似を適用することの是非について，特に初期領域でも有効かどうかについては実際に解いてから議論する．

また，相転移近くになってもこの線形近似が有効であるためには，スペクトルが相転移のダイナミクスによらないことが条件である．もしも考えているゆらぎが相転移時に力学的相関距離 $1/\Lambda_{\rm QG}$ 程度のサイズをもつものであるならば，相転移のモデルについての詳細な情報が必要になる．一方，ここで考えるゆらぎのサイズは Planck 時間に Planck 長さをもつゆらぎである．このゆらぎのサイズはインフレーションが終わるときには力学的相関距離より遥かに大きくなっているので，相転移のダイナミクスに影響されないことが示唆される．

トレースレステンソル場のゆらぎは漸近自由性により，初期のゆらぎは小さいと期待されるので，やはり摂動論が有効である．実際，ここで扱うゆらぎのサイズでは，相転移時まで振幅の大きさが保存されることが示せる．

量子重力の発展方程式は各作用からのエネルギー運動量テンソルの和が消える式として

$$\mathbf{T}_{\mu\nu} = \mathbf{T}_{\mu\nu}^{\rm R} + \mathbf{T}_{\mu\nu}^{\rm W} + \mathbf{T}_{\mu\nu}^{\rm EH} + \mathbf{T}_{\mu\nu}^{\Lambda} + \mathbf{T}_{\mu\nu}^{\rm M} = 0$$

で与えられる．その際，発展方程式をゲージ不変にするために，ランニング結合定数 (12-6) を通して時間に依存する力学的因子 B_0 (12-3) を

$$\delta_\xi B = \xi^\lambda \partial_\lambda B = \xi^0 \partial_\eta B$$

のようにスカラーとして変換する関数に修正する必要がある．これは，変数 σ (13-4) を使うと，

$$B = B_0 - \sigma \partial_\eta B_0$$

と表される．Riegert 作用から導かれるエネルギー運動量テンソルの前の係数 b_c を $b_c B$ と置き換えるとゲージ不変な運動方程式になる．ただ，実用的には，先にも述べた $\sigma = 0$ を満たす共形ニュートンゲージを取ればこの変更は考えなくても良い．このとき，Bardeen ポテンシャル (13-3) は簡単に $\Phi = \varphi + h/6$ と $\Psi = \varphi - h/2$ で表される．以下では $\sigma = 0$ として議論する．

発展方程式の導出は煩雑なので，導かれた結果とその特徴のみを記すことにする．係数に b_c, $1/\tilde{t}^2$, $M_{\rm P}^2$ が付いている部分はそれぞれ Riegert 作用，Weyl 作用，Einstein 作用に由来していることを示している．ここで，$\tilde{t}^2$ はランニング結合定数 (12-6) である．宇宙項は小さいとして無視する．

スカラー線型方程式 物質場のエネルギー運動量テンソルはトレースレス $\mathbf{T^{M\lambda}}_\lambda = 0$ になるので，トレース成分から発展方程式

$$\frac{b_c}{8\pi^2} B_0(\tau) \Big\{ -2\partial_\eta^4 \Phi - 2\partial_\eta \hat{\phi} \partial_\eta^3 \Phi + \left(-8\partial_\eta^2 \hat{\phi} + \frac{10}{3} \partial^2 \right) \partial_\eta^2 \Phi$$
$$+ \left(-12\partial_\eta^3 \hat{\phi} + \frac{10}{3} \partial_\eta \hat{\phi} \partial^2 \right) \partial_\eta \Phi + \left(\frac{16}{3} \partial_\eta^2 \hat{\phi} - \frac{4}{3} \partial^2 \right) \partial^2 \Phi$$
$$+ 2\partial_\eta \hat{\phi} \partial_\eta^3 \Psi + \left(8\partial_\eta^2 \hat{\phi} + \frac{2}{3} \partial^2 \right) \partial_\eta^2 \Psi + \left(12\partial_\eta^3 \hat{\phi} - \frac{10}{3} \partial_\eta \hat{\phi} \partial^2 \right) \partial_\eta \Psi$$
$$+ \left(-\frac{16}{3} \partial_\eta^2 \hat{\phi} - \frac{2}{3} \partial^2 \right) \partial^2 \Psi \Big\}$$
$$+ M_{\mathsf{P}}^2 e^{2\hat{\phi}} \Big\{ 6\partial_\eta^2 \Phi + 18 \partial_\eta \hat{\phi} \partial_\eta \Phi - 4\partial^2 \Phi - 6 \partial_\eta \hat{\phi} \partial_\eta \Psi$$
$$+ \left(12 \partial_\eta^2 \hat{\phi} + 12 \partial_\eta \hat{\phi} \partial_\eta \hat{\phi} - 2 \partial^2 \right) \Psi \Big\} = 0 \tag{14-1}$$

が得られる。ここでは，背景場の運動方程式 (12-4) を使って，$\partial_\eta^4 \hat{\phi}$ と $\partial_\eta B_0$ を含む項を取り除いている。

エネルギー運動量テンソルの空間成分を組み合わせた (13-9) の第 2 式の全体を ∂^2 で割ったものから 2 階の微分方程式

$$\frac{2}{\tilde{t}^2(\tau)} \Big\{ 4\partial_\eta^2 \Phi - \frac{4}{3} \partial^2 \Phi - 4\partial_\eta^2 \Psi + \frac{4}{3} \partial^2 \Psi \Big\} + \frac{b_c}{8\pi^2} B_0(\tau) \Big\{ \frac{4}{3} \partial_\eta^2 \Phi$$
$$+ 4 \partial_\eta \hat{\phi} \partial_\eta \Phi + \left(\frac{28}{3} \partial_\eta^2 \hat{\phi} - \frac{8}{3} \partial_\eta \hat{\phi} \partial_\eta \hat{\phi} - \frac{8}{9} \partial^2 \right) \Phi$$
$$- \frac{4}{3} \partial_\eta \hat{\phi} \partial_\eta \Psi + \left(-\frac{4}{3} \partial_\eta^2 \hat{\phi} + \frac{8}{3} \partial_\eta \hat{\phi} \partial_\eta \hat{\phi} - \frac{4}{9} \partial^2 \right) \Psi \Big\}$$
$$- 2 M_{\mathsf{P}}^2 e^{2\hat{\phi}} \{ \Phi + \Psi \} = 0 \tag{14-2}$$

を得る。この方程式はインフレーション時代と Einstein 時空を結ぶ拘束条件のような役割がある。ランニング結合定数が小さいインフレーション初期の極限 $\tilde{t} \to 0$ では，トレースレステンソル場由来のスカラーモード h が消え，共形因子場の摂動を表す $\Phi = \Psi \ (=\varphi)$ のゆらぎが優勢になることを表している。一方，結合定数が発散する相転移時では，最後の Einstein 項が優勢になって，Einstein 時空で成り立つ $\Phi = -\Psi$ のゆらぎが実現されることを表している。

14.2 量子重力の発展方程式

結合定数が消える極限では、$\Phi = \Psi = \varphi$ とすると、トレース方程式 (14-1) の左辺は Riegert 場のゆらぎ変数 φ だけを用いて書くことができて、

$$\mathbf{T}^\mu_{\ \mu}|_{t \to 0} = -\frac{b_c}{4\pi^2} \left(\partial_\eta^4 \varphi - 2\partial_\eta^2 \bar{\partial}^2 \varphi + \bar{\partial}^4 \varphi \right) + M_{\mathsf{P}}^2 e^{2\hat{\phi}} \left\{ 6\partial_\eta^2 \varphi - 6\bar{\partial}^2 \varphi \right.$$
$$\left. + 12\partial_\eta \hat{\phi} \partial_\eta \varphi + 12 \left(\partial_\eta^2 \hat{\phi} + \partial_\eta \hat{\phi} \partial_\eta \hat{\phi} \right) \varphi \right\}$$

となる。

テンソル・ベクトル線形方程式 テンソルゆらぎが満たす運動方程式は $\mathbf{T}_{ij} = 0$ より

$$\frac{2}{\bar{t}^2(\tau)} \left\{ -\partial_\eta^4 h_{ij}^{\mathrm{TT}} + 2\partial_\eta^2 \bar{\partial}^2 h_{ij}^{\mathrm{TT}} - \bar{\partial}^4 h_{ij}^{\mathrm{TT}} \right\} + \frac{b_c}{8\pi^2} B_0(\tau) \Big\{$$
$$\left(\frac{1}{3} \partial_\eta^2 \hat{\phi} + \frac{4}{3} \partial_\eta \hat{\phi} \partial_\eta \hat{\phi} \right) \partial_\eta^2 h_{ij}^{\mathrm{TT}} + \left(\frac{1}{3} \partial_\eta^3 \hat{\phi} + \frac{8}{3} \partial_\eta^2 \hat{\phi} \partial_\eta \hat{\phi} \right) \partial_\eta h_{ij}^{\mathrm{TT}}$$
$$+ \left(-\frac{7}{3} \partial_\eta^2 \hat{\phi} + \frac{2}{3} \partial_\eta \hat{\phi} \partial_\eta \hat{\phi} \right) \bar{\partial}^2 h_{ij}^{\mathrm{TT}} \Big\}$$
$$+ M_{\mathsf{P}}^2 e^{2\hat{\phi}} \left\{ -\frac{1}{2} \partial_\eta^2 h_{ij}^{\mathrm{TT}} - \partial_\eta \hat{\phi} \partial_\eta h_{ij}^{\mathrm{TT}} + \frac{1}{2} \bar{\partial}^2 h_{ij}^{\mathrm{TT}} \right\} = 0 \qquad (14\text{-}3)$$

で与えられる。

ベクトルゆらぎが満たす線型方程式は $\bar{\partial}^{-2} \partial^j \mathbf{T}_{ij} = 0$ から導かれ、

$$\frac{2}{\bar{t}_r^2(\tau)} \left\{ \partial_\eta^3 \Upsilon_i - \partial_\eta \bar{\partial}^2 \Upsilon_i \right\} - \frac{b_c}{8\pi^2} B_0(\tau) \Big\{ \left(\frac{1}{3} \partial_\eta^2 \hat{\phi} + \frac{4}{3} \partial_\eta \hat{\phi} \partial_\eta \hat{\phi} \right) \partial_\eta \Upsilon_i$$
$$+ \left(\frac{1}{3} \partial_\eta^3 \hat{\phi} + \frac{8}{3} \partial_\eta^2 \hat{\phi} \partial_\eta \hat{\phi} \right) \Upsilon_i \Big\} + M_{\mathsf{P}}^2 e^{2\hat{\phi}} \left\{ \frac{1}{2} \partial_\eta \Upsilon_i + \partial_\eta \hat{\phi} \Upsilon_i \right\} = 0 \quad (14\text{-}4)$$

で与えられる。

物理時間 τ への変換公式 運動方程式を解く際は $d\eta = a(\tau)d\eta$ (11-1) で定義される物理時間 τ を使って解く。ここでは、その変換公式を与えておく。スケール因子 $a(\tau) = e^{\hat{\phi}(\tau)}$ と Hubble 変数 $H(\tau) = \dot{a}(\tau)/a(\tau)$ を用いて、微分演算子は

$$\bar{\partial}^2 = a^2 \left(-\frac{k^2}{a^2} \right), \qquad \partial_\eta = a\partial_\tau, \qquad \partial_\eta^2 = a^2 \left(\partial_\tau^2 + H\partial_\tau \right),$$

$$\partial_\eta^3 = a^3 \left\{ \partial_\tau^3 + 3H\partial_\tau^2 + \left(\dot{H} + 2H^2\right)\partial_\tau \right\},$$
$$\partial_\eta^4 = a^4 \left\{ \partial_\tau^4 + 6H\partial_\tau^3 + \left(4\dot{H} + 11H^2\right)\partial_\tau^2 + \left(\ddot{H} + 7H\dot{H} + 6H^3\right)\partial_\tau \right\}$$

と書き換えることができる。また，背景時空の変数も

$$\partial_\eta\hat{\phi} = aH, \quad \partial_\eta^2\hat{\phi} = a^2\left(\dot{H} + H^2\right), \quad \partial_\eta^3\hat{\phi} = a^3\left(\ddot{H} + 4H\dot{H} + 2H^3\right),$$
$$\partial_\eta^4\hat{\phi} = a^4\left(\dddot{H} + 7H\ddot{H} + 4\dot{H}^2 + 18H^2\dot{H} + 6H^4\right)$$

と書き換えられる。

非線形項の寄与について いま考えているスペクトル領域では，14.5 節で示すように，スカラーゆらぎの振幅は時間とともに小さくなって線形近似が良くなる。初期領域でも，結合定数 t が小さいことからトレースレステンソル場由来のスカラーモード h は線形近似で考えても良い。また，t が時間発展とともに大きくなっても，同時に振幅が小さくなるので，h を含む 3 点相互作用に由来した非線形項は無視しても良いと考えられる。同様に，t を含む共形因子場 ϕ の 4 階微分自己相互作用に由来した非線形項も無視できるものとする。

さらに，テンソルゆらぎは最初から最後まで小さいままなので，それを含む非線形項も無視できる。また，本書では議論しないが，ベクトルゆらぎは相転移付近で大きくなるが，影響はほとんどないと考えられる。

しかしながら，Einstein 項の共形因子場の指数因子に由来する相互作用項は t が消えても存在するため，まだ振幅が小さくなる前の初期段階で寄与すると考えられる。実際，後で述べるように，波数 k が共動座標で見た Planck 質量スケール m (14-8) より大きい領域ではこの非線形項が無視できなくなる。それは発展方程式 (14-1) にこの Einsetin 項由来の非線形項を加える必要があることを意味する。その 2 次，3 次の非線形項は

$$\mathbf{T}^{\text{EH}\lambda}{}_\lambda\big|_{\text{NL2}} = M_{\text{P}}^2 e^{2\hat{\phi}}\Big\{12\varphi\partial_\eta^2\varphi - 12\varphi\partial^2\varphi + 24\partial_\eta\hat{\phi}\,\varphi\partial_\eta\varphi$$
$$+ 6\partial_\eta\varphi\partial_\eta\varphi - 6\partial_i\varphi\partial^i\varphi + 12\left(\partial_\eta^2\hat{\phi} + \partial_\eta\hat{\phi}\partial_\eta\hat{\phi}\right)\varphi^2\Big\},$$

$$\mathbf{T}^{\text{EH}\lambda}{}_\lambda\big|_{\text{NL3}} = M_{\text{P}}^2 e^{2\hat{\phi}}\Big\{12\varphi^2\partial_\eta^2\varphi - 12\varphi^2\partial^2\varphi + 24\partial_\eta\hat{\phi}\,\varphi^2\partial_\eta\varphi$$
$$+ 12\varphi\partial_\eta\varphi\partial_\eta\varphi - 12\varphi\partial_i\varphi\partial^i\varphi + 8\left(\partial_\eta^2\hat{\phi} + \partial_\eta\hat{\phi}\partial_\eta\hat{\phi}\right)\varphi^3\Big\} \quad (14\text{-}5)$$

で与えられる。同様にして高次の項も求めることが出来る。ここで, トレースレステンソル場 $h_{\mu\nu}$ 由来のモードを含む非線形項は小さいとして無視している。

一方, 拘束条件式 (14-2) は初期の $\tilde{t}$ が小さいときは第 1 項が支配的で Einstein 項は寄与しない。時間が経って Einstein 項が支配的になる頃にはスカラーゆらぎは小さくなっているので, 非線形項を加える必要はない。

14.3 物質場を含む線形発展方程式

最後に物質場の摂動変数を含む運動方程式を考える。これらの方程式は, 次の章で行う原始スペクトルの計算には不要であるが, 方程式系を完成させるために求めておく。

物質場のエネルギー運動量テンソル (13-8) はトレースレス $\mathbf{T}^{\mathrm{M}\lambda}{}_{\lambda} = 0$ になって,

$$\mathbf{T}^{\mathrm{M}}_{00} = e^{4\hat{\phi}}\left(\rho + \delta\rho + 4\rho\varphi\right), \qquad \mathbf{T}^{\mathrm{M}}_{0i} = -\frac{4}{3}e^{4\hat{\phi}}\rho\left(v_i + \frac{1}{2}h_{0i}\right),$$

$$\mathbf{T}^{\mathrm{M}}_{ij} = \frac{1}{3}e^{4\hat{\phi}}\left(\rho + \delta\rho + 4\rho\varphi\right)\delta_{ij} \tag{14-6}$$

と書き換えることができる。

これを用いて, 前章と同様に, エネルギー運動量テンソルの組み合わせ (13-9) の 3 番目の式からエネルギー密度の摂動変数 D を含んだ微分方程式

$$\begin{aligned}
&\frac{b_c}{8\pi^2}B_0(\tau)\Bigg\{\left(-2\partial_\eta^2\hat{\phi} + 2\partial_\eta\hat{\phi}\partial_\eta\hat{\phi} - \frac{2}{3}\partial^2\right)\partial_\eta^2\Phi + \left(2\partial_\eta^3\hat{\phi} - 4\partial_\eta^2\hat{\phi}\partial_\eta\hat{\phi}\right)\partial_\eta\Phi \\
&+\partial_\eta\hat{\phi}\left(-2\partial_\eta^2\hat{\phi} + 2\partial_\eta\hat{\phi}\partial_\eta\hat{\phi} - 2\partial^2\right)\partial_\eta\Phi + \left(-\frac{20}{3}\partial_\eta\hat{\phi}\partial_\eta\hat{\phi} + \frac{4}{9}\partial^2\right)\partial^2\Phi \\
&+\partial_\eta\hat{\phi}\left(2\partial_\eta^2\hat{\phi} - 2\partial_\eta\hat{\phi}\partial_\eta\hat{\phi} + \frac{2}{3}\partial^2\right)\partial_\eta\Psi + \left(-2\partial_\eta^3\hat{\phi}\partial_\eta\hat{\phi} + 4\partial_\eta^2\hat{\phi}\partial_\eta^2\hat{\phi}\right)\Psi \\
&+\left(2\partial_\eta^2\hat{\phi} + \frac{2}{3}\partial_\eta\hat{\phi}\partial_\eta\hat{\phi} + \frac{2}{9}\partial^2\right)\partial^2\Psi\Bigg\} \\
&+\frac{2}{\tilde{t}_r^2(\tau)}\left\{-\frac{4}{3}\partial^4\Phi - 4\partial_\eta\hat{\phi}\partial^2\partial_\eta\Phi + \frac{4}{3}\partial^4\Psi + 4\partial_\eta\hat{\phi}\partial^2\partial_\eta\Psi\right\} \\
&+M_{\mathsf{P}}^2 e^{2\hat{\phi}} 2\partial^2\Phi + e^{4\hat{\phi}}\rho D = 0
\end{aligned}$$

が得られる。この式は Bardeen ポテンシャルについて高々 2 階の時間微分しか含まないので, (14-1) と (14-2) の連立微分方程式から得られた Φ と Ψ の解を代入すれば変数 D の値を求めることができる。

(13-9) の 4 番目の式からは速度スカラー変数 V を含んだ微分方程式

$$\frac{b_c}{8\pi^2} B_0(\tau) \left\{ -\frac{2}{3} \partial_\eta^3 \Phi + \left(-\frac{10}{3} \partial_\eta^2 \hat{\phi} + \frac{2}{3} \partial_\eta \hat{\phi} \partial_\eta \hat{\phi} + \frac{4}{9} \partial^2 \right) \partial_\eta \Phi - \frac{4}{3} \partial_\eta \hat{\phi} \partial^2 \Phi \right.$$
$$\left. + \frac{2}{3} \partial_\eta \hat{\phi} \partial_\eta^2 \Psi + \left(2 \partial_\eta^2 \hat{\phi} - \frac{2}{3} \partial_\eta \hat{\phi} \partial_\eta \hat{\phi} + \frac{2}{9} \partial^2 \right) \partial_\eta \Psi + \left(2 \partial_\eta^3 \hat{\phi} - \frac{2}{3} \partial_\eta \hat{\phi} \partial^2 \right) \Psi \right\}$$
$$+ \frac{2}{\bar{t}_r^2(\tau)} \left\{ -\frac{4}{3} \partial^2 \partial_\eta \Phi + \frac{4}{3} \partial^2 \partial_\eta \Psi \right\}$$
$$+ M_{\sf P}^2 e^{2\hat{\phi}} \left\{ 2 \partial_\eta \Phi - 2 \partial_\eta \hat{\phi} \Psi \right\} - \frac{4}{3} e^{4\hat{\phi}} \rho V = 0$$

を得る。この式も Bardeen ポテンシャルについて高々 3 階の時間微分なので, 連立微分方程式 (14-1) と (14-2) の解を代入すれば V を求めることができる。

運動方程式 $\mathbf{T}_{0i} = 0$ からベクトル成分を抜き出すと, ベクトル変数 Ω_i を含んだ微分方程式

$$\frac{2}{\bar{t}_r^2(\tau)} \left\{ \partial_\eta^2 \partial^2 \Upsilon_i - \partial^4 \Upsilon_i \right\} - \frac{b_c}{8\pi^2} B_0(\tau) \left(\frac{1}{3} \partial_\eta^2 \hat{\phi} + \frac{4}{3} \partial_\eta \hat{\phi} \partial_\eta \hat{\phi} \right) \partial^2 \Upsilon_i$$
$$+ \frac{1}{2} M_{\sf P}^2 e^{2\hat{\phi}} \partial^2 \Upsilon_i - \frac{4}{3} e^{4\hat{\phi}} \rho \Omega_i = 0$$

を得る。この式もベクトル変数 Υ_i について高々 2 階の時間微分しか含んでいないので, 微分方程式 (14-4) の解を代入すれば Ω_i を求めることができる。

14.4 重力場の 2 点相関と初期スペクトル

線形発展方程式を解くための初期条件として, 実用的見地から, 場の 2 点関数から求まるスペクトルを考えることにする。初期スペクトルはインフレーションが始まる以前のある適当な時間 $\tau_{\sf i} = 1/E_{\sf i}$ ($E_{\sf i} \geq H_{\bf D}$) に設定する。この領域では $\Phi = \Psi$ で表される共形因子場のゆらぎ φ が優勢で, そのダイナミクスは 4 階微分の Riegert 作用によって記述される。その相関関数

14.4 重力場の2点相関と初期スペクトル

は対数関数となり，同時刻では

$$\langle \varphi(\tau_\mathrm{i}, \mathbf{x})\varphi(\tau_\mathrm{i}, \mathbf{x}') \rangle = -\frac{1}{4b_c} \log\left(m^2|\mathbf{x} - \mathbf{x}'|^2\right) \tag{14-7}$$

で与えられる。正の定数 b_c は Riegert 作用の前の係数である。質量スケール m は物理時間 τ_i での共動座標で見た Planck 質量で，

$$m = a(\tau_\mathrm{i})H_\mathbf{D} \tag{14-8}$$

と定義される。このとき，時間 τ_i の超曲面上の物理的距離は $|\mathbf{r} - \mathbf{r}'| = a(\tau_\mathrm{i})|\mathbf{x} - \mathbf{x}'|$ となる。ここで注意すべき点は，対数の相関関数 (14-7) はインフレーション時空のホライズン距離である Planck 長さ $L_\mathrm{P} = 1/H_\mathbf{D}$ より長い相関をもつゆらぎが存在することを表している。

スペクトルは3次元共動座標空間での Fourier 変換を使って表す。変数 $\varphi(\mathbf{x})$ の Fourier 変換を

$$\varphi(\mathbf{x}) = \int \frac{d^3\mathbf{k}}{(2\pi)^3} \varphi(\mathbf{k}) e^{i\mathbf{k}\cdot\mathbf{x}}$$

と定義する。標準偏差 $\langle |\varphi(\mathbf{k})|^2 \rangle$ は

$$\langle \varphi(\mathbf{k})\varphi(\mathbf{k}') \rangle = \langle |\varphi(\mathbf{k})|^2 \rangle (2\pi)^3 \delta^3(\mathbf{k} + \mathbf{k}') \tag{14-9}$$

で定義される。対数関数の Fourier 変換は

$$-\log\left(m^2|\mathbf{x}|^2\right) = \int_{k>\epsilon} \frac{d^3\mathbf{k}}{(2\pi)^3} \frac{4\pi^2}{k^3} e^{i\mathbf{k}\cdot\mathbf{x}} - \log\left(\frac{m^2}{\epsilon^2 e^{2\gamma-2}}\right)$$

で与えられる。ここで，$k = |\mathbf{k}|$ で，γ は Euler 定数である。$\epsilon(\ll 1)$ は無限小の赤外カットオフである。それは後に相関距離 ξ_Λ の効果として取り入れる。右辺の定数項は Fourier 空間では $\delta^3(\mathbf{k})$ に比例するので無視すると，(14-7) から

$$\langle |\varphi(\tau_\mathrm{i}, \mathbf{k})|^2 \rangle = \frac{\pi^2}{b_c} \frac{1}{k^3}$$

を得る。これよりスケール不変なスカラーパワースペクトル

$$P_\varphi(\tau_\mathrm{i}, k) = \frac{k^3}{2\pi^2} \langle |\varphi(\tau_\mathrm{i}, \mathbf{k})|^2 \rangle = \frac{1}{2b_c} \tag{14-10}$$

が得られる。Riegert 作用が正定値 $b_c > 0$ であることから，振幅が物理的な正の値になる。このスカラースペクトルは，通常 k^{n_s-1} と表されるスペクトル指数が $n_s = 1$ に相当するもので，Harrison-Zel'dovich スペクトルと呼ばれる。ここで，指数を $n_s - 1$ と定義するのはスカラーゆらぎに限った伝統的な表記である。

初期のテンソルスペクトルは横波トレースレス場 $h_{ij}^{\rm TT}$ の 2 点相関関数から求める。無次元の場であるテンソル場 $h_{ij}^{\rm TT}$ のダイナミクスは 4 階微分の Weyl 作用によって記述され，それは (7-21) から

$$\langle h_{ij}^{\rm TT}(x) h_{kl}^{\rm TT}(x') \rangle = 2\Delta_{ij,kl}(\mathbf{x}) \langle h^{\rm TT}(x) h^{\rm TT}(x') \rangle$$

と表される。ここで，第 7 章での場の表記とここでの場の表記との関係は $h_{ij}^{\rm TT} = t{\rm h}_{ij}$ と $h^{\rm TT} = tH/\sqrt{2}$ で与えられる。規格化は付録 E.2 の (E-13) に合わせている。$h^{\rm TT}$ の 2 点相関関数は対数関数で与えられ，同時刻では

$$\langle h^{\rm TT}(\tau_{\rm i}, \mathbf{x}) h^{\rm TT}(\tau_{\rm i}, \mathbf{x}') \rangle = -\frac{t_{\rm i}^2}{32\pi^2} \log(m^2 |\mathbf{x} - \mathbf{x}'|^2)$$

となる。ここで，$t_{\rm i}$ は結合定数 t の初期の値である。

テンソル場のパワースペクトルを $h^{\rm TT}$ の相関関数を用いて φ のときと同様に定義すると，その波数表示でのスペクトルはスケール不変な

$$P_h(\tau_{\rm i}, k) = \frac{k^3}{2\pi^2} \langle |h^{\rm TT}(\tau_{\rm i}, \mathbf{k})|^2 \rangle = \frac{t_{\rm i}^2}{16\pi^2}$$

で与えられる。これは，k^{n_t} で定義されるテンソルゆらぎのスペクトル指数で表すと $n_t = 0$ に相当する。漸近自由性により初期のテンソルゆらぎ振幅はスカラースペクトルのそれよりも十分に小さいことが期待される。実際，この発展モデルでは初期時間を無限の過去に選べば原理的にいくらでも小さくすることが出来る。

最後に，ここで与えたスペクトルが物理的なものであるかどうかについては議論の余地があると思う。実用上線形近似を採用しているが，理論の背景に BRST 共形不変性があることから，実際の物理量についてはもっと考えなければならない。実際，テンソルゆらぎの存在は物理状態の議論では否定されている。ただ，小さなテンソルゆらぎが力学的に生み出されるかも知れない

ので，ここでは議論に加えている．一方，スカラースペクトルについてはゆらぎの本質を含んでいると考えられる．

14.5 線形方程式の解と安定性

ここでは，線形発展方程式を数値的に解いて，インフレーション期に振幅がどのように変化するかを見る．その考察から時空の相転移点 $\tau = \tau_\Lambda$ でのスペクトルをもとめ，それをビッグバン以後の宇宙の構造形成の初期値である原始パワースペクトルと同定する．

ランニング結合定数が小さい初期時間 τ_i では Bardeen ポテンシャルは $\Psi = \Phi = \varphi$ を満たすので，初期条件を

$$\Phi(\tau_i, k) = \Psi(\tau_i, k)$$

と設定する．一方，結合定数が発散する相転移点では $\Psi = -\Phi$ となることが (14-2) から読み取れるので，境界条件として

$$\Phi(\tau_\Lambda, k) + \Psi(\tau_\Lambda, k) = 0 \qquad (14\text{-}11)$$

を課して，(14-1) と (14-2) の連立微分方程式を境界値問題として物理時間 τ について数値的に解くことにする．具体的には，Φ と h の 2 変数を考えて，$\Psi = \Phi - 2h/3$ と置き，(14-2) を時間微分した式を使って (14-1) から $\partial_\eta^3 h$ 項を取り除いた式と (14-2) を連立させて解く[*1]．初期条件は $\Phi(\tau_i, k) = \sqrt{P_\varphi(k)}$ と $h(\tau_i, k) = 0$ 及び Φ の物理時間の 3 階微分までをゼロと置く．境界条件は (14-11) より $\Phi(\tau_\Lambda, k) - h(\tau_\Lambda, k)/3 = 0$ と置く．

線形近似では共動波数 k を固定して解く．微分の階数に応じてスケール因子 $a(\tau)$ をくくりだし，$H_\mathbf{D}$ を使って方程式全体を無次元化すると[*2]，共動波

[*1] 拘束条件式 (14-2) を保ちながら解くために境界値問題として解いている．初期値問題として解こうとすると次第に (14-2) を満たさなくなって上手く行かない．実際の計算では，物理量でない微分量が境界で発散するような場合にも適用できる，ネット上で公開されている Fortran ソフトウェア，"BVP_SOLVER"，を使用して解いている．W. Enright and P. Muir, SIAM J. Sci. Comput. **17** (1996) 479 を参照．市販の Maple ソフトウェアにもこの機能が入っているようで，図 14-1 のような単線ならばなんとか解くことが出来る．その際，結合定数が発散する相転移時間 τ_Λ の極直前に境界条件を設定してそこまで計算する．

[*2] 物理時間 τ を無次元化した時間 $\bar\tau = H_\mathbf{D}\tau$ に置き換えるとよい．

数に依存した $-\partial^2$ を含む項は物理的波数の関数 $k^2/m^2 a^2(\tau)$ に置き換わる。ここで, 分母のスケール因子は背景時空の方程式の解で, 数値計算する際は初期値を $a(\tau_{\rm i}) = 1$ と規格化して Planck 定数 $H_{\rm D}$ を m に書き換えている。

初期と相転移点では Φ と Ψ の 2 点相関スペクトルは同じになるので, 以下では Φ を使ってスカラースペクトルを表すことにする。Bardeen ポテンシャルの時間変化を表す遷移関数を

$$\Phi(\tau_\Lambda, k) = \mathcal{T}_\Phi(\tau_\Lambda, \tau_{\rm i}) \Phi(\tau_{\rm i}, k)$$

と定義すると, 原始パワースペクトルは $P_\Phi(\tau_\Lambda, k) = \mathcal{T}_\Phi^2(\tau_\Lambda, \tau_{\rm i}) P_\varphi(\tau_{\rm i}, k)$ で与えられる。

インフレーションによってスケール因子 $a(\tau)$ が大きくなると, 物理的波数は急速に小さくなり, 相転移付近では運動方程式はもはや波数依存性を持たなくなる。そのため, 相転移のダイナミクスと関係した現象論的パラメータ β_0, a_1, κ は原始パワースペクトルの振幅に影響するも, そのパターンには影響を与えないと考えられる。

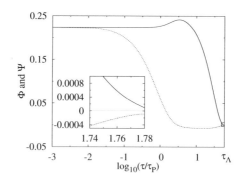

図 14-1 Bardeen ポテンシャル Φ(実線) と Ψ(点線) のインフレーション背景時空での線形発展方程式の解。初期値は $\Phi = \Psi(=\varphi) = 1/\sqrt{20}$, 共動波数は $k = 0.01 \, {\rm Mpc}^{-1}$ と設定。その他のパラメータは $m = 0.0156 \, (= 60\lambda) \, {\rm Mpc}^{-1}$ (λ は以下で定義)。Bardeen ポテンシャルは振幅を減少させながら変化して相転移点 τ_Λ では $\Phi = -\Psi$ となる [K. Hamada, S. Horata and T. Yukawa, Phys. Rev. D **81** (2010) 083533]。

ここでは第 12 章のインフレーション解を求める際に採用した値, $b_c = 10$,

14.5 線形方程式の解と安定性

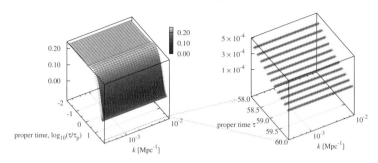

図 14-2 Bardeen ポテンシャル Φ の時間発展。相転移点 $\tau = 60$ での線が原始パワースペクトルに相当する。

$H_{\rm D}/\Lambda_{\rm QG} = 60$, 現象論的パラメータ $\beta_0/b_c = 0.06$, $a_1/b_c = 0.01$, $\kappa = 0.5$ を使用する。このとき，膨張率 (e-foldings) は $\mathcal{N}_e = 65.0$ となる。共動座標での Planck スケールは $m = 0.0156\,{\rm Mpc}^{-1}$ とし，初期の Bardeen ポテンシャルの振幅は $\sqrt{P_\varphi} = 1/\sqrt{2b_c}$ で与える。その計算結果を図 14-1 と図 14-2 に示す。重力のスカラーゆらぎは安定でインフレーション時代に振幅が小さくなることが分かる。

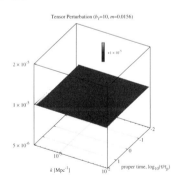

図 14-3 テンソルゆらぎの線形発展方程式の解。

テンソル場の線形発展方程式 (14-3) を初期値 $\sqrt{P_h} = t_{\rm i}/4\pi = 10^{-5}$ で解

くと, 図 14-3 を得る*3。テンソルゆらぎの振幅は保存されて最後まで小さいまま変わらないことが分かる。

線形近似の限界と非線形項の役割　これら線形近似による計算が有効な領域は $k < m$ である。$k > m$ では Einstein 項の指数因子からの非線形項 (14-5) が無視できなくなる。この指数因子は共形不変性に由来するもので, その効果によって $k > m$ の領域でも共形不変性が保たれると考えられる。

実際, 線形近似では Einstein 項は質量項と同じ働きをするので $k > m$ で指数関数的な減衰が生じる。非線形項はそれをべき的なものに緩和する効果がある。その効果を取り入れると, スカラースペクトルの振幅は $k > m$ で, いわゆる $n_s < 1$ への傾斜 (red-tilt) が生じる可能性が考えられる。

非線形項を入れた数値計算は非常に困難でまだ出来ていない。ここでは, $n_s = 1$ のスケール不変なスペクトルが $k > m$ でも保持されると仮定して話を進めることにする。

相関距離 ξ_Λ の効果　ここでは, さらに量子重力の力学的な相関距離 $\xi_\Lambda = 1/\Lambda_{\rm QG}$ ($\gg L_{\rm P}$) を考慮に入れたスペクトルを与える。この距離は, 時空がまだ膨張を始める前の量子重力が支配的な Planck 時間以前では, ξ_Λ 以上はなれた 2 点間の相関が存在しないことを表している。

この効果はスペクトル指数に結合定数 t の補正を入れることで表すことができる。さらにそれをランニング結合定数 $\tilde{t}^2(k) = 1/\beta_0 \log(k^2/\lambda^2)$ に置き換えると

$$P_s(k) = A_s \left(\frac{k}{m}\right)^{v/\log(k^2/\lambda^2)} \tag{14-12}$$

を得る。ここで, v は正の定数, λ は共動座標系での力学的スケール

$$\lambda = a(\tau_{\rm i})\Lambda_{\rm QG} \tag{14-13}$$

---

*3 現象論的パラメータの 1 つである β_0 を決めれば, ランニング結合定数が決まるので, 初期値 $t_{\rm i}$ は原理的に決まるが, その値は用いていない。何故なら, 現象論的パラメータは計算の便宜を考えて適当に選んだものなので, 絶対的な意味はないからである。実際, 初期値はスタート時間をいつにするかでも変わってしまう。ここでは振幅の大きさが保存されることが重要である。

である。先に定義した Planck スケールとは $m/\lambda = H_{\mathbf{D}}/\Lambda_{\mathrm{QG}}$ の関係が成り立つ。このスペクトルは $k = \lambda$ で鋭く落ち込んで相関がゼロになることを表している。

図 12-3 でも述べたように，共動波数 k で見れば，宇宙が膨張を始める前から存在しなかった $k < \lambda$ の相関は，進化の途中も，ずっと存在しないことになる。それゆえ，減衰因子はインフレーション期間中保たれるとして，スペクトル (14-12) を相転移点でのスカラースペクトルとして採用する。

テンソルゆらぎのスペクトルについても同様に考えて，相転移点でのスペクトルを

$$P_t(k) = A_t \left(\frac{k}{m}\right)^{v/\log(k^2/\lambda^2)} \tag{14-14}$$

と与えることにする。ここで，図 14-3 で示したように，振幅 A_t は小さい値のままである。

スカラースペクトルの振幅はインフレーション期間に減少する。一方，テンソルスペクトルの振幅は変化しないので，はじめに小さなゆらぎが生成されたとすると相転移時ではスカラー振幅と比較できるかもしれない。この場合，テンソル・スカラー比

$$r = \frac{A_t}{A_s}$$

は CMB スペクトルを決めるための要素になり得る。

14.6 　CMB 異方性スペクトル

発展方程式等の考察から推定されたほぼスケール不変なスペクトル P_s (14-12) と P_t (14-14) を Friedmann 時空の初期条件である原始パワースペクトルと設定して CMB 異方性スペクトルを計算する。ここでは良く知られた既存の計算コード CMBFAST を用いてスペクトルを計算して WMAP 等のデータとともに図 14-4 と図 14-5 に表示した。

ここでは原始スペクトルを決めるパラメータの中で A_s と v は実験結果と合うように調整する。また，大角度成分 ($l < 100$) におけるスカラーゆらぎ振幅の不足を補うためにテンソルゆらぎを加えて，テンソル・スカラー比を

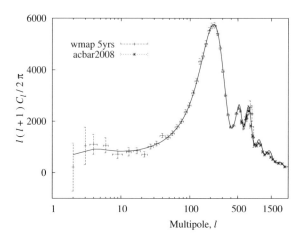

図 14-4 CMB の温度ゆらぎ (TT) パワースペクトル。計算結果 (実線) を WMAP5 と ACBAR2008 のデータとともに表示。テンソル・スカラー比は $r = 0.06$。力学的減衰因子のパラメータは $\lambda = 0.00026\, (= m/60) \mathrm{Mpc}^{-1}$ と $v = 0.00002$。宇宙論的パラメータは $\tau_e = 0.08$, $\Omega_b = 0.043$, $\Omega_c = 0.20$, $\Omega_{\mathrm{vac}} = 0.757$, $H_0 = 73.1$, $T_{\mathrm{cmb}} = 2.726$, $Y_{\mathrm{He}} = 0.24$ と設定 [K. Hamada, S. Horata and T. Yukawa, Phys. Rev. D **81** (2010) 083533]。

$r = 0.06$ と設定している。共動座標系での Planck 質量や力学的スケールの値は, 前節の計算で採用したと $m = 0.0156$ と

$$\lambda = \frac{m}{60} = 0.00026\,\mathrm{Mpc}^{-1}$$

で与える。このスケール比はおおよその膨張率 (e-foldings) の大きさ (12-9) から決まる。宇宙論的パラメータの中で, 光学的深さは EE スペクトル (非表示) から $\tau_e = 0.08$ と決める。その他の宇宙論パラメータも実験データと合うように決める。

はじめに, WMAP データに現れる低多重極成分の鋭い落ち込みに注目する。この落ち込みが新たな物理的スケールの存在を示唆しているとすると, 多重極 l と共動波数 k の関係 (11-9) より, $l = 2$ 成分の波数はおよそ $0.0002\,\mathrm{Mpc}^{-1}$ となる。このように, 原始パワースペクトル P_s (14-12) と

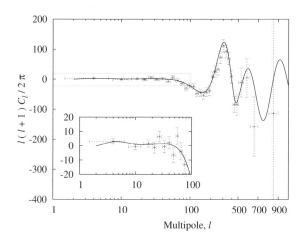

図 14-5 CMB の TE パワースペクトルを WMAP5 のデータとともに表示。パラメータは図 14-4 と同じ [K. Hamada, S. Horata and T. Yukawa, Phys. Rev. D **81** (2010) 083533].

P_t (14-14) はこの波数を力学的スケール λ として説明することが出来る。

定義式 (14-13) に λ と $\Lambda_{QG} \simeq 1.1 \times 10^{17}$ GeV(12-10) の値を代入すると，インフレーションが始まる前のスケール因子は現在を 1 として

$$a(\tau_i) = \frac{0.00026\,\mathrm{Mpc}^{-1}}{1.1 \times 10^{17}\,\mathrm{GeV}} \simeq 1.5 \times 10^{-59}$$

のオーダーになることが分かる。すなわち，現在 $1/\lambda \simeq 4000$ Mpc の波長がインフレーションが始まる前は力学的相関距離 $\xi_\Lambda = 1/\Lambda_{QG} \simeq 2 \times 10^{-31}$cm の波長であったことを表している。この値はインフレーションのシナリオと良く合っている。計算された膨張率 $\mathcal{N}_e = 65$ 及び相転移直後の Friedmann 時空への遷移過程 (図 12-1 と図 12-2 参照) も含めると，宇宙は Planck 時間から相転移直後までにおよそ 10^{30} 倍膨張したことになる。さらに，時空相転移以後，力学的エネルギー Λ_{QG} と 3ºK の比から宇宙はおよそ 10^{29} 倍膨張すると考えられるので，合わせると 10^{59} が導かれる。

最後に，最新の CMB の観測から原始スペクトルは $n_s < 1$ に少し傾斜 (red tilt) していることが示唆されている。これは量子的な初期スペクトル

の特徴ではなく, むしろインフレーション期間中または相転移の際のダイナミクスによって生じた2次的なもののように思われる. 14.2節の最後に与えた非線形項にはそのような効果が期待される.

原始スペクトルの非ガウス性は, ここでは一般座標不変な相互作用に由来するもので, その強さを表す指標としてしばしば用いられる f_{NG} で表すと, $o(1)$ になると考えられる.

その他の問題 くり込み可能な量子重力ではPlanckスケールで紫外カットオフを導入する必要がない. それゆえ宇宙項問題として知られる 10^{120} 桁の微調整なるものも存在しない. 宇宙項問題は第10章で述べたダイナミクスの問題である.

この理論では初期のインフレーションと現在のde Sitter膨張を異なるスケールで説明することができる. 前者はPlanck質量で後者は宇宙項と考えるのが自然である. このように, 初期と現在のインフレーション機構を区別するための暗黒エネルギーと呼ばれる新たな量を導入する必要がない.

暗黒物質の正体については良く分かっていない. それは通常の物質とはほとんど相互作用しないが, 重力の影響は受ける物質である. 暗黒物質が無ければ現在の宇宙の銀河分布や, 銀河自身の回転曲線の異常を説明することが出来ないため, 存在すると考えられている. もし量子重力に基づく安定な重力的ソリトン解が存在すれば, それは暗黒物質の候補になる.

また, 巨視的なブラックホールの中心で量子重力の効果が誘起されたとき, 斥力が生じて爆発する可能性はないだろうか. 今後の検討課題である.

付録 A

重力場の有用な公式

A.1 曲率に関する公式

本書で採用する Lorentz 計量は $(-1, 1, \cdots, 1)$ である[*1]。付録 A では断らない限り次元は任意の D とする。Christoffel 記号及び Riemann 曲率テンソルの定義は

$$\Gamma^{\lambda}_{\mu\nu} = \frac{1}{2} g^{\lambda\sigma} \left(\partial_\mu g_{\nu\sigma} + \partial_\nu g_{\mu\sigma} - \partial_\sigma g_{\mu\nu} \right),$$

$$R^{\lambda}_{\mu\sigma\nu} = \partial_\sigma \Gamma^{\lambda}_{\mu\nu} - \partial_\nu \Gamma^{\lambda}_{\mu\sigma} + \Gamma^{\lambda}_{\rho\sigma} \Gamma^{\rho}_{\mu\nu} - \Gamma^{\lambda}_{\rho\nu} \Gamma^{\rho}_{\mu\sigma}$$

で、反対称性 $R_{\mu\nu\lambda\sigma} = -R_{\nu\mu\lambda\sigma} = -R_{\mu\nu\sigma\lambda}$ を満たす。Ricci テンソルは $R_{\mu\nu} = R^{\lambda}_{\mu\lambda\nu}$、Ricci スカラーは $R = R^{\mu}_{\mu}$ で定義される。共変微分は Christoffel 記号を用いて表すと

$$\nabla_\mu A^{\sigma_1\cdots\sigma_m}_{\lambda_1\cdots\lambda_n} = \partial_\mu A^{\sigma_1\cdots\sigma_m}_{\lambda_1\cdots\lambda_n} - \sum_{j=1}^{n} \Gamma^{\nu_j}_{\mu\lambda_j} A^{\sigma_1\cdots\sigma_m}_{\lambda_1\cdots\nu_j\cdots\lambda_n} + \sum_{j=1}^{m} \Gamma^{\sigma_j}_{\mu\nu_j} A^{\sigma_1\cdots\nu_j\cdots\sigma_m}_{\lambda_1\cdots\lambda_n}$$

となり、その交換関係は

$$[\nabla_\mu, \nabla_\nu] A_{\lambda_1\cdots\lambda_n} = \sum_{j=1}^{n} R_{\mu\nu\lambda_j}{}^{\sigma_j} A_{\lambda_1\cdots\sigma_j\cdots\lambda_n}$$

を満たす。

Riemann 曲率テンソルは関係式

$$R^{\mu}{}_{\nu\lambda\sigma} + R^{\mu}{}_{\lambda\sigma\nu} + R^{\mu}{}_{\sigma\nu\lambda} = 0,$$

$$\nabla_\rho R^{\mu}{}_{\nu\lambda\sigma} + \nabla_\lambda R^{\mu}{}_{\nu\sigma\rho} + \nabla_\sigma R^{\mu}{}_{\nu\rho\lambda} = 0$$

を満たす。2 番目の式は Bianchi の恒等式である。これより、関係式 $\nabla_\mu R^{\mu}{}_{\lambda\nu\sigma} = \nabla_\nu R_{\lambda\sigma} - \nabla_\sigma R_{\lambda\nu}$ と $\nabla_\mu R^{\mu}{}_{\nu} - \nabla_\nu R/2$ が得られる。

Weyl 曲率テンソルは

$$C_{\mu\nu\lambda\sigma} = R_{\mu\nu\lambda\sigma} - \frac{1}{D-2} \left(g_{\mu\lambda} R_{\nu\sigma} - g_{\mu\sigma} R_{\nu\lambda} - g_{\nu\lambda} R_{\mu\sigma} + g_{\nu\sigma} R_{\mu\lambda} \right)$$
$$+ \frac{1}{(D-1)(D-2)} \left(g_{\mu\lambda} g_{\nu\sigma} - g_{\mu\sigma} g_{\nu\lambda} \right) R \tag{A-1}$$

[*1] Euclid 空間では $\sqrt{-g}$ を $\sqrt{g}$ に、平坦計量 $\eta_{\mu\nu}$ を $\delta_{\mu\nu}$ に書き換える。

で定義される。このテンソルは $C^\mu{}_{\mu\lambda\sigma} = C^\mu{}_{\nu\mu\sigma} = 0$ のようにどの脚を縮約しても消える。その独立な成分の数は $(D-3)D(D+1)(D+2)/12$ 個で、3次元では恒等的にゼロになり、4次元では10個の成分を持つ。

変分公式　曲率の変分公式は

$$\delta g^{\mu\nu} = -g^{\mu\lambda}g^{\nu\sigma}\delta g_{\lambda\sigma}, \qquad \delta\sqrt{-g} = \frac{1}{2}\sqrt{-g}g^{\mu\nu}\delta g_{\mu\nu},$$

$$\delta\Gamma^\lambda_{\mu\nu} = \frac{1}{2}g^{\lambda\sigma}\left(\nabla_\mu\delta g_{\nu\sigma} + \nabla_\nu\delta g_{\mu\sigma} - \nabla_\sigma\delta g_{\mu\nu}\right),$$

$$\delta R^\lambda{}_{\mu\sigma\nu} = \nabla_\sigma\delta\Gamma^\lambda_{\mu\nu} - \nabla_\nu\delta\Gamma^\lambda_{\mu\sigma}$$

$$= \frac{1}{2}g^{\lambda\rho}\Big\{\nabla_\sigma\nabla_\mu\delta g_{\nu\rho} + \nabla_\sigma\nabla_\nu\delta g_{\mu\rho} - \nabla_\sigma\nabla_\rho\delta g_{\mu\nu} - \nabla_\nu\nabla_\mu\delta g_{\sigma\rho}$$

$$-\nabla_\nu\nabla_\sigma\delta g_{\mu\rho} + \nabla_\nu\nabla_\rho\delta g_{\mu\sigma}\Big\},$$

$$\delta R_{\mu\nu} = \delta R^\lambda{}_{\mu\lambda\nu}$$

$$= \frac{1}{2}\Big\{\nabla_\mu\nabla^\lambda\delta g_{\lambda\nu} + \nabla_\nu\nabla^\lambda\delta g_{\lambda\mu} - \nabla_\mu\nabla_\nu\left(g^{\lambda\sigma}\delta g_{\lambda\sigma}\right) - \nabla^2\delta g_{\mu\nu}\Big\}$$

$$-R^\lambda{}_\mu{}^\sigma{}_\nu\delta g_{\lambda\sigma} + \frac{1}{2}\left(R_\mu{}^\lambda\delta g_{\lambda\nu} + R_\nu{}^\lambda\delta g_{\lambda\mu}\right),$$

$$\delta R = \delta g^{\mu\nu}R_{\mu\nu} + g^{\mu\nu}\delta R_{\mu\nu}$$

$$= -R^{\mu\nu}\delta g_{\mu\nu} + \nabla^\mu\nabla^\nu\delta g_{\mu\nu} - \nabla^2\left(g^{\mu\nu}\delta g_{\mu\nu}\right)$$

で与えられる。その他、微分を含む場の変分公式として、

$$\delta(\nabla_\mu A) = \nabla_\mu\delta A,$$

$$\delta(\nabla_\mu\nabla_\nu A) = \nabla_\mu\nabla_\nu\delta A - \frac{1}{2}\nabla^\lambda A\left(\nabla_\mu\delta g_{\nu\lambda} + \nabla_\nu\delta g_{\mu\lambda} - \nabla_\lambda\delta g_{\mu\nu}\right),$$

$$\delta(\nabla^2 A) = \nabla^2\delta A - \delta g_{\mu\nu}\nabla^\mu\nabla^\nu A - \nabla^\mu A\nabla^\nu\delta g_{\mu\nu} + \frac{1}{2}\nabla^\lambda A\nabla_\lambda(g^{\mu\nu}\delta g_{\mu\nu})$$

などが有用である。ここで、A は任意のスカラー量である。

曲率の共形変換則　共形 (Weyl) 変換 $\delta_\omega g_{\mu\nu} = 2\omega g_{\mu\nu}$ による曲率の変分は、上記の変分公式から、

$$\delta_\omega\sqrt{-g}R = (D-2)\omega\sqrt{-g}R - 2(D-1)\sqrt{-g}\nabla^2\omega$$

となる。曲率の自乗の変分は

$$\delta_\omega\sqrt{-g}R^2_{\mu\nu\lambda\sigma} = (D-4)\omega\sqrt{-g}R^2_{\mu\nu\lambda\sigma} - 8\sqrt{-g}R^{\mu\nu}\nabla_\mu\nabla_\nu\omega,$$

$$\delta_\omega\sqrt{-g}R^2_{\mu\nu} = (D-4)\omega\sqrt{-g}R^2_{\mu\nu} - 2\sqrt{-g}R\nabla^2\omega - 2(D-2)\sqrt{-g}R^{\mu\nu}\nabla_\mu\nabla_\nu\omega,$$

$$\delta_\omega\sqrt{-g}R^2 = (D-4)\omega\sqrt{-g}R^2 - 4(D-1)\sqrt{-g}R\nabla^2\omega,$$

$$\delta_\omega\sqrt{-g}\nabla^2 R = (D-4)\omega\sqrt{-g}\nabla^2 R + (D-6)\sqrt{-g}\nabla^\lambda R\nabla_\lambda\omega$$

$$-2\sqrt{-g}R\nabla^2\omega - 2(D-1)\sqrt{-g}\nabla^4\omega,$$

$$\delta_\omega\sqrt{-g}F_{\mu\nu}F^{\mu\nu} = (D-4)\omega\sqrt{-g}F_{\mu\nu}F^{\mu\nu}$$

A.1 曲率に関する公式

で与えられる。ここで, $R^{\mu\nu\lambda\sigma}R_{\mu\nu\lambda\sigma}$ を $R^2_{\mu\nu\lambda\sigma}$ のように簡略化している。

有効作用 Γ を 2 回共形変分して得られる (5-3) を D 次元に一般化した式は

$$[\delta_{\omega_1}, \delta_{\omega_2}]\Gamma = \left\{ 4\eta_1 + D\eta_2 + 4(D-1)\eta_3 + (D-4)\eta_4 \right\}$$
$$\times \frac{1}{(4\pi)^2} \int d^D x \sqrt{-g}\, R\left(\omega_1 \nabla^2 \omega_2 - \omega_2 \nabla^2 \omega_1\right) = 0 \quad \text{(A-2)}$$

で与えられる。これより積分可能条件 $[\delta_{\omega_1}, \delta_{\omega_2}]\Gamma = 0$ を満たす 3 つの組み合わせは, Weyl 曲率テンソルの自乗, Euler 密度 (Gauss-Bonnet 密度) と 4 次元で全微分になる関数で, それぞれ

$$F_D = C^2_{\mu\nu\lambda\sigma} = R^2_{\mu\nu\lambda\sigma} - \frac{4}{D-2}R^2_{\mu\nu} + \frac{2}{(D-1)(D-2)}R^2,$$
$$G_4 = R^2_{\mu\nu\lambda\sigma} - 4R^2_{\mu\nu} + R^2,$$
$$M_D = (D-4)H^2 - 4\nabla^2 H$$

で与えられる。ここで, $H = R/(D-1)$ である。第 9 章で導入される共形異常項は F_D と $E_D = G_4 + \chi(D)M_D$ の形に書くことが出来る。修正された Euler 密度 $G_D = G_4 + (D-4)\chi(D)H^2$ は E_D の全微分項を除いたバルク部分である。

Euler 標数 Euler 標数 (Euler characteristic) は偶数次元の Euclid 空間に存在する位相不変量で, $D=2$ のとき

$$\chi = \frac{1}{4\pi} \int d^2 x \sqrt{g}\, R$$

で定義される。$D=4$ では $^*R_{\mu\nu\lambda\sigma} = \epsilon_{\mu\nu}{}^{\rho\kappa} R_{\rho\kappa\lambda\sigma}/2$ を用いて[*2]

$$\chi = \frac{1}{32\pi^2} \int d^4 x \sqrt{g}\, ^*R_{\mu\nu\lambda\sigma}{}^*R^{\mu\nu\lambda\sigma} = \frac{1}{32\pi^2} \int d^4 x \sqrt{g}\, G_4$$

と定義される。

Euler 関係式 Euler 標数に付随する関係式として, $D=2$ のとき

$$R_{\mu\nu} = \frac{1}{2} g_{\mu\nu} R$$

が成り立つ。$D=4$ では

$$R_{\mu\lambda\sigma\rho} R_\nu{}^{\lambda\sigma\rho} - 2 R_{\mu\lambda\nu\sigma} R^{\lambda\sigma} - 2 R_{\mu\lambda} R_\nu{}^\lambda + R_{\mu\nu} R = \frac{1}{4} g_{\mu\nu} G_4$$

が成り立つ。

[*2] Euler 密度の表式 $^*R_{\mu\nu\lambda\sigma}{}^*R^{\mu\nu\lambda\sigma}$ は 4 次元でのみで定義される量なのに対して, G_4 は任意の次元で使えるので次元正則化を用いたくり込み理論ではこの表式が使われる。

モード分解と展開式 計量場を $g_{\mu\nu} = e^{2\phi}\bar{g}_{\mu\nu}$ のように共形因子場とトレースレステンソル場に分解すると，曲率は

$$\Gamma^\lambda_{\mu\nu} = \bar{\Gamma}^\lambda_{\mu\nu} + \bar{g}^\lambda_{\ \mu}\bar{\nabla}_\nu\phi + \bar{g}^\lambda_{\ \nu}\bar{\nabla}_\mu\phi - \bar{g}_{\mu\nu}\bar{\nabla}^\lambda\phi,$$

$$R^\lambda_{\ \mu\sigma\nu} = \bar{R}^\lambda_{\ \mu\sigma\nu} + \bar{g}^\lambda_{\ \nu}\bar{\Delta}_{\mu\sigma} - \bar{g}^\lambda_{\ \sigma}\bar{\Delta}_{\mu\nu} + \bar{g}_{\mu\sigma}\bar{\Delta}^\lambda_{\ \nu} - \bar{g}_{\mu\nu}\bar{\Delta}^\lambda_{\ \sigma}$$

$$+ \left(\bar{g}^\lambda_{\ \nu}\bar{g}_{\mu\sigma} - \bar{g}^\lambda_{\ \sigma}\bar{g}_{\mu\nu}\right)\bar{\nabla}_\rho\phi\bar{\nabla}^\rho\phi,$$

$$R_{\mu\nu} = \bar{R}_{\mu\nu} - (D-2)\bar{\Delta}_{\mu\nu} - \bar{g}_{\mu\nu}\left\{\bar{\nabla}^2\phi + (D-2)\bar{\nabla}_\lambda\phi\bar{\nabla}^\lambda\phi\right\},$$

$$R = e^{-2\phi}\left\{\bar{R} - 2(D-1)\bar{\nabla}^2\phi - (D-1)(D-2)\bar{\nabla}_\lambda\phi\bar{\nabla}^\lambda\phi\right\},$$

$$C^\lambda_{\ \mu\sigma\nu} = \bar{C}^\lambda_{\ \mu\sigma\nu}$$

と展開される．ここで，$\bar{\Delta}_{\mu\nu} = \bar{\nabla}_\mu\bar{\nabla}_\nu\phi - \bar{\nabla}_\mu\phi\bar{\nabla}_\nu\phi$ である．バー付きは計量 $\bar{g}_{\mu\nu}$ を用いて定義される量である．これらより，Weyl 曲率テンソルの自乗は

$$\sqrt{-g}C^2_{\mu\nu\lambda\sigma} = \sqrt{-\bar{g}}e^{(D-4)\phi}\bar{C}^2_{\mu\nu\lambda\sigma}$$

となり，Euler 密度は

$$\sqrt{-g}\,G_4 = \sqrt{-\hat{g}}\,e^{(D-4)\phi}\left[\bar{G}_4 + (D-3)\bar{\nabla}_\mu J^\mu + (D-3)(D-4)K\right] \quad \text{(A-3)}$$

と書ける．ここで，

$$J^\mu = 8\bar{R}^{\mu\nu}\bar{\nabla}_\nu\phi - 4\bar{R}\bar{\nabla}^\mu\phi + 4(D-2)\Big(\bar{\nabla}^\mu\phi\bar{\nabla}^2\phi - \bar{\nabla}^\mu\bar{\nabla}^\nu\phi\bar{\nabla}_\nu\phi$$

$$+ \bar{\nabla}^\mu\phi\bar{\nabla}_\lambda\phi\bar{\nabla}^\lambda\phi\Big),$$

$$K = 4\bar{R}^{\mu\nu}\bar{\nabla}_\mu\phi\bar{\nabla}_\nu\phi - 2\bar{R}\bar{\nabla}_\lambda\phi\bar{\nabla}^\lambda\phi + 4(D-2)\bar{\nabla}^2\phi\bar{\nabla}_\lambda\phi\bar{\nabla}^\lambda\phi$$

$$+ (D-1)(D-2)(\bar{\nabla}_\lambda\phi\bar{\nabla}^\lambda\phi)^2$$

である．このように $\sqrt{-g}$ を掛けた Euler 密度の共形因子場依存性は 4 次元でダイバージェンスの形になる．

さらに，バー付きの計量場をトレースレステンソル場 $h_{\mu\nu}$ を用いて $\bar{g}_{\mu\nu} = (\hat{g}e^h)_{\mu\nu}$ と展開して，$o(h^2)$ まで求めると

$$\bar{\Gamma}^\lambda_{\mu\nu} = \hat{\Gamma}^\lambda_{\mu\nu} + \hat{\nabla}_{(\mu}h^\lambda_{\ \nu)} - \frac{1}{2}\hat{\nabla}^\lambda h_{\mu\nu} + \frac{1}{2}\hat{\nabla}_{(\mu}(h^2)^\lambda_{\ \nu)} - \frac{1}{4}\hat{\nabla}^\lambda(h^2)_{\mu\nu}$$

$$- h^\lambda_{\ \sigma}\hat{\nabla}_{(\mu}h^\sigma_{\ \nu)} + \frac{1}{2}h^\lambda_{\ \sigma}\hat{\nabla}^\sigma h_{\mu\nu},$$

$$\bar{R} = \hat{R} - \hat{R}_{\mu\nu}h^{\mu\nu} + \hat{\nabla}_\mu\hat{\nabla}_\nu h^{\mu\nu} + \frac{1}{2}\hat{R}^\sigma_{\ \mu\lambda\nu}h^\lambda_{\ \sigma}h^{\mu\nu} - \frac{1}{4}\hat{\nabla}^\lambda h^\mu_{\ \nu}\hat{\nabla}_\lambda h^\nu_{\ \mu}$$

$$+ \frac{1}{2}\hat{\nabla}_\nu h^\nu_{\ \mu}\hat{\nabla}_\lambda h^{\lambda\mu} - \hat{\nabla}_\mu(h^\mu_{\ \nu}\hat{\nabla}^\nu h^\nu_{\ \lambda}),$$

$$\bar{R}_{\mu\nu} = \hat{R}_{\mu\nu} - \hat{R}^\sigma_{\ \mu\lambda\nu}h^\lambda_{\ \sigma} + \hat{R}^\lambda_{(\mu}h_{\nu)\lambda} + \hat{\nabla}_{(\mu}\hat{\nabla}^\lambda h_{\nu)\lambda} - \frac{1}{2}\hat{\nabla}^2 h_{\mu\nu}$$

A.1 曲率に関する公式

$$-\frac{1}{2}h^\lambda_{(\mu}\hat{\nabla}^2 h_{\nu)\lambda} - \frac{1}{2}\hat{\nabla}^\lambda h^\sigma_\mu \hat{\nabla}_\sigma h_{\nu\lambda} - \frac{1}{4}\hat{\nabla}_\mu h^\lambda_\sigma \hat{\nabla}_\nu h^\sigma_\lambda$$

$$-\frac{1}{2}\hat{\nabla}_\lambda(h^\sigma_\mu \hat{\nabla}_{(\mu} h^\sigma_{\nu)}) + \frac{1}{2}\hat{\nabla}_\lambda(h^\sigma_{(\mu} \hat{\nabla}_{\nu)} h^\lambda_\sigma) + \frac{1}{2}\hat{\nabla}_\lambda(h^\lambda_\sigma \hat{\nabla}^\sigma h_{\mu\nu})$$

となる。このとき，脚の上げ下げは背景場 $\hat{g}_{\mu\nu}$ で行い，トレースレスの条件は $h^\mu_\mu = \hat{g}^{\mu\nu}h_{\mu\nu} = 0$ と表される。対称積は $a_{(\mu}b_{\nu)} = (a_\mu b_\nu + a_\nu b_\mu)/2$ で定義される。$\bar{R} = \bar{g}^{\mu\nu}\bar{R}_{\mu\nu}$, $\bar{g}^{\mu\nu} = (\hat{g}e^{-h})^{\mu\nu} = \hat{g}^{\mu\nu} - h^{\mu\nu} + \cdots$ に注意して，$[\hat{\nabla}_\lambda, \hat{\nabla}_\nu]h^\lambda_\mu = h^\lambda_\sigma \hat{R}^\sigma_{\mu\nu\lambda} + h_{\mu\sigma}\hat{R}^\sigma_\nu$ を使うと $\bar{R}_{\mu\nu}$ から $\bar{R}$ を導くことができる。

平坦な背景計量 $\hat{g}_{\mu\nu} = \eta_{\mu\nu}$ を採用した場合のバー付きの曲率の自乗等の $o(h^2)$ までの展開は

$$\bar{R}^2_{\mu\nu\lambda\sigma} = \partial_\lambda\partial_\sigma h_{\mu\nu}\partial^\lambda\partial^\sigma h^{\mu\nu} - 2\partial_\nu\partial_\lambda h_{\mu\sigma}\partial^\mu\partial^\lambda h^{\nu\sigma} + \partial_\lambda\partial_\sigma h_{\mu\nu}\partial^\mu\partial^\nu h^{\lambda\sigma},$$

$$\bar{R}^2_{\mu\nu} = \frac{1}{2}\partial_\mu\chi_\nu\partial^\mu\chi^\nu - \partial^2 h_{\mu\nu}\partial^\mu\chi^\nu + \frac{1}{2}\partial_\mu\chi_\nu\partial^\nu\chi^\mu + \frac{1}{4}\partial^2 h_{\mu\nu}\partial^2 h^{\mu\nu},$$

$$\bar{R}^2 = \partial_\mu\chi_\mu\partial^\nu\chi^\nu,$$

$$\bar{\nabla}^2\bar{R} = \partial^2\partial_\mu\chi^\mu - \frac{1}{4}\partial^2\left(\partial_\lambda h_{\mu\nu}\partial^\lambda h^{\mu\nu}\right) + \frac{1}{2}\partial^2(\chi_\mu\chi^\mu) - \partial^2\partial^\mu(h_{\mu\nu}\chi^\nu)$$
$$-h_{\mu\nu}\partial^\mu\partial^\nu\partial_\lambda\chi^\lambda - \chi_\mu\partial^\mu\partial_\nu\chi^\nu$$

となる。ここで，$\chi_\mu = \partial_\nu h^\nu_\mu$ である。これらより，バー付きの Euler 密度 $\bar{G}_4$ の $o(h^2)$ の項は任意の次元で

$$\bar{G}_4 = \partial_\sigma L^\sigma \tag{A-4}$$

のようにダイバージェンスで書けて，

$$L^\sigma = \partial_\lambda h_{\mu\nu}\partial^\lambda\partial^\sigma h^{\mu\nu} - \partial^\sigma h_{\mu\nu}\partial^2 h^{\mu\nu} - 2\partial_\lambda h_{\mu\nu}\partial\partial^\mu h^{\nu\sigma} - 2\partial_\lambda h^\sigma_\nu \partial^\lambda\chi^\nu$$
$$+4\partial^\sigma h_{\mu\nu}\partial^\mu\chi^\nu + \partial_\lambda h_{\mu\nu}\partial^\mu\partial^\nu h^{\lambda\sigma} - \partial_\lambda h^\sigma_\nu \partial^\nu\chi^\lambda - \chi_\lambda\partial^\lambda\chi^\sigma + \chi^\sigma\partial_\lambda\chi^\lambda$$

である。さらに，スカラー場 ϕ を含む量の $o(h^2)$ までの展開式は

$$\bar{\nabla}^2\phi = \partial^2\phi - \chi^\mu\partial_\mu\phi - h^{\mu\nu}\partial_\mu\partial_\nu\phi + \frac{1}{2}h^{\mu\lambda}\partial_\mu h^\nu_\lambda\partial_\nu\phi + \frac{1}{2}h^{\mu\nu}\chi_\mu\partial_\nu\phi$$
$$+\frac{1}{2}h^{\mu\lambda}h^\nu_\lambda\partial_\mu\partial_\nu\phi,$$

$$\bar{\nabla}_\mu\bar{\nabla}_\nu\phi = \partial_\mu\partial_\nu\phi - \frac{1}{2}\left(\partial_\mu h^\lambda_\nu + \partial_\nu h^\lambda_\mu - \partial^\lambda h_{\mu\nu}\right)\partial_\lambda\phi - \frac{1}{4}\left(h^\sigma_\mu\partial_\nu h^\lambda_\sigma + h^\sigma_\nu\partial_\mu h^\lambda_\sigma\right.$$
$$\left.-h^\lambda_\sigma\partial_\mu h^\sigma_\nu - h^\lambda_\sigma\partial_\nu h^\sigma_\mu - h^\sigma_\mu\partial^\lambda h_{\nu\sigma} - h^\sigma_\nu\partial^\lambda h_{\mu\sigma} + 2h^{\lambda\upsilon}\partial_\sigma h_{\mu\nu}\right)\partial_\lambda\phi,$$

$$\bar{\nabla}^4\phi = \partial^4\phi - \partial^2(h^{\mu\nu}\partial_\mu\partial_\nu\phi + \chi^\mu\partial_\mu\phi) - h^{\mu\nu}\partial_\mu\partial_\nu\partial^2\phi - \chi^\mu\partial_\mu\partial^2\phi$$
$$+\partial^2\left(\frac{1}{2}h^{\mu\lambda}h^\nu_\lambda\partial_\mu\partial_\nu\phi + \frac{1}{2}h^{\mu\nu}\partial_\mu h^\lambda_\nu\partial_\lambda\phi + \frac{1}{2}h^{\mu\nu}\chi_\mu\partial_\nu\phi\right)$$
$$+h^{\mu\nu}\left(\partial_\mu\partial_\nu h^{\lambda\sigma}\partial_\lambda\partial_\sigma\phi + 2\partial_\mu h^{\lambda\sigma}\partial_\nu\partial_\lambda\partial_\sigma\phi + h^{\lambda\sigma}\partial_\mu\partial_\nu\partial_\lambda\partial_\sigma\phi\right.$$

$$+\frac{1}{2}\partial_\mu h^\lambda{}_\nu \partial_\lambda \partial^2 \phi + \frac{1}{2}\chi_\mu \partial_\nu \partial^2 \phi + \partial_\mu \partial_\nu \chi^\lambda \partial_\lambda \phi + 2\partial_\mu \chi^\lambda \partial_\nu \partial_\lambda \phi$$

$$+2\chi^\lambda \partial_\mu \partial_\nu \partial_\lambda \phi \Big) + \chi^\mu \partial_\mu \chi^\nu \partial_\nu \phi + \chi^\mu \chi^\nu \partial_\mu \partial_\nu \phi + \chi^\mu \partial_\mu h^{\nu\lambda} \partial_\nu \partial_\lambda \phi$$

$$+\frac{1}{2}h^{\mu\lambda}h^\nu{}_\lambda \partial_\mu \partial_\nu \partial^2 \phi \tag{A-5}$$

と

$$\bar{R}^{\mu\nu}\bar{\nabla}_\mu \bar{\nabla}_\nu \phi = \partial^\mu \chi^\nu \partial_\mu \partial_\nu \phi - \frac{1}{2}\partial^2 h^{\mu\nu}\partial_\mu \partial_\nu \phi - \frac{1}{2}\partial^\lambda h^{\mu\nu}\partial_\lambda \chi_\mu \partial_\nu \phi$$

$$-\frac{1}{2}\partial_\lambda h^{\mu\nu}\partial_\mu \chi^\lambda \partial_\nu \phi + \frac{1}{2}\partial^\lambda h^{\mu\nu}\partial_\mu \chi_\nu \partial_\lambda \phi + \frac{1}{2}\partial^2 h^{\mu\nu}\partial_\mu h^\lambda{}_\nu \partial_\lambda \phi$$

$$-\frac{1}{4}\partial^2 h^{\mu\nu}\partial^\lambda h_{\mu\nu}\partial_\lambda \phi - h^{\mu\nu}\partial^\lambda \chi_\mu \partial_\nu \partial_\lambda \phi - h^{\mu\nu}\partial_\mu \chi^\lambda \partial_\nu \partial_\lambda \phi$$

$$+\frac{1}{2}h^{\mu\nu}\partial^2 h^\lambda{}_\mu \partial_\nu \partial_\lambda \phi - \frac{1}{2}\partial_\lambda h^{\mu\nu}\partial_\mu h^{\lambda\sigma}\partial_\nu \partial_\sigma \phi$$

$$-\frac{1}{4}\partial^\lambda h^{\mu\nu}\partial^\sigma h_{\mu\nu}\partial_\lambda \partial_\sigma \phi - \frac{1}{2}\partial_\lambda(h^{\lambda\sigma}\partial^\mu h^\nu{}_\sigma)\partial_\mu \partial_\nu \phi$$

$$+\frac{1}{2}\partial_\lambda(h^{\mu\sigma}\partial^\nu h^\lambda{}_\sigma)\partial_\mu \partial_\nu \phi + \frac{1}{2}\partial_\lambda(h^{\lambda\sigma}\partial_\sigma h^{\mu\nu})\partial_\mu \partial_\nu \phi,$$

$$\bar{R}\bar{\nabla}^2 \phi = \partial_\mu \chi^\mu \partial^2 \phi - \chi^\mu \left(\partial_\nu \chi^\nu \partial_\mu \phi + \frac{1}{2}\chi_\mu \partial^2 \phi \right) - \frac{1}{4}\partial^\lambda h^{\mu\nu}\partial_\lambda h_{\mu\nu}\partial^2 \phi$$

$$-h^{\mu\nu}\left(\partial_\mu \chi_\nu \partial^2 \phi + \partial_\lambda \chi^\lambda \partial_\mu \partial_\nu \phi \right),$$

$$\bar{\nabla}^\mu \bar{R}\bar{\nabla}_\mu \phi = \partial^\mu \partial_\nu \chi^\nu \partial_\mu \phi - \frac{1}{2}\partial^\lambda \partial^\sigma h^{\mu\nu}\partial_\lambda h_{\mu\nu}\partial_\sigma \phi - \frac{1}{2}\partial^\mu(\chi^\nu \chi_\nu)\partial_\mu \phi$$

$$-\partial^\lambda(h^{\mu\nu}\partial_\mu \chi_\nu)\partial_\lambda \phi - h^{\mu\nu}\partial_\mu \partial_\nu \chi^\lambda \partial_\nu \phi \tag{A-6}$$

で与えられる。

A.2 曲がった時空上のスカラー場

曲がった時空上の自由スカラー場の運動項は

$$S = -\frac{1}{2}\int d^D x \sqrt{-g}\, \varphi \left(-\nabla^2 + \xi R \right) \varphi$$

で与えられる。この作用の共形変換は、スカラー場が共形変換の下で $\delta_\omega \varphi = A\omega\varphi$, $A = -(D-2)/2$ と変換することから、

$$\delta_\omega S = -\frac{1}{2}\int d^D x \sqrt{-g}\, \omega \bigg\{ (D-2+2A)\varphi \left(-\nabla^2 + \xi R \right) \varphi$$

$$+ [D - 2 - 4\xi(D-1)] \left(\nabla^\mu \varphi \nabla_\mu \varphi + \varphi \nabla^2 \varphi \right) \bigg\}$$

となる。右辺の第 1 項は A の値を導入すると消える。第 2 項は結合の強さを表す変数を

$$\xi = \frac{D-2}{4(D-1)} \tag{A-7}$$

と置くと消えて作用が共形不変になる。これより, 2 次元では $\xi = 0$ のとき, 4 次元では $\xi = 1/6$ のとき共形結合になる。

エネルギー運動量テンソルは $\Theta^{\mu\nu} = (2/\sqrt{-g})\delta S/\delta g_{\mu\nu}$ で定義され, 任意の ξ に対して,

$$\begin{aligned}\Theta^{\mu\nu} = \nabla^\mu \varphi \nabla^\nu \varphi - \frac{1}{2}g^{\mu\nu}\nabla^\lambda \varphi \nabla_\lambda \varphi + \xi \Big\{ R^{\mu\nu}\varphi^2 - \frac{1}{2}g^{\mu\nu}R\varphi^2 \\ - \left(\nabla^\mu \nabla^\nu - g^{\mu\nu}\nabla^2\right)\varphi^2 \Big\}\end{aligned} \tag{A-8}$$

で与えられる。そのトレース $\Theta = \Theta^\mu{}_\mu$ は

$$\begin{aligned}\Theta = -\frac{1}{2}\left[D-2-4\xi(D-1)\right]\nabla^\mu \varphi \nabla_\mu \varphi \\ -2\xi(D-1)\,\varphi\left[-\nabla^2 + \frac{D-2}{4(D-1)}R\right]\varphi\end{aligned}$$

となる。共形結合 (A-7) のとき第 1 項は消える。また, その時に限り, 第 2 項は運動方程式 $(-\nabla^2 + \xi R)\varphi = 0$ に比例した形になる。このように, スカラー場の Θ は共形結合のとき運動方程式に比例して消える。

A.3 曲がった時空上のフェルミオン

計量場は D 次元多脚場 (vielbein) を用いて $g_{\mu\nu} = e^a_\mu e_{\nu a}$ と表される[*3]。以下では, 断らない限り a, b, c, d は Lorentz の脚, $\mu, \nu, \lambda, \sigma$ は Einstein の脚とする。ガンマ行列は基本すべて局所 Lorentz の脚を持つものとし, 反交換関係 $\{\gamma^a, \gamma^b\} = -2\eta^{ab}$ で定義される。Einstein の脚を持つガンマ行列は多脚場を用いて $\gamma^\mu = e^\mu_a \gamma^a$ と表す。フェルミオン ψ の Dirac 共役 (adjoint) は局所 Lorentz の脚のガンマ行列 γ^0 を使って $\bar\psi = \psi^\dagger \gamma^0$ と定義される[*4]。

共変微分 多脚場を導入すると, 局所 Lorentz の脚に作用する共変微分を定義することが出来る。ベクトルの場合は $V_a = e^\mu_a V_\mu$ として

$$\nabla_\mu V_a = \partial_\mu + \omega_{\mu a}{}^b\, V_b$$

[*3] 4 次元では 4 脚場 (vierbein) 又はテトラードと呼ばれる。
[*4] 2 つの Grassmann 数 θ, ψ の積の Hermite 共役は $(\theta\psi)^\dagger = \psi^\dagger \theta^\dagger$ の規則に従う。

と表される。$\omega_{\mu ab}$ はスピン接続 (spin connection) と呼ばれる。通常の共変微分 $\nabla_\mu V_\nu = \partial_\mu V_\nu - \Gamma^\lambda_{\mu\nu} V_\lambda$ と整合するように，多脚場の共変微分が消える条件 $\nabla_\mu e^a_\nu = \partial_\mu e^a_\nu + \omega_\mu{}^a{}_b e^b_\nu - \Gamma^\lambda_{\mu\nu} e^a_\lambda = 0$ を課すと，スピン接続は

$$\omega_{\mu ab} = e^\nu_a \left(\partial_\mu e_{\nu b} - \Gamma^\lambda_{\mu\nu} e_{\lambda b} \right)$$

と表される。局所 Lorentz の脚について反対称性 $\omega_{\mu ab} = -\omega_{\mu ba}$ が成り立つ。このときベクトルの共変微分は $\nabla_\mu V_\nu = e^a_\nu \nabla_\mu V_a$ と表すことが出来る。

共変微分をフェルミオンにも適用できるように一般化すると

$$\nabla_\mu = \partial_\mu + \frac{1}{2} \omega_{\mu ab} \Sigma^{ab}$$

と表される。Σ^{ab} は Lorentz 群の生成子で，代数

$$\left[\Sigma^{ab}, \Sigma^{cd} \right] = -\eta^{ac} \Sigma^{bd} + \eta^{ad} \Sigma^{bc} + \eta^{bc} \Sigma^{ad} - \eta^{bd} \Sigma^{ac}$$

を満たす[*5]。この代数より共変微分の交換関係は

$$[\nabla_\mu, \nabla_\nu] = \frac{1}{2} \left(\partial_\mu \omega_{\nu ab} - \partial_\nu \omega_{\mu ab} + [\omega_\mu, \omega_\nu]_{ab} \right) \Sigma^{ab}$$
$$= \frac{1}{2} R_{\mu\nu ab} \Sigma^{ab}$$

と書ける。ここで，$R_{\mu\nu ab} = e^\lambda_a e^\sigma_b R_{\mu\nu\lambda\sigma}$ である。このように Riemann 曲率テンソルはスピン接続で表すことが出来る。

Lorentz 群の生成子はスカラー場に対しては $\Sigma^{ab} = 0$ である。ベクトル場に作用する場合は $(\Sigma^{ab})_{cd} = \delta^a_c \delta^b_d - \delta^a_d \delta^b_c$ で与えられる。フェルミオンに作用する場合はガンマ行列を用いて

$$\Sigma^{ab} = -\frac{1}{4} \left[\gamma^a, \gamma^b \right]$$

で与えられる。

作用関数 質量ゼロの自由フェルミオンの作用は

$$\begin{aligned} S &= i \int d^D x \sqrt{-g} \bar{\psi} \gamma^\mu \nabla_\mu \psi \\ &= \frac{i}{2} \int d^D x \sqrt{-g} \left(\bar{\psi} \gamma^\mu \nabla_\mu \psi - \nabla_\mu \bar{\psi} \gamma^\mu \psi \right) \end{aligned} \quad \text{(A-9)}$$

で与えられる。このとき，フェルミオンの共変微分は

$$\nabla_\mu \psi = \left(\partial_\mu + \frac{1}{2} \omega_{\mu ab} \Sigma^{ab} \right) \psi,$$
$$\nabla_\mu \bar{\psi} = \bar{\psi} \overleftarrow{\nabla}_\mu = \bar{\psi} \left(\overleftarrow{\partial}_\mu - \frac{1}{2} \omega_{\mu ab} \Sigma^{ab} \right)$$

[*5] ここでは第 2, 3 章とは異なる慣例を用いている。

で定義される。(A-9) の 2 番目の等式は $\partial_\mu(\sqrt{-g}e_a^\mu) = -\sqrt{-g}\omega_{\mu a}{}^b e_b^\mu$ に注意して部分積分を行い，$[\Sigma^{ab}, \gamma^c] = \eta^{bc}\gamma^a - \eta^{ac}\gamma^b$ を使って書き換えると示せる。このことは，この共変微分が Leibniz 則 $\nabla_\mu(\bar\psi\gamma^\nu\psi) = \nabla_\mu\bar\psi\gamma^\nu\psi + \bar\psi\gamma^\nu\nabla_\mu\psi$ を満たすことからも示せる。このとき $\nabla_\mu\gamma^\nu = \gamma^a\nabla_\mu e_a^\nu = 0$ を使っている。この式はまた

$$\begin{aligned}\nabla_\mu(\bar\psi\gamma^\nu\psi) &= \partial_\mu(\bar\psi\gamma^\nu\psi) + \Gamma^\nu_{\mu\lambda}\bar\psi\gamma^\lambda\psi \\ &= \partial_\mu\bar\psi\gamma^\nu\psi + \bar\psi\gamma^\nu\partial_\mu\psi - \omega_{\mu a}{}^b e_b^\nu\bar\psi\gamma^a\psi\end{aligned}$$

と表すことも出来る。

作用を書き換えると

$$S = i\int d^D x\sqrt{-g}\left\{\frac{1}{2}\left(\bar\psi\gamma^\mu\partial_\mu\psi - \partial_\mu\bar\psi\gamma^\mu\psi\right) - \frac{1}{4}\omega_{\mu ab}e_c^\mu\bar\psi\gamma^{abc}\psi\right\}$$

と書くことが出来る。このとき $\gamma^c\Sigma^{ab} + \Sigma^{ab}\gamma^c = -\gamma^{abc}$ を使っている。ガンマ行列の完全反対称積は $\gamma^{abc} = (\gamma^a\gamma^b\gamma^c + \text{anti-sym.})/3!$ と定義する。

エネルギー運動量テンソル 計量場の変分は多脚場を用いて $\delta g_{\mu\nu} = \delta e_\mu^a e_{\nu a} + e_\mu^a\delta e_{\nu a}$ と表される。これより $\delta\sqrt{-g} = \sqrt{-g}e_a^\mu\delta e_\mu^a$ が得られる。また，δ_{ab} を多脚場で表した式の変分が消えることから $\delta e_a^\mu = -e_b^\mu e_a^\nu\delta e_\nu^b$ が得られる。これらを用いると，スピン接続の変分は $\delta\omega_{\mu ab} = e_a^\nu\nabla_\mu\delta e_{\nu b} - e_a^\nu e_{\lambda b}\delta\Gamma^\lambda_{\mu\nu}$ と表され，作用の変分は

$$\begin{aligned}\delta S = \frac{i}{2}\int d^D x&\sqrt{-g}\delta e_{\mu a}\bigg\{e^{\mu a}\left(\bar\psi\gamma^\lambda\nabla_\lambda\psi - \nabla_\lambda\bar\psi\gamma^\lambda\psi\right) \\ &-e_\lambda^a\left(\bar\psi\gamma^\mu\nabla^\lambda\psi - \nabla^\lambda\bar\psi\gamma^\mu\psi\right) - \frac{1}{2}e_b^\mu e_c^\lambda\nabla_\lambda\left(\bar\psi\gamma^{abc}\psi\right)\bigg\}\end{aligned}$$

で与えられる。これよりエネルギー運動量テンソルは

$$\begin{aligned}\Theta^{\mu\nu} &= \frac{1}{2}\frac{1}{\sqrt{-g}}\left(e_a^\mu\frac{\delta S}{\delta e_{\nu a}} + e_a^\nu\frac{\delta S}{\delta e_{\mu a}}\right) \\ &= -\frac{i}{4}\bigg\{\bar\psi\gamma^\mu\nabla^\nu\psi + \bar\psi\gamma^\nu\nabla^\mu\psi - \nabla^\mu\bar\psi\gamma^\nu\psi - \nabla^\nu\bar\psi\gamma^\mu\psi \\ &\qquad -2g^{\mu\nu}\left(\bar\psi\gamma^\lambda\nabla_\lambda\psi - \nabla_\lambda\bar\psi\gamma^\lambda\psi\right)\bigg\}\end{aligned}$$

と求まる。そのトレースは

$$\Theta = \Theta^\mu{}_\mu = i\frac{1}{2}(D-1)\left(\bar\psi\gamma^\lambda\nabla_\lambda\psi - \nabla_\lambda\bar\psi\gamma^\lambda\psi\right)$$

となって，共形スカラー場のときと同様に，運動方程式 $\gamma^\mu\nabla_\mu\psi = \nabla_\mu\bar\psi\gamma^\mu = 0$ を使うと消える。

共形不変性 質量ゼロのフェルミオンは任意の次元で共形不変になる。共形変換 $\delta_\omega g_{\mu\nu} = 2\omega g_{\mu\nu}$ を考えると, 多脚場及びフェルミオンは

$$\delta_\omega e_a^\mu = -\omega e_a^\mu, \qquad \delta_\omega e_{\mu a} = \omega e_{\mu a},$$
$$\delta_\omega \psi = \frac{1-D}{2}\omega\psi, \qquad \delta_\omega \bar\psi = \frac{1-D}{2}\omega\bar\psi$$

と変換する。このとき, 各量の変換は

$$\delta_\omega \omega_{\mu ab} = \left(e_{\mu a}e_b^\lambda - e_{\mu b}e_a^\lambda\right)\partial_\lambda \omega, \qquad \delta_\omega\left(\gamma^\mu \nabla_\mu \psi\right) = -\frac{D+1}{2}\omega\gamma^\mu \nabla_\mu \psi$$

となる。2番目の式では $\gamma_a \Sigma^{ab} = (D-1)\gamma^b/2$ を使った。これより, フェルミオンの運動項は

$$\delta_\omega \left(\sqrt{-g}\bar\psi\gamma^\mu\nabla_\mu\psi\right) = \left(D\omega + \frac{1-D}{2}\omega - \frac{D+1}{2}\omega\right)\sqrt{-g}\bar\psi\gamma^\mu\nabla_\mu\psi = 0$$

のように任意の D 次元で共形不変であることが示せる。

スピン接続の展開式 摂動計算のさいに用いるスピン接続の平坦な背景場のまわりでの展開式を記す。フェルミオンは共形不変なので共形因子場の依存性は除いて考える。

共形因子場依存性を除いた多脚場はトレースレステンソル場で展開すると

$$\bar e_{\mu a} = (e^{\frac{1}{2}h})_{\mu a} = \eta_{\mu a} + \frac{1}{2}h_{\mu a} + \frac{1}{8}(h^2)_{\mu a} + \cdots,$$
$$\bar e_a^\mu = (e^{-\frac{1}{2}h})_a^\mu = \delta_a^\mu - \frac{1}{2}h_a^\mu + \frac{1}{8}(h^2)_a^\mu + \cdots$$

となる。ここで, $\bar e_\mu^a \bar e_{\nu a} = \bar g_{\mu\nu}$, $\bar e_a^\mu \bar e_{\mu b} = \eta_{ab}$ である。いま平坦な背景時空のまわりで展開しているので, $\eta_{\mu a}$ は平坦時空の多脚場であり, 右辺に現れた量の脚はすべて Lorentz の脚 (あるいは Einstein の脚) とみなすことができる。この式を使うと展開式

$$\bar\omega_{\mu ab} = \bar e_a^\nu\left(\partial_\mu \bar e_{\nu b} - \bar\Gamma^\lambda_{\mu\nu}\bar e_{\lambda b}\right)$$
$$= -\frac{1}{2}(\partial_a h_{\mu b} - \partial_b h_{\mu a}) - \frac{1}{8}\left(h_a^\lambda \partial_\mu h_{\lambda b} - h_b^\lambda \partial_\mu h_{\lambda a}\right)$$
$$-\frac{1}{4}\left(h_{\mu\lambda}\partial_a h_b^\lambda - h_{\mu\lambda}\partial_\beta h_a^\lambda\right) + \frac{1}{4}\left(h_a^\lambda \partial_\lambda h_{\mu b} - h_b^\lambda \partial_\lambda h_{\mu a}\right)$$

を得る。

A.4 重力作用の $D=4$ のまわりでの展開式

D 次元の Weyl 作用の $D=4$ の周りでの展開式は

$$\int d^D x \sqrt{-g}\, C^2_{\mu\nu\lambda\sigma} = \int d^D x \sqrt{-\bar g}\, e^{(D-4)\phi}\, \bar C^2_{\mu\nu\lambda\sigma}$$
$$= \sum_{n=0}^\infty \frac{(D-4)^n}{n!}\int d^D x \sqrt{-\bar g}\, \phi^n\, \bar C^2_{\mu\nu\lambda\sigma}$$

で与えられる。

次に, D 次元に一般化された Euler 密度 G_D の作用の展開式を求める。まず, G_4 の時空積分を (A-3) を用いて展開すると

$$\int d^D x \sqrt{-g}\, G_4$$
$$= \int d^D x \sqrt{-\bar{g}}\, e^{(D-4)\phi} \left[\bar{G}_4 + (D-3)\bar{\nabla}_\mu J^\mu + (D-3)(D-4)K\right]$$
$$= \sum_{n=0}^{\infty} \frac{(D-4)^n}{n!} \int d^D x \sqrt{-\bar{g}} \left\{\phi^n \bar{G}_4 + (D-3)\left(\phi^n \bar{\nabla}_\mu J^\mu + n\phi^{n-1} K\right)\right\}$$
$$= \sum_{n=0}^{\infty} \frac{(D-4)^n}{n!} \int d^D x \sqrt{-\hat{g}} \left\{\phi^n \bar{G}_4 + 4(D-3)\phi^n \bar{R}^{\mu\nu} \bar{\nabla}_\mu \bar{\nabla}_\nu \phi \right.$$
$$-2(D-3)\phi^n \bar{R}\bar{\nabla}^2\phi - 2(D-2)(D-3)(D-4)\phi^n \bar{\nabla}^2\phi \bar{\nabla}^\lambda\phi \bar{\nabla}_\lambda \phi$$
$$\left. -(D-2)(D-3)^2(D-4)\phi^n (\bar{\nabla}^\lambda\phi \bar{\nabla}_\lambda \phi)^2 \right\}$$

が得られる。また, $H = R/(D-1)$ の自乗に $D-4$ を掛けた項より,

$$(D-4)\int d^D x \sqrt{-g}\, H^2$$
$$= \sum_{n=0}^{\infty} \frac{(D-4)^n}{n!} \int d^D x \sqrt{-\hat{g}} \left\{\frac{(D-4)}{(D-1)^2}\phi^n \bar{R}^2 - \frac{2(D-6)}{D-1}\phi^n \bar{R}\bar{\nabla}^2\phi \right.$$
$$+ \frac{2(D-2)}{D-1}\phi^n \bar{\nabla}^\lambda \bar{R} \bar{\nabla}_\lambda \phi + 4\phi^n \bar{\nabla}^4\phi + 8(D-4)\phi^n \bar{\nabla}^2\phi \bar{\nabla}^\lambda\phi \bar{\nabla}_\lambda\phi$$
$$\left. + (D-2)^2(D-4)\phi^n (\bar{\nabla}^\lambda\phi \bar{\nabla}_\lambda\phi)^2 \right\}$$

となる。これらの展開式と $\chi(D) = 1/2 + 3(D-4)/4 + \chi_3(D-4)^2 + \chi_4(D-4)^3 + \cdots$ を代入すると, G_D の作用は

$$\int d^D x \sqrt{-g}\, G_D$$
$$- \int d^D x \sqrt{-g} \left[G_4 + (D-4)\chi(D) H^2 \right]$$
$$= \sum_{n=0}^{\infty} \frac{(D-4)^n}{n!} \int d^D x \sqrt{-\hat{g}} \left\{\phi^n \bar{G}_4 + \frac{D-4}{(D-1)^2}\chi(D)\phi^n \bar{R}^2 \right.$$
$$+ 4(D-3)\phi^n \bar{R}^{\mu\nu}\bar{\nabla}_\mu \bar{\nabla}_\nu \phi - 2\left[D-3 + \frac{D-6}{D-1}\chi(D)\right]\phi^n \bar{R}\bar{\nabla}^2\phi$$
$$+ \frac{2(D-2)}{D-1}\chi(D)\phi^n \bar{\nabla}^\lambda \bar{R}\bar{\nabla}_\lambda \phi + 4\chi(D)\phi^n \bar{\nabla}^4\phi$$

$$+ 2(D-4)\left[-(D-2)(D-3) + 4\chi(D)\right]\phi^n \bar{\nabla}^2\phi \bar{\nabla}_\lambda \phi \bar{\nabla}^\lambda \phi$$

$$+ (D-2)(D-4)\left[-(D-3)^2 + (D-2)\chi(D)\right]\phi^n (\bar{\nabla}_\lambda\phi\bar{\nabla}^\lambda\phi)^2\Big\}$$

$$= \int d^D x \sqrt{-\hat{g}}\Bigg\{\bar{G}_4 + (D-4)\left(2\phi\bar{\Delta}_4\phi + \bar{G}_4\phi - \frac{2}{3}\bar{R}\bar{\nabla}^2\phi + \frac{1}{18}\bar{R}^2\right)$$

$$+ (D-4)^2\Bigg(\phi^2 \bar{\Delta}_4 \phi + \frac{1}{2}\bar{G}_4 \phi^2 + 3\phi \bar{\nabla}^4 \phi + 4\phi \bar{R}^{\mu\nu}\bar{\nabla}_\mu \bar{\nabla}_\nu \phi$$

$$- \frac{14}{9}\phi\bar{R}\bar{\nabla}^2\phi + \frac{10}{9}\phi\bar{\nabla}^\lambda \bar{R}\bar{\nabla}_\lambda\phi - \frac{7}{9}\bar{R}\bar{\nabla}^2\phi + \frac{1}{18}\bar{R}^2\phi + \frac{5}{108}\bar{R}^2\Bigg)$$

$$+ (D-4)^3 \Bigg[\frac{1}{3}\phi^3\bar{\Delta}_4\phi + \frac{1}{6}\bar{G}_4\phi^3 + \left(4\chi_3 - \frac{1}{2}\right)(\bar{\nabla}_\lambda\phi\bar{\nabla}^\lambda\phi)^2$$

$$+ (8\chi_3 - 2)\,\bar{\nabla}^2\phi\bar{\nabla}^\lambda\phi\bar{\nabla}_\lambda\phi + \frac{3}{2}\phi^2\bar{\nabla}^4\phi + 2\phi^2\bar{R}^{\mu\nu}\bar{\nabla}_\mu\bar{\nabla}_\nu\phi$$

$$- \frac{7}{9}\phi^2\bar{R}\bar{\nabla}^2\phi + \frac{5}{9}\phi^2\bar{\nabla}^\lambda\bar{R}\bar{\nabla}_\lambda\phi + \frac{1}{36}\bar{R}^2\phi^2 + 4\chi_3\phi\bar{\nabla}^4\phi$$

$$+ \left(\frac{4}{3}\chi_3 - \frac{35}{54}\right)\phi\bar{R}\bar{\nabla}^2\phi + \left(\frac{4}{3}\chi_3 + \frac{7}{54}\right)\phi\bar{\nabla}^\lambda \bar{R}\bar{\nabla}_\lambda\phi$$

$$+ \frac{5}{108}\bar{R}^2\phi + \left(-\frac{4}{3}\chi_3 + \frac{7}{27}\right)\bar{R}\bar{\nabla}^2\phi + \left(\frac{1}{9}\chi_3 - \frac{1}{27}\right)\bar{R}^2\Bigg]$$

$$+ o((D-4)^4)\Bigg\} \tag{A-10}$$

と展開される[*6]。ここで，$\sqrt{-g}\Delta_4$ は (5-10) で定義される 4 次元で共形不変になる微分演算子である。$o((D-4)^3)$ までの係数は χ_4 の値に依らない。

[*6] 2 次元量子重力では D 次元の Ricci スカラー曲率を時空積分したものを $D=2$ の周りで展開した式

$$\int d^D x \sqrt{-g} R = \sum_{n=0}^{\infty} \frac{(D-2)^n}{n!} \int d^D x \sqrt{-\hat{g}}\left\{-(D-1)\phi^n \bar{\nabla}^2\phi + \bar{R}\phi^n\right\}$$

が対応する。$n=1$ の部分が Liouville 作用である。

付録 B

共形場理論に関する補足

B.1 相関関数の Fourier 変換

D 次元 Euclid 空間では共形次元 Δ を持つスカラー場の 2 点相関関数 $\langle O(x)O(0)\rangle$ 及びその Fourier 変換は

$$\frac{1}{(x^2)^\Delta} = \frac{(2\pi)^{\frac{D}{2}}\Gamma(\frac{D}{2}-\Delta)}{4^{\Delta-\frac{D}{4}}\Gamma(\Delta)}\int\frac{d^D k}{(2\pi)^D}e^{ik\cdot x}\left(k^2\right)^{\Delta-\frac{D}{2}} \tag{B-1}$$

で与えられる。

これを用いて Minkowski 時空での相関関数の Fourier 変換を求める。以下では、Euclid 空間での積 $k\cdot x$ は $\mathbf{k}\cdot\mathbf{x}+k^D x^D$ と書き換え、$k\cdot x$ は Minkowski 時空での積を表すものとする。D 番目の座標を $x^D=ix^0+\epsilon$ と書き換えると (B-1) の左辺は Minkowski 時空での相関関数 $\langle 0|O(x)O(0)|0\rangle$ になるので、右辺を書き換えると

$$\frac{1}{\{-(x^0-i\epsilon)^2+\mathbf{x}^2\}^\Delta} = \frac{(2\pi)^{\frac{D}{2}}\Gamma(\frac{D}{2}-\Delta)}{4^{\Delta-\frac{D}{4}}\Gamma(\Delta)}\int\frac{d^{D-1}\mathbf{k}}{(2\pi)^{D-1}}e^{i\mathbf{k}\cdot\mathbf{x}}$$
$$\times \int\frac{dk^D}{2\pi}e^{-k^D(x^0-i\epsilon)}\left\{\mathbf{k}^2+(k^D)^2\right\}^{\Delta-\frac{D}{2}} \tag{B-2}$$

が得られる。位相因子 $e^{i\epsilon k^D}$ があるので、k^D の積分路は複素平面の上半面に広げることが出来る。$k^D=\pm i|\mathbf{k}|$ に極があって、Δ が整数でないことから、上半面の $k^D=i|\mathbf{k}|$ から $i\infty$ まで、及び下半面の $k^D=-i|\mathbf{k}|$ から $-i\infty$ まで、虚軸上にカットが生じる。そのため、$-\infty<k^D<\infty$ の積分路はカットと極を避けた虚軸の上半分の左右をなぞる積分路に変更することが出来る ($\Delta=D/2-1$ の自由場の場合は極の留数だけを拾う)。$k^D=ik^0$ と書くと

$$\int_{-\infty}^\infty \frac{dk^D}{2\pi}e^{-k^D(x^0-i\epsilon)}\left\{\mathbf{k}^2+(k^D)^2\right\}^{\Delta-\frac{D}{2}}$$
$$=i\int_0^\infty\frac{dk^0}{2\pi}e^{-ik^0 x^0-\epsilon k^0}\left\{\left[\mathbf{k}^2-(k^0-io)^2\right]^{\Delta-\frac{D}{2}}-\left[\mathbf{k}^2-(k^0+io)^2\right]^{\Delta-\frac{D}{2}}\right\}$$

と書き換えることが出来る。ここで、カットを避けるために新たな正の無限小 o を導入した。さらに公式

$$(x+io)^\lambda-(x-io)^\lambda=\begin{cases}0 & \text{for } x>0\\ 2i|x|^\lambda\sin\pi\lambda & \text{for } x<0\end{cases}$$
$$=2i(-x)^\lambda\theta(-x)\sin\pi\lambda$$

を使って被積分関数を $[\mathbf{k}^2 - (k^0 - io)^2]^{\Delta - D/2} - [\mathbf{k}^2 - (k^0 + io)^2]^{\Delta - D/2} = 2i(-k^2)^{\Delta - D/2}\theta(-k^2)\sin[\pi(\Delta - D/2)]$ と変形する。ここで, $k^2 = \mathbf{k}^2 - (k^0)^2$ である。これより (B-2) の右辺は

$$-2\sin\left[\pi\left(\Delta - \frac{D}{2}\right)\right]\frac{(2\pi)^{\frac{D}{2}}\Gamma(\frac{D}{2} - \Delta)}{4^{\Delta - \frac{D}{4}}\Gamma(\Delta)}\int\frac{d^{D-1}\mathbf{k}}{(2\pi)^{D-1}}e^{i\mathbf{k}\cdot\mathbf{x}}$$
$$\times\int_0^\infty \frac{dk^0}{2\pi}e^{-ik^0 x^0}(-k^2)^{\Delta - \frac{D}{2}}\theta(-k^2)$$
$$= \frac{(2\pi)^{\frac{D}{2}+1}4^{\frac{D}{4} - \Delta}}{\Gamma(\Delta)\Gamma(\Delta - \frac{D}{2} + 1)}\int\frac{d^D k}{(2\pi)^D}e^{ik\cdot x}\theta(k^0)\theta(-k^2)(-k^2)^{\Delta - \frac{D}{2}}$$

となる。ここで, ガンマ関数の公式 $\Gamma(\lambda)\Gamma(1-\lambda) = \pi/\sin(\pi\lambda)$ と $\Gamma(\lambda+1) = \lambda\Gamma(\lambda)$ を使っている。これから第 2 章で導入したスカラー場の Fourier 変換の式 $W(k)$ が読み取れる。

B.2 臨界指数の導出

D 次元の共形場理論 S_{CFT} に摂動を加えて, 種々の臨界指数を導出する。まず初めに, 共形次元が $\Delta < D$ を満たす relevant な演算子の代表であるエネルギー演算子 ε による摂動を考える。それは温度による摂動を表していて, 臨界点からのズレを表す無次元の温度パラメータを $t = |T - T_c|/T_c$ とすると, その系の作用は

$$S_t = S_{\text{CFT}} - ta^{\Delta_\varepsilon - D}\int d^D x\, \varepsilon(x)$$

で与えられる。ここで, Δ_ε はエネルギー演算子の共形次元である。次元を補うために導入した a は紫外カットオフ長さで, 統計モデルに於ける格子間隔に相当する[*1]。

相関距離 ξ は, 次元解析から $ta^{\Delta_\varepsilon - D} \sim \xi^{\Delta_\varepsilon - D}$ が成り立つので,

$$\xi \sim at^{-\nu}, \qquad \nu = \frac{1}{D - \Delta_\varepsilon} \tag{B-3}$$

で与えられる。ここで, relevant の条件 $\Delta_\varepsilon < D$ より指数 ν は正の数になるので, $\xi \to \infty$ の極限は $t \to 0$ に相当する。

温度の摂動 t を加えたときの演算子 O の相関関数, $\langle\langle O\rangle\rangle_t = \int Oe^{-S_t}$, は

$$\langle\langle O\rangle\rangle_t = \sum_{n=0}^\infty \frac{1}{n!}\left\langle O\left(ta^{\Delta_\varepsilon - D}\int d^D x\, \varepsilon(x)\right)^n\right\rangle$$

[*1] 格子模型では, 次元を与えるパラメータは格子間隔だけで, 温度変数に相当する結合定数などは無次元量である。そのことに対応して, 温度パラメータ t は無次元量で導入し, 次元の不足を a で補っている。このスケールは系を有限にするために必要であるが, 以下では次元解析に現れるだけで, 相関距離が大きい極限で臨界指数を求める際, a の値自体は重要ではない。

B.2 臨界指数の導出

で与えられる。ここで, $\langle O \rangle = \int O e^{-S_{\text{CFT}}}$ は通常の CFT の相関関数を表す。

臨界指数を求めるために相関距離 ξ が十分に大きい臨界点近傍での振る舞いを調べる。その極限では, 格子間隔に相当する紫外カットオフ長さは結果に影響しないので, 以下では特に必要がない場合は $a = 1$ とする。

統計モデルを指定する演算子として ε の他にスピン演算子 σ を考える。それらは Ising 模型が満たす OPE 構造

$$\sigma \times \sigma \sim I + \varepsilon, \qquad \sigma \times \varepsilon \sim \varepsilon, \qquad \varepsilon \times \varepsilon \sim I$$

をもつものとする。

はじめに比熱の臨界指数を求める。単位体積当たりの自由エネルギーを f とすると, 比熱は $C = -\partial^2 f/\partial t^2 = \partial \langle\langle \varepsilon(0) \rangle\rangle_t/\partial t$ で与えられる。ξ が大きい (t が小さい) 極限で最も寄与する項は, CFT の 1 点関数 $\langle \varepsilon \rangle$ が消えることから, 2 点関数

$$C = \left\langle \varepsilon(0) \int_{|x| \leq \xi} d^D x \, \varepsilon(x) \right\rangle = \int_{|x| \leq \xi} d^D x \frac{1}{|x|^{2\Delta_\varepsilon}}$$

で与えられる。ここで, $\langle\langle \varepsilon \rangle\rangle_t$ は便宜上原点で評価している。積分は, 相関距離が ξ であることから, その内側 $|x| \leq \xi$ で評価すると, 比熱は ξ の関数として,

$$C \sim \xi^{D - 2\Delta_\varepsilon} + \text{const.}$$

で与えられることが分かる。定数項は紫外カットオフからの寄与で, ξ が大きい臨界点近傍では第 1 項より小さいとして無視する[*2]。臨界指数 α は $C \sim t^{-\alpha}$ で定義されるので, $\xi \sim t^{-\nu}$ を使って右辺を t の振る舞いに書き換えると,

$$\alpha = \nu(D - 2\Delta_\varepsilon)$$

を得る。

次に, スピン演算子の 1 点関数で与えられる磁化の臨界指数を求める。CFT では 1 点関数 $\langle \sigma \rangle$ と $\langle \varepsilon \rangle$ 及び OPE 構造から 2 点関数 $\langle \sigma \varepsilon \rangle$ が消えることから, 温度による摂動をかけた場合の磁化の臨界点近傍での振る舞いは

$$M = \langle\langle \sigma(0) \rangle\rangle_t = \frac{t^2}{2!} \int_{|x| \leq \xi} d^D x \int_{|y| \leq \xi} d^D y \, \langle \sigma(0) \varepsilon(x) \varepsilon(y) \rangle$$

で与えられる。積分は次元解析から容易に評価出来て, $\xi \to \infty$ ($t \to 0$) で最も寄与する項は

$$M \sim t^2 \times \xi^{2D - \Delta_\sigma - 2\Delta_\varepsilon} \sim t^{\nu \Delta_\sigma}$$

となる。ここで, Δ_σ はスピン演算子の共形次元である。これより, $M \sim t^\beta$ で定義される臨界指数は

$$\beta = \nu \Delta_\sigma$$

となる。

[*2] $D = 2$ の Ising 模型の場合は指数がゼロになって第 1 項も定数になる。

磁化率の臨界指数を導出するには，温度だけでなく外部磁場 h による摂動を加える必要がある．その作用は

$$S_{t,h} = S_{\text{CFT}} - t a^{\Delta_\varepsilon - D} \int d^D x \, \varepsilon(x) - h a^{\Delta_\sigma - D} \int d^D x \, \sigma(x)$$

で与えられる．磁化率の臨界点近傍での振る舞いを計算すると

$$\chi = \frac{\partial}{\partial h} \langle\langle \sigma(0) \rangle\rangle_{t,h} \bigg|_{h=0} = \int_{|x| \leq \xi} d^D x \, \langle \sigma(0) \sigma(x) \rangle \sim \xi^{D - 2\Delta_\sigma} \sim t^{-\nu(D - 2\Delta_\sigma)}$$

となる．これより，$\chi \sim t^{-\gamma}$ で定義される磁化率の臨界指数は

$$\gamma = \nu(D - 2\Delta_\sigma)$$

となる．

また，臨界温度 $t = 0$ での磁化の h 依存性 $M \sim h^{1/\delta}$ は，外部磁場 h の摂動だけを加えた作用

$$S_h = S_{\text{CFT}} - h a^{\Delta_\sigma - D} \int d^D x \, \sigma(x)$$

から求められる．この作用から磁化は

$$M = \langle\langle \sigma(0) \rangle\rangle_h = h \int_{|x| \leq \xi} d^D x \, \langle \sigma(0) \sigma(x) \rangle$$

で与えられる．この系での相関距離は $\xi^{\Delta_\sigma - D} \sim h a^{\Delta_\sigma - D}$ で表されることに注意して，$\xi \to \infty$ ($h \to 0$) で最も寄与する項を次元解析から評価すると

$$M \sim h \times \xi^{D - \Delta_\sigma} \sim h^{\Delta_\sigma/(D - \Delta_\sigma)}$$

を得る．これより，臨界指数は

$$\delta = \frac{D - \Delta_\sigma}{\Delta_\sigma}$$

となる．

最後によく知られたスケーリング則をまとめておく．まず，新しい指数 η を関係式 $2\Delta_\sigma = D - 2 + \eta$ で定義する．この式と (B-3) を使って Δ_σ と Δ_ε を消去すると，各臨界指数は

$$\alpha = 2 - \nu D \quad [\text{Josephson 則}],$$
$$\beta = \frac{1}{2} \nu (D - 2 + \eta),$$
$$\gamma = \nu (2 - \eta) \quad [\text{Fisher 則}],$$
$$\delta = \frac{D + 2 - \eta}{D - 2 + \eta}$$

と表すことが出来る。また, 関係式

$$\alpha + 2\beta + \gamma = 2 \quad [\text{Rushbrooke 則}],$$
$$\gamma = \beta(\delta - 1) \quad [\text{Widom 則}]$$

を満たす。

具体例として, $D=2$ の Ising 模型では $\Delta_\varepsilon = 1$ と $\Delta_\sigma = 1/8$ より $\nu = 1$ と $\eta = 1/4$ が得られ,

$$\alpha = 0, \qquad \beta = \frac{1}{8}, \qquad \gamma = \frac{7}{4}, \qquad \delta = 15$$

となる。

B.3　M^4 上の自由スカラー場の共形代数

簡単な例として, 共形不変な質量ゼロの自由スカラー場について共形代数と場の変換則を導出する。正準運動量および正準交換関係は $\mathsf{P}_\varphi = \partial_\eta \varphi$ と $[\varphi(\eta, \mathbf{x}), \mathsf{P}_\varphi(\eta, \mathbf{x}')] = i\delta_3(\mathbf{x} - \mathbf{x}')$ で与えられる。スカラー場を $\varphi = \varphi_< + \varphi_>$, $\varphi_> = \varphi_<^\dagger$ のように生成および消滅演算子部分に分けて後者を

$$\varphi_<(x) = \int \frac{d^3\mathbf{k}}{(2\pi)^{3/2}} \frac{1}{\sqrt{2\omega}} \, \varphi(\mathbf{k}) \, e^{ik_\mu x^\mu}$$

と展開する。ここで, $\omega = |\mathbf{k}|$ である。このとき, モード演算子は $[\varphi(\mathbf{k}), \varphi^\dagger(\mathbf{k}')] = \delta_3(\mathbf{k} - \mathbf{k}')$ を満たす。2 点相関関数は $\langle 0|\varphi(x)\varphi(0)|0\rangle = [\varphi_<(x), \varphi_>(0)]$ と表され

$$\langle 0|\varphi(x)\varphi(0)|0\rangle = \int \frac{d^3\mathbf{k}}{(2\pi)^3} \frac{1}{2\omega} e^{-i|\mathbf{k}|(\eta - i\epsilon) + i\mathbf{k}\cdot\mathbf{x}}$$
$$= \frac{1}{4\pi^2} \frac{1}{-(\eta - i\epsilon)^2 + \mathbf{x}^2}$$

となる。ここで, ϵ は紫外カットオフ, 積分は第 7 章 7.3 節で与えた (7-17) を参照。エネルギー運動量テンソルは前出の (A-8) に $\xi = 1/6$ を代入すると,

$$\Theta_{\mu\nu} = \frac{2}{3} \partial_\mu \varphi \partial_\nu \varphi - \frac{1}{3} \varphi \partial_\mu \partial_\nu \varphi - \frac{1}{6} \eta_{\mu\nu} \partial^\lambda \varphi \partial_\lambda \varphi$$

で与えられる。このトレースは運動方程式を使うと消えることが分かる。これより共形変換の生成子は場の演算子を用いて

$$P_0 = H = \int d^3\mathbf{x}\, \mathcal{A}, \qquad P_j = \int d^3\mathbf{x}\, \mathcal{B}_j,$$
$$M_{0j} = \int d^3\mathbf{x}\, (-\eta \mathcal{B}_j - x_j \mathcal{A}), \qquad M_{ij} = \int d^3\mathbf{x}\, (x_i \mathcal{B}_j - x_j \mathcal{B}_i),$$
$$D = \int d^3\mathbf{x}\, \left(\eta \mathcal{A} + x^k \mathcal{B}_k + :\mathsf{P}_\varphi \varphi: \right),$$

$$K_0 = \int d^3\mathbf{x} \left\{ \left(\eta^2 + \mathbf{x}^2\right) \mathcal{A} + 2\eta x^k \mathcal{B}_k + 2\eta : \mathsf{P}_\varphi \varphi : + \frac{1}{2} : \varphi^2 : \right\},$$
$$K_j = \int d^3\mathbf{x} \left\{ \left(-\eta^2 + \mathbf{x}^2\right) \mathcal{B}_j - 2x_j x^k \mathcal{B}_k - 2\eta x_j \mathcal{A} - 2x_j : \mathsf{P}_\varphi \varphi : \right\}$$

と表される。ここで, 場の変数 $\mathcal{A}$ と $\mathcal{B}_j$ はそれぞれエネルギー密度と運動量密度で,

$$\mathcal{A} = \frac{1}{2} : \mathsf{P}_\varphi^2 : - \frac{1}{2} : \varphi \partial^2 \varphi :, \qquad \mathcal{B}_j = : \mathsf{P}_\varphi \partial_j \varphi :$$

と定義される。$\partial^2 = \partial^i \partial_i$ は空間の Laplace 演算子である。

 共形変換の生成子は時間に依存しない保存する演算子である。そのため, 共形代数は同時刻交換関係を用いて計算することが出来る。同時刻での2点相関関数

$$\langle 0|\varphi(\mathbf{x})\varphi(\mathbf{x}')|0\rangle = \frac{1}{4\pi^2} \frac{1}{(\mathbf{x}-\mathbf{x}')^2 + \epsilon^2},$$
$$\langle 0|\varphi(\mathbf{x})\mathsf{P}_\varphi(\mathbf{x}')|0\rangle = i\frac{1}{2\pi^2} \frac{\epsilon}{[(\mathbf{x}-\mathbf{x}')^2 + \epsilon^2]^2},$$
$$\langle 0|\mathsf{P}_\varphi(\mathbf{x})\mathsf{P}_\varphi(\mathbf{x}')|0\rangle = -\frac{1}{2\pi^2} \frac{(\mathbf{x}-\mathbf{x}')^2 - 3\epsilon^2}{[(\mathbf{x}-\mathbf{x}')^2 + \epsilon^2]^3}$$

を用いると, 場の変数 φ と P_φ の同時刻交換関係は

$$\left[\varphi(\eta,\mathbf{x}), \mathsf{P}_\varphi(\eta,\mathbf{x}')\right] = \langle 0|\varphi(\eta,\mathbf{x})\mathsf{P}_\varphi(\eta,\mathbf{x}')|0\rangle - \text{h.c.}$$
$$= i\frac{1}{\pi^2} \frac{\epsilon}{[(\mathbf{x}-\mathbf{x}')^2 + \epsilon^2]^2}$$

と表される。ここで, 右辺は正則化された3次元の δ 関数

$$\delta_3(\mathbf{x}) = \int \frac{d^3\mathbf{k}}{(2\pi)^3} e^{i\mathbf{k}\cdot\mathbf{x} - \epsilon\omega} = \frac{1}{\pi^2} \frac{\epsilon}{(\mathbf{x}^2 + \epsilon^2)^2}$$

である。φ 同士や P_φ 同士の同時刻交換関係はその実数性により消えることが分かる。

 同様にして, 場の変数 $\mathcal{A}$ と $\mathcal{B}_j$ の間の同時刻交換関係は

$$[\mathcal{A}(\mathbf{x}), \mathcal{A}(\mathbf{y})] = \frac{1}{2} i \partial_x^2 \delta_3(\mathbf{x}-\mathbf{y}) \left(: \mathsf{P}_\varphi(\mathbf{x})\varphi(\mathbf{y}) : - : \varphi(\mathbf{x})\mathsf{P}_\varphi(\mathbf{y}) : \right),$$
$$[\mathcal{B}_j(\mathbf{x}), \mathcal{B}_k(\mathbf{y})] = i\partial_k^x \delta_3(\mathbf{x}-\mathbf{y}) : \partial_j\varphi(\mathbf{x})\mathsf{P}_\varphi(\mathbf{y}) : + i\partial_j^x \delta_3(\mathbf{x}-\mathbf{y}) : \mathsf{P}_\varphi(\mathbf{x})\partial_k\varphi(\mathbf{y}) :,$$
$$[\mathcal{A}(\mathbf{x}), \mathcal{B}_j(\mathbf{y})] = i\partial_j^x \delta_3(\mathbf{x}-\mathbf{y}) : \mathsf{P}_\varphi(\mathbf{x})\mathsf{P}_\varphi(\mathbf{y}) : - \frac{1}{2} i \delta_3(\mathbf{x}-\mathbf{y}) : \partial^2\varphi \partial_j \varphi(\mathbf{y}) :$$
$$- \frac{1}{2} i \partial_x^2 \delta_3(\mathbf{x}-\mathbf{y}) : \varphi(\mathbf{x})\partial_j\varphi(\mathbf{y}) : - i \frac{2}{\pi^2} f_j(\mathbf{x}-\mathbf{y})$$

と計算される。さらに, 生成子の中に含まれるその他の場の変数との同時刻交換関係は

$$[\mathcal{A}(\mathbf{x}), : \mathsf{P}_\varphi\varphi(\mathbf{y}) :] = -i\delta_3(\mathbf{x}-\mathbf{x}) \left(: \mathsf{P}_\varphi^2(\mathbf{y}) : + \frac{1}{2} : \varphi \partial^2 \varphi(\mathbf{y}) : \right)$$

B.3　M^4 上の自由スカラー場の共形代数

$$-\frac{1}{2}i\,\partial_x^2\delta_3(\mathbf{x}-\mathbf{y}):\varphi(\mathbf{x})\varphi(\mathbf{y}): + i\frac{10}{\pi^2}f(\mathbf{x}-\mathbf{y}),$$
$$[\mathcal{B}_j(\mathbf{x}), :\mathsf{P}_\varphi\varphi(\mathbf{y}):] = -i\delta_3(\mathbf{x}-\mathbf{x})\mathcal{B}_j(\mathbf{y}) + i\partial_j^x\delta(\mathbf{x}-\mathbf{y}):\mathsf{P}_\varphi(\mathbf{x})\varphi(\mathbf{y}):$$

で与えられる。ここで、量子補正を表す関数 f_j と f は

$$f_j(\mathbf{x}) = \frac{1}{\pi^2}\frac{\epsilon x_j(\mathbf{x}^2-\epsilon^2)}{(\mathbf{x}^2+\epsilon^2)^6} \qquad f(\mathbf{x}) = -\frac{1}{40\pi^2}\frac{\epsilon(5\mathbf{x}^2-3\epsilon^2)}{(\mathbf{x}^2+\epsilon^2)^5}$$

で与えられ、$f_j(\mathbf{x}) = \partial_j f(\mathbf{x})$ の関係を満たす。これらの関数の空間積分は、ϵ を有限の値にしたままで、

$$\int d^3\mathbf{x}\,f_j(\mathbf{x}) = 0, \quad \int d^3\mathbf{x}\,f(\mathbf{x}) = 0, \quad \int d^3\mathbf{x}\,x^j f(\mathbf{x}) = 0$$

を満たす。一方、積分 $\int d^3\mathbf{x}\,\mathbf{x}^2 f(\mathbf{x}) = -1/160\epsilon^2$ は $\epsilon \to 0$ で発散する[*3]。

上記の同時刻交換関係を使うと、共形変換の生成子が満たす共形代数 (2-6) を計算することが出来る。このとき、$\epsilon \to 0$ で発散する補正項はすべて相殺して代数が量子論的に閉じることが示せる。

次に、複合場 $:\varphi^n:$ の変換則を求める。この演算子と生成子の中に現れる場の変数との同時刻交換関係は

$$[\mathcal{A}(\mathbf{x}), :\varphi^n(\mathbf{y}):] = -i\delta_3(\mathbf{x}-\mathbf{y})\,\partial_\eta:\varphi^n(\mathbf{y}):,$$
$$[\mathcal{B}_j(\mathbf{x}), :\varphi^n(\mathbf{y}):] = -i\delta_3(\mathbf{x}-\mathbf{y})\,\partial_j:\varphi^n(\mathbf{y}):$$
$$+i\frac{1}{2\pi^2}n(n-1)g_j(\mathbf{x}-\mathbf{y}):\varphi^{n-2}(\mathbf{y}):,$$
$$[:\mathsf{P}_\varphi\varphi(\mathbf{x}):, :\varphi^n(\mathbf{y}):] = -in\,\delta_3(\mathbf{x}-\mathbf{y}):\varphi^n(\mathbf{y}):$$
$$+i\frac{3}{2\pi^2}n(n-1)g(\mathbf{x}-\mathbf{y}):\varphi^{n-2}(\mathbf{y}):$$

と計算される。量子補正関数 g_j と g は

$$g_j(\mathbf{x}) = \frac{1}{\pi^2}\frac{\epsilon x_j}{(\mathbf{x}^2+\epsilon^2)^4} \qquad g(\mathbf{x}) = -\frac{1}{6\pi^2}\frac{\epsilon}{(\mathbf{x}^2+\epsilon^2)^3}$$

で定義され、$g_j(\mathbf{x}) = \partial_j g(\mathbf{x})$ の関係を満たす。

これらより、演算子 $:\varphi^n:$ の変換測を計算すると、量子補正項はすべて消えて、

$$i[P_\mu, :\varphi^n(x):] = \partial_\mu :\varphi^n(x):,$$
$$i[M_{\mu\nu}, :\varphi^n(x):] = (x_\mu\partial_\nu - x_\nu\partial_\mu):\varphi^n(x):,$$
$$i[D, :\varphi^n(x):] = (x^\mu\partial_\mu + n):\varphi^n(x):,$$
$$i[K_\mu, :\varphi^n(x):] = (x^2\partial_\mu - 2x_\mu x^\nu\partial_\nu - 2x_\mu n):\varphi^n(x):$$

のように変換することが示せる。これより、$:\varphi^n:$ は共形次元 n のプライマリースカラー場であることが分かる。

[*3] 関数 f は δ 関数を用いて $f(\mathbf{x}) = (-1/320) \times \partial^2\left(\delta_3(\mathbf{x})/\mathbf{x}^2\right)$ と表すことが出来る。このとき、δ 関数の異なる式 $\pi^2\delta_3(\mathbf{x}) = 4\epsilon^3/(\mathbf{x}^2+\epsilon^2)^3$ を使っている。

B.4 $R \times S^3$ 空間への変換

はじめに R^4 空間から Euclid $R \times S^3$ への変換を考える。R^4 の座標 x_μ の動径座標 r を $x_\mu x_\mu = r^2$ で定義し、単位 S^3 の座標を $X_\mu X_\mu = 1$ を満たす $X_\mu = x_\mu/r$ で表すと、R^4 の計量 $ds^2_{R^4} = dx_\mu dx_\mu$ は

$$ds^2_{R^4} = dr^2 + r^2 dX_\mu dX_\mu$$
$$= e^{2\tau}\left(d\tau^2 + dX_\mu dX_\mu\right) = e^{2\tau} ds^2_{R \times S^3}$$

と書ける。ここで、$\tau = \log r$ とする。このように、R^4 とシリンダー $R \times S^3$ の計量は座標変換で結びついている。

ここでは、プライマリースカラー場を R^4 から $R \times S^3$ へ変換することを考える。スカラー場は座標 x_μ から座標 (r, X_μ) への変換では変わらず、$O(x) = O(r, X)$ である。座標 (r, X_μ) から座標 (τ, X_μ) はスケール変換になっているので、スカラー場の共形次元を Δ とすると、

$$O(x) = e^{-\Delta\tau} O(\tau, X)$$

となる。このとき、並進の変換則は

$$i\left[P_\mu, O(\tau, X)\right] = e^{\Delta\tau} i\left[P_\mu, O(x)\right] = e^{\Delta\tau} \partial_\mu O(x)$$
$$= e^{\Delta\tau} \left(\frac{\partial \tau}{\partial x_\mu}\frac{\partial}{\partial \tau} + \frac{\partial X_\nu}{\partial x_\mu}\frac{\partial}{\partial X_\nu}\right) e^{-\Delta\tau} O(\tau, X)$$
$$= e^{-\tau} \left\{X_\mu \partial_\tau + (\delta_{\mu\nu} - X_\mu X_\nu)\frac{\partial}{\partial X_\nu} - \Delta X_\mu\right\} O(\tau, X) \qquad \text{(B-4)}$$

となる。同様に特殊共形変換を計算すると

$$i\left[K_\mu, O(\tau, X)\right] = e^{\Delta\tau} \left(x^2 \partial_\mu - 2x_\mu x_\nu \partial_\nu - 2\Delta x_\mu\right) O(x)$$
$$= e^{\tau} \left\{-X_\mu \partial_\tau + (\delta_{\mu\nu} - X_\mu X_\nu)\frac{\partial}{\partial X_\nu} - \Delta X_\mu\right\} O(\tau, X) \qquad \text{(B-5)}$$

となる。スケール変換と Lorentz 変換はそれぞれ

$$i\left[D, O(\tau, X)\right] = \partial_\tau O(\tau, X),$$
$$i\left[M_{\mu\nu}, O(\tau, X)\right] = \left(X_\mu \frac{\partial}{\partial X_\nu} - X_\nu \frac{\partial}{\partial X_\mu}\right) O(\tau, X) \qquad \text{(B-6)}$$

となる。

このように、Euclid $R \times S^3$ 上ではスケール変換は動径方向 $r = e^\tau$ の発展を表す。$\tau = 0$ での場の演算子 $O(0, X)$ を $O^\dagger(0, X) = O(0, X)$ の Hermite 性を満たす実 Minkowski 場と同一視すると、任意の τ での演算子は $O(\tau, X) = e^{i\tau D} O(0, X) e^{-i\tau D}$ と表すことができる。$D^\dagger = -D$ より実スカラー場の Hermite 性は $O^\dagger(\tau, X) = e^{-i\tau D} O(0, X) e^{i\tau D} = O(-\tau, X)$ で与えられることが分かる。

これらの共形変換を S^3 上の調和関数を使ってさらに書き換える。Euler 角 $\hat{\mathbf{x}} = (\alpha, \beta, \gamma)$ を導入し,その変域をそれぞれ $[0, 2\pi], [0, \pi], [0, 4\pi]$ として,単位 S^3 の線素を

$$dX_\mu dX_\mu = \hat{\gamma}_{ij} d\hat{x}^i d\hat{x}^j = \frac{1}{4}\left(d\alpha^2 + d\beta^2 + d\gamma^2 + 2\cos\beta d\alpha d\gamma\right)$$

と表す。このとき座標 X_μ は Euler 角を用いて

$$X_0 = \cos\frac{\beta}{2}\cos\frac{1}{2}(\alpha+\gamma), \qquad X_1 = \sin\frac{\beta}{2}\sin\frac{1}{2}(\alpha-\gamma),$$
$$X_2 = -\sin\frac{\beta}{2}\cos\frac{1}{2}(\alpha-\gamma), \qquad X_3 = -\cos\frac{\beta}{2}\sin\frac{1}{2}(\alpha+\gamma)$$

と表され,S^3 の (誘導) 計量 $\hat{\gamma}_{ij}$ は座標 X_μ を用いて

$$\hat{\gamma}_{ij} = \frac{\partial X_\mu}{\partial \hat{x}^i}\frac{\partial X_\nu}{\partial \hat{x}^j}\delta_{\mu\nu} \tag{B-7}$$

と書ける。

ここでは特に $J = 1/2$ のスカラー調和関数が必要になる。Wigner の D 関数の $J = 1/2$ 成分は座標 X_μ を用いて

$$D^{\frac{1}{2}}_{mm'} = \begin{pmatrix} X^0 + iX^3 & X^2 + iX^1 \\ -X^2 + iX^1 & X^0 - iX^3 \end{pmatrix} = \sqrt{2}(T_\mu)_M X_\mu$$

と表すことができる。ここで,$M = (m, m')$ である。T_μ はこの式で定義され,$\epsilon_M = (-1)^{m-m'}$ と書くと,その複素共役は $(T_\mu^*)_M = \epsilon_M (T_\mu)_{-M}$ と表される[*4]。このとき,関係式

$$(T_\mu^*)_M (T_\mu)_N = \delta_{MN}, \qquad \sum_M (T_\mu^*)_M (T_\nu)_M = \delta_{\mu\nu}$$

を満たすことが分かる。ここで,$\delta_{MN} = \delta_{mn}\delta_{m'n'}$ である。この式を使うと $J = 1/2$ のスカラー調和関数は

$$\frac{\sqrt{V_3}}{2} Y_{\frac{1}{2}M} = (T_\mu)_M X_\mu$$

と表すことができる。

このスカラー調和関数は積の公式

$$\frac{V_3}{4}\sum_M Y^*_{\frac{1}{2}M} Y_{\frac{1}{2}M} = 1, \qquad \frac{V_3}{4}\sum_M \hat{\nabla}_i Y^*_{\frac{1}{2}M} \hat{\nabla}_j Y_{\frac{1}{2}M} = \hat{\gamma}_{ij},$$
$$\frac{V_3}{4}\hat{\nabla}_i Y^*_{\frac{1}{2}M} \hat{\nabla}_j Y_{\frac{1}{2}N} = \delta_{MN} - \frac{V_3}{4} Y^*_{\frac{1}{2}M} Y_{\frac{1}{2}N} \tag{B-8}$$

[*4] 関数 T_μ は単位行列 I と Pauli 行列 σ_i を用いて,$(T_0)_M = (I)_M/\sqrt{2}$, $(T_j)_M = i(\sigma_j)_M/\sqrt{2}$ と表すことができる。ただ,このとき T_μ^* は Hermite 共役ではないことに注意。

を満たすことが分かる。また，最初の式から $\sum_M Y^*_{1/2M}\hat{\nabla}_j Y_{1/2M} = 0$ が成り立つ。これらの式はそれぞれ $X_\mu X_\mu = 1$, 誘導計量の式 (B-7),

$$\hat{\gamma}^{ij}\frac{\partial X_\mu}{\partial \hat{x}^i}\frac{\partial X_\nu}{\partial \hat{x}^j} = \delta_{\mu\nu} - X_\mu X_\nu \tag{B-9}$$

及び $X_\mu dX_\mu = 0$ に対応している。実際，これらの両辺に T^*_μ と T_ν を作用させると，関係式 (B-8) が得られる。さらに，(B-9) の変形版である

$$\hat{\gamma}^{ij}\frac{\partial X_\mu}{\partial \hat{x}^j} = (\delta_{\mu\nu} - X_\mu X_\nu)\frac{\partial \hat{x}^i}{\partial X_\nu} \tag{B-10}$$

を使うと関係式

$$\frac{\sqrt{V_3}}{2}\hat{\gamma}^{ij}\frac{\partial}{\partial \hat{x}^j}Y_{\frac{1}{2}M} = (T_\mu)_M (\delta_{\mu\nu} - X_\mu X_\nu)\frac{\partial \hat{x}^i}{\partial X_\nu}$$

が得られる。

これらの道具を使って共形代数及び共形変換を書き換える。共形代数の生成子を $(T_\mu)_M$ を用いて

$$H = iD, \qquad R_{MN} = i(T^*_\mu)_M(T_\nu)_N M_{\mu\nu},$$
$$Q_M = -i(T^*_\mu)_M K_\mu, \qquad Q^\dagger_M = i(T_\mu)_M P_\mu$$

と表すと，H は Hermite 演算子になる。Q_M と $Q^\dagger_M$ は互いに Hermite 共役な関係で，S^3 の回転生成子は $R^\dagger_{MN} = R_{NM}$, $R_{MN} = -\epsilon_M \epsilon_N R_{-N-M}$ を満たす。このとき共形代数は

$$\left[Q_M, Q^\dagger_N\right] = 2\delta_{MN}H + 2R_{MN},$$
$$[H, Q_M] = -Q_M, \qquad \left[H, Q^\dagger_M\right] = Q^\dagger_M, \qquad [H, R_{MN}] = 0,$$
$$[Q_M, Q_N] = 0, \qquad [Q_M, R_{NL}] = \delta_{ML}Q_N - \epsilon_N\epsilon_L\delta_{M-N}Q_{-L},$$
$$[R_{MN}, R_{LK}] = \delta_{MK}R_{LN} - \epsilon_M\epsilon_N\delta_{-NK}R_{L-M}$$
$$\qquad -\delta_{NL}R_{MK} + \epsilon_M\epsilon_N\delta_{-ML}R_{-NK} \tag{B-11}$$

と書き換えられる。回転生成子 R_{MN} は Hamilton 演算子 H と交換するので共形次元がゼロの演算子である。特殊共形変換の生成子 Q_M は共形次元 -1，そのエルミート共役である並進の生成子 $Q^\dagger_M$ は共形次元 1 を持つ。

スケール変換及び Lorentz 変換の変換則 (B-6) は H と R_{MN} を用いて

$$i[H, O(\tau, \hat{\mathbf{x}})] = i\partial_\tau O(\tau, \hat{\mathbf{x}}), \quad i[R_{MN}, O(\tau, \hat{\mathbf{x}})] = (\rho^\mu_{\mathrm{R}})_{MN}\hat{\nabla}_\mu O(\tau, \hat{\mathbf{x}})$$

と書き換えられる。ここで，$\hat{\nabla}_\mu = (\partial_\tau, \hat{\nabla}_j)$ は計量テンソルを $\hat{g}_{\mu\nu} = (1, \hat{\gamma}_{ij})$ と書いたときの共変微分である。最初の式は $R \times S^3$ 上の Killing ベクトル $v^\mu = (i, 0, 0, 0)$ に対応する変換と見ることができる。2 番目の式の $(\rho^\mu_{\mathrm{R}})_{MN} = (0, \rho^j_{MN})$ は

$$\rho^j_{MN} = i\frac{V_3}{4}\left(Y^*_{\frac{1}{2}M}\hat{\nabla}^j Y_{\frac{1}{2}N} - Y_{\frac{1}{2}N}\hat{\nabla}^j Y^*_{\frac{1}{2}M}\right) \tag{B-12}$$

で与えられる。ρ_R^μ は S^3 上の Killing ベクトルである。脚 M, N について $\rho_{MN}^{j*} = \rho_{NM}^j$, $\rho_{MN}^j = -\epsilon_M \epsilon_N \rho_{-N-M}^j$ を満たすことからこの 3 次元ベクトルの自由度は 6 個になる。

特殊共形変換と並進の変換則はそれぞれ K_μ と P_μ の変換則 (B-5) と (B-4) から，

$$i[Q_M, O(\tau, \hat{\mathbf{x}})] = (\rho^\mu)_M \hat{\nabla}_\mu O(\tau, \hat{\mathbf{x}}) + \frac{\Delta}{4} \hat{\nabla}_\mu (\rho^\mu)_M O(\tau, \hat{\mathbf{x}}),$$

$$i\left[Q_M^\dagger, O(\tau, \hat{\mathbf{x}})\right] = (\tilde{\rho}^{\mu*})_M \hat{\nabla}_\mu O(\tau, \hat{\mathbf{x}}) + \frac{\Delta}{4} \hat{\nabla}_\mu (\tilde{\rho}^{\mu*})_M O(\tau, \hat{\mathbf{x}})$$

と書き換えられる。ここで，ベクトル ρ^μ は

$$(\rho^\mu)_M = \left(\rho_M^0, \rho_M^j\right) = \left(i\frac{\sqrt{V_3}}{2} e^\tau Y_{\frac{1}{2}M}^*, -i\frac{\sqrt{V_3}}{2} e^\tau \hat{\nabla}^j Y_{\frac{1}{2}M}^*\right)$$

で定義される。これは，Euclid $R \times S^3$ 上の共形 Killing 方程式を満たす 4 個の共形 Killing ベクトルである。ベクトル $\tilde{\rho}^\mu$ も共形 Killing ベクトルで，$\tilde{\rho}_M^0(\tau, \hat{\mathbf{x}}) = -\rho_M^{0*}(-\tau, \hat{\mathbf{x}})$ と $\tilde{\rho}_M^j(\tau, \hat{\mathbf{x}}) = \rho_M^{j*}(-\tau, \hat{\mathbf{x}})$ で定義される。

このように，スケール変換の H, S^3 回転の R_{MN}, 特殊共形変換の Q_M 及びその共役変換である並進の $Q_M^\dagger$ に対応する共形 Killing ベクトルはそれぞれ v^μ, ρ_R^μ, ρ^μ, $\tilde{\rho}^\mu$ で与えられる。

Lorentz 計量をもつ $R \times S^3$ の共形 Killing ベクトルは $\tau = i\eta$ と Wick 回転することで得ることが出来る。スケール変換は $i[H, O] = \partial_\eta O$ となり，H は Lorentz $R \times S^3$ 上では Hamilton 演算子となる。このとき，状態と演算子の関係は

$$|\Delta\rangle = \lim_{\eta \to i\infty} e^{-i\Delta \eta} O(\eta, \hat{\mathbf{x}})|0\rangle$$

で与えられる。プライマリースカラー状態は

$$H|\Delta\rangle = \Delta|\Delta\rangle, \qquad R_{MN}|\Delta\rangle = 0, \qquad Q_M|\Delta\rangle = 0$$

で定義される。そのデッセンダント状態はこれに $Q_M^\dagger$ を作用させたものである。

B.5　$R \times S^3$ 上の 2 点相関関数

はじめに，スカラー調和関数の公式

$$\sum_M Y_{JM}(\hat{\mathbf{x}}) Y_{JM}(\hat{\mathbf{x}}') = \frac{2J+1}{V_3} \chi^J(\omega)$$

を導入する。ここで，

$$\chi^J(\omega) = \frac{\sin[(2J+1)\frac{\omega}{2}]}{\sin \frac{\omega}{2}}$$

は $SU(2)$ のランク J の既約表現の指標 (character) である。角度変数 ω は Euler 角を用いて

$$\cos\frac{\omega}{2} = \cos\frac{\beta-\beta'}{2}\cos\frac{\alpha-\alpha'}{2}\cos\frac{\gamma-\gamma'}{2}$$
$$-\cos\frac{\beta+\beta'}{2}\sin\frac{\alpha-\alpha'}{2}\sin\frac{\gamma-\gamma'}{2}$$

と定義される。

スカラー場 この公式を用いると, スカラー場の 2 点相関関数は

$$\langle 0|\varphi(x)\varphi(x')|0\rangle = \frac{1}{2V_3}\sum_{J\geq 0}e^{-i(2J+1)(\eta-\eta')}\chi^J(\omega)$$

と書ける。級数が収束するように $\eta-\eta' \to \eta-\eta'-i\epsilon$ と正則化して, 指標の公式

$$\sum_{J\geq 0}t^{2J}\chi^J(\omega) = \frac{1}{1-2t\cos\frac{\omega}{2}+t^2}$$

を用いると,

$$\langle 0|\varphi(x)\varphi(x')|0\rangle = \frac{1}{2V_3}\frac{1}{L^2(\eta-\eta',\omega)}$$

が求まる。ここで, L^2 は $R\times S^3$ 上の距離の自乗の関数で

$$L^2(\eta-\eta',\omega) = 2\left[\cos(\eta-\eta')-\cos\frac{\omega}{2}\right]$$

で定義される。近距離では $L^2 \approx -(\eta-\eta')^2 + (\alpha-\alpha')^2/4 + (\beta-\beta')^2/4 + (\gamma-\gamma')^2/4 + (\alpha-\alpha')(\gamma-\gamma')/2$ となる。

共形因子場 同様に共形因子場の 2 点関数を考える。共形因子場はゼロモードを持つので, それに注意して演算子積

$$\phi(x)\phi(x') = \frac{1}{2}\left[\phi_0(\eta),\phi_0(\eta')\right] + \left[\phi_<(x),\phi_>(x')\right] + :\phi(x)\phi(x'):$$

を計算する。短距離で発散する部分は

$$\left[\phi_<(x),\phi_>(x')\right] = \frac{1}{4b_c}\frac{\pi^2}{V_3}\sum_{J\geq 0}\frac{4}{2J+1}e^{-i(2J+1)(\eta-\eta')}\cos\left[(2J+1)\frac{\omega}{2}\right]$$
$$= -\frac{1}{4b_c}\log\left(1-2e^{-i(\eta-\eta')}\cos\frac{\omega}{2}+e^{-2i(\eta-\eta')}\right)$$

で与えられる。ゼロモードからの寄与を足すと

$$\phi(x)\phi(x') = -\frac{1}{4b_c}\log L^2(\eta-\eta',\omega) + :\phi(x)\phi(x'):$$

が得られる。

これを用いるとプライマリースカラー場 $V_\alpha =\, :e^{\alpha\phi}:$ の演算子積は

$$V_\alpha(x)V_{\alpha'}(x') = \left(\frac{1}{L^2(\eta-\eta',\omega)}\right)^{\frac{\alpha\alpha'}{4b_c}} :V_\alpha(x)V_{\alpha'}(x'):$$

と求まる。正規順序付けは

$$:V_\alpha(x)V_{\alpha'}(x'): = e^{\alpha\phi_0(\eta)+\alpha'\phi_0(\eta')} e^{\alpha\phi_>(x)} e^{\alpha'\phi_>(x')} e^{\alpha\phi_<(x)} e^{\alpha'\phi_<(x')}$$

で定義される。ここで, ゼロモードの部分は Baker-Campbell-Hausdorff 公式で, $[A,B]$ が定数になる場合の $e^A e^B = e^{\frac{1}{2}[A,B]} e^{A+B}$ を使っている。

これより一方が他方の双対演算子の場合、ここでは $\alpha' = 4b_c - \alpha$ とすると、共形不変な真空による期待値は

$$\langle\Omega|V_\alpha(x)V_{4b_c-\alpha}(x')|\Omega\rangle = \left(\frac{1}{L^2(\eta-\eta',\omega)}\right)^{h_\alpha}$$

となる。このとき, V_α の共形次元が $h_\alpha = \alpha - \alpha^2/4b_c$ (8-24) で与えられることと, 共形不変な真空が背景電荷をもつことから $\langle\Omega|e^{4b_c\phi(0)}|\Omega\rangle = 1$ になることを使っている。プライマリースカラー場 V_α が物理的な宇宙項演算子の場合は $h_\alpha = 4$ である。

B.6　ゲージ固定と共形変換の修正項

この付録では共形変換とゲージ固定条件の関係ついて議論する。はじめに $U(1)$ ゲージ場の場合について述べる。輻射ゲージ $A_0 = \hat{\nabla}^i A_i = 0$ では横波成分の共形変換は

$$\delta_\zeta A_i = \zeta^0 \partial_\eta A_i + \zeta^j \hat{\nabla}_j A_i + \frac{1}{3}\psi A_i + \frac{1}{2}\left(\hat{\nabla}_i \zeta^j - \hat{\nabla}^j \zeta_i\right) A_j \quad \text{(B-13)}$$

となる。しかし, この変換は横波の条件を保存しない。また, ゲージ場の時間成分の変換が

$$\delta_\zeta A_0 = \hat{\nabla}^i(\zeta^0 A_i) \quad \text{(B-14)}$$

となってやはり輻射ゲージを保存しないことが分かる。実際, 共形変換の生成子 Q_ζ を用いて変換則を書くと, ゲージ固定条件を保つために余分な項が付いた

$$\delta_\zeta A_\mu = i[Q_\zeta, A_\mu] + \hat{\nabla}_\mu \tilde{\lambda}$$

の形で与えられる。ここで, $\tilde{\lambda}$ は場の変数に依存した関数で与えられる。最後のゲージ変換の形をした余分な項のことを Fradkin-Palchik 項と呼ぶ。

ここでは, 具体的に, 第 8 章で議論した $R \times S^3$ 上のゲージ場を例に見てみる。横波成分の共形変換 (B-13) と時間成分の共形変換 (B-14) の中で輻射ゲージを保存しないのは特殊共形変換 ζ^μ_S とその複素共役 (並進) の場合で, Killing ベクトル ζ^μ_T と

ζ_{R}^{μ} の場合は保存される．以下では $(\zeta_{\mathrm{S}}^{\mu})_M$ (8-9) を代入して，先ず横波成分の変換則を見てみることにする．調和関数の積の展開式 (C-7) を使って (B-13) の右辺を展開すると

$$(\delta_{\zeta_{\mathrm{S}}} A_i)_M = i[Q_M, A_i] + \hat{\nabla}_i(\tilde{\lambda})_M \tag{B-15}$$

のように特殊共形変換の生成子 Q_M と場の演算子との交換関係の他に余分な項が現れる．ここで，スカラー関数 $\tilde{\lambda}$ は

$$(\tilde{\lambda})_M = \frac{i}{2} \sum_{J \geq J} \frac{1}{\sqrt{2(2J+1)}} \sum_{N,y} \sum_S \left\{ -\frac{1}{2J} q_{J(Ny)} e^{-i2J\eta} \mathbf{G}_{J(Ny);JS}^{\frac{1}{2}M} \right.$$
$$\left. + \frac{1}{2J+2} q_{J(Ny)}^{\dagger} e^{i(2J+2)\eta} (-\epsilon_N) \mathbf{G}_{J(-Ny);JS}^{\frac{1}{2}M} \right\} Y_{JS}^*$$

で与えられる．余分な項はゲージ変換の形をしているので，特殊共形変換に伴うゲージ変換として $(\delta_{\tilde{\lambda}} A_\mu)_M = \hat{\nabla}_\mu(\tilde{\lambda})_M$ を導入すると，(B-15) は $(\delta_{\zeta_{\mathrm{S}}} A_i - \delta_{\tilde{\lambda}} A_i)_M = i[Q_M, A_i]$ と書くことができる．さらに，時間成分の変換を計算すると

$$(\delta_{\zeta_{\mathrm{S}}} A_0 - \delta_{\tilde{\lambda}} A_0)_M = (\hat{\nabla}^i(\zeta_{\mathrm{S}}^0 A_i) - \partial_\eta \tilde{\lambda})_M = 0$$

となることが分かる．

このように，共形代数を構成する生成子 Q_ζ が生成する変換は通常の共形変換 δ_ζ とそれに伴うモードに依存したゲージ変換 $\delta_{\tilde{\lambda}}$ を組み合わせた変換として $\delta_\zeta^{\mathrm{T}} = \delta_\zeta - \delta_{\tilde{\lambda}}$ と表すことができ，特殊共形変換 Q_M 及びそのエルミート共役に対して $\tilde{\lambda}_M$ 及びそのエルミート共役を当て，その他の変換に対してはゲージ変数をゼロとすればよい．交換関係を用いて書くと輻射ゲージ条件を保存するこの共形変換は

$$\delta_\zeta^{\mathrm{T}} A_i = i[Q_\zeta A_i], \qquad \delta_\zeta^{\mathrm{T}} A_0 = 0$$

とまとめることができる．

トレースレステンソル場の共形変換とその生成子との関係についてもゲージ場のときと同様のことが成り立つ．第 8 章 8.1 節で採用した輻射$^+$ ゲージでの共形変換は

$$\delta_\zeta \mathsf{h}_{ij} = \zeta^0 \partial_\eta \mathsf{h}_{ij} + \zeta^k \hat{\nabla}_k \mathsf{h}_{ij} + \frac{1}{2}\left(\hat{\nabla}_i \zeta^k - \hat{\nabla}^k \zeta_i\right) \mathsf{h}_{kj}$$
$$\qquad + \frac{1}{2}\left(\hat{\nabla}_j \zeta^k - \hat{\nabla}^k \zeta_j\right) \mathsf{h}_{ki} + \mathsf{h}_i \hat{\nabla}_j \zeta^0 + \mathsf{h}_j \hat{\nabla}_i \zeta^0 - \frac{2}{3} \gamma_{ij} \hat{\nabla}_k \left(\zeta^0 \mathsf{h}^k\right),$$
$$\delta_\zeta \mathsf{h}_i = \zeta^0 \partial_\eta \mathsf{h}_i + \zeta^k \hat{\nabla}_k \mathsf{h}_i + \frac{1}{2}\left(\hat{\nabla}_i \zeta^k - \hat{\nabla}^k \zeta_i\right) \mathsf{h}_k + \hat{\nabla}^k \left(\zeta^0 \mathsf{h}_{ik}\right),$$
$$\delta_\zeta h_{00} = 2\hat{\nabla}^k \left(\zeta^0 \mathsf{h}_k\right)$$

と書ける．これらは明白に輻射$^+$ ゲージを保存していない．一方，生成子との交換子で表される輻射$^+$ ゲージを保つ共形変換則は，モードに依存したパラメータ $\tilde{\kappa}$ をもつ (7-8) の形をしたゲージ変換を導入して，$\delta_\zeta^{\mathrm{T}} = \delta_\zeta - \delta_{\tilde{\kappa}}$ を考えると，

$$\delta_\zeta^{\mathrm{T}} \mathsf{h}_{ij} = i[Q_\zeta, \mathsf{h}_{ij}], \qquad \delta_\zeta^{\mathrm{T}} \mathsf{h}_i = i[Q_\zeta, \mathsf{h}_i], \qquad \delta_\zeta^{\mathrm{T}} h_{00} = 0$$

のように表すことができる。ここで, $\tilde{\kappa}^\mu$ は特殊共形変換とその Hermite 共役の場合に値をもって, その式は少し複雑なのでここでは省略するが, ゲージ場のときと同様に求めることができる。

B.7　ゲージ場及びテンソル場の構成要素

ここではゲージ場とテンソル場のプライマリー状態の構想要素について簡潔にまとめる[*5]。

ゲージ場の生成モード $q^\dagger_{J(My)}$ と特殊共形変換の生成子 Q_M との交換関係は

$$\left[Q_M, q^\dagger_{J(M_1y_1)}\right] = -\sqrt{2J(2J+1)} \sum_{M_2,y_2} \epsilon_{M_2} \mathbf{D}^{\frac{1}{2}M}_{J(M_1y_1),J-\frac{1}{2}}(-M_2y_2) q^\dagger_{J-\frac{1}{2}(M_2y_2)}$$

で与えられる。これより $J=1/2$ の最低次の生成モード $q^\dagger_{1/2(My)}$ は Q_M と交換することが分かる。その他の生成モードは単独では交換しないのでそれらの積を考えると, Q_M 不変な生成演算子として

$$\Psi^\dagger_{LN} = \sum_{K=\frac{1}{2}}^{L-\frac{1}{2}} \sum_{M_1,y_1,M_2,y_2} f(L,K) \mathbf{D}^{LN}_{L-K(M_1y_1),K(M_2y_2)} q^\dagger_{L-K(M_1y_1)} q^\dagger_{K(M_2y_2)},$$

$$\Upsilon^\dagger_{L(Nx)} = \sum_{K=\frac{1}{2}}^{L-\frac{1}{2}} \sum_{M_1,y_1,M_2,y_2} f(L,K) \mathbf{F}^{L(Nx)}_{L-K(M_1y_1),K(M_2y_2)} q^\dagger_{L-K(M_1y_1)} q^\dagger_{K(M_2y_2)}$$

を得る。ここで, $f(L,K)$ はスカラー場のときと同じ (8-29) で与えられる。新しい $SU(2) \times SU(2)$ Clebsch-Gordan 係数は

$$\mathbf{F}^{J(Mx)}_{J_1(M_1y_1),J_2(M_2y_2)} = \sqrt{V_3} \int_{S^3} d\Omega_3 Y^{ij*}_{J(Mx)} Y_{iJ_1(M_1y_1)} Y_{jJ_2(M_2y_2)}$$

で定義される。L は整数で, 半整数の場合は存在しない。また, $L=1$ の場合は $q^\dagger_{1/2(My)}$ のみを用いて表されるので, $L \geq 2$ が新しい演算子である。まとめると, 以下の表 B-1 のようになる。

テンソルの脚	0	1	2
生成演算子	$\Psi^\dagger_{LN}$	$q^\dagger_{\frac{1}{2}(Ny)}$	$\Upsilon^\dagger_{L(Nx)}$
共形次元 ($L \in \mathbf{Z}_{>2}$)	$2L+2$	2	$2L+2$

表 B-1　ゲージ場部分の物理状態の構成要素。

最低次のプライマリー状態は 6 つの独立成分をもつ共形次元 2 の $q^\dagger_{1/2(Ny)}|0\rangle$ で与えられる。それは $F_{\mu\nu}$ に対応して, 分極 $y = \pm 1/2$ は自己双対と反自己双対成分を表す。

[*5] 付録 F の K. Hamada, Int. J. Mod. Phys. A **20** (2005) 5353 を参照。

次に，表 8-3 に示したトレースレステンソル場の結果についてまとめる．特殊共形変換の生成子 Q_M と各モード $c^\dagger_{J(Mx)}, d^\dagger_{J(Mx)}, e^\dagger_{J(My)}$ との交換関係は

$$\left[Q_M, c^\dagger_{J(M_1x_1)}\right] = \alpha\left(J - \frac{1}{2}\right)\sum_{M_2,x_2}\epsilon_{M_2}\mathbf{E}^{\frac{1}{2}M}_{J(M_1x_1),J-\frac{1}{2}(-M_2x_2)}c^\dagger_{J-\frac{1}{2}(M_2x_2)},$$

$$\left[Q_M, d^\dagger_{J(M_1x_1)}\right] = -\gamma(J)\sum_{M_2,x_2}\epsilon_{M_2}\mathbf{E}^{\frac{1}{2}M}_{J(M_1x_1),J+\frac{1}{2}(-M_2x_2)}c^\dagger_{J+\frac{1}{2}(M_2x_2)}$$

$$-\beta\left(J - \frac{1}{2}\right)\sum_{M_2,x_2}\epsilon_{M_2}\mathbf{E}^{\frac{1}{2}M}_{J(M_1x_1),J-\frac{1}{2}(-M_2x_2)}d^\dagger_{J-\frac{1}{2}(M_2x_2)}$$

$$-B(J)\sum_{M_2,y_2}\epsilon_{M_2}\mathbf{H}^{\frac{1}{2}M}_{J(M_1x_1);J(-M_2y_2)}e^\dagger_{J(M_2y_2)},$$

$$\left[Q_M, e^\dagger_{J(M_1y_1)}\right] = -A(J)\sum_{M_2,x_2}\epsilon_{M_2}\mathbf{H}^{\frac{1}{2}M}_{J(-M_2x_2);J(M_1y_1)}c^\dagger_{J(M_2x_2)}$$

$$-C\left(J - \frac{1}{2}\right)\sum_{M_2,y_2}\epsilon_{M_2}\mathbf{D}^{\frac{1}{2}M}_{J(M_1y_1),J-\frac{1}{2}(-M_2y_2)}e^\dagger_{J-\frac{1}{2}(M_2y_2)}$$

で与えられる．物理状態の構成要素となる Q_M と交換する生成モードは最低次の正定値モード $c^\dagger_{1(Mx)}$ だけである．また，2 階のテンソル調和関数の脚を持つものは，表 8-3 に示したように，これだけである．

スカラー調和関数の脚を持つモードの積の演算子は，L を正の整数として

$$A^\dagger_{LN} = \sum_{K=1}^{L-1}\sum_{M_1,x_1}\sum_{M_2x_2}x(L,K)\mathbf{E}^{LN}_{L-K(M_1x_1),K(M_2,x_2)}c^\dagger_{L-K(M_1x_1)}c^\dagger_{K(M_2x_2)},$$

$$\mathcal{A}^\dagger_{L-1N} = \sum_{K=1}^{L-1}\sum_{M_1,x_1}\sum_{M_2x_2}x(L,K)\mathbf{E}^{L-1N}_{L-K(M_1x_1),K(M_2,x_2)}c^\dagger_{L-K(M_1x_1)}c^\dagger_{K(M_2x_2)}$$

$$+\sum_{K=1}^{L-2}\sum_{M_1,x_1}\sum_{M_2x_2}y(L,K)\mathbf{E}^{L-1N}_{L-K-1(M_1x_1),K(M_2,x_2)}d^\dagger_{L-K-1(M_1x_1)}c^\dagger_{K(M_2x_2)}$$

$$+\sum_{K=1}^{L-\frac{3}{2}}\sum_{M_1,x_1}\sum_{M_2y_2}w(L,K)\mathbf{H}^{L-1N}_{L-K-\frac{1}{2}(M_1x_1);K(M_2,y_2)}c^\dagger_{L-K-\frac{1}{2}(M_1x_1)}e^\dagger_{K(M_2y_2)}$$

$$+\sum_{K=1}^{L-2}\sum_{M_1,y_1}\sum_{M_2y_2}v(L,K)\mathbf{D}^{L-1N}_{L-K-1(M_1y_1),K(M_2y_2)}e^\dagger_{L-K-1(M_1y_1)}e^\dagger_{K(M_2y_2)}$$

の 2 つで与えられる．ここで，$x(L,K)$ と $y(L,K)$ は共形因子場のときと同じ (8-30) で与えられる．新しい係数は

$$w(L,K) = 2\sqrt{2}\sqrt{\frac{(2L-2K-1)(2L-2K+1)}{2K(2K-1)(2K+3)}}x(L,K),$$

$$v(L,K) = -\sqrt{\frac{(2K-1)(2K+2)(2L-2K-3)(2L-2K)}{(2K+3)(2L-2K+1)}} x\left(L, K+\frac{1}{2}\right)$$

である。L が半整数の場合は存在しない。また、$L=1$ が存在しないのは明らかである。$L=2$ は存在するけれども、$c^\dagger_{1(Mx)}$ だけで表されるので自明に Q_M 不変になる。したがって、$L \geq 3$ が新しい Q_M 不変な生成演算子である。

その他に、1, 3, 4 階のテンソル調和関数の脚を持った構成要素が存在する。それらを記述するために新たに n 階のテンソル調和関数を含む Clebsch-Gordan 係数 $^n\mathbf{E}$ と $^n\mathbf{H}$ を導入する。$n=2$ の係数は

$$^2\mathbf{E}^{J(Mx)}_{J_1(M_1x_1),J_2(M_2x_2)} = \sqrt{V_3}\int_{S^3} d\Omega_3 Y^{ij*}_{J(Mx)} Y^k_{i\,J_1(M_1x_1)} Y_{jkJ_2(M_2x_2)},$$

$$^2\mathbf{H}^{J(Mx)}_{J_1(M_1x_1);J_2(M_2y_2)} = \sqrt{V_3}\int_{S^3} d\Omega_3 Y^{ij*}_{J(Mx)} Y^k_{i\,J_1(M_1x_1)} \hat{\nabla}_{(j}Y_{k)J_2(M_2y_2)}$$

で定義される。$n=1$ の係数 $^1\mathbf{E}^{J(My)}_{J_1(M_1x_1),J_2(M_2x_2)}$ と $^1\mathbf{H}^{J(My)}_{J_1(M_1x_1);J_2(M_2y_2)}$ はこれらの式の最初の $Y^{ij}_{J(Mx)}$ を $\hat{\nabla}^{(i}Y^{j)}_{J(My)}$ に置き換えたものである。$n=4$ の係数は

$$^4\mathbf{E}^{J(Mw)}_{J_1(M_1x_1),J_2(M_2x_2)} = \sqrt{V_3}\int_{S^3} d\Omega_3 Y^{ijkl*}_{J(Mw)} Y_{ijJ_1(M_1x_1)} Y_{klJ_2(M_2x_2)},$$

$$^4\mathbf{H}^{J(Mw)}_{J_1(M_1x_1);J_2(M_2y_2)} = \sqrt{V_3}\int_{S^3} d\Omega_3 Y^{ijkl*}_{J(Mw)} Y_{ijJ_1(M_1x_1)} \hat{\nabla}_{(k}Y_{l)J_2(M_2y_2)}$$

である。$n=3$ の係数 $^3\mathbf{E}^{J(Mz)}_{J_1(M_1x_1),J_2(M_2x_2)}$ と $^3\mathbf{H}^{J(Mz)}_{J_1(M_1x_1);J_2(M_2y_2)}$ はこれらの式の最初の $Y^{ijkl}_{J(Mw)}$ を $\hat{\nabla}^{(i}Y^{jkl)}_{J(Mz)}$ に置き換えたものである。

$n=1$ のベクトル調和関数の脚を持つ構成要素は、$L(\geq 3)$ を整数として、

$$B^\dagger_{L-\frac{1}{2}(Ny)} = \sum_{K=1}^{L-1}\sum_{M_1,x_1}\sum_{M_2,x_2} x(L,K)\,^1\mathbf{E}^{L-\frac{1}{2}(Ny)}_{L-K(M_1x_1),K(M_2x_2)} c^\dagger_{L-K(M_1x_1)} c^\dagger_{K(M_2x_2)}$$

$$+ \sum_{K=1}^{L-\frac{3}{2}}\sum_{M_1,x_1}\sum_{M_2,y_2} w(L,K)\,^1\mathbf{H}^{L-\frac{1}{2}(Ny)}_{L-K-\frac{1}{2}(M_1x_1);K(M_2y_2)} c^\dagger_{L-K-\frac{1}{2}(M_1x_1)} e^\dagger_{K(M_2y_2)}$$

で与えられる。

3 階のテンソルの脚を持つものは、$L(\geq 3)$ を整数として、

$$D^\dagger_{L-\frac{1}{2}(Nz)} = \sum_{K=1}^{L-1}\sum_{M_1,x_1}\sum_{M_2,x_2} x(L,K)\,^3\mathbf{E}^{L-\frac{1}{2}(Nz)}_{L-K(M_1x_1),K(M_2x_2)} c^\dagger_{L-K(M_1x_1)} c^\dagger_{K(M_2x_2)}$$

$$+ \sum_{K=1}^{L-\frac{3}{2}}\sum_{M_1,x_1}\sum_{M_2,y_2} w(L,K)\,^3\mathbf{H}^{L-\frac{1}{2}(Nz)}_{L-K-\frac{1}{2}(M_1x_1);K(M_2y_2)} c^\dagger_{L-K-\frac{1}{2}(M_1x_1)} e^\dagger_{K(M_2y_2)}$$

で与えられる。

4階のテンソルの脚を持つものは, $L\,(\geq 3)$ を整数として,

$$E^\dagger_{L(Nw)} = \sum_{K=1}^{L-1} \sum_{M_1,x_1} \sum_{M_2,x_2} x(L,K)\,{}^4\mathbf{E}^{L(Nw)}_{L-K(M_1x_1),K(M_2x_2)} c^\dagger_{L-K(M_1x_1)} c^\dagger_{K(M_2x_2)},$$

$$\mathcal{E}^\dagger_{L-1(Nw)} = \sum_{K=1}^{L-1} \sum_{M_1,x_1} \sum_{M_2,x_2} x(L,K)\,{}^4\mathbf{E}^{L-1(Nw)}_{L-K(M_1x_1),K(M_2x_2)} c^\dagger_{L-K(M_1x_1)} c^\dagger_{K(M_2x_2)}$$

$$+ \sum_{K=1}^{L-2} \sum_{M_1,x_1} \sum_{M_2,x_2} y(L,K)\,{}^4\mathbf{E}^{L-1(Nw)}_{L-K-1(M_1x_1),K(M_2x_2)} d^\dagger_{L-K-1(M_1x_1)} c^\dagger_{K(M_2x_2)}$$

$$+ \sum_{K=1}^{L-\frac{3}{2}} \sum_{M_1,x_1} \sum_{M_2,y_2} w(L,K)\,{}^4\mathbf{H}^{L-1(Nw)}_{L-K-\frac{1}{2}(M_1x_1);K(M_2y_2)} c^\dagger_{L-K-\frac{1}{2}(M_1x_1)} e^\dagger_{K(M_2y_2)}$$

の2つで与えられる。

付録 C

S^3 上の有益な関数

C.1　S^3 上のテンソル調和関数

S^3 上の対称・横波・トレースレステンソル調和関数 (ST^2 tensor harmonics) を定義する[*1]。先ず, R^4 を表す 2 つの座標系を導入する。1 つは直交座標系で $x^{\bar\mu}$ ($\bar\mu = \bar 0, \bar 1, \bar 2, \bar 3$) と表す。もう 1 つは球座標系で $\hat x^\mu = (\hat x^0, \hat x^i)$ と表す。ここで, $i = 1, 2, 3$ 及び $\hat x^0 = r = (r^{\bar\mu} r_{\bar\mu})^{1/2}$ である。ここでは両者の脚を区別するために直交座標系の脚にバーを付けている。R^4 空間はそれぞれの座標系の計量を使って

$$ds^2_{R^4} = \delta_{\bar\mu\bar\nu} dx^{\bar\mu} dx^{\bar\nu} = dr^2 + r^2 \hat\gamma_{ij} d\hat x^i d\hat x^j$$

と表される。$\hat\gamma_{ij}$ は単位 S^3 の計量である。Euler 角を使って S^3 の座標を $\hat x^i = (\alpha, \beta, \gamma)$ と表すと, 2 つの座標系をつなぐ関係式は

$$x^{\bar 0} = r \cos\frac{\beta}{2} \cos\frac{1}{2}(\alpha+\gamma), \qquad x^{\bar 1} = r \sin\frac{\beta}{2} \sin\frac{1}{2}(\alpha-\gamma),$$
$$x^{\bar 2} = -r \sin\frac{\beta}{2} \cos\frac{1}{2}(\alpha-\gamma), \qquad x^{\bar 3} = -r \cos\frac{\beta}{2} \sin\frac{1}{2}(\alpha+\gamma)$$

で与えられる。

ST^2 テンソル調和関数　ST^2 テンソル調和関数を Clebsch-Gordan 係数と Wigner$D$ 関数を用いて定義する。一般的に, D 関数は座標の脚について対称トレースレスなテンソル $\tau_{\bar\mu_1 \cdots \bar\mu_n}$ を用いて

$$D^J_{mm'} = \frac{1}{r^{2J}} x^{\bar\mu_1} \cdots x^{\bar\mu_{2J}} (\tau_{\bar\mu_1 \cdots \bar\mu_{2J}})_{mm'}$$

と表すことができる。ここで, テンソル部分の複素共役は $(\tau_{\bar\mu_1 \cdots \bar\mu_n})^*_{mm'} = (-1)^{m-m'} (\tau_{\bar\mu_1 \cdots \bar\mu_n})_{-m-m'}$ と定義される。

S^3 の回転群 (isometry) である $SU(2) \times SU(2) (= SO(4))$ の (J, J) 表現に属するスカラー調和関数は Wigner$D$ 関数を用いて

$$Y_{JM} = \sqrt{\frac{2J+1}{\text{V}_3}} D^J_{mm'}$$

[*1] M. Rubin and C. Ordóñez, J. Math. Phys. 25 (1984) 2888 を参照。

と表すことができる。ここで, $M=(m,m')$ である. 符号因子 $\epsilon_M=(-1)^{m-m'}$ とクロネッカーデルタ $\delta_{M_1M_2}=\delta_{m_1m_2}\delta_{m'_1m'_2}$ を導入すると, その複素共役と規格化は

$$Y^*_{JM}=\epsilon_M Y_{J-M}, \qquad \int_{S^3}d\Omega_3\, Y^*_{J_1M_1}Y_{J_2M_2}=\delta_{J_1J_2}\delta_{M_1M_2}$$

で与えられる.

次に空間の脚をもつ調和関数を考える. はじめに R^4 の直交座標系を用いてそれらを表すことにする. 分極パラメータ $y=\pm 1/2$ を持つ $SU(2)\times SU(2)$ の $(J+y,J-y)$ 表現に属するベクトル調和関数は

$$Y^{\bar\mu}_{J(My)}=\frac{1}{\sqrt{2}}\frac{1}{r}\sum_{S,T}C^{J+ym}_{Js,\frac{1}{2}t}C^{J-ym'}_{Js',\frac{1}{2}t'}Y_{JS}(\tau^{\bar\mu})_{tt'}$$

と表される. 分極 $x=\pm 1$ を持つ $(J+x,J-x)$ 表現に属するテンソル調和関数は

$$Y^{\bar\mu\bar\nu}_{J(Mx)}=\frac{1}{2}\frac{1}{r^2}\sum_{S,T}C^{J+xm}_{Js,1t}C^{J-xm'}_{Js',1t'}Y_{JS}(\tau^{\bar\mu\bar\nu})_{tt'}$$

と表すことができる. ここで, $\tau_{\bar\mu}$ と $\tau_{\bar\mu\bar\nu}$ は D 関数の一般式で用いたもので, それぞれ $(\tau^{\bar\mu})^*_{mm'}(\tau_{\bar\mu})_{nn'}=2\delta_{MN}$ 及び $(\tau^{\bar\mu\bar\nu})^*_{mm'}(\tau_{\bar\mu\bar\nu})_{nn'}=4\delta_{MN}$ と規格化されている. 複素共役はそれぞれ

$$Y^{\bar\mu *}_{J(My)}=-\epsilon_M Y^{\bar\mu}_{J(-My)}, \qquad Y^{\bar\mu\bar\nu *}_{J(Mx)}=\epsilon_M Y^{\bar\mu\bar\nu}_{J(-Mx)}$$

で与えられ, 全体の係数は

$$\int_{S^3}d\Omega_3\, Y^{\bar\mu *}_{J_1(M_1y_1)}Y_{\bar\mu J_2(M_2y_2)}=\frac{1}{r^2}\delta_{J_1J_2}\delta_{M_1M_2}\delta_{y_1y_2},$$

$$\int_{S^3}d\Omega_3\, Y^{\bar\mu\bar\nu *}_{J_1(M_1x_1)}Y_{\bar\mu\bar\nu J_2(M_2x_2)}=\frac{1}{r^4}\delta_{J_1J_2}\delta_{M_1M_2}\delta_{x_1x_2}$$

と規格化されている. これらの調和関数は関係式

$$x_{\bar\mu}Y^{\bar\mu}_{J(My)}=x_{\bar\mu}Y^{\bar\mu\bar\nu}_{J(Mx)}=0 \qquad (\text{C-1})$$

を満たす.

極座標表示でのベクトル, テンソル調和関数は座標変換

$$Y_{\mu J(My)}=\frac{\partial x^{\bar\mu}}{\partial \hat x^\mu}Y_{\bar\mu J(My)}, \qquad Y_{\mu\nu J(Mx)}=\frac{\partial x^{\bar\mu}}{\partial \hat x^\mu}\frac{\partial x^{\bar\nu}}{\partial \hat x^\nu}Y_{\bar\mu\bar\nu J(Mx)}$$

を行うことで得られる. このとき関係式 (C-1) は, 球座標に変換した際, $r(=\hat x^0)$ 座標を含む成分が $0=x^{\bar\mu}Y_{\bar\mu}=x^{\bar\mu}(\partial\hat x^\mu/\partial x^{\bar\mu})Y_\mu=r(\partial\hat x^\mu/\partial r)Y_\mu=Y_r$ のように消えることを表している. すなわち, 極座標に変換すると

$$Y^r_{J(My)}=0, \qquad Y^{rr}_{J(Mx)}=Y^{ri}_{J(Mx)}=0$$

C.1 S^3 上のテンソル調和関数

となって, S^3 の座標成分のみが得られる。このことを用いると, たとえば

$$Y^{\bar{\mu}}Y_{\bar{\mu}} = \left(\frac{1}{r^2}\right)Y^i Y_i, \qquad Y^{\bar{\mu}\bar{\nu}}Y_{\bar{\mu}}Y_{\bar{\nu}} = \left(\frac{1}{r^4}\right)Y^{ij}Y_i Y_j$$

のように, 規格化の式や $SU(2) \times SU(2)$ Clebsch-Gordan 係数を計算する際に現れるスカラー量は, S^3 上の具体的な表示が分からなくても, R^4 座標での調和関数の表示を用いて計算することができる。

一般的に, 分極パラメータ $\varepsilon_n = \pm n/2$ を持つ $(J+\varepsilon_n, J-\varepsilon_n)$ 表現に属する n 階のテンソル調和関数は

$$Y^{\bar{\mu}_1\cdots\bar{\mu}_n}_{J(M\varepsilon_n)} \propto \sum_{S,T} C^{J+\varepsilon_n\,m}_{Js,\frac{n}{2}t} C^{J-\varepsilon_n\,m'}_{Js',\frac{n}{2}t'} Y_{JS}(\tau^{\bar{\mu}_1\cdots\bar{\mu}_n})_{tt'}$$

と表すことができ, その複素共役は $Y^{\bar{\mu}_1\cdots\bar{\mu}_n*}_{J(M\varepsilon_n)} = (-1)^n \epsilon_M Y^{\bar{\mu}_1\cdots\bar{\mu}_n}_{J(-M\varepsilon_n)}$ で与えられる。

最後に, 上記の処方で求めたベクトル調和関数の Euler 角による表示を記しておく。分極 $y=1/2$ の場合は

$$Y_{\alpha J(M\frac{1}{2})} = \frac{i}{2\sqrt{2}}\sqrt{\frac{(2J+2m+1)(2J-2m+1)}{(2J+1)V_3}}D^{J-\frac{1}{2}}_{mm'},$$

$$Y_{\beta J(M\frac{1}{2})} = \frac{1}{\sqrt{2}(2J+1)}\frac{1}{\sin\beta}\Bigg\{m\sqrt{\frac{(2J+2m'+1)(2J-2m'+1)}{(2J+1)V_3}}D^{J+\frac{1}{2}}_{mm'}$$

$$-m'\sqrt{\frac{(2J+2m+1)(2J-2m+1)}{(2J+1)V_3}}D^{J-\frac{1}{2}}_{mm'}\Bigg\},$$

$$Y_{\gamma J(M\frac{1}{2})} = \frac{i}{2\sqrt{2}}\sqrt{\frac{(2J+2m'+1)(2J-2m'+1)}{(2J+1)V_3}}D^{J+\frac{1}{2}}_{mm'}$$

と表され, 分極 $y=-1/2$ の場合は

$$Y_{\alpha J(M-\frac{1}{2})} = \frac{i}{2\sqrt{2}}\sqrt{\frac{(2J+2m+1)(2J-2m+1)}{(2J+1)V_3}}D^{J+\frac{1}{2}}_{mm'},$$

$$Y_{\beta J(M-\frac{1}{2})} = \frac{1}{\sqrt{2}(2J+1)}\frac{1}{\sin\beta}\Bigg\{m'\sqrt{\frac{(2J+2m+1)(2J-2m+1)}{(2J+1)V_3}}D^{J+\frac{1}{2}}_{mm'}$$

$$-m\sqrt{\frac{(2J+2m'+1)(2J-2m'+1)}{(2J+1)V_3}}D^{J-\frac{1}{2}}_{mm'}\Bigg\},$$

$$Y_{\gamma J(M-\frac{1}{2})} = \frac{i}{2\sqrt{2}}\sqrt{\frac{(2J+2m'+1)(2J-2m'+1)}{(2J+1)V_3}}D^{J-\frac{1}{2}}_{mm'}$$

と表される。

C.2 $SU(2) \times SU(2)$ Clebsch-Gordan 係数

$SU(2) \times SU(2)$ Clebsch-Gordan 係数は ST^2 テンソル調和関数の 3 つの積の S^3 上の積分で定義される。ここでは，本文中で定義されている $\mathbf{C}$ 以外の係数の一般式を記す[*2]。

係数 D

$$\mathbf{D}^{JM}_{J_1(M_1y_1),J_2(M_2y_2)} = \sqrt{V_3} \int_{S^3} d\Omega_3 \, Y^*_{JM} Y^i_{J_1(M_1y_1)} Y_{iJ_2(M_2y_2)}$$

$$= -\sqrt{\frac{2J_1(2J_1+1)(2J_1+2)2J_2(2J_2+1)(2J_2+2)}{2J+1}}$$

$$\times \begin{Bmatrix} J & J_1 & J_2 \\ \frac{1}{2} & J_2+y_2 & J_1+y_1 \end{Bmatrix} \begin{Bmatrix} J & J_1 & J_2 \\ \frac{1}{2} & J_2-y_2 & J_1-y_1 \end{Bmatrix}$$

$$\times C^{Jm}_{J_1+y_1m_1,J_2+y_2m_2} C^{Jm'}_{J_1-y_1m'_1,J_2-y_2m'_2} \tag{C-2}$$

は $M = M_1 + M_2$ と 3 角不等式 $|J_1 - J_2| \leq J \leq J_1 + J_2$ を満たす。ここで，$J+J_1+J_2$ は整数で，不等号の低い側 (高い側) の等式は $y_1 = y_2$ ($y_1 \neq y_2$) の場合に成り立つ。

係数 E

$$\mathbf{E}^{JM}_{J_1(M_1x_1),J_2(M_2x_2)} = \sqrt{V_3} \int_{S^3} d\Omega_3 \, Y^*_{JM} Y^{ij}_{J_1(M_1x_1)} Y_{ijJ_2(M_2x_2)}$$

$$= \sqrt{\frac{(2J_1-1)(2J_1+1)(2J_1+3)(2J_2-1)(2J_2+1)(2J_2+3)}{2J+1}}$$

$$\times \begin{Bmatrix} J & J_1 & J_2 \\ 1 & J_2+x_2 & J_1+x_1 \end{Bmatrix} \begin{Bmatrix} J & J_1 & J_2 \\ 1 & J_2-x_2 & J_1-x_1 \end{Bmatrix}$$

$$\times C^{Jm}_{J_1+x_1m_1,J_2+x_2m_2} C^{Jm'}_{J_1-x_1m'_1,J_2-x_2m'_2} \tag{C-3}$$

は $M = M_1 + M_2$ と 3 角不等式 $|J_1 - J_2| \leq J \leq J_1 + J_2$ を満たす。ここで，$J + J_1 + J_2$ は整数で，不等号の低い側 (高い側) の等式は $x_1 = x_2$ ($x_1 \neq x_2$) の場合に成り立つ。

係数 G

$$\mathbf{G}^{JM}_{J_1(M_1y_1);J_2M_2} = \sqrt{V_3} \int_{S^3} d\Omega_3 \, Y^*_{JM} Y^i_{J_1(M_1y_1)} \hat{\nabla}_i Y_{J_2M_2}$$

$$= -\frac{1}{2\sqrt{2}} \sqrt{\frac{2J_1(2J_1+1)(2J_1+2)(2J_2+1)}{2J+1}} \sum_{K=J_2\pm\frac{1}{2}} 2K(2K+1)$$

$$\times (2K+2) \begin{Bmatrix} J & J_1 & K \\ \frac{1}{2} & J_2 & J_1+\frac{1}{2} \end{Bmatrix} \begin{Bmatrix} J & J_1 & K \\ \frac{1}{2} & J_2 & J_1-\frac{1}{2} \end{Bmatrix}$$

[*2] 付録 F の K. Hamada and S. Horata, Prog. Theor. Phys. **110** (2003) 1169 を参照。

$$\times C^{Jm}_{J_1+y_1m_1,J_2m_2} C^{Jm'}_{J_1-y_1m'_1,J_2m'_2} \tag{C-4}$$

は $M = M_1 + M_2$ と 3 角不等式 $|J_1 - J_2| + \frac{1}{2} \leq J \leq J_1 + J_2 - \frac{1}{2}$ を満たす。ここで，$J + J_1 + J_2$ は半整数である。

係数 H

$$\mathbf{H}^{JM}_{J_1(M_1x_1);J_2(M_2y_2)} = \sqrt{V_3} \int_{S^3} d\Omega_3 \, Y^*_{JM} Y^{ij}_{J_1(M_1x_1)} \hat{\nabla}_i Y_{jJ_2(M_2y_2)}$$

$$= -\frac{3}{2\sqrt{2}} \sqrt{\frac{(2J_1-1)(2J_1+1)(2J_1+3)2J_2(2J_2+1)(2J_2+2)}{2J+1}}$$

$$\times \sum_{K=J_2 \pm \frac{1}{2}} 2K(2K+1)(2K+2)$$

$$\times \begin{Bmatrix} K & 1 & J_2+y_2 \\ \frac{1}{2} & J_2 & \frac{1}{2} \end{Bmatrix} \begin{Bmatrix} K & 1 & J_2-y_2 \\ \frac{1}{2} & J_2 & \frac{1}{2} \end{Bmatrix}$$

$$\times \begin{Bmatrix} J & J_1+x_1 & J_2+y_2 \\ 1 & K & J_1 \end{Bmatrix} \begin{Bmatrix} J & J_1-x_1 & J_2-y_2 \\ 1 & K & J_1 \end{Bmatrix}$$

$$\times C^{Jm}_{J_1+x_1m_1,J_2+y_2m_2} C^{Jm'}_{J_1-x_1m'_1,J_2-y_2m'_2} \tag{C-5}$$

は $M = M_1 + M_2$ と 3 角不等式 $|J_1 - J_2| + \frac{1}{2} \leq J \leq J_1 + J_2 - \frac{1}{2}$ を満たす。ここで，$J + J_1 + J_2$ は半整数で，不等号の低い側 (高い側) の等式は $x_1 = 2y_2$ ($x_1 \neq 2y_2$) で成り立つ。

C.3 S^3 上の調和関数の積の公式

$J = 1/2$ のスカラー調和関数を含む積の公式として，

$$Y^*_{\frac{1}{2}M} Y_{JN} = \frac{1}{\sqrt{V_3}} \left\{ \sum_S \mathbf{C}^{\frac{1}{2}M}_{JN,J+\frac{1}{2}S} Y^*_{J+\frac{1}{2}S} + \sum_S \mathbf{C}^{\frac{1}{2}M}_{JN,J-\frac{1}{2}S} Y^*_{J-\frac{1}{2}S} \right\},$$

$$\hat{\nabla}^i Y^*_{\frac{1}{2}M} \hat{\nabla}_i Y_{JN} = \frac{1}{\sqrt{V_3}} \left\{ -2J \sum_S \mathbf{C}^{\frac{1}{2}M}_{JN,J+\frac{1}{2}S} Y^*_{J+\frac{1}{2}S} \right.$$

$$\left. + (2J+2) \sum_S \mathbf{C}^{\frac{1}{2}M}_{JN,J-\frac{1}{2}S} Y^*_{J-\frac{1}{2}S} \right\} \tag{C-6}$$

や

$$Y^*_{\frac{1}{2}M} Y^j_{J(Ny)} = \frac{1}{\sqrt{V_3}} \left\{ \sum_{V,y'} \mathbf{D}^{\frac{1}{2}M}_{J(Ny),J+\frac{1}{2}(Vy')} Y^{j*}_{J+\frac{1}{2}(Vy')} \right.$$

$$\left. + \sum_{V,y'} \mathbf{D}^{\frac{1}{2}M}_{J(Ny),J-\frac{1}{2}(Vy')} Y^{j*}_{J-\frac{1}{2}(Vy')} \right.$$

$$\left. + \frac{1}{2J(2J+2)} \sum_S \mathbf{G}_{J(Ny);JS}^{\frac{1}{2}M} \hat{\nabla}^j Y_{JS}^* \right\},$$

$$\hat{\nabla}^i Y_{\frac{1}{2}M}^* \hat{\nabla}_i Y_{J(Ny)}^j = \frac{1}{\sqrt{V_3}} \left\{ -2J \sum_{V,y'} \mathbf{D}_{J(Ny),J+\frac{1}{2}(Vy')}^{\frac{1}{2}M} Y_{J+\frac{1}{2}(Vy')}^{j*} \right.$$

$$+ (2J+2) \sum_{V,y'} \mathbf{D}_{J(Ny),J-\frac{1}{2}(Vy')}^{\frac{1}{2}M} Y_{J-\frac{1}{2}(Vy')}^{j*}$$

$$\left. + \frac{2}{2J(2J+2)} \sum_S \mathbf{G}_{J(Ny);JS}^{\frac{1}{2}M} \hat{\nabla}^j Y_{JS}^* \right\} \quad \text{(C-7)}$$

などが有用である。テンソル調和関数との積についても $\mathbf{E}$ や $\mathbf{H}$ 係数を用いて同様に書ける。

C.4 Clebsch-Gordan 係数及び Wigner$D$ 関数を含む公式

通常の Clebsch-Gordan 係数 $C_{a\alpha,b\beta}^{c\gamma}$ は3角不等式 $|a-b| \leq c \leq a+b$ と条件 $\alpha + \beta = \gamma$ を満たすときに値を持つ。ここで, a, b, c は非負の整数又は半整数で, $a+b+c, a+\alpha, b+\beta, c+\gamma$ は非負の整数になる。この係数は $C_{a\alpha,00}^{a\alpha} = C_{aa,bb}^{a+b\,a+b} = 1$ と規格化され, 関係式

$$C_{a\alpha,b\beta}^{c\gamma} = (-1)^{a+b-c} C_{a-\alpha,b-\beta}^{c-\gamma} = (-1)^{a+b-c} C_{b\beta,a\alpha}^{c\gamma}$$
$$= (-1)^{b+\beta} \sqrt{\frac{2c+1}{2a+1}} C_{c-\gamma,b\beta}^{a-\alpha}$$

を満たす[*3]。

Clebsch-Gordan 係数及び $6j$ 記号を含む公式として

$$\sum_{\alpha,\beta} C_{a\alpha,b\beta}^{c\gamma} C_{a\alpha,b\beta}^{c'\gamma'} = \delta_{cc'}\delta_{\gamma\gamma'},$$

$$\sum_{\alpha,\beta,\delta} (-1)^{a-\alpha} C_{b\beta,a\alpha}^{c\gamma} C_{b\beta,d\delta}^{e\epsilon} C_{d\delta,a-\alpha}^{f\varphi} = (-1)^{a+b+e+f} \sqrt{(2c+1)(2f+1)}$$
$$\times C_{c\gamma,f\varphi}^{e\epsilon} \left\{ \begin{array}{ccc} a & b & c \\ e & f & d \end{array} \right\},$$

$$\sum_{\psi,\kappa,\rho,\sigma,\tau} (-1)^{\psi+\kappa+\rho+\sigma+\tau} C_{p\psi,q\kappa}^{a\alpha} C_{q\kappa,r\rho}^{b\beta} C_{r\rho,s\sigma}^{c\gamma} C_{s\sigma,t\tau}^{d\delta} C_{t\tau,p-\psi}^{e\varepsilon}$$
$$= (-1)^{-a-b-2c-2p-2r-t+\alpha+\delta} \sqrt{(2a+1)(2d+1)} \sum_{x,y} \sum_{\xi,\eta} (-1)^{\xi+\eta}(2x+1)(2y+1)$$

[*3] 以下の公式は文献 D. Varshalovich, A. Moskalev and V. Khersonskii, *Quantum Theory of Angular Momentum* (World Scientific, Singapore, 1988) を参照。

C.4 Clebsch-Gordan 係数及び Wigner D 関数を含む公式

$$\times C^{b\beta}_{a\alpha,x\xi} C^{e\varepsilon}_{x\xi,y\eta} C^{c-\gamma}_{y\eta,d-\delta} \begin{Bmatrix} a & b & x \\ r & p & q \end{Bmatrix} \begin{Bmatrix} x & e & y \\ t & r & p \end{Bmatrix} \begin{Bmatrix} y & c & d \\ s & t & r \end{Bmatrix},$$

$$\sum_x (-1)^{p+q+x}(2x+1) \begin{Bmatrix} a & b & x \\ c & d & p \end{Bmatrix} \begin{Bmatrix} a & b & x \\ d & c & q \end{Bmatrix} = \begin{Bmatrix} a & c & q \\ b & d & p \end{Bmatrix}$$

などがある。

Wigner D 関数を含む公式には

$$D^{J*}_{mm'} = (-1)^{m-m'} D^J_{-m-m'},$$

$$\sum_{m'=-J}^{J} D^{J*}_{m_1 m'} D^J_{m_2 m'} = \delta_{m_1 m_2},$$

$$\int_{S^3} d\Omega_3\, D^{J_1*}_{m_1 m'_1} D^{J_2}_{m_2 m'_2} = \frac{V_3}{2J_1+1} \delta_{J_1 J_2} \delta_{m_1 m_2} \delta_{m'_1 m'_2},$$

$$D^{J_1}_{m_1 m'_1} D^{J_2}_{m_2 m'_2} = \sum_{J=|J_1-J_2|}^{J_1+J_2} \sum_{m,m'} C^{Jm}_{J_1 m_1, J_2 m_2} C^{Jm'}_{J_1 m'_1, J_2 m'_2} D^J_{mm'},$$

$$\Box_3 D^J_{mm'} = 4\left\{ \partial_\beta^2 + \cot\beta\, \partial_\beta + \frac{1}{\sin^2\beta}\left(\partial_\alpha^2 - 2\cos\beta\, \partial_\alpha \partial_\gamma + \partial_\gamma^2 \right) \right\} D^J_{mm'}$$

$$= -4J(J+1) D^J_{mm'},$$

$$\sum_{m_1,m'_1} \sum_{m_2,m'_2} C^{Jm}_{J_1 m_1, J_2 m_2} C^{J'm'}_{J_1 m'_1, J_2 m'_2} D^{J_1}_{m_1 m'_1} D^{J_2}_{m_2 m'_2} = \delta_{JJ'} \{J_1 J_2 J\} D^J_{mm'},$$

$$\sum_{m_1,m'_1} \sum_{m_2,m'_2} \sum_{m_3,m'_3} C^{Jm}_{Kn, J_3 m_3} C^{Kn}_{J_1 m_1, J_2 m_2} C^{J'm'}_{K'n', J_3 m'_3} C^{K'n'}_{J_1 m'_1, J_2 m'_2}$$

$$\times D^{J_1}_{m_1 m'_1} D^{J_2}_{m_2 m'_2} D^{J_3}_{m_3 m'_3} = \delta_{JJ'} \delta_{KK'} \{J_1 J_2 K\} \{K J_3 J\} D^J_{mm'}$$

などがある。ここで、D 関数はすべて同一点の $D^J_{mm'}(\alpha,\beta,\gamma)$ である。$\{J_1 J_2 J_3\}$ は $J_1 + J_2 + J_3$ が整数で $|J_1 - J_2| \leq J_3 \leq J_1 + J_2$ を満たすときは 1、それ以外は消える量である。また、$\{J_1 J_2 J_3\}$ は J_1, J_2, J_3 を並べ替えても値は変わらない。

$J = 1/2$ と $J = 1$ の Wigner D 関数の具体形は Euler 角を用いて

$$D^{\frac{1}{2}}_{mm'} = \begin{pmatrix} \cos\frac{\beta}{2} e^{-\frac{i}{2}(\alpha+\gamma)} & -\sin\frac{\beta}{2} e^{-\frac{i}{2}(\alpha-\gamma)} \\ \sin\frac{\beta}{2} e^{\frac{i}{2}(\alpha-\gamma)} & \cos\frac{\beta}{2} e^{\frac{i}{2}(\alpha+\gamma)} \end{pmatrix},$$

$$D^1_{mm'} = \begin{pmatrix} \frac{1+\cos\beta}{2} e^{-i(\alpha+\gamma)} & -\frac{\sin\beta}{\sqrt{2}} e^{-i\alpha} & \frac{1-\cos\beta}{2} e^{-i(\alpha-\gamma)} \\ \frac{\sin\beta}{\sqrt{2}} e^{-i\gamma} & \cos\beta & -\frac{\sin\beta}{\sqrt{2}} e^{i\gamma} \\ \frac{1-\cos\beta}{2} e^{i(\alpha-\gamma)} & \frac{\sin\beta}{\sqrt{2}} e^{i\alpha} & \frac{1+\cos\beta}{2} e^{i(\alpha+\gamma)} \end{pmatrix}$$

と表される。

付録 D

くり込み理論の補足

D.1 次元正則化のための公式

くり込み計算は, 予め Euclid 空間へ Wick 回転して行う. その際, 時空の脚はすべて下付きで書き, 同じ脚は Euclid 計量 $\delta_{\mu\nu}$ で縮約するものとする.

D 次元 Euclid 運動量空間の積分は

$$\int d^D p = \int p^{D-1} dp \int d\Omega_D, \quad (p^2 = p_\mu p_\mu)$$

$$\int d\Omega_D = \int \prod_{l=1}^{D-1} \sin^{D-1-l} \theta_l d\theta_l = \frac{2\pi^{D/2}}{\Gamma\left(\frac{D}{2}\right)}$$

で与えられる.

基本積分公式 次元正則化に出てくる運動量積分の基本形は p^2 の関数を被積分関数にもつ

$$\int \frac{d^D p}{(2\pi)^D} \frac{p^{2n}}{(p^2+L)^\alpha} = \frac{\Gamma\left(n+\frac{D}{2}\right)\Gamma\left(\alpha-n-\frac{D}{2}\right)}{(4\pi)^{D/2}\Gamma\left(\frac{D}{2}\right)\Gamma(\alpha)} L^{\frac{D}{2}+n-\alpha}$$

である. 被積分関数が p_μ を含む場合は

$$\int \frac{d^D p}{(2\pi)^D} p_\mu p_\nu f(p^2) = \frac{1}{D} \delta_{\mu\nu} \int \frac{d^D p}{(2\pi)^D} p^2 f(p^2),$$

$$\int \frac{d^D p}{(2\pi)^D} p_\mu p_\nu p_\lambda p_\sigma f(p^2) = \frac{1}{D(D+2)} (\delta_{\mu\nu}\delta_{\lambda\sigma} + \delta_{\mu\lambda}\delta_{\nu\sigma} + \delta_{\mu\sigma}\delta_{\nu\lambda})$$
$$\times \int \frac{d^D p}{(2\pi)^D} p^4 f(p^2)$$

を使うと基本形の積分で表すことができる. 被積分関数が運動量 p_μ の奇数次の場合はゼロである. このことを用いると, 一般的に

$$\int \frac{d^D p}{(2\pi)^D} \frac{(p^2)^n (p \cdot l)^{2m}}{(p^2+L)^\alpha}$$
$$= (l^2)^m \frac{\Gamma\left(m+\frac{1}{2}\right)\Gamma\left(n+m+\frac{D}{2}\right)\Gamma\left(\alpha-n-m-\frac{D}{2}\right)}{(4\pi)^{D/2}\Gamma\left(\frac{1}{2}\right)\Gamma\left(m+\frac{D}{2}\right)\Gamma(\alpha)} L^{\frac{D}{2}+n+m-\alpha}$$

が得られる.

Feynman パラメータ公式　自己エネルギーや頂点関数のくり込み計算を行う際に現れるより複雑な積分は、Feynmann パラメータ公式

$$\frac{1}{A^\alpha B^\beta} = \frac{\Gamma(\alpha+\beta)}{\Gamma(\alpha)\Gamma(\beta)} \int_0^1 dx \frac{(1-x)^{\alpha-1} x^{\beta-1}}{[(1-x)A + xB]^{\alpha+\beta}}$$

を使って、運動量積分に基本形が使えるような形に変形する。

例えば、自己エネルギーのくりこみ計算に現れる $A = p^2 + z^2$ と $B = (p+q)^2 + z^2$ の組み合わせの場合を考える。ここで、z^2 は質量項に当たる。このとき、

$$\int \frac{d^D p}{(2\pi)^D} \frac{f(p_\mu, q_\nu)}{(p^2+z^2)^\alpha ((p+q)^2+z^2)^\beta}$$
$$= \frac{\Gamma(\alpha+\beta)}{\Gamma(\alpha)\Gamma(\beta)} \int_0^1 dx\, (1-x)^{\alpha-1} x^{\beta-1} \int \frac{d^D p'}{(2\pi)^D} \frac{f(p'_\mu - xq_\mu, q_\nu)}{[p'^2 + z^2 + x(1-x)q^2]^{\alpha+\beta}}$$

を得る。頂点関数のくりこみ計算ではこの作業をくりかえす。

発散の評価　次元正則化では $D = 4 - 2\epsilon$ として、紫外発散は ϵ の極として抜き出される。その際に、

$$\Gamma(\epsilon) = \frac{1}{\epsilon} - \gamma + \frac{\epsilon}{2}\left(\gamma^2 + \frac{\pi^2}{6}\right) + o(\epsilon^2),$$
$$a^\epsilon = e^{\epsilon \ln a} = 1 + \epsilon \ln a + o(\epsilon^2)$$

などを使う。ここで、a として p^2 や赤外発散を取り除くための無限小の z^2 などが対応する。

ガンマ行列の公式　D 次元平坦 Euclid 空間でのガンマ行列を

$$\{\gamma_\mu, \gamma_\nu\} = -2\delta_{\mu\nu}, \qquad tr(I) = 4$$

と定義する。次元正則化で使われるガンマ行列の公式として、

$$\gamma_\lambda \gamma_\lambda = -D, \qquad \gamma_\lambda \gamma_\mu \gamma_\lambda = (D-2)\gamma_\mu,$$
$$\gamma_\lambda \gamma_\mu \gamma_\nu \gamma_\lambda = -(D-4)\gamma_\mu \gamma_\nu + 4\delta_{\mu\nu},$$
$$\gamma_\mu \gamma_{\nu\lambda} = \gamma_{\mu\nu\lambda} - \delta_{\mu\nu}\gamma_\lambda + \delta_{\mu\lambda}\gamma_\nu,$$
$$\gamma_{\nu\lambda}\gamma_\mu = \gamma_{\nu\lambda\mu} + \delta_{\mu\nu}\gamma_\lambda - \delta_{\mu\lambda}\gamma_\nu,$$
$$\gamma_\mu \gamma_{\nu\lambda\sigma} = \gamma_{\mu\nu\lambda\sigma} - \delta_{\mu\nu}\gamma_{\lambda\sigma} + \delta_{\mu\lambda}\gamma_{\nu\sigma} - \delta_{\mu\sigma}\gamma_{\nu\lambda},$$
$$\gamma_{\nu\lambda\sigma}\gamma_\mu = \gamma_{\nu\lambda\sigma\mu} - \delta_{\mu\nu}\gamma_{\lambda\sigma} + \delta_{\mu\lambda}\gamma_{\nu\sigma} - \delta_{\mu\sigma}\gamma_{\nu\lambda}$$

などがある。ここで、ガンマ行列の完全反対称積は $\gamma_{\mu\nu} = [\gamma_\mu, \gamma_\nu]/2$, $\gamma_{\mu\nu\lambda} = (\gamma_\mu \gamma_\nu \gamma_\lambda + \text{anti-symmetric})/3!$, $\gamma_{\mu\nu\lambda\sigma} = (\gamma_\mu \gamma_\nu \gamma_\lambda \gamma_\sigma + \text{anti-symmetric})/4!$ と定義する。

D.2 QED のくり込み計算の例

ここでは $U(1)$ ゲージ場の 1 ループ自己エネルギー関数を例にくり込み計算の簡便な処方箋を記す。Legendre 変換を用いたより厳密な説明は場の理論の教科書に譲る。また，ループ計算は Euclid 空間で行う。その利点の 1 つは煩雑な虚数単位が現れないため，符号や係数に注意すればよく，積分もすぐに実行できることである。分配関数は $Z = \int e^{-S_{\text{QED}}}$ と表され，その有効作用 $\Gamma = -\log Z$ は簡単に

$$\Gamma = -e^{-S_{\text{int}}}\Big|_{\text{1PI}} = -\sum_{n=0}^{\infty} \frac{1}{n!} \left(-S_{\text{int}}\right)^n \Big|_{\text{1PI}}$$

と表される。ここで，S_{int} は相殺項も含む相互作用項で，1PI は 1 粒子既約 (one particle irreducible) な図について可能なすべての Wick 縮約を取ること，すなわち伝播関数で連結することを表していて，分配関数の対数を取ることに対応している。1PI の繋がり方は Feynman 図で表されるが，Feynman 規則は人によって異なるのでここでは導入しない。また，対称因子なども可能なすべての Wick 縮約を取れば含まれるので気にしなくてよい。

図 D-1 $U(1)$ ゲージ場の 1 ループと 2 ループの自己エネルギー補正図。

はじめに QED 作用 S_{QED} を運動量表示で書く。場の Fourier 変換を $f(x) = \int [dk] f(k) e^{ik\cdot x}$, $[dk] = d^D k/(2\pi)^D$ と定義すると，運動項は

$$S_{\text{kin}}^A = \int [dk] \frac{1}{2} A_\mu(k) \left(k^2 \delta_{\mu\nu} - k_\mu k_\nu\right) A_\nu(-k),$$
$$S_{\text{kin}}^\psi = \int [dk] \bar{\psi}(k) \slashed{k} \psi(-k)$$

で与えられる。ここで，$\slashed{k} = \gamma_\mu k_\mu$ である。相互作用項は

$$S_{\text{v}} = -\mu^{2-\frac{D}{2}} e \int [dk dl dp] \bar{\delta}(k+l+p) \bar{\psi}(k) \gamma_\mu \psi(l) A_\mu(p)$$

となる。ここで，$\bar{\delta}(k) = (2\pi)^D \delta^D(k)$ である。さらに $S_{\text{kin}}^c = (Z_3 - 1) S_{\text{kin}}^A + (Z_2 - 1) S_{\text{kin}}^\psi$ と $S_{\text{v}}^c = (Z_1 - 1) S_{\text{v}}$ の相殺項が S_{int} に加わる。

運動項より，ゲージ固定項を考慮して，伝播関数は

$$\langle A_\mu(k) A_\nu(k') \rangle = \frac{1}{k^2} \left(\delta_{\mu\nu} - (1-\xi)\frac{k_\mu k_\nu}{k^2}\right) \bar{\delta}(k+k'),$$
$$\langle \psi(k) \bar{\psi}(k') \rangle = -\frac{1}{\slashed{k}} \bar{\delta}(k+k') = \frac{\slashed{k}}{k^2} \bar{\delta}(k+k')$$

で与えられる。ここでは係数を間違えないようにデルタ関数を残して考える。

自己エネルギー図 D-1 の 1 ループ有効作用は，ゲージ場を 2 つだけ残してその他をすべて Wick 縮約すると，

$$\begin{aligned}\Gamma^{(1)} &= -\frac{1}{2!}\left(-S_{\mathrm{v}}\right)^2\Big|_{1\mathrm{PI}} \\ &= -\frac{1}{2!}\mu^{4-D}e^2\int[dk'dl'dp'][dkdldp]\bar{\delta}(k'+l'+p')\bar{\delta}(k+l+p) \\ &\quad \times(-1)tr\left[\langle\psi(l)\bar{\psi}(k')\rangle\gamma_\mu\langle\psi(l')\bar{\psi}(k)\rangle\gamma_\nu\right]A_\mu(p')A_\nu(p)\end{aligned}$$

と求まる。この例では Wick 縮約は 1 通りしかないので全体の因子は $1/2!$ のままである。$(-1)tr$ は $\psi(l)$ を右端から移動させたことにより生じるループ因子である。フェルミオンの伝播関数を導入すると

$$\Gamma^{(1)} = \frac{\mu^{4-D}e^2}{2!}\int[dp]A_\mu(-p)A_\nu(p)\int[dl]\frac{l_\lambda(l+p)_\sigma}{l^2(l+p)^2}tr[\gamma_\lambda\gamma_\mu\gamma_\sigma\gamma_\nu]$$

を得る。有効作用を

$$\Gamma(A) = \int[dp]\frac{1}{2}A_\mu(-p)A_\nu(p)\Gamma_{\mu\nu}(p)$$

と書くと[*1]，1 ループの寄与は，$D = 4 - 2\epsilon$ として ϵ で展開すると，

$$\begin{aligned}\Gamma^{(1)}_{\mu\nu}(p) &= \frac{8e^2}{(4\pi)^{\frac{D}{2}}}\Gamma\left(2-\frac{D}{2}\right)B\left(\frac{D}{2},\frac{D}{2}\right)(p^2\delta_{\mu\nu}-p_\mu p_\nu)\left(\frac{p^2}{\mu^2}\right)^{\frac{D}{2}-2} \\ &\stackrel{\epsilon\to 0}{=} \frac{\alpha}{4\pi}\left\{\frac{4}{3}\frac{1}{\bar{\epsilon}}-\frac{4}{3}\log\left(\frac{p^2}{\mu^2}\right)+\frac{20}{9}\right\}(p^2\delta_{\mu\nu}-p_\mu p_\nu)\end{aligned}$$

と求まる。ここで，$1/\bar{\epsilon} = 1/\epsilon - \gamma + \log 4\pi$ である。これより紫外発散を相殺するためにはくり込み因子を $Z_3 = 1 - (\alpha/4\pi)(4/3\epsilon)$ とすれば良いことが分かる。

図 D-1 の中の 2 ループ図からの寄与は $-S_{\mathrm{v}}^4/4!$ で与えられる。それに加えて 1 ループの相殺項を含む $(S_{\mathrm{v}} + S_{\mathrm{kin}}^c)^3/3!$ と $-(S_{\mathrm{v}} + S_{\mathrm{v}}^c)^2/2!$ からの寄与がある。ここでは相殺項を含む図は割愛している。それらの寄与を足して得られた結果だけを書くと

$$\Gamma^{(2)}_{\mu\nu}(p) = \frac{\alpha^2}{(4\pi)^2}\left\{\frac{2}{\bar{\epsilon}}-4\log\left(\frac{p^2}{\mu^2}\right)+\mathrm{const.}\right\}(p^2\delta_{\mu\nu}-p_\mu p_\nu)$$

[*1] ゲージ場の 2 点相関関数は

$$\begin{aligned}\langle A_\mu(p)A_\nu(q)\rangle &= A_\mu(p)A_\nu(q)e^{-S_{\mathrm{int}}}|_{\mathrm{Wick}\;縮約} \\ &= A_\mu(p)A_\nu(q)\left[-\Gamma(A)\right]|_{\mathrm{Wick}\;縮約} = \bar{\delta}(p+q)\frac{\delta_{\mu\lambda}}{p^2}\frac{\delta_{\nu\sigma}}{q^2}\left[-\Gamma_{\lambda\sigma}(p)\right]\end{aligned}$$

で与えられる。このように，$-\Gamma_{\mu\nu}(p)$ は外線を取り除いた相関関数 (amputated Green's function) に相当する。多点関数の場合も同様である。

となる[*2]。このとき2重極が消えることに注意する。これより $o(\alpha^2)$ までのくり込み因子は

$$Z_3 = 1 - \frac{4}{3}\frac{\alpha}{4\pi}\frac{1}{\epsilon} - 2\frac{\alpha^2}{(4\pi)^2}\frac{1}{\epsilon}$$

と決まる。くり込まれた有効作用は

$$\Gamma^{\text{ren}}_{\mu\nu}(p) = \left(p^2\delta_{\mu\nu} - p_\mu p_\nu\right)\left\{1 - \left[\frac{4}{3}\frac{\alpha}{4\pi} + 4\frac{\alpha^2}{(4\pi)^2}\right]\log\left(\frac{p^2}{\mu^2}\right)\right\}$$

で与えられる。ここで,第1項は S^A_{kin} からの寄与で,α に依存した局所項は無視している。

D.3　スカラー場の複合演算子のくり込み

ここでは,$\lambda\varphi^4$ 理論を例に,複合場のくり込みについて次元正則化を用いて解説する[*3]。その Euclid 作用は

$$S = \int d^D x \left(\frac{1}{2}\partial_\mu\varphi_0\partial_\mu\varphi_0 + \frac{1}{2}m_0^2\varphi_0^2 + \frac{\lambda_0}{4!}\varphi_0^4\right)$$

で与えられる。通常のくり込み因子は

$$\varphi_0 = Z_\varphi^{1/2}\varphi, \qquad m_0^2 = Z_m m^2, \qquad \lambda_0 = \mu^{4-D}Z_\lambda\lambda \tag{D-1}$$

で定義される。μ は不足した次元を補うための任意の質量スケールである。ベータ関数や質量の異常次元は

$$\beta_\lambda \equiv \mu\frac{d\lambda}{d\mu} = (D-4)\lambda + \bar{\beta}_\lambda, \qquad \gamma_m \equiv -\frac{\mu}{m^2}\frac{dm^2}{d\mu}$$

と定義される。ここで,$\bar{\beta}_\lambda$ と γ_m は λ だけの関数である。

裸の量は任意のスケール μ に依らないことに注意して,$\mu d/d\mu$ を定義式 (D-1) に作用させると,これらの量は $\bar{\beta}_\lambda = -\lambda\mu d(\log Z_\lambda)/d\mu$ や $\gamma_m = \mu d(\log Z_m)/d\mu$ のようにくり込み因子を用いて表すことが出来る[*4]。また,場の異常次元は $\gamma = \mu d(\log Z_\varphi^{1/2})/d\mu$ で定義され,このときくり込まれた場 φ は,$\mu d\varphi_0/d\mu = 0$ より,$\mu d\varphi/d\mu = -\gamma\varphi$ を満たす[*5]。それぞれの値は

$$\bar{\beta}_\lambda = 3\frac{\lambda^2}{(4\pi)^2} - \frac{17}{3}\frac{\lambda^3}{(4\pi)^4} + o(\lambda^4),$$

[*2] 詳細は C. Itzykson and J. Zuber, *Quantum Field Theory* (McGraw-Hill Inc, 1980), Chap.8-4-4 を参照

[*3] L. Brown, Ann. Phys. 126 (1980) 135 を参照

[*4] くり込み因子を $\log Z_\lambda = \sum_{n=1}^\infty f_n(\lambda)/(D-4)^n$ と展開すると,$\bar{\beta}_\lambda = -\lambda^2 \partial f_1/\partial\lambda$ と $\lambda\partial f_{n+1}/\partial\lambda + \bar{\beta}_\lambda\partial f_n/\partial\lambda = 0$ を得る。

[*5] 場の演算子 φ の次元は正準次元を加えて $\Delta_\varphi = (D-2)/2 + \gamma$ で与えられる。相関関数の異常次元による振る舞いは各場ごとに $(p^2/\mu^2)^{\gamma/2}$ のようになる。

$$\gamma = \frac{1}{12}\frac{\lambda^2}{(4\pi)^4} + o(\lambda^3), \qquad \gamma_m = -\frac{\lambda}{(4\pi)^2} + \frac{5}{6}\frac{\lambda^2}{(4\pi)^4} + o(\lambda^3),$$

と計算されている。ここで注意すべき点として, $\bar{\beta}_\lambda, \gamma_m, \gamma$ は λ だけの有限な関数なのに対して, β_λ は $D-4$ 依存性をもつため, その逆数 $1/\beta_\lambda$ は結合定数で展開すると極をもつ (展開式 (D-5) を参照)。

くり込まれた場 φ の N 点相関関数は経路積分を用いて

$$\left\langle \prod_{j=1}^{N}\varphi(x_j)\right\rangle = Z_\varphi^{-\frac{N}{2}} \int d\varphi_0 \prod_{j=1}^{N}\varphi_0(x_j)\,e^{-S} \tag{D-2}$$

と定義される。

正規積 $[\varphi^2]$ はじめに, 場の自乗の正規積 $[\varphi^2]$ の異常次元を考える。この有限な演算子は裸の場の自乗と

$$\varphi_0^2 = Z_2[\varphi^2] \tag{D-3}$$

の関係で結ばれる。Z_2 は新たなくり込み因子で, これが分かれば $[\varphi^2]$ の異常次元を

$$\delta = \mu\frac{d}{d\mu}\log Z_2$$

と計算することができる。このとき複合場は微分方程式 $\mu d[\varphi^2]/d\mu = -\delta[\varphi^2]$ を満たす。

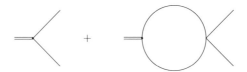

図 D-2 $[\varphi^2]$ を含む 3 点関数の量子補正。

定数 Z_2 は $[\varphi^2]$ が有限な演算子であるという条件から決めることが出来る。例えば, それを含む相関関数が有限であるという条件式

$$\langle[\varphi^2]\varphi\varphi\rangle = \text{finite}$$

を考えて, 左辺の量が有限になるように Z_2 を決めることが出来る。具体的には, 定義式 (D-3) と (D-1) を使って $[\varphi^2]$ を φ の積で表すと, 運動量空間では

$$[\varphi^2(k)] = Z_2^{-1}Z_\varphi \int \frac{d^D l}{(2\pi)^D}\varphi(l)\varphi(k-l)$$

D.3 スカラー場の複合演算子のくり込み

と書けることから相関関数 $\langle [\varphi^2(k)]\varphi(p)\varphi(q)\rangle$ は

$$Z_2^{-1}Z_\varphi \int \frac{d^D l}{(2\pi)^D} \langle \varphi(l)\varphi(k-l)\varphi(p)\varphi(q)\rangle$$
$$= (2\pi)^D \delta^D(k+p+q)\frac{2}{(p^2+m^2)(q^2+m^2)}Z_2^{-1}Z_\varphi\left\{1+\frac{\lambda}{(4\pi)^2}\frac{1}{D-4}\right\}$$

と計算される。右辺の4点相関は図 D-2 から計算される。2重線は複合場を表す。紫外発散の極を打ち消して有限になるように, $Z_\varphi = 1 + o(\lambda^2)$ に注意して, くり込み因子 Z_2 を決めると

$$Z_2 = 1 + \frac{\lambda}{(4\pi)^2}\frac{1}{D-4} + o(\lambda^2)$$

を得る。このように次数ごとに Z_2 を求めることが出来る。

一方, $\lambda\varphi^4$ 理論の場合は, このような計算をしなくても以下のように Z_2 を決めることが出来る。先ず, F を任意の関数としたとき, 関係式

$$m^2\frac{\partial F}{\partial m^2} = m^2\frac{\partial \lambda_0}{\partial m^2}\frac{\partial F}{\partial \lambda_0} + m^2\frac{\partial m_0^2}{\partial m^2}\frac{\partial F}{\partial m_0^2} = m_0^2\frac{\partial F}{\partial m_0^2}$$

が成り立つことが分かる。このとき, $\partial \lambda_0/\partial m^2 = 0$ と $\partial m_0^2/\partial m^2 = m_0^2/m^2$ を使っている。そこで, F として有限な相関関数 $\langle \prod \varphi \rangle$ を考えると,

$$m^2\frac{\partial}{\partial m^2}\left\langle \prod \varphi \right\rangle = m_0^2\frac{\partial}{\partial m_0^2}\left\langle \prod \varphi \right\rangle = \int d^D x \left\langle -\frac{1}{2}m_0^2\varphi_0^2(x)\prod \varphi \right\rangle$$

を得る。左辺は明らかに有限な量なので右辺も有限である。このことは $m_0^2\varphi_0^2$ が有限な演算子であることを示している。すなわち, 一般的に $m_0^2\varphi_0^2$ が $m^2[\varphi^2](1+\sum \text{poles})$ と書けることに注意すると, この式は極項が厳密にゼロになることを表している。このことから,

$$m_0^2\varphi_0^2 = m^2[\varphi^2]$$

が成り立つ。この関係式から Z_2 は

$$Z_2 = \frac{m^2}{m_0^2} = Z_m^{-1}$$

と決まる。これより, 複合場 $[\varphi^2]$ の異常次元は

$$\delta = -\gamma_m = \frac{\lambda}{(4\pi)^2} - \frac{5}{6}\frac{\lambda^2}{(4\pi)^4} + o(\lambda^3)$$

で与えられることが分かる。

正規積 $[\varphi^4]$ 次に正規積 $[\varphi^4]$ を考える。$[\varphi^2]$ の場合と違って，この場合は同じ次元を持った他の演算子と混合することを考慮しなければならない。その1つが運動方程式場で，

$$E_{0\varphi} \equiv \varphi_0 \frac{\delta S}{\delta \varphi_0} = \varphi_0 \left\{ \left(-\partial^2 + m_0^2\right) \varphi_0 + \frac{\lambda_0}{3!} \varphi_0^3 \right\}$$

で定義される。

相関関数に $E_{0\varphi}$ を挿入すると

$$\left\langle E_{0\varphi}(x) \prod_{j=1}^{N} \varphi(x_j) \right\rangle = -Z_\varphi^{-\frac{N}{2}} \int d\varphi_0 \prod_{j=1}^{N} \varphi_0(x_j) \varphi_0(x) \frac{\delta}{\delta \varphi_0(x)} e^{-S}$$

$$= \sum_{j=1}^{N} \delta^D(x - x_j) \left\langle \prod_{j=1}^{N} \varphi(x_j) \right\rangle$$

が得られる。最初の等式は $E_{0\varphi}$ の定義式を相関関数の定義式 (D-2) に代入するとすぐに分かる。2番目の等式は部分積分により $\delta/\delta\varphi_0$ を移動させて，$\delta\varphi_0(x_j)/\delta\varphi_0(x) = \delta^D(x - x_j)$ を使うと導かれる。その際，次元正則化の著しい特徴として，同じ点での微分からの寄与は $\delta^D(0) = \int d^D k = 0$ のように消えることに注意する。この性質は，第9章でも述べたように，次元正則化が経路積分の測度の選び方に依らない事を示している。上記の式の右辺は明らかに有限な量であることから，左辺もまた有限である。従って，$E_{0\varphi}$ は正規積の1つで

$$E_{0\varphi} = [E_\varphi]$$

と表すことが出来る。また，運動方程式場の体積積分 $\int d^D x\, [E_\varphi]$ は相関関数の中で場の数 N になることが分かる。

正規積 $[\varphi^4]$ は，他の可能な演算子との混合を考慮すると，一般に

$$\frac{\mu^{4-D}}{4!}[\varphi^4] = \left(1 + \sum \text{poles}\right) \frac{1}{4!} \varphi_0^4 + \sum \text{poles} \frac{1}{2} m_0^2 \varphi_0^2$$
$$+ \sum \text{poles}\, E_{0\varphi} + \sum \text{poles}\, \partial^2 \varphi_0^2 \qquad \text{(D-4)}$$

のような構造をもつ。

未知の極部分を決めるために，相関関数を λ で微分した量を考える。くり込み群方程式 $\mu d\lambda_0/d\mu = (4-D)\lambda_0 + \beta_\lambda \partial \lambda_0/\partial \lambda = 0$ と $\mu dm_0^2/d\mu = \beta_\lambda \partial m_0^2/\partial \lambda - \gamma_m m^2 \partial m_0^2/\partial m^2 = 0$ から，裸の定数を λ で微分した量が

$$\frac{\partial \lambda_0}{\partial \lambda} = \frac{D-4}{\beta_\lambda} \lambda_0, \qquad \frac{\partial m_0^2}{\partial \lambda} = \frac{\gamma_m}{\beta_\lambda} m_0^2$$

となることが分かる。これらより，作用 S を λ で微分したものは

$$\frac{\partial S}{\partial \lambda} = \int d^D x \left\{ \frac{\gamma_m}{\beta_\lambda} \frac{1}{2} m_0^2 \varphi_0^2 + \frac{D-4}{\beta_\lambda} \frac{1}{4!} \lambda_0 \varphi_0^4 \right\}$$

D.3 スカラー場の複合演算子のくり込み

で与えられる。このとき, 裸の場 φ_0 は積分変数なので λ の微分は素通りする。この式と $\partial(\log Z_\varphi^{1/2})/\partial\lambda = \gamma/\beta_\lambda$ を用いると, 相関関数の微分 $\partial(\langle\prod_{j=1}^N \varphi(x_j)\rangle)/\partial\lambda$ は

$$\left\langle -\int d^D x \left\{ \frac{D-4}{\beta_\lambda} \frac{1}{4!}\lambda_0\varphi_0^4 + \frac{\gamma_m}{\beta_\lambda}\frac{1}{2}m_0^2\varphi_0^2 + \frac{\gamma}{\beta_\lambda}E_{0\varphi}\right\} \prod_{j=1}^N \varphi(x_j) \right\rangle$$

と書ける。最後の運動方程式場の体積積分は N を置き換えたものである。この量が有限であることから, 括弧 { } 内もまた全微分の項を除いて有限な量である。ここで,

$$\frac{D-4}{\beta_\lambda} = \frac{1}{\lambda}\left[1 + \sum_{n=1}^\infty \frac{(-1)^n}{(D-4)^n}\left(\frac{\bar\beta_\lambda}{\lambda}\right)^n\right] \tag{D-5}$$

に注意すると, 括弧内は正規積 $[\varphi^4]$ の構造 (D-4) を持つことが分かる。このことから, 括弧内を全微分項を除いて $\mu^{4-D}[\varphi^4]/4!$ と同定すると

$$\frac{\mu^{4-D}}{4!}[\varphi^4] = \frac{D-4}{\beta_\lambda}\frac{1}{4!}\lambda_0\varphi_0^4 + \frac{\gamma_m}{\beta_\lambda}\frac{1}{2}m_0^2\varphi_0^2 + \frac{\gamma}{\beta_\lambda}E_{0\varphi} - \frac{Z_2^{-1}d}{\beta_\lambda}\partial^2\varphi_0^2$$

を得る。最後の項の d は極を含む関数で, Z_2 は便宜上導入している。この d は上記の方法では決まらない関数である。

正規積 $[\varphi^4]$ を μ で微分すると,

$$\mu\frac{d}{d\mu}[\varphi^4] = -\frac{\partial\bar\beta_\lambda}{\partial\lambda}[\varphi^4] + 4!\mu^{D-4}\left\{\frac{\partial\gamma_m}{\partial\lambda}\frac{1}{2}m^2[\varphi^2]\right.$$
$$\left. + \frac{\partial\gamma}{\partial\lambda}[E_\varphi] - \frac{\partial(Z_2^{-1}d)}{\partial\lambda}Z_2\partial^2[\varphi^2]\right\} \tag{D-6}$$

を得る。このとき, $\mu d(1/\beta_\lambda)/d\mu = -(1/\beta_\lambda)(\partial\beta_\lambda/\partial\lambda)$, $\mu d\gamma_m/d\mu = \beta_\lambda(\partial\gamma_m/\partial\lambda)$, $\mu d\gamma/d\mu = \beta_\lambda(\partial\gamma/\partial\lambda)$ を使っている。右辺が有限であるためには, 最後の $\partial^2[\varphi^2]$ の前の係数が有限でなければならない。有限な λ の関数 ζ を新たに導入して, 係数を $Z_2\partial(Z_2^{-1}d)/\partial\lambda \equiv \zeta/\lambda$ と置くと, d は

$$d = Z_2 \int_0^\lambda \frac{d\lambda}{\lambda}\frac{\zeta}{Z_2}$$

と書くことが出来る。また, $\partial(\log Z_2)/\partial\lambda = \delta/\beta_\lambda = -\gamma_m/\beta_\lambda$ に注意すると, d は微分方程式 $(\partial/\partial\lambda + \gamma_m/\beta_\lambda)d = \zeta/\lambda$ を満たすことが分かる。最後に残った ζ は $[\varphi^4]$ を含む相関関数を直接計算して決めるしかない。

D.4 DeWitt-Schwinger の方法

曲がった時空上の 1 ループの有効作用を計算する際にしばしば用いられる DeWitt-Schwinger の方法について簡単にまとめる[*6]。ここでは，曲がった時空上のスカラー場の運動項を例に解説する。Euclid 時空で考えて，その作用を $I = (1/2) \int d^d x \sqrt{g} \varphi K \varphi$ とする。ここで，次元 d は偶数，微分演算子は

$$K = -\nabla^2 + \xi R$$

で定義される。共形結合は 2 次元のとき $\xi = 0$ で，4 次元のとき $\xi = 1/6$ で与えられる。

有効作用は

$$\Gamma = -\log \int [d\varphi]_g e^{-I} = -\log \left(\det K\right)^{-1/2}$$

で与えられる。これを log det の積分表示

$$\log\left(\det K\right) = -\int_\varepsilon^\infty \frac{ds}{s} Tr\left(e^{-sK}\right)$$

を用いて書き換える。ここで，$Tr(A) = \int d^d x \sqrt{g} \langle x|A|x \rangle$，$\langle x|y \rangle = \delta^d(x-y)/\sqrt{g}$，$\varepsilon$ は紫外カットオフである。これより，有効作用の共形変分は

$$\delta_\omega \Gamma = \frac{1}{2} \int_\varepsilon^\infty ds\, Tr\left(\delta_\omega K e^{-sK}\right)$$

で与えられる。

微分演算子 K の共形変分は

$$\delta_\omega K = -2\omega K + \delta L$$

と書ける。ここで，

$$\delta L = -(d-2)\nabla^\mu \omega \nabla_\mu - 2\xi(d-1)\nabla^2 \omega$$

である。この式を用いると，

$$\begin{aligned}\delta_\omega \Gamma &= \int_\varepsilon^\infty ds \frac{\partial}{\partial s}\left[Tr\left(\omega\, e^{-sK}\right)\right] + \frac{1}{2}\int_\varepsilon^\infty ds\, Tr\left(\delta L\, e^{-sK}\right) \\ &= -Tr\left(\omega\, e^{-\varepsilon K}\right) + \frac{1}{2} Tr\left(\delta L \frac{1}{K}\right) \end{aligned} \tag{D-7}$$

[*6] 付録 F で挙げた [曲がった時空上の場の量子論の本] の他に，2 次元では O. Alvarez, *Theory of Strings with Boundries: Fluctuations, Topology and Quantum Geometry*, Nucl. Phys. B216 (1983) 125 を参照。高階微分を含む場合の研究は A. Barvinsky and G. Vilkovsky, *The Generalized Schwinger-DeWitt Technique in Gauge Theories and Quantum Gravity*, Phys. Rep. 119 (1985) 1 を参照。

D.4 DeWitt-Schwinger の方法

の表式を得る。

(D-7) の第 1 項は $-\int d^d x \sqrt{g} \omega \langle x | e^{-\varepsilon K} | x \rangle$ と書ける。被積分関数は熱核 (heat kernel) と呼ばれる $G^{(s)}(x,y) = \langle x | e^{-sK} | y \rangle$ から求まって、それは初期条件 $\lim_{s \to 0} G^{(s)}(x,y) = \delta^d(x-y)/\sqrt{g}$ を満たす熱伝導方程式

$$\left(\frac{\partial}{\partial s} + K \right) G^{(s)}(x,y) = 0$$

の解である。このことから、DeWitt-Schwinger 法は熱核法とも呼ばれる。パラメータ s が小さいとして、同一点の熱核を

$$G^{(s)}(x,x) = \frac{1}{(4\pi)^{d/2}} \frac{1}{s^{d/2}} \left(1 + s a_1 + s^2 a_2 + \cdots \right)$$

と展開して考える。

(D-7) の第 2 項からの寄与は、2 次元共形結合のときは $\delta L = 0$ により消える。一方、4 次元共形結合 ($\xi = 1/6$) の場合は $(1/2) \int d^4 x \sqrt{g} \omega \nabla^2 \langle x | K^{-1} | x \rangle$ のように 2 点相関関数 $\langle x | K^{-1} | y \rangle$ の同一点での全微分が現れる。この項は $\nabla^2 R$ の形をしていると思われるが、その正則化は難しく、この方法では任意性として残ることになる。

はじめに $d=2$, $\xi=0$ の場合の熱核の係数 a_1 を求める。2 次元ではゲージ自由度によりトレースレステンソル場を消すことが出来るので、共形因子場 ϕ のみを考えて、微分演算子は $K = -\nabla^2 = -e^{-2\phi} \partial^2$ と書くことが出来る。ここでは、原点で局所平坦になる座標を取って、$\phi(0) = \partial_a \phi(0) = 0$ $(a=1,2)$ と置く。微分演算子を原点のまわりで展開して、$K = -\partial^2 - V$ のように平坦時空の Laplace 演算子とポテンシャル項 $V = -x^a x^b \partial_a \partial_a \phi(0) \partial^2 + o(x^3)$ に分解する。空間が平坦な場合の熱核は

$$G_0^{(s)}(x,y) = \frac{1}{4\pi s} e^{-(x-y)^2/4s}$$

で与えられることから、熱伝導方程式の解は積分方程式 $G = G_0 + G_0 V G$ で与えられる。これを逐次的に解くと、$G^{(s)}(0,0)$ の最初の 2 項は

$$G_0^{(s)}(0,0) + \int d^2 x \int_0^s ds' \, G_0^{(s-s')}(0,x) V(x) G_0^{(s')}(x,0)$$

$$= \frac{1}{4\pi s} - \partial_a \partial_b \phi(0) \int_0^s ds' \int d^2 x \, \frac{e^{-x^2/4(s-s')}}{4\pi(s-s')} x^a x^b \partial^2 \frac{e^{-x^2/4s'}}{4\pi s'}$$

$$= \frac{1}{4\pi s} - \frac{1}{12\pi} \partial^2 \phi(0)$$

となる。このとき、熱核の構造から $s \to 0$ での座標 x の積分は原点に集中する。座標 x の積分と s' の積分を実行すると、第 2 項は s に依らず有限になる。原点での曲率は $R(0) = -2\partial^2 \phi(0)$ と書くことから、2 次元共形結合では熱核の係数 a_1 が

$$a_1 = \frac{1}{6} R$$

で与えられることが分かる。$\delta_\omega \Gamma = -\int d^2 x \sqrt{g} \omega a_1/4\pi$ より、(5-1) で定義される共形異常の係数、すなわちスカラー場の中心電荷が $c = 1$ ($b_\mathrm{L} = -1/6$) で与えられ

ることが分かる。このとき, Euclid 時空では, 作用の全体の符号が逆になることに注意。

4 次元の場合の計算は共形因子場の依存性だけでは必要な項の分類が出来ないので計算が難しくなる。ここでは任意の ξ で計算された a_1 と a_2 の結果だけを記すと, それぞれ

$$a_1 = \left(\frac{1}{6} - \xi\right) R,$$
$$a_2 = \frac{1}{180} R^2_{\mu\nu\lambda\sigma} - \frac{1}{180} R^2_{\mu\nu} + \frac{1}{2}\left(\frac{1}{6} - \xi\right)^2 R^2 + \frac{1}{6}\left(\frac{1}{5} - \xi\right) \nabla^2 R$$

で与えられる。$d = 4$ では (D-7) の第 1 項の有限部分が $\delta_\omega \Gamma = -\int d^4 x \sqrt{g}\, \omega a_2/(4\pi)^2$ で与えられることから, $\xi = 1/6$ と置くと, 共形異常の係数 (5-6) の共形スカラー場からの寄与が $\zeta_1 = 1/120$, $\zeta_2 (= -b_c) = -1/360$ と求まる。一方, 全微分の項 ζ_3 はすでに述べた任意性のためこの方法では決められない。

D.5 力学的単体分割法と量子重力

ここでは力学的単体分割 (dynamical triangulation, DT) 法を用いて定義される単体的重力 (simplicial gravity) と量子重力理論の関係について簡単に解説する。DT 法は Euclid 時空として単体 (simplex) を張り合わせて作った格子状の多様体を考えて, その可能なすべての配位について足し合わせることで定義される。

2 次元では多角形 (主に 3 角形) を張り合わせて作ったランダム面を考えて, 多角形の枚数を N_2 として, N_2 枚の可能な張り合わせ方 $\mathcal{T}_2$ の数を $\Omega(N_2)$ とする分配関数

$$Z_{\text{SG2}}(\lambda) = \sum_{N_2=0}^\infty \sum_{\mathcal{T}_2} e^{-\lambda N_2} = \sum_{N_2=0}^\infty \Omega(N_2) e^{-\lambda N_2}$$

を考える。この統計モデルは 2 次相転移を起こすことが知られていて, その点を $\lambda = \lambda^c$ とすると, 分配数は N_2 が大きいところで

$$\Omega(N_2) \sim N_2^{\gamma^{(2)}_{\text{st}}-3} e^{\lambda^c N_2}$$

のように振る舞う。ここで, $\gamma^{(2)}_{\text{st}}$ はストリング感受率 (string susceptibility) と呼ばれる量である。各多角形の面積を 1 とすると, N_2 は張り合わせた面の面積となり, λ はそれを制御する宇宙項の働きをする。この統計モデルに格子間隔に相当するスケール a を導入し, 2 次相転移点で $a \to 0$ と同時に $N_2 \to \infty$ を取って $(\lambda - \lambda^c)/a^2 \to \mu$ の連続極限を取ったものが 2 次元量子重力になる。

2 次元では行列模型を使って上記の分配関数を解析的に計算することが出来る。例えば, M を $N \times N$ の Hermite 行列として $gtr(M^4)$ のポテンシャル項と運動項をもつゼロ次元の作用を考え, 行列 M の経路積分を考える。4 点相互作用の各頂点が 4 角形に対応して, 外線の無い真空 Feynman 図が 4 角形の結びつき方を表す。ゼロ次元の経路積分であることから, 全次数での Feynman 図の足し合わせを行うことができる。2 次相転移点 g_c は g についての解析性が壊れる点として定義される。有限

の N では作用が下に有界な $g \geq 0$ で解析的になるが、$N \to \infty$ の極限では経路積分の測度からの寄与が強くなって、$g < 0$ の領域まで解析性が広がる。解析性が破れる点が負の値 $g_c = -e^{\chi^c}$ になって、その点で連続極限を取ることが出来る[*7]。

一方、2 次元量子重力理論では Liouville 場のゼロモード ϕ_0 に注目して面積が大きいところでの分配関数の振る舞いを求めることが出来る。宇宙項を除いた Liouville 作用のゼロモード依存性は $S_\mathrm{L} = b_\mathrm{L}\chi\phi_0$ で与えられることから、$v_2 = e^{\gamma_0\phi_0}$ を固定した時の v_2 依存性は

$$\int d\phi_0 e^{-b_\mathrm{L}\chi\phi_0} \delta(e^{\gamma_0\phi_0} - v_2) \sim v_2^{-1-b_\mathrm{L}\chi/\gamma_0}$$

となる。$v_2 \sim N_2$ に注意すると、感受率は $\gamma_\mathrm{st}^{(2)} = 2 - b_\mathrm{L}\chi/\gamma_0$ と表されることが分かる。ここで、Euler 標数を $\chi = 2$ として、重力と結合した CFT の中心電荷を c_M とすると

$$\gamma_\mathrm{st}^{(2)} = 2 + \frac{1}{12}\left\{c_\mathrm{M} - 25 - \sqrt{(25 - c_\mathrm{M})(1 - c_\mathrm{M})}\right\}$$

の表式が得られる。これは行列模型の解析的な結果と一致している。このとき、中心電荷 c_M の異なる行列模型は行列の種類を増やす等してランダム格子上のスピンの自由度を導入して構成する[*8]。

DT 法は 4 次元に一般化出来て、この場合は 4 単体の張り合わせで 4 次元多様体を作ることになる。2 次元と異なってそれを図で表すのは難しいが代数的には可能である。全体の体積を表す 4 単体の数を N_4、その中に含まれる 2 単体の数を N_2 として、分配関数は体積 N_4 を持つ 4 単体の可能な張り合わせ方 $\mathcal{T}_4$ について和を取った

$$Z_\mathrm{SG4}(\kappa_2, \kappa_4) = \sum_{N_4}\sum_{\mathcal{T}_4} e^{\kappa_2 N_2 - \kappa_4 N_4} = \sum_{N_4} \Omega(\kappa_2, N_4) e^{-\kappa_4 N_4}$$

で定義される。ここで、κ_2 は Planck 質量の自乗に相当する。2 次相転移が $\kappa_4 = \kappa_4^c(\kappa_2)$ で起こるとすると、分配数は

$$\Omega(\kappa_2, N_4) \sim N_4^{\gamma_\mathrm{st}^{(4)} - 3} e^{\kappa_4^c(\kappa_2) N_4}$$

のように振る舞う。$\gamma_\mathrm{st}^{(4)}$ が 4 次元版のストリング感受率である。4 次元では 2 次相転移点の存在は自明ではないが、スカラー場とベクトル場の自由度を多様体上に載せた系でその存在が数値的に示唆されている (図 D-3 の左図)[*9]。

4 次元量子重力理論からの予言は、2 次元のときと同様に、共形因子場のゼロモードの振る舞いから求めることが出来る。結合定数 t が消える紫外極限での Euclid 作

[*7] E. Brezin, C. Itzykson, G. Parisi and J. Zuber, Commun. Math. Phys. **59** (1978) 35; D. Bessis, C. Itzykson and J. Zuber, Adv. Appl. Math. **1** (1980) 109 を参照。連続極限は E. Brezin and V. Kazakov, Phys. Lett. **B236** (1990) 144; M. Dougls and S. Shenker, Nucl. Phys. **B335** (1990) 635; D. Gross and A. Migdal, Phys. Rev. Lett. **64** (1990) 127 を参照。

[*8] 例えば Ising 模型は V. Kazakov, Phys. Lett. **A119** (1986) 140 を参照。

[*9] S. Horata, H. Egawa and T. Yukawa, *Grand Canonical Simulation of 4D Simplicial Quantum Gravity*, Nucl. Phys. B (Proc. Suppl.) **119** (2003) 921

用のゼロモード依存性が $S_{4\mathrm{DQG}} = 2b_c\chi\phi_0 - \kappa_2 e^{\gamma_2\phi_0}\mathcal{R}$ で与えられることから，分配関数の $v_4 = e^{\gamma_0\phi_0}$ 依存性が

$$\int d\phi_0 \exp\left\{-2b_c\chi\phi_0 + \kappa_2 e^{\gamma_2\phi_0}\mathcal{R}\right\}\delta(e^{\gamma_0\phi_0} - v_4) \sim v_4^{-1-2b_c\chi/\gamma_0} f(\kappa_2 v_4^{\gamma_2/\gamma_0})$$

と求まる。ここで，γ_0 と γ_2 はそれぞれ宇宙項演算子と Ricci スカラー演算子の Riegert 電荷である。これより感受率は $\gamma_{\mathrm{st}}^{(4)} = 2 - 2b_c\chi/\gamma_0$ と表される。Euler 標数 $\chi = 2$ を持つ S^4 上で

$$\gamma_{\mathrm{st}}^{(4)} = 2 - \frac{1}{2}\left(b_c + \sqrt{b_c^2 - 4b_c}\right) \tag{D-8}$$

の表式が得られる。

図 D-3 右図は 1 万 6 千個の 4 単体を用いた数値計算による $\gamma_{\mathrm{st}}^{(4)}$ の結果を (D-8) の表式と比較したものである。図の中の b_1 の値は (D-8) の中の b_c をこの値に置き換える良く合うことを表している。連続理論での b_c の値 (7-5) は，スカラー場とゲージ場の数をそれぞれ N_X と N_A とすると，$b_c = 0.00278(N_X + 62N_A) + 4.27$ で与えられるので，この b_1 は b_c に $o(t^2)$ の補正が加わったものと考えることが出来る。ここで注目すべき点は，物質場の依存性が $N_X + 62N_A$ の非自明な組み合わせで正しく現れていることである。

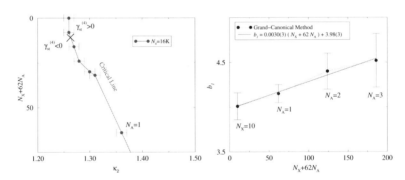

図 D-3 左図：物質場が $N_X + 62N_A$ 個の場合の数値計算の相転移点 κ_4^c とその κ_2 依存性。×印より下では感受率が負になって 2 次相転移点が存在する。右図：数値計算から得られた感受率を連続理論から予言される (D-8) の表式で合わせた結果 [K. Hamada, S. Horata and T. Yukawa, *Focus on Quantum Gravity Research* (Nova Science Publisher, NY, 2006), Chap. 1]。

付録 E

宇宙論の補足

E.1 Sachs-Wolfe 関係式

発信者 i からでた光が受信者 f によって観測された際の重力による光のエネルギー偏移を計算する。電磁波 $F_{\mu\nu}$ は一般に振幅 $A_{\mu\nu}$ と位相 ψ とで $F_{\mu\nu} = \mathrm{Re}(A_{\mu\nu}e^{i\psi})$ とかける。$A_{\mu\nu}$ は $e^{i\psi}$ にくらべてゆっくり変化する部分である。このような位相と振幅の分離は一般的には可能ではないが,重力場が変動する長さにくらべて考えている波の波長が小さければ近似的に可能である。この場合,位相一定の面の伝播が光の伝播を記述する。

光の測地線は共形不変なので,第 13 章ときのようにスケール因子 $a = e^{\hat{\phi}}$ の 2 乗を括り出して計量を $ds^2 = a^2 d\sigma^2$ と書く。ここでは,線形摂動を

$$d\sigma^2 = \mathcal{G}_{\mu\nu}dx^\mu dx^\nu = (\eta_{\mu\nu} + \mathcal{H}_{\mu\nu})dx^\mu dx^\nu$$

と表すことにする[*1]。計量 $d\sigma^2$ に対するアファインパラメータ (affine parameter) を λ とすると光の伝播方向のヌルベクトルと測地線方程式は

$$n^\mu = \frac{dx^\mu}{d\lambda}, \qquad \mathcal{G}_{\mu\nu}n^\mu n^\nu = 0,$$

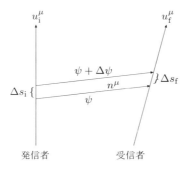

図 E-1　発信者 i から受信者 f への光の経路。

[*1] トレースレステンソル場 $h_{\mu\nu}$ だけの計量 $\bar{g}_{\mu\nu}dx^\mu dx^\nu$ とは異なり,$\mathcal{G}_{\mu\nu}$ には共形因子場の摂動 φ も含まれる ($g_{\mu\nu} = a^2 \mathcal{G}_{\mu\nu}$)。

$$\frac{dn^\mu}{d\lambda} + \Gamma^\mu_{\alpha\beta}(\mathcal{G})n^\alpha n^\beta = 0$$

で与えられる。このとき位相一定の面は

$$\psi(x^\mu + n^\mu \Delta\lambda) = \psi(x^\mu) \quad \Rightarrow \quad n^\mu \frac{\partial\psi}{\partial x^\mu} = 0$$

と記述できる。一方, ヌルの条件よりこれは K を比例定数として

$$\frac{\partial\psi}{\partial x^\mu} = K\mathcal{G}_{\mu\nu}n^\nu$$

と書ける。

次に図 (E-1) のように少し遅れて発信された位相一定の面を考える。固有時を s と書くと位相の差は

$$\Delta\psi = \frac{\partial\psi}{\partial x^\mu}\frac{dx^\mu}{ds}\Delta s = \frac{\partial\psi}{\partial x^\mu}u^\mu \Delta s$$

となる。ここで, $u^\mu = dx^\mu/ds$ は発信者又は受信者の 4 元速度で $g_{\mu\nu}u^\mu u^\nu = -1$ を満たす。これより発信者と受信者の間のエネルギー偏移は

$$\frac{E_\mathrm{f}}{E_\mathrm{i}} = \frac{\nu_\mathrm{f}}{\nu_\mathrm{i}} = \frac{\frac{\Delta\psi}{\Delta s_\mathrm{f}}}{\frac{\Delta\psi}{\Delta s_\mathrm{i}}} = \frac{(\mathcal{G}_{\mu\nu}n^\mu u^\nu)_\mathrm{f}}{(\mathcal{G}_{\mu\nu}n^\mu u^\nu)_\mathrm{i}} \tag{E-1}$$

で与えられる。摂動がない場合, ヌルベクトルは $n^0 = 1$ と $n^i n_i = 1$, 4 元速度は $u^\mu = (1/a, 0, 0, 0)$ なので, この式は赤方偏移の式 $E_\mathrm{f}/E_\mathrm{i} = a_\mathrm{i}/a_\mathrm{f}$ になる。

以下では摂動がある場合のエネルギー偏移を考える。摂動を含んだヌルベクトルを $n^\mu = (1, \mathbf{n}) + \delta n^\mu$ と定義すると測地線方程式より

$$\frac{d\delta n^\mu}{d\lambda} = \left(-\partial_{(\alpha}\mathcal{H}^\mu_{\beta)} + \frac{1}{2}\partial^\mu \mathcal{H}_{\alpha\beta}\right)n^\alpha n^\beta$$

を得る。ここで, 線形近似で成り立つ

$$\frac{d(\mathcal{H}^\mu{}_\beta n^\beta)}{d\lambda} = \frac{d\mathcal{H}^\mu{}_\beta}{d\lambda}n^\beta = \frac{dx^\alpha}{d\lambda}\partial_\alpha \mathcal{H}^\mu{}_\beta n^\beta = (\partial_\alpha \mathcal{H}^\mu{}_\beta)n^\alpha n^\beta$$

を使うと最初の項は容易に積分できて,

$$\delta n^\mu|_\mathrm{i}^\mathrm{f} = -\mathcal{H}^\mu{}_\beta n^\beta\Big|_\mathrm{i}^\mathrm{f} + \frac{1}{2}\int_\mathrm{i}^\mathrm{f} d\lambda (\partial^\mu \mathcal{H}_{\alpha\beta})n^\alpha n^\beta \tag{E-2}$$

の表式を得る。

現在の温度を T_0 として観測可能な温度を $T = T_0/a + \delta T$ と書くと

$$\frac{T_\mathrm{f}}{T_\mathrm{i}} = \frac{a_\mathrm{i}}{a_\mathrm{f}}\left(1 + \frac{\delta T_\mathrm{f}}{T_\mathrm{f}} - \frac{\delta T_\mathrm{i}}{T_\mathrm{i}}\right) = \frac{a_\mathrm{i}}{a_\mathrm{f}}\left(1 + \frac{1}{4}\frac{\delta\rho_\gamma}{\rho_\gamma}\Big|_\mathrm{i}^\mathrm{f}\right) \tag{E-3}$$

E.1 Sachs-Wolfe 関係式

が成り立つ。最後の等式は $\rho_\gamma \propto T^4$ を使っている。(E-2) の 0 成分と (E-3) をエネルギー偏移の式 (E-1) に代入すると

$$\frac{E_\mathrm{f}}{E_\mathrm{i}} = \frac{a_\mathrm{i}}{a_\mathrm{f}} \left\{ 1 + \left[\varphi - \frac{1}{2} h_{00} - (v_i + h_{0i}) n^i + \delta n^0 \right]_\mathrm{i}^\mathrm{f} \right\}$$

$$= \frac{T_\mathrm{f}}{T_\mathrm{i}} \left\{ 1 - \left[\frac{1}{4} \frac{\delta \rho_\gamma}{\rho_\gamma} - \varphi + \frac{1}{2} h_{00} + (v_i + h_{0i}) n^i - \delta n^0 \right]_\mathrm{i}^\mathrm{f} \right\}$$

$$= \frac{T_\mathrm{f}}{T_\mathrm{i}} \left\{ 1 - \left[\frac{1}{4} \mathcal{D}^\gamma + \partial_i V^b n^i + \Psi - \Phi + \Omega_i^b n^i \right]_\mathrm{i}^\mathrm{f} \right.$$

$$\left. + \int_\mathrm{i}^\mathrm{f} d\lambda \left(\partial_\eta \Psi - \partial_\eta \Phi + \partial_\eta \Upsilon_i n^i - \partial_\eta h_{ij}^\mathrm{TT} n^i n^j \right) \right\}$$

を得る。ここで, 摂動変数は第 13 章 13.1 節を参照。V^b は発信者及び受信者であるバリオンの速度である。$E_\mathrm{f}/E_\mathrm{i} = T_\mathrm{f}/T_\mathrm{i}$ よりブレース { } 内は 1 になる。特にスカラー成分では Bardeen ポテンシャルが時間変化しないとすれば角括弧 [ ] 内の量は保存され初期値と最終値が同じになる。

ここで, 初期値を脱結合時 $\mathrm{i} = \eta_\mathrm{dec}$ とし, 最終値を現在 $\mathrm{f} = \eta_0$ に選ぶことにする。また, 観測では排除されている 1 重極や 2 重極の寄与を与える $\Psi(\eta_0)$ や $n^i \partial_i V^b(\eta_0)$ の項を除くと CMB 温度ゆらぎは $(\Delta T/T)(\eta_0) = (1/4)\mathcal{D}^\gamma(\eta_0)$ で与えられる[*2]。このことから Sachs-Wolfe 関係式は次のように書ける。スカラー, ベクトル, テンソルゆらぎによる寄与に分けて書くと

$$\frac{\Delta T}{T}(\eta_0, \mathbf{x}_0) = \left(\frac{\Delta T}{T}\right)^S + \left(\frac{\Delta T}{T}\right)^V + \left(\frac{\Delta T}{T}\right)^T,$$

$$\left(\frac{\Delta T}{T}\right)^S = \left\{ \frac{1}{4}\mathcal{D}^\gamma + \partial_i V^b n^i + \Psi - \Phi \right\}(\eta_\mathrm{dec}, \mathbf{x}_\mathrm{dec})$$

$$+ \int_{\eta_\mathrm{dec}}^{\eta_0} d\eta \left(\partial_\eta \Psi - \partial_\eta \Phi\right)(\eta, \mathbf{x}(\eta)),$$

$$\left(\frac{\Delta T}{T}\right)^V = \Omega_i^b(\eta_\mathrm{dec}, \mathbf{x}_\mathrm{dec}) n^i + \int_{\eta_\mathrm{dec}}^{\eta_0} d\eta \partial_\eta \Upsilon_i(\eta, \mathbf{x}(\eta)) n^i,$$

$$\left(\frac{\Delta T}{T}\right)^T = - \int_{\eta_\mathrm{dec}}^{\eta_0} d\eta \partial_\eta h_{ij}^\mathrm{TT}(\eta, \mathbf{x}(\eta)) n^i n^j \qquad \text{(F-4)}$$

となる。ここで光の経路は $\mathbf{x}(\eta) = \mathbf{x}_0 + (\eta - \eta_0)\mathbf{n}$ で与えられる。

最後に良く使われる大角度成分に対してのみ成り立つ公式を書いておく。$l < 10$ の多重極成分は現在までホライズンの内側に入らない大きなサイズのゆらぎを表し

[*2] CMB に対する観測者の相対速度が 2 重極を与える。パワースペクトルは 2 重極が消える CMB の静止系で考えるので, 多重極が本質的な異方性を表す。

ている。これらのゆらぎに対する解は (13-30) でスーパーホライズンの極限 $x \ll 1$ をとったものになる。すなわち、$\mathcal{D}^\gamma = (-20/3)\Psi_\mathrm{i}$ と $V^\gamma = (1/3)x\Psi_\mathrm{i} \simeq 0$ になる。脱結合時ではまだ $V^b \simeq V^\gamma$ であること、Bardeen ポテンシャル $\Psi(=-\Phi)$ はほとんど定数で $\Psi(\eta_\mathrm{dec}) = \Psi_\mathrm{i}$ であることを使うと

$$\left(\frac{\Delta T}{T}\right)^S (\eta_0, \mathbf{x}_0) \simeq \frac{1}{3}\Psi(\eta_\mathrm{dec}, \mathbf{x}_\mathrm{dec}) \tag{E-5}$$

を得る。最初に導出されたこの関係式のことを Ordinary Sachs-Wolfe 関係式と呼ぶ。一方、(E-4) のスカラーゆらぎ成分の積分の項を Integrated Sachs-Wolfe 関係式と呼ぶ。

E.2 CMB 多重極成分

CMB 温度ゆらぎを球面調和関数を用いて

$$\frac{\Delta T}{T}(\eta_0, \mathbf{x}_0, \mathbf{n}) = \sum_{l=0}^{\infty} \sum_{m=-l}^{l} a_{lm}(\mathbf{x}_0) Y_{lm}(\mathbf{n})$$

と展開する。多重極 a_{lm} の統計平均を考えると $\langle a_{lm} \rangle = 0$, 標準偏差 $C_l = \langle |a_{lm}|^2 \rangle$ は

$$\langle a_{lm} a_{l'm'}^* \rangle = C_l \delta_{ll'} \delta_{mm'}$$

で与えられる。これより CMB ゆらぎの 2 点相関は、Legendre 多項式についての公式

$$\sum_{m=-l}^{m} Y_{lm}(\mathbf{n}) Y_{lm}^*(\mathbf{n}') = \frac{1}{4\pi}(2l+1) P_l(\mathbf{n} \cdot \mathbf{n}') \tag{E-6}$$

と $\mathbf{n} \cdot \mathbf{n}' = \cos\theta$ であることを使うと、CMB 温度ゆらぎの 2 点相関は

$$\begin{aligned} C(\theta) &= \left\langle \frac{\Delta T}{T}(\eta_0, \mathbf{x}_0, \mathbf{n}) \frac{\Delta T}{T}(\eta_0, \mathbf{x}_0, \mathbf{n}') \right\rangle \\ &= \sum_{l,l',m,m'} \langle a_{lm} a_{l'm'}^* \rangle Y_{lm}(\mathbf{n}) Y_{l'm'}^*(\mathbf{n}') \\ &= \frac{1}{4\pi} \sum_l (2l+1) C_l P_l(\cos\theta) \end{aligned} \tag{E-7}$$

と書ける。

以下では偏光のない CMB 温度ゆらぎ異方性スペクトル、通常 TT スペクトルと呼ばれる多重極成分を計算する。スカラーゆらぎとテンソルゆらぎの両方からの寄与があり、それらを加えたものが観測にかかる。スカラーゆらぎは TT スペクトル全体に寄与するのに対して、テンソルゆらぎは主に $l < 50$ の低多重極 (大角度成分) にしか寄与しない。

E.2 CMB 多重極成分

スカラーゆらぎ多重極成分 ここでは簡単のため CMB 温度ゆらぎスペクトルのなかで主要な寄与を与える部分，すなわち (E-4) のスカラー成分の中の積分を含まない項を考える．さらに $\Phi = -\Psi$ と置いて

$$\frac{\Delta T}{T}(\eta_0, \mathbf{x}_0, \mathbf{n}) = \left\{\frac{1}{4}\mathcal{D}^\gamma + \partial_i V^b n^i + 2\Psi\right\}(\eta_{\text{dec}}, \mathbf{x}_{\text{dec}})$$

を考える．この式の Fourier 成分は $\mathbf{x}_{\text{dec}} = \mathbf{x}_0 - (\eta_0 - \eta_{\text{dec}})\mathbf{n}$ より

$$\frac{\Delta T}{T}(\eta_0, \mathbf{k}, \mathbf{n}) = \left\{\frac{1}{4}\mathcal{D}^\gamma - i\hat{\mathbf{k}} \cdot \mathbf{n} V^b + 2\Psi\right\}(\eta_{\text{dec}}, \mathbf{k}) e^{-i\mathbf{k}\cdot\mathbf{n}(\eta_0-\eta_{\text{dec}})}$$

$$= \left\{\frac{1}{4}\mathcal{D}^\gamma + 2\Psi + \frac{V^b}{k}\partial_\eta\right\}(\eta_{\text{dec}}, \mathbf{k}) e^{-i\mathbf{k}\cdot\mathbf{n}\eta})|_{\eta=\eta_0-\eta_{\text{dec}}} \quad (\text{E-8})$$

で与えられる．ここで，$\hat{\mathbf{k}} = \mathbf{k}/k = (\theta_k, \varphi_k)$ である．

はじめに Ordinary Sachs-Wolfe 関係が成り立つ比較的大きいサイズのゆらぎ ($l < 30$) について考える．この場合式 (E-5) で見たように CMB 温度ゆらぎは脱結合時の Bardeen ポテンシャルで与えられ，Fourier 成分 (E-8) は

$$\frac{\Delta T}{T}(\eta_0, \mathbf{k}, \mathbf{n}) \simeq \frac{1}{3}\Psi(\eta_{\text{dec}}, \mathbf{k}) e^{-i\mathbf{k}\cdot\mathbf{n}(\eta_0-\eta_{\text{dec}})}$$

と簡単になる．この関係式を使って $C(\theta)$ を書くと

$$C(\theta) = \int \frac{d^3\mathbf{k}}{(2\pi)^3} \int \frac{d^3\mathbf{k}'}{(2\pi)^3} \left\langle \frac{\Delta T}{T}(\eta_0, \mathbf{k}, \mathbf{n}) \frac{\Delta T}{T}(\eta_0, \mathbf{k}', \mathbf{n}') \right\rangle e^{i(\mathbf{k}+\mathbf{k}')\cdot\mathbf{x}_0}$$

$$\simeq \int \frac{d^3\mathbf{k}}{(2\pi)^3} \frac{d^3\mathbf{k}'}{(2\pi)^3} e^{i(\mathbf{k}+\mathbf{k}')\cdot\mathbf{x}_0} \frac{1}{9} \langle \Psi(\eta_{\text{dec}}, \mathbf{k}) \Psi(\eta_{\text{dec}}, \mathbf{k}') \rangle$$

$$\times e^{-i\mathbf{k}\cdot\mathbf{n}(\eta_0-\eta_{\text{dec}})} e^{-i\mathbf{k}'\cdot\mathbf{n}'(\eta_0-\eta_{\text{dec}})}$$

$$= \int \frac{d^3\mathbf{k}}{(2\pi)^3} \frac{1}{9} \langle |\Psi(\eta_{\text{dec}}, \mathbf{k})|^2 \rangle e^{-i\mathbf{k}\cdot\mathbf{n}(\eta_0-\eta_{\text{dec}})} e^{i\mathbf{k}\cdot\mathbf{n}'(\eta_0-\eta_{\text{dec}})}$$

を得る．ここで，2 点相関の式

$$\langle \Psi(\eta, \mathbf{k}) \Psi(\eta, \mathbf{k}') \rangle = \langle |\Psi(\eta, \mathbf{k})|^2 \rangle (2\pi)^3 \delta^3(\mathbf{k}+\mathbf{k}') \quad (\text{E-9})$$

を使っている．

右辺の位相項を球 Bessel 関数による展開公式

$$e^{i\mathbf{k}\cdot\mathbf{y}} = 4\pi \sum_{l=0}^{\infty} \sum_{m=-l}^{l} i^l j_l(ky) Y_{lm}^*(\hat{\mathbf{k}}) Y_{lm}(\hat{\mathbf{y}}) \quad (\text{E-10})$$

を使って展開する．ここで，$\hat{\mathbf{y}}$ は $\hat{\mathbf{k}}$ と同様に定義されている．これより

$$C(\theta) = (4\pi)^2 \int \frac{d^3\mathbf{k}}{(2\pi)^3} \left\langle \left|\frac{1}{3}\Psi(\eta_{\text{dec}}, \mathbf{k})\right|^2 \right\rangle j_l(kd_{\text{dec}}) j_{l'}(kd_{\text{dec}})$$

$$\times \sum_{l,l'=0}^{\infty} i^{l'-l} \sum_{m=-l}^{l} Y_{lm}(\hat{\mathbf{k}}) Y_{lm}^*(\mathbf{n}) \sum_{m'=-l'}^{l'} Y_{l'm'}^*(\hat{\mathbf{k}}) Y_{l'm'}(\mathbf{n}')$$

を得る。ここで、$d_{\rm dec} = \eta_0 - \eta_{\rm dec}$ は最終散乱面までの距離を表す。$\mathbf{k}$ 積分を動径方向と角度方向に分けて $d^3\mathbf{k} = k^2 dk d\Omega_k$, $d\Omega_k = d\theta_k d\varphi_k$ と分解して、球面調和関数の公式

$$\int d\Omega_k Y_{lm}^*(\hat{\mathbf{k}}) Y_{l'm'}(\hat{\mathbf{k}}) = \delta_{ll'}\delta_{mm'} \tag{E-11}$$

と Legendre 多項式についての公式 (E-6) を使うと

$$C(\theta) = \frac{1}{4\pi}\sum_{l=0}^{\infty}(2l+1)P_l(\cos\theta)\frac{2}{\pi}\int k^2 dk \frac{1}{9}\langle|\Psi(\eta_{\rm dec},\mathbf{k})|^2\rangle j_l^2(kd_{\rm dec})$$

を得る。この式と定義式 (E-7) を比較すると C_l を求めることができる。球 Bessel 関数の形より、積分にもっとも寄与する領域として $l \simeq k d_{\rm dec}$ (11-9) の関係式が出てくる。

Ordinary Sachs-Wolfe 関係が成り立つスーパーホライズンゆらぎでは Ψ の遷移関数はほぼ $\mathcal{T}_\Psi \simeq 1$ になるため、$k^3\langle|\Psi(\eta_{\rm dec})|^2\rangle \simeq k^3\langle|\Psi_{\rm i}|^2\rangle = 2\pi^2 P_s$ として多重極成分を計算すると

$$C_l^{\rm osw} = 4\pi \int_0^\infty \frac{dk}{k}\frac{1}{9}P_s(k)j_l^2(kd_{\rm dec})$$
$$= \frac{2\pi^2 A_s}{(m\,d_{\rm dec})^{n_s-1}}\frac{1}{9}\frac{\Gamma(3-n_s)\Gamma\left(l-\frac{1}{2}+\frac{n_s}{2}\right)}{2^{3-n_s}\Gamma^2\left(2-\frac{n_s}{2}\right)\Gamma\left(l+\frac{5}{2}-\frac{n_s}{2}\right)}$$

となる。Harrison-Zel'dovich スペクトル ($n_s = 1$) の場合

$$\frac{l(l+1)C_l^{\rm osw}}{2\pi} = \frac{A_s}{9}$$

と書ける。このように、低多重極成分では宇宙初期の原始スペクトル $P_s(k)$ がほとんど影響を受けずに現在まで伝わっていると考えられている。

音響振動が見えるもう少し小さいサイズのゆらぎまで考えたい場合は Fourier 成分 (E-8) のすべての項からの寄与を取り扱う必要がある。上と同じように計算すると

$$C(\theta) = \int \frac{d^3\mathbf{k}}{(2\pi)^3}\frac{d^3\mathbf{k}'}{(2\pi)^3}e^{i(\mathbf{k}+\mathbf{k}')\cdot\mathbf{x}_0}\left\langle\left\{\left(\frac{\mathcal{D}^\gamma}{4}+2\Psi\right)(\eta_{\rm dec},\mathbf{k}) + \frac{V^b(\eta_{\rm dec},\mathbf{k})}{k}\partial_\eta\right\}\right.$$
$$\left.\times\left\{\left(\frac{\mathcal{D}^\gamma}{4}+2\Psi\right)(\eta_{\rm dec},\mathbf{k}') + \frac{V^b(\eta_{\rm dec},\mathbf{k}')}{k'}\partial_{\eta'}\right\}\right\rangle e^{-i\mathbf{k}\cdot\mathbf{n}\eta}e^{-i\mathbf{k}'\cdot\mathbf{n}'\eta'}\Big|_{\substack{\eta=\eta'=\\ \eta_0-\eta_{\rm dec}}}$$

を得る。(E-9) 等の 2 点相関の式を使って波数の一方の $\mathbf{k}'$ 積分を実行し、最後の位相の項を球 Bessel 関数による展開公式 (E-10) を使って展開すると

$$C(\theta) = (4\pi)^2 \int \frac{d^3\mathbf{k}}{(2\pi)^3}\sum_{l,l'=0}^{\infty}i^{l'-l}\sum_{m=-l}^{l}Y_{lm}(\hat{\mathbf{k}})Y_{lm}^*(\mathbf{n})\sum_{m'=-l'}^{l'}Y_{l'm'}^*(\hat{\mathbf{k}})Y_{l'm'}(\mathbf{n}')$$

E.2 CMB 多重極成分

$$\times \left\langle \left\{ \left(\frac{\mathcal{D}^\gamma}{4} + 2\Psi\right)(\eta_{\text{dec}}, \mathbf{k}) j_l(k\eta) + \frac{V^b(\eta_{\text{dec}}, \mathbf{k})}{k} \partial_\eta j_l(k\eta) \right\} \right.$$
$$\left. \left\{ \left(\frac{\mathcal{D}^\gamma}{4} + 2\Psi\right)(\eta_{\text{dec}}, \mathbf{k}) j_{l'}(k\eta) + \frac{V^b(\eta_{\text{dec}}, \mathbf{k})}{k} \partial_\eta j_{l'}(k\eta) \right\}^* \right\rangle \Bigg|_{\eta = \eta_0 - \eta_{\text{dec}}}$$

を得る。$\mathbf{k}$ 積分を動径方向と角度方向に分けて $d^3\mathbf{k} = k^2 dk d\Omega_k$, $d\Omega_k = d\theta_k d\varphi_k$ と分解して，球面調和関数の公式 (E-11) と Legendre 多項式についての公式 (E-6) を使うと

$$C_l = \frac{2}{\pi} \int k^2 dk \left\langle \left| \left\{ \left(\frac{\mathcal{D}^\gamma}{4} + 2\Psi\right)(\eta_{\text{dec}}, \mathbf{k}) j_l(kd_{\text{dec}}) + V^b(\eta_{\text{dec}}, \mathbf{k}) j_l'(kd_{\text{dec}}) \right\} \right|^2 \right\rangle$$

を得る。ここで，$j_l'(x) = \partial_x j_l(x)$ である。

考えているゆらぎは放射優勢の時期に設定された初期時間 η_i ではまだスーパーホライズンサイズであった。このゆらぎの脱結合時 η_{dec} までの遷移関数をそれぞれ $\mathcal{T}_\gamma$, $\mathcal{T}_b$, $\mathcal{T}_\Psi$ とすると脱結合時の値は初期値を使って

$$\left(\frac{\mathcal{D}^\gamma}{4} + 2\Psi\right)(\eta_{\text{dec}}, \mathbf{k}) = \frac{1}{4}\mathcal{T}_\gamma \mathcal{D}^\gamma(\eta_i, \mathbf{k}) + 2\mathcal{T}_\Psi \Psi(\eta_i, \mathbf{k})$$
$$= \left(-\frac{3}{2}\mathcal{T}_\gamma + 2\mathcal{T}_\Psi\right)\Psi_i(k),$$
$$V^b(\eta_{\text{dec}}, \mathbf{k}) = \mathcal{T}_b V^b(\eta_i, \mathbf{k}) = \mathcal{T}_b \frac{1}{2} k\eta_i \Psi_i(k)$$

と書ける。ここで，放射優勢時代の解から，スーパーホライズンゆらぎ $(x = k\eta \to 0)$ では $\mathcal{D}^\gamma \to -6\Psi_i$, $\Psi \to \Psi_i$, $V^b(= V^\gamma) \to k\eta_i \Psi_i/2$ であることを使った。

先にも述べたように，CMB 多重極成分は Ψ の初期値を表す原始パワースペクトルが与えられれば計算できる。すなわち，

$$C_l = 4\pi \int \frac{dk}{k} \left\{ \left(-\frac{3}{2}\mathcal{T}_\gamma + 2\mathcal{T}_\Psi\right) j_l(kd_{\text{dec}}) + \mathcal{T}_b \frac{1}{2} k\eta_i j_l'(kd_{\text{dec}}) \right\}^2 P_s(k)$$

と計算される。

最後に，CMBFAST コードを用いて計算した TT スペクトルの宇宙論パラメータ依存性をまとめた図 E-2 を掲載する。

テンソルゆらぎ多重極成分 テンソルゆらぎ多重極成分は (E-4) のテンソル成分の式を使って計算される。スカラーゆらぎのときと同じようにすると

$$C(\theta) = \int \frac{d^3\mathbf{k}}{(2\pi)^3} \int_{\eta_{\text{dec}}}^{\eta_0} d\eta \int_{\eta_{\text{dec}}}^{\eta_0} d\eta' e^{i\mathbf{k}\cdot\mathbf{n}(\eta_0 - \eta)} e^{-i\mathbf{k}\cdot\mathbf{n}'(\eta_0 - \eta')}$$
$$\times \left\langle \partial_\eta h_{ij}^{\text{TT}}(\eta, -\mathbf{k}) \partial_{\eta'} h_{kl}^{\text{TT}}(\eta', \mathbf{k}) \right\rangle n^i n^j n'^k n'^l \quad \text{(E-12)}$$

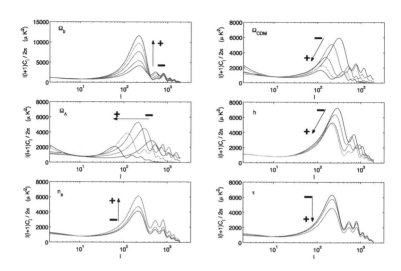

図 E-2 TT パワースペクトルのパラメータ依存性。上から 3 種類の密度パラメータ Ω_b, Ω_c, Ω_Λ, Hubble 定数 h, スペクトル指数 n_s, 光学的深さ (optical depth) τ を変えたときのスペクトルの変化を表す [E. Martinez-Gonzalez, Lect. Note Phys. **665** (2009) 79]。

を得る。右辺に時間の異なる 2 点の相関関数が現れる。横波トレースレスの条件をみたすことから相関関数を

$$\left\langle h_{ij}^{\mathrm{TT}}(\eta, -\mathbf{k}) h_{kl}^{\mathrm{TT}}(\eta', \mathbf{k}) \right\rangle = 2\tilde{\Delta}_{ij,kl}(\mathbf{k}) \left\langle h^{\mathrm{TT}}(\eta, -\mathbf{k}) h^{\mathrm{TT}}(\eta', \mathbf{k}) \right\rangle \quad \text{(E-13)}$$

と規格化する[*3]。ここで, $\tilde{\Delta}_{ij,lm}(\mathbf{k})$ は (7-20) の

$$\tilde{\Delta}_{ij,kl}(\mathbf{k}) = \frac{1}{2} \Biggl\{ \delta_{ik}\delta_{jl} + \delta_{il}\delta_{jk} - \delta_{ij}\delta_{kl} + \frac{1}{k^2}\Bigl(\delta_{ij}k_k k_l + \delta_{kl}k_i k_j - \delta_{ik}k_j k_l$$

$$- \delta_{il}k_k k_j - \delta_{jk}k_i k_l - \delta_{jl}k_i k_k \Bigr) + \frac{1}{k^4} k_i k_j k_k k_l \Biggr\}$$

[*3] $\langle h_{\mathrm{TT}}^{ij}(\eta, \mathbf{k}) h_{ij}^{\mathrm{TT}}(\eta', -\mathbf{k}) \rangle = 4 \langle h^{\mathrm{TT}}(\eta, \mathbf{k}) h^{\mathrm{TT}}(\eta', -\mathbf{k}) \rangle$ となる。よく用いられる h_{ij}^{TT} の 2 つの分極成分を x^1-x^2 平面上で $h_{11}^{\mathrm{TT}} = -h_{22}^{\mathrm{TT}} = h_+$ と $h_{12}^{\mathrm{TT}} = h_{21}^{\mathrm{TT}} = h_\times$ に選ぶと, それらの相関関数は $\langle h_+(x)h_+(x')\rangle = \langle h_\times(x)h_\times(x')\rangle = \langle h^{\mathrm{TT}}(x)h^{\mathrm{TT}}(x')\rangle$ で与えられる。

で定義される。変数 $\mu = \mathbf{n} \cdot \hat{\mathbf{k}}$ と $\mu' = \mathbf{n}' \cdot \hat{\mathbf{k}}$ を導入して, $\mathbf{n}^2 = \mathbf{n}'^2 = 1$ に注意すると,

$$2\tilde{\Delta}_{ij,kl}(\mathbf{k})n^i n^j n'^k n'^l = 2(\mathbf{n} \cdot \mathbf{n}')^2 - 1 + \mu^2 + \mu'^2 - 4\mu\mu' \mathbf{n} \cdot \mathbf{n}' + \mu^2 \mu'^2$$

が得られる。さらに,

$$e^{i\mathbf{k}\cdot\mathbf{n}(\eta_0-\eta)} = e^{ik\mu(\eta_0-\eta)} = \sum_{r=0}^{\infty}(2r+1)i^r j_r(k(\eta_0-\eta))P_r(\mu)$$

を使うと, (E-12) は

$$\sum_{r=0}^{\infty}\sum_{r'=0}^{\infty}(2r+1)(2r'+1)i^{r-r'}\int \frac{d^3\mathbf{k}}{(2\pi)^3}P_r(\mu)P_{r'}(\mu')\int_{\eta_{\text{dec}}}^{\eta_0}d\eta\int_{\eta_{\text{dec}}}^{\eta_0}d\eta'$$
$$\times\Big\{[2(\mathbf{n}\cdot\mathbf{n}')^2-1]j_r(k(\eta_0-\eta))j_{r'}(k(\eta_0-\eta')) - j_r''(k(\eta_0-\eta))j_{r'}(k(\eta_0-\eta'))$$
$$- j_r(k(\eta_0-\eta))j_{r'}''(k(\eta_0-\eta')) + j_r''(k(\eta_0-\eta))j_{r'}''(k(\eta_0-\eta'))$$
$$- 4\mathbf{n}\cdot\mathbf{n}' j_r'(k(\eta_0-\eta))j_{r'}'(k(\eta_0-\eta'))\Big\}\left\langle \partial_\eta h^{\text{TT}}(\eta,-\mathbf{k})\partial_{\eta'}h^{\text{TT}}(\eta',\mathbf{k})\right\rangle$$

と書ける。ここで, $j_r'(x) = \partial_x j_r(x)$ である。この表式は角度積分 $d\Omega_k$ を

$$\int d\Omega_k P_r(\mu)P_{r'}(\mu') = \frac{4\pi}{2r+1}\delta_{rr'}P_r(\mathbf{n}\cdot\mathbf{n}')$$

を使って実行すると, Legendre 多項式に比例した形に書き換えることが出来る。多項式の前に現れる $\mathbf{n}\cdot\mathbf{n}'$ を漸化式

$$xP_r(x) = \frac{r+1}{2r+1}P_{r+1}(x) + \frac{r}{2r+1}P_{r-1}(x)$$

を使って消して, さらに球 Bessel 関数の漸化式

$$j_r'(x) = -\frac{r+1}{2r+1}j_{r+1}(x) + \frac{r}{2r+1}j_{r-1}(x),$$
$$j_{r+1}(x) + j_{r-1}(x) = \frac{2r+1}{r}j_r(x)$$

を使って多重極の定義式 (E-7) の形になるように書き換えると, 最終的に簡単な形にまとまって,

$$\sum_{l=0}^{\infty}\frac{1}{2\pi^2}(2l+1)P_l(\mathbf{n}\cdot\mathbf{n}')\int k^2 dk \int_{\eta_{\text{dec}}}^{\eta_0}d\eta\int_{\eta_{\text{dec}}}^{\eta_0}d\eta'\frac{(l+2)!}{(l-2)!}$$
$$\times \frac{j_l(k(\eta_0-\eta))}{[k(\eta_0-\eta)]^2}\frac{j_l(k(\eta_0-\eta'))}{[k(\eta_0-\eta')]^2}\left\langle \partial_\eta h^{\text{TT}}(\eta,-\mathbf{k})\partial_{\eta'}h^{\text{TT}}(\eta',\mathbf{k})\right\rangle$$

が得られる。これより，$\mathbf{n}\cdot\mathbf{n}' = \cos\theta$ であることから，

$$C_l = \frac{2}{\pi}\int k^2 dk \left\langle \left|\int_{\eta_{\rm dec}}^{\eta_0} d\eta \partial_\eta h^{\rm TT}(\eta,\mathbf{k})\frac{j_l(k(\eta_0-\eta))}{k^2(\eta_0-\eta)^2}\right|^2\right\rangle \frac{(l+2)!}{(l-2)!}$$

の表式が得られる。

この式を簡単に評価してみる。ゆらぎがスーパーホライズンのときテンソル方程式の解はほとんど定数であることが分かっているので，$\partial_\eta h^{\rm TT} = 0$ となって多重極成分は生成されない。テンソルゆらぎが変化するのはホライズンの内側に入ってからである。そのため，積分が値を持つのは脱結合時 $\eta_{\rm dec}$ から現在 η_0 の間にホライズンの内側に入る大きなサイズの低多重極成分 ($l < 50$) のみである。

ホライズンの内側 ($x = k\eta \geq 2$) に入ると $H \propto 1/a$ で振幅が減衰することが分かっているので，この領域では $\partial_\eta h^{\rm TT} \simeq -aHh^{\rm TT} = (-2/\eta)h^{\rm TT}$ と書くことができる。最後の等式は，考えている時期が $a \propto \eta^2$ の物質優勢の時代であることを表している。このことから

$$\int_{\eta_{\rm dec}}^{\eta_0} d\eta \partial_\eta h^{\rm TT}\frac{j_l(k(\eta_0-\eta))}{k^2(\eta_0-\eta)^2} \simeq \frac{j_l(k\eta_0)}{k^2\eta_0^2}\int_{\eta=2/k}^{\eta_0}\frac{-2d\eta}{\eta}h^{\rm TT}$$

と書ける。さらに $h^{\rm TT} \propto 1/\eta^2$ を考慮して積分を実行すると $\int(-2d\eta/\eta)h^{\rm TT} = h^{\rm TT}(\eta_0) - h^{\rm TT}(\eta=2/k)$ を得る。ここで，η_0 は宇宙のサイズを表すので $h^{\rm TT}(\eta_0)$ は無視できる。したがって，多重極は $\eta_0 = d_{\rm dec}$ と書くと $l < 50$ に対して

$$C_l\,|_{l<50} \simeq \frac{2}{\pi}\int k^2 dk \left\langle\left|h^{\rm TT}\left(\eta=\frac{2}{k},\mathbf{k}\right)\right|^2\right\rangle \frac{j_l^2(kd_{\rm dec})}{k^4 d_{\rm dec}^4}\frac{(l+2)!}{(l-2)!}$$

を得る。ここで，テンソルゆらぎはホライズンに入るまではほとんど変化しない，すなわちそれまでは遷移関数が 1 であることからホライズンに入る直前 ($\eta=2/k$) のゆらぎスペクトルは原始スペクトルと同じであると考えてよい。そこで $k^3\langle|h^{\rm TT}(\eta=2/k,\mathbf{k})|^2\rangle = 2\pi^2 P_t(k)$ と置くと

$$\begin{aligned}C_l\,|_{l<50} &\simeq 4\pi\frac{(l+2)!}{(l-2)!}\int_0^\infty \frac{dk}{k}\frac{j_l^2(kd_{\rm dec})}{k^4 d_{\rm dec}^4}P_t(k)\\ &= \frac{2\pi^2 A_t}{(md_{\rm dec})^{n_t}}\frac{(l+2)!}{(l-2)!}\frac{\Gamma(6-n_t)\Gamma\left(l-2+\frac{n_t}{2}\right)}{2^{6-n_t}\Gamma^2\left(\frac{7}{2}-n_t\right)\Gamma\left(l+4-\frac{n_t}{2}\right)}\end{aligned}$$

を得る。$n_t = 0$ では $l(l+1)C_l/2\pi \simeq A_t 8l(l+1)/15(l-2)(l+3)$ となる。$l = 2$ に発散があるが，これは近似が粗いことによるものである。

このように TT スペクトルの大角度成分にはテンソルゆらぎの寄与が含まれると考えられる。そのため，どれだけテンソルゆらぎが含まれているかをあらわすテンソル・スカラー比 r は TT スペクトルだけでは決まらない。

その他の多重極成分　詳細については議論しないが，ここでその他の多重極成分について簡単に述べておく。CMB は Thomson 散乱によって偏光する。主な原因は宇宙が中性化するプロセスでの Thomson 散乱による偏光である。E モード，B モードと呼ばれるその偏光のスペクトルが図 E-3 に載せてある。一番上は TT スペ

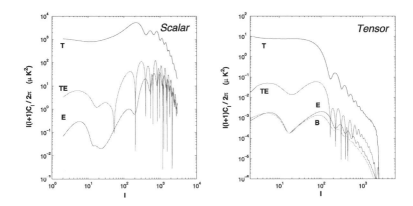

図 E-3　スカラー及びテンソルゆらぎパワースペクトル ($r = 0.01$)。上から TT, TE, EE, BB(右図のみ) スペクトルを表す。2 つの寄与を足し合わせたものが CMB のペクトルになる [E. Martinez-Gonzalez, Lect. Note Phys. **665** (2009) 79]。

クトルである。2 番目が TE, 3 番が EE, そして一番下が BB スペクトルと呼ばれる。BB スペクトルはテンソルゆらぎからしか生成されない。

3 番目の EE スペクトルの低多重極 ($l < 10$) の盛り上がりから光学的深さ (optical depth) τ と呼ばれる量が決定され, $\tau \simeq 0.1$ の値を得ている。この量は最初の星が誕生した時期に放射された光によって粒子がイオン化され, 宇宙が少し不透明になった度合いを表している。そのため, τ は最初の星がいつごろ誕生したかに関係した宇宙論パラメータである。

テンソルの寄与 r を決定することができるのはテンソルゆらぎに起源をもつ B モードのスペクトルで, 図 E-3(右) の一番下に現れているものである。

E.3　発展方程式の解析的考察

ここでは連立線形スカラー発展方程式 (14-1) と (14-2) の解の解析的な考察を行う。そのために次のような簡単化を行う。まず, 結合定数 t は十分に小さな定数とする。このとき Hubble 変数も定数になって, 以下 $H = H_{\mathbf{D}}/\sqrt{B_0} = 1$ と規格化する。結合定数の 2 乗に比例した定数 $T = b_c B_0 t^2/8\pi^2 (\ll 1)$ を導入する。さらに方程式の運動量依存性を無視する。そのような状況は, 物理時間 τ を用いて運動量依存性を表すと k^2/a^2 になることから, インフレーションが始まってから少し経つとスケール

因子 a が急速に増大して実現する。このとき、スカラーゆらぎの発展方程式は

$$-2\dddot{\Phi} - 14\ddot{\Phi} - 36\dot{\Phi} - 48\Phi + 2\dddot{\Psi} + 14\ddot{\Psi} + 36\dot{\Psi} + 48\Psi$$
$$+6\left(\ddot{\Phi} + 4\dot{\Phi} - \dot{\Psi} - 4\Psi\right) = 0,$$
$$\frac{4}{3}\ddot{\Phi} + \frac{16}{3}\dot{\Phi} + \frac{20}{3}\Phi - \frac{4}{3}\dot{\Psi} + \frac{4}{3}\Psi + \frac{8}{T}\left(\ddot{\Phi} + \dot{\Phi} - \ddot{\Psi} - \dot{\Psi}\right)$$
$$-2(\Phi + \Psi) = 0 \tag{E-14}$$

で表される。ここで、ドットは τ による微分である。

新しい変数 $f = \Psi - \dot{\Phi}$ を導入すると、これらの方程式は

$$\dddot{f} + 7\ddot{f} + 15\dot{f} + 12f = 0,$$
$$\dddot{\Phi} - \left(1 + \frac{7}{12}T\right)\dot{\Phi} - \frac{7}{12}T\Phi = -\ddot{f} - \left(1 + \frac{1}{6}T\right)\dot{f} - \frac{1}{12}Tf$$

と書き換えることが出来る。最初の式は容易に解くとが出来て、一般解

$$f = c_1 e^{-4\tau} + c_2 e^{-\frac{3}{2}\tau} \sin\left(\frac{\sqrt{3}}{2}\tau\right) + c_3 e^{-\frac{3}{2}\tau} \cos\left(\frac{\sqrt{3}}{2}\tau\right)$$

を得る。この解を 2 番目の式に代入すると

$$\Phi = (a_1 + c_1)e^{-\tau} + (a_2 + c_2)\left(1 - \frac{7}{12}T\tau\right) + (a_3 + c_3)\left(1 + \frac{7}{12}T\tau\right)e^{\tau}$$
$$+ c_1 \frac{360 - 7T}{1800} e^{-4\tau} + \frac{\sqrt{3}c_2 + 5c_3}{14} e^{-\frac{3}{2}\tau} \cos\left(\frac{\sqrt{3}}{2}\tau\right)$$
$$+ \frac{5c_2 - \sqrt{3}c_3}{14} e^{-\frac{3}{2}\tau} \sin\left(\frac{\sqrt{3}}{2}\tau\right) \tag{E-15}$$

を得る。このとき T は小さいとして 1 次まで展開している。

ここでは運動量依存性を無視して計算しているので、この解には欲しているゆらぎの解の他に、背景を与える真空解も含まれている。$T = 0$ のとき (E-14) の第 1 式から真空モード $\Phi = \Psi = \omega$ は

$$\ddddot{\omega} + 6\dddot{\omega} + 8\ddot{\omega} - 3\dot{\omega} - 12\omega = 0$$

を満たすことが分かる。一方、(E-14) の第 2 式はこのとき自明な式となる。この式は第 12 章 12.1 節で議論した背景場 $\hat{\phi}$ の運動方程式に他ならないもので、インフレーション解 e^τ と減衰する 3 つの解 $e^{-4\tau}$, $e^{-3\tau/2}\sin(\sqrt{3}\tau/2)$, $e^{-3\tau/2}\cos(\sqrt{3}\tau/2)$ を持つ。ここで欲しいのはゆらぎの解なので、$T = 0$ の極限でこれら真空解になるものを一般解 (E-15) から除かなければならない。これらの解は次第に拘束条件式 (14-2) を満たさなくなる。このようにして揺らぎ Φ の $T \ll 1$ での振る舞いは、指数関数的に減衰する解を無視すると、

$$\Phi \sim 1 - \frac{7}{12}T\tau$$

となることが分かる。この解の振る舞いが図 14-1 及び図 14-2 の減少している部分に現れている。

E.4　Einstein 重力理論の散乱断面積

エネルギーが $\Lambda_{\rm QG}$ 以下では Einstein 理論が有効になって, 古典的な時空を伝播するいわゆる重力子 (graviton) の記述が正しくなる. そこで, 完全を期して, 最後に重力子が関係するスカラー粒子の Rutherford 散乱と Compton 散乱の微分断面積の結果を紹介する. ここでは, 簡単のため質量を持つスカラー場が重力場と極小結合 (付録 A.2 の $\xi = 0$ の場合) している場合を考える.

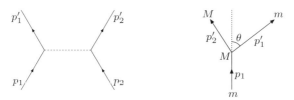

図 E-4　重力子を交換するスカラー粒子の散乱. 右図は実験室系のパラメータ.

Rutherford 散乱　図 E-4 のように, 運動量 p_1 を持つ質量 m の粒子と運動量 p_2 を持つ質量 M の粒子が重力子を介してそれぞれ p'_1 と p'_2 に散乱する場合を考える. ここでは, 右図のように粒子 p_2 が静止している実験室系を考え, 入射粒子を $p_1 = (\omega_1, 0, 0, q)$ としてその分散関係を $\omega_1^2 = q^2 + m^2$ とする. さらに, $M \gg m$ の場合を考えると, 粒子 p_2 は静止したままで, 散乱された粒子 p'_1 は角度だけが変化して入射粒子と同じ分散関係をもつ. 入射粒子の速度を v とすると, この極限での微分断面積は

$$\frac{d\sigma_L}{d\Omega} = \frac{G^2}{4} \frac{M^2 (m^2 + 2q^2)^2}{v q^3 \sqrt{m^2 + q^2}} \frac{1}{\sin^4 \frac{\theta}{2}}$$

で与えられる. 非相対論的極限 $m \gg q$ で $q = mv$, $E = mv^2/2$ と置くと,

$$\frac{d\sigma_L}{d\Omega} = \frac{1}{4} \left(\frac{GMm}{2E} \right)^2 \frac{1}{\sin^4 \frac{\theta}{2}}$$

となって, この式は中心力を GMm/r^2 としたときの Rutherford の散乱公式と一致する.

Compton 散乱　質量 m のスカラー粒子と重力子の Compton 散乱の Feynman 図は図 E-5 で与えられる. 粒子 p が静止している実験室系での微分断面積は, $E = |\mathbf{k}|$ とすると,

$$\frac{d\sigma_L}{d\Omega} = \frac{G^2 m^4}{(m + 2E \sin^2 \frac{\theta}{2})^2} \frac{\cos^8 \frac{\theta}{2} + \sin^8 \frac{\theta}{2}}{\sin^4 \frac{\theta}{2}}$$

で与えられる[*4]。

図 E-5 重力子とスカラー粒子の Compton 散乱。

これらの散乱はビッグバン直後は活発であったと思われる。特に,重力場としか相互作用しないスカラー的な暗黒物質の散乱に寄与したと考えられる。ただ,それらの痕跡を現在に見出すのは残念ながら難しい。

E.5 基本定数

換算 Planck 定数	$\hbar$	=	1.055×10^{-27} cm^2 g s^{-1}
光速 (speed of light)	c	=	2.998×10^{10} cm s^{-1}
Newton 定数	G	=	6.672×10^{-8} cm^3 g^{-1} s^{-2}
Planck 質量	$m_{\rm pl}$	=	2.177×10^{-5} g
		=	1.221×10^{19} GeV/c^2
換算 Planck 質量	$M_{\rm P}$	=	2.436×10^{18} GeV/c^2
Planck 長さ	$l_{\rm pl}$	=	1.616×10^{-33} cm
Planck 時間	$t_{\rm pl}$	=	5.390×10^{-44} s
Boltzmann 定数	$k_{\rm B}$	=	1.381×10^{-16} erg K^{-1}
メガパーセク (Megaparsec)	1Mpc	=	3.086×10^{24} cm
Hubble 定数	H_0	=	$100h$ km s^{-1} Mpc^{-1}
現在の Hubble 距離	c/H_0	=	$2998h^{-1}$ Mpc

(現在の観測では $h \simeq 0.7$ である)

自然単位系 $(c = \hbar = k_{\rm B} = 1)$ への変換に有益な定数

1 cm	=	5.068×10^{13} $\hbar$/GeV
1 s	=	1.519×10^{24} $\hbar$/GeV/c
1 g	=	5.608×10^{23} GeV/c^2
1 erg	=	6.242×10^2 GeV
1 K	=	8.618×10^{-14} GeV/$k_{\rm B}$

[*4] 詳細は F. Berends and R. Gastmans, *On the High-Energy Behaviour of Born Cross Sections in Quantum Gravity*, Nucl. Phys. **B88** (1975) 99 を参照。

付録 F

参考書・文献

F.1 教科書・参考書

[場の量子論の一般的な教科書]
E. Brézin and J. Zinn-Justin ed., *Methods in Field Theory*, Les Houches 1975 (North-Holland, 1976).
C. Itzykson and J. Zuber, *Quantum Field Theory* (McGraw Hill Inc, 1980).
T. Cheng and L. Li, *Gauge Theory of Elementary Particle Physics* (Oxford University Press, 1984).
崎田文二, 吉川圭二, 「経路積分による多自由度の量子力学」(物理学選書, 岩波書店, 1986).
A. Polyakov, *Gauge Fields and Strings* (Harwood Academic Publishers, 1987).
九後汰一郎, 「ゲージ場の量子論 I, II」(新物理学シリーズ 23, 培風館, 1989).
M. Peskin and Schroeder, *An Introduction to Quantum Field Theory* (Westview Press, 1995).
磯暁, 「現代物理学の基礎としての場の量子論」(KEK 物理学シリーズ 4, 共立出版, 2015).

[次元正則化を基礎にした場の量子論の本]
J. Collins, *Renormalization* (Cambridge University Press, 1984).
T. Muta, *Foundations of Quantum Chromodynamics* (World Scientific, 1987).

[くり込み群と臨界現象を主体とした場の量子論の本]
C. Itzykson and J. Drouffe, *Statistical Field Theory* (Cambridge University Press, 1989).
J. Zinn-Justin, *Quantum Field Theory and Critical Phenomena* (Oxford University Press, 1989, Fourth edition 2002).
江崎洋, 渡辺敬二, 鈴木増雄, 田崎晴明, 「くりこみ群の方法」(現代の物理学 13, 岩波書店, 1994).

[共形場理論に関する本]
E. Brézin and J. Zinn-Justin ed., *Fields, String and Critical Phenomena*, Les Houches 1988 (North-Holland, 1989).
E. Fradkin and M. Palchik, *Conformal Quantum Field Theory in D-dimensions* (Kluwer Academic Publishers, 1996).
P. Di Francesco, P. Mathieu and D. Senechal, *Conformal Field Theory*

(Springer, New York, 1997).
川上則雄, 梁成吉, 「共形場理論と 1 次元量子系」 (新物理学選書, 岩波書店, 1997).
山田泰彦, 「共形場理論入門」(数理物理シリーズ, 培風館, 2006).
伊藤克司, 「共形場理論」(SGC ライブラリ 83, サイエンス社, 2011).

[曲がった時空上の場の量子論の本]
N. Birrell and P. Davies, *Quantum Fields in Curved Space* (Cambridge Univ. Press, London and NY, 1982).
L. Parker and D. Toms, *Quantum Field Theory in Curved Spacetime* (Cambridge Univ. Press, London and NY, 2009).

[相対論と宇宙論の本]
S. Weinberg, *Gravitation and Cosmology* (John Wiley and Sons, Inc., 1972).
C. Misner, K. Thorne and J. Wheeler, *Gravitation* (W H Freeman & Co, 1973).
エリ・デ・ランダウ, イェ・エム・リフシッツ, 「場の古典論」(恒藤敏彦, 広重徹訳, 東京図書, 1978).
内山龍雄, 「一般相対性理論」(物理学選書 15, 裳華房, 1978).
R. Wald, *General Relativity* (Univ of Chicago Press, 1984).
藤井保憲, 「超重力理論入門」(マグロウヒルブック, 1987).
E. Kolb and M. Turner, *The Early Univrse* (Westview Press,1990).
佐藤文隆, 「宇宙物理」(現代の物理学 11, 岩波書店, 1995).
A. Liddle and D. Lyth, *Cosmological Inflation and Large-Scale Structure* (Cambridge University Press, 2000).
S. Dodelson, *Modern Cosmology* (Academic Press, 2003).
S. Weinberg, *Cosmology* (Oxford University Press, 2008).
小玉英雄, 井岡邦仁, 郡和範, 「宇宙物理学」(KEK 物理学シリーズ 3, 共立出版. 2014).
松原隆彦, 「宇宙論の物理 上下」(東京大学出版会, 2014).

著者による量子重力のレビュー

K. Hamada, S. Horata and T. Yukawa, *Focus on Quantum Gravity Research* (Nova Science Publisher, NY, 2006), Chap. 1 entitled by "Background Free Quantum Gravity and Cosmology".

F.2 各章の参考文献

本書で解説した内容に関する主要な部分の参考文献を以下に挙げる. その他の関連する文献や結果だけを記した場合のその元になる文献等は脚注で与える.

第 1 章
[黎明期の量子重力理論]
R. Utiyama and B. DeWitt, J. Math. Phys. **3** (1962) 608.
B. DeWitt, in Relativity, Groups and Topology, eds. B. DeWitt and C. DeWitt (Gordon and Breach, New York, 1964); Phys. Rev. **160** (1967) 1113; Phys.

Rev. **162** (1967) 1195, 1239.
G. 't Hooft and M. Veltman, Ann. Inst. Henri Poincare **XX** (1974) 69; M. Veltman, in Methods in Field Theory, Les Houches 1975.
S. Weinberg, in General Relativity, an Einstein Centenary Survay, eds. S. Hawking and W. Israel (Cambridge Univ. Press, Cambridge, 1979).

[初期の高階微分量子重力理論]
K. Stelle, Phys. Rev. **D16** (1977) 953; Gen. Rel. Grav. **9** (1978) 353.
E. Tomboulis, Phys. Lett. **70B** (1977) 361; Phys. Lett. **97B** (1980) 77.
E. Fradkin and A. Tseytlin, *Renormalizale Asymptotically Free Quantum Theory of Gravity*, Nucl. Phys. **B201** (1982) 469; Phys. Lett. **104B** (1981) 377.
E. Fradkin and A. Tseytlin, Phys. Rep. **119** (1985) 233 [レビュー].

第 2, 3 章
[ユニタリ性の条件 (**unitarity bound**)]
S. Ferrara, R. Gatto and A. Grillo, *Positivity Restriction on Anomalous Dimensions*, Phys. Rev. D **9** (1974) 3564.
G. Mack, *All Unitary Ray Representations of the Conformal Group $SU(2,2)$ with Positive Energy*, Commun. Math. Phys. **55** (1977) 1.
S. Minwalla, *Restrictions imposed by Superconformal Invariance on Quantum Field Theories*, Adv. Theor. Math. Phys. **2** (1998) 781.
B. Grinstein, K. Intriligator and I. Rothstein, *Comments on Unparticle*, Phys. Lett. **B662** (2008) 367.
D. Dorigoni and S. Rychkov, *Scale Invariance + Unitarity $\Rightarrow$ Conformal Invariance?*, arXiv.0910.1087.

[**Conformal Bootstrap** に関する原論文]
S. Ferrara, A. Grillo and R. Gatto, *Tensor Representations of Conformal Algebra and Conformally Covariant Operator Product Expansion*, Ann. Phys. **76** (1973) 161.
A. Polyakov, *Nonhamiltonian Approach to Conformal Quantum Field Theory*, Zh. Eksp. Teor. Fiz. **66** (1974) 23.
G. Mack, *Duality in Quantum Field Theory*, Nucl. Phys. **B118** (1977) 445.

[相関関数や共形ブロックの一般式の導出]
H. Osborn and A. Petkou, *Implications of conformal invariance in field theories for general dimensions*, Ann. Phys. **231** (1994) 311.
A. Petkou, *Conserved currents, consistency relations and operator product expansions in the conformally invariant O(N) vector model*, Ann. Phys. 249 (1996) 180.
F. Dolan and H. Osborn, *Conformal Four Point Functions and the Operator Product Expansion*, Nucl. Phys. **B599** (2001) 459.
F. Dolan and H. Osborn, *Conformal Partial Wave and the Operator Product Expansion*, Nucl. Phys. **B678** (2004) 491.

F. Dolan and H. Osborn, *Conformal Partial Waves: Further Mathematical Results*, arXiv:1108.6194.

[ユニタリ性に対する **Conformal Bootstrap** からの制限]
R. Rattazzi, V. Rychkov, E. Tonni and A. Vichi, *Bounding Scalar Operator Dimensions in 4D CFT*, JHEP **0812** (2008) 031.
V. Rychkov and A. Vichi, *Universal Constraints on Conformal Operator Dimensions*, Phys. Rev. D **80** (2009) 045006.
S. El-Showk, M. Paulos, D. Poland, S. Rychkov, D. Simmons-Duffin and A. Vichi, *Solving the 3D Ising Model with the Conformal Bootstrap*, Phys. Rev. D **86** (2012) 025022.

[その他]
S. Rychkov, *EPFL Lectures on Conformal Field Theory in $D \geq 3$ Dimensions*, arXiv:1601.05000 [レビュー].
D. Pappadopulo, S. Rychkov, J. Espin and R. Rattazzi, *OPE Convergence in Conformal Field Theory*, Phys. Rev. D **86** (2012) 105043.
M. Hogervorst and S. Rychkov, *Radial Coordinates for Conformal Blocks*, arXiv:1303.1111.

第 4, 5, 6 章
[2 次元共形場理論の原論文]
A. Belavin, A. Polyakov and A. Zamolodchikov, *Infinite Conformal Symmetry in Two-Dimensional Quantum Field Theory*, Nucl. Phys. **B241** (1984) 333.
D. Friedan, Z. Qiu and S. Shenker, *Conformal Invariance, Unitarity, and Critical Exponents in Two Dimensions*, Phys. Rev. Lett. **52** (1984) 1575.
C. Itzykson, H. Saleur and J. Zuber ed., *Conformal Invariance and Applications to Statistical Mechanics* (World Scientific, 1988) [論文選集].

[積分可能条件]
J. Wess and B. Zumino, Phys. Lett. **37B** (1971) 95.
L. Bonora, P. Cotta-Ramusino and C. Reina, Phys. Lett. **B126** (1983) 305.

[共形異常に関する原論文]
D. Capper and M. Duff, Nuovo Cimento Soc. Ital. Fis. A **23** (1974) 173.
S. Deser, M. Duff and C. Isham, Nucl. Phys. **B111** (1976) 45.
M. Duff, Nucl. Phys. **B125** (1977) 334.

[**Liouville** 作用と 2 次元量子重力]
A. Polyakov, Phys. Lett. **103B** (1981) 207.
V. Knizhnik, A. Polyakov and A. Zamolodchikov, Mod. Phys. Lett. A **3** (1988) 819.
J. Distler and H. Kawai, Nucl. Phys. **B321** (1989) 509.
F. David, Mod. Phys. Lett. A **3** (1988) 1651.

P. Bouwknegt, J. McCarthy and K. Pilch, Commun. Math. Phys. **145** (1992) 541.

N. Seiberg, *Notes on Quantum Liouville Theory and Quantum Gravity*, Prog. Theor. Phys. Suppl. **102** (1990) 319 [レビュー].

J. Teschner, *Liouville Theory Revisited*, Class. Quant. Grav. **18** (2001) R153 [レビュー].

第 7 章

[Riegert 作用と共形因子場のダイナミクス]

R. Riegert, *A Non-Local Action for the Trace Anomaly*, Phys. Lett. **134B** (1984) 56.

I. Antoniadis and E. Mottola, *4D Quantum Gravity in the Conformal Sector*, Phys. Rev. D **45** (1992) 2013.

I. Antoniadis, P. Mazur and E. Mottola, *Conformal Symmetry and Central Charges in Four Dimensions*, Nucl. Phys. **B388** (1992) 627.

I. Antoniadis, P. Mazur and E. Mottola, *Physical States of the Quantum Conformal Factor*, Phys. Rev. D **55** (1997) 4770.

[量子重力理論と M^4 上の共形場理論]

K. Hamada and F. Sugino, *Background-metric Independent Formulation of 4D Quantum Gravity*, Nucl. Phys. **B553** (1999) 283.

K. Hamada, *Background-Free Quantum Gravity based on Conformal Gravity and Conformal Field Theory on M^4*, Phys. Rev. D **85** (2012) 024028.

K. Hamada, *BRST Invariant Higher Derivative Operators in 4D Quantum Gravity based on CFT*, Phys. Rev. D **85** (2012) 124036.

第 8 章

[$R \times S^3$ 上の共形場理論と量子重力状態]

K. Hamada and S. Horata, *Conformal Algebra and Physical States in a Non-critical 3-brane on $R \times S^3$*, Prog. Theor. Phys. **110** (2003) 1169.

K. Hamada, *Building Blocks of Physical States in a Non-Critical 3-Brane on $R \times S^3$*, Int. J. Mod. Phys. A **20** (2005) 5353.

K. Hamada, *Conformal Field Theory on $R \times S^3$ from Quantized Gravity*, Int. J. Mod. Phys. A **24** (2009) 3073.

K. Hamada, *BRST analysis of Physical Fields and States for 4D Quantum Gravity on $R \times S^3$*, Phys. Rev. D **86** (2012) 124006.

第 9 章

[曲がった時空上のくり込み理論]

S. Hathrell, *Trace Anomalies and $\lambda\phi^4$ Theory in Curved Space*, Ann. Phys. **139** (1982) 136.

S. Hathrell, *Trace Anomalies and QED in Curved Space*, Ann. Phys. **142** (1982) 34.

K. Hamada, *Determination of Gravitational Counterterms Near Four Dimen-*

sions from Renormalization Group Equations, Phys. Rev. D **89** (2014) 104063.

第 10 章
[量子重力のくり込み理論]
K. Hamada, *Resummation and Higher Order Renormalization in 4D Quantum Gravity*, Prog. Theor. Phys. **108** (2002) 399.
K. Hamada, *Renormalization Group Analysis for Quantum Gravity with a Single Dimensionless Coupling*, Phys. Rev. D **90** (2014) 084038.
K. Hamada and M. Matsuda, *Two-Loop Quantum Gravity Corrections to Cosmological Constant in Landau Gauge*, arXiv:1511.09161 (PRD に掲載).

第 11, 13 章
[宇宙背景放射の実験]
D. Spergel *et al.* (WMAP Collaboration), Astrophys. J. Suppl. Ser. **148** (2003) 175.
C. Reichardt *et al.* (ACBAR Collaboration), Astrophys. J. **694** (2009) 1200.
C. Bennett *et al.* (WMAP9 Collaboration), Astrophys. J. Suppl. Ser. **208** (2013) 20.
P. Ade *et al.* (Planck Collaboration), Astron. Astrophys., doi:10.1051/0004-6361/201321591 (2014).

[インフレーション理論の原論文]
A. Guth, Phys. Rev. D **23** (1981) 347.
K. Sato, Mon. Not. R. Astron. Soc. **195** (1981) 467.
A. Strabinsky, Phys. Lett. **91B** (1980) 99.

[宇宙論的摂動論と CMB 異方性スペクトル]
J. Bardeen, Phys. Rev. D **22** (1980) 1882.
H. Kodama and M. Sasaki, Prog. Theor. Phys. Suppl. **78** (1984) 1 [レビュー].
W. Hu and N. Sugiyama, Phys. Rev. **D51** (1995) 2599.
R. Durrer, *The Theory of CMB Anisotropies*, J. Phys. Stud. **5** (2001) 177 [レビュー].

第 12, 14 章
[量子重力的宇宙論]
K. Hamada and T. Yukawa, *CMB Anisotropies Reveal Quantized Gravity*, Mod. Phys. Lett. A **20** (2005) 509.
K. Hamada, S. Horata and T. Yukawa, *Space-time Evolution and CMB Anisotropies from Quantum Gravity*, Phys. Rev. D **74** (2006) 123502.
K. Hamada, A. Minamizaki and A. Sugamoto, *Baryogenesis by Quantum Gravity*, Mod. Phys. Lett. A **23** (2008) 237.
K. Hamada, S. Horata and T. Yukawa, *From Conformal Field Theory Spectra to CMB Multipoles in Quantum Gravity Cosmology*, Phys. Rev. D **81** (2010) 083533.

索引

A
Andrews-Baxter-Forrester 模型, 54
暗黒物質, 230, 265, 296
暗黒エネルギー, 296
Appell 関数, 37

B
Baker-Campbell-Hausdorff 公式, 61, 321
Bardeen(重力) ポテンシャル, 250
bc ゴースト
  2 次元量子重力の－   72, 80
  4 次元量子重力の－   112, 133
ベータ関数
  曲がった時空の－   157
  φ^4 理論の－   47, 339
  QED の－   157, 174, 188, 190
  量子重力の－   88, 188, 190, 216
Bianchi の恒等式, 297
ビッグバン, 225, 235, 240, 279
BRST 共形不変性, 4, 69, 82, 114, 136
  －の冪ゼロ演算子   81, 113, 135
  －の変換則   83, 113, 135
物理 (固有) 時間, 228, 236, 262
物理状態, 77, 136, 143
  －の構成要素   140, 142
物理的距離, 228
物理的運動量・波数, 215, 233, 262
物理的場の演算子, 79, 111, 145

C
Casimir 演算子, 39, 43
Casimir 項・効果, 54, 76, 123, 181
Clebsch-Gordan 係数
  $SU(2) \times SU(2)$ の－   129, 130, 133, 330
  通常の－   129, 332
COBE 実験, 226
Compton 波長, 1
Compton 散乱, 361
Conformal Bootstrap, 44

D
断熱条件, 260

伝播関数
  共形因子場の－   193
  QED の場の－   337
  トレースレステンソル場の－   198
デッセンダント (descendant) 場, 20, 41
Dewitt-Schwinger の方法, 152, 344
Dirac 括弧・量子化, 93
動径量子化, 127

E
エネルギー運動量テンソル, 14, 58, 75, 102, 162, 253
  フェルミオンの－   162, 305
  ゲージ場の－   162
  重力場の－   130, 163
  完全流体の－   248
  スカラー場の－   303
Euler 標数, 299
Euler 関係式, 299
Euler 密度
  E_D, 次元正則化の修正－   154, 180, 184, 299
  E_4, 修正－   65
  G_D, 次元正則化の－   153, 176, 184, 299, 307
  G_4, 通常 (Gauss-Bonnet) の－   64, 299, 300

F
Feynman 伝播関数, 22
Feynman パラメータ積分公式, 336
Fradkin-Palchik 項, 109, 321
Friedmann 宇宙, 228

G
Gauss-Bonnet 密度 G_4, 64, 299, 300
Gauss の超幾何級数, 36
ゲージ固定
  Feynman －   198
  輻射－   98, 121
  輻射$^+$ －   121, 126
  共形－   71

Landau — 194, 198
Gegenbauer の多項式, 31
行列模型, 346

H

裸 (bare) の量, 154, 156
背景電荷, 60, 77, 115, 136
背景時空独立性, 1, 85, 211
Harrison-Zel'dovich スペクトル, 226, 275, 288
Hermite(実数) 性, 84, 112, 115
　　Euclid 共形場の— 26, 27
　　Minkowski 共形場の— 12
Hubble 変数, 230, 283
Hubble 定数・距離, 230, 245, 263
複合演算子 $[\varphi^2]$ と $[\varphi^4]$
　　—の異常次元 47, 340
　　—のくり込み 339

I

異常次元, 339
　　フェルミオンの— 153, 160
　　Planck 質量の— 217, 221
　　スカラー場の— 47, 339
　　宇宙項の— 217, 223
インフレーション, 2, 225, 235, 279
　　—の膨張率 (e-foldings) 240
一般座標変換, 71, 90, 196
Ising 模型
　　2 次元の— 45, 53, 313
　　3 次元の— 47, 48

J

次元正則化, 151, 183
　　—の公式 335
　　—の特徴 151
時空の相転移, 6, 235, 237, 279
実数 (Hermite) 性, 84, 112, 115
自由ボソン場 (Coulomb ガス) 表示, 57
状態演算子対応, 29, 61, 80, 148, 319

K

Kac 行列式・公式, 52
結合定数
　　$\alpha = e^2/4\pi$, $\alpha_t = t^2/4\pi$ 156, 186
　　t, 重力の— 86, 184
　　e, QED の— 155, 337
交差関係式 ($SU(2)^2$CG 係数), 131
交差対称性, 35, 44

構造係数 (OPE 係数), 33, 44
くり込み群方程式, 156, 188, 218, 342
　　Hathrell の— 164
くり込み因子, 155, 185, 218, 339
共動座標, 228, 236
共形ブロック, 35, 39, 44
共形代数, 11, 26, 126
共形反転, 11, 16, 27, 31
共形変換, 9, 13, 106, 124
　　並進 10, 126
　　Lorentz 変換 11
　　スケール変換 11, 127
　　特殊共形変換 11, 126
共形変換の生成子, 11, 14, 103, 124
共形不変な 4 階微分演算子, 66, 193
共形不変性, 13, 15, 29, 31
　　量子重力の— 1, 76, 90, 111, 133
共形異常, 6, 63, 153, 180
　　—の係数 67, 72, 88
　　—と次元正則化 152
　　—と Wess-Zumino 作用 63, 69, 239
　　—と Wess-Zumino 積分可能条件 64, 68
共形因子場, 65, 93, 103, 122, 130
　　—の非くり込み定理 186, 199, 204, 209
共形次元, 13, 49, 110, 127
共形時間, 228, 236
共形 Killing 方程式・ベクトル, 10, 58, 124
球 Bessel 関数を含む公式, 353, 357

L

Lagrange 未定乗数, 93, 99
Legendre 多項式を含む公式, 352, 357
Liouville 場 (2 次元共形因子場), 72
Liouville 電荷, 77
Liouville 作用, 72

N

内積, 18, 30, 79, 148
　　bc ゴースト真空の— 83, 150
熱核 (heat kernel), 345

O

音速, 252, 261
OPE 係数 (構造係数), 33, 44

P

Poincaré 変換・代数, 10, 12

索引

Poisson 方程式, 256
プライマリー (primary) 場, 12, 106
プライマリー (primary) 状態, 29, 49, 138

R

ランニング結合定数, 216, 238, 292
Riegert 電荷, 109, 111, 137, 219
Riegert 作用, 66, 87, 93, 121, 187, 193, 216, 236
　　　−の係数 b_c (共形異常の係数)　88, 187
Riemann と Ricci テンソルの定義, 297
力学的赤外スケール Λ_{QG}, 5, 216, 235, 240
力学的単体分割法, 346
臨界現象・指数, 25, 48, 310
RSOS 模型, 54

S

Sachs-Wolfe 関係式, 226, 269, 276, 351
　　　Integrated −　　　　　　260, 352
3 次元球面 S^3
　　　−上の回転 (等長変換)　　　125, 327
　　　−上の調和関数　　　　　　118, 327
　　　−の計量　　　　　　　　　　　117
正準量子化
　　　ゲージ場の−　　　　　　　　　120
　　　共形因子場の−　　　　　　　93, 122
　　　スカラー場の−　　　　　　　119, 313
　　　トレースレステンソル場の−　　　99
正規順序付け, 58, 81, 96
　　　共形−　　　　　　　　　　　　　81
正規積 (normal product), 153, 157
　　　エネルギー運動量テンソルは−　　162
　　　ゲージ場の自乗の−　　　　　159, 179
　　　スカラー場の自乗, 4 乗の−　　　340
　　　運動方程式場の−　　　　　　　　159
正定値性 (ユニタリ性), 6, 18, 44, 115
赤外発散の処理, 96, 198, 224
赤方偏移, 232
4 元速度, 248, 350
真空状態
　　　ゴーストの−　　　　　81, 83, 136, 149
　　　共形不変な−　　　　15, 49, 60, 77, 136
相関関数, 13, 62, 84, 115, 158, 340
　　　エネルギー運動量テンソルの−　　162, 164, 168, 211
　　　2 点の−　　15, 27, 30, 62, 96, 102, 286, 309, 319
　　　3 点の−　　　　　　　　　　　31, 33
　　　4 点の−　　　　　　　　　　　32, 35

相関距離, 25, 237, 292
相殺項 (counterterm), 151, 191
　　　重力の−　　　　　　　　153, 176, 183
双対状態 (dual state), 60, 79, 149
スケール因子, 229, 231
スピン接続, 155, 304, 306
ストリング感受率, 346
遮蔽演算子, 61
縮退表現とミニマル系列, 50, 53

T

多重極成分, 227, 232, 294, 352
多脚場 (vielbein), 154, 303
テンソル・スカラー比, 293
Thomson 散乱, 271, 358
特異点の消滅, 7, 89
中心電荷 (central charge), 49, 63, 76

U

宇宙
　　　物質優勢な−　　　　　226, 233, 263, 268
　　　放射優勢な−　　　　　226, 233, 263, 265
　　　−の安定・不安定性　　　　225, 237, 279
　　　−の中性化　　　　　　　　226, 262, 277
宇宙マイクロ波背景放射 (CMB), 2, 226
　　　−の第 1 音波ピーク　　　　　270, 276
　　　−のゆらぎ (異方性) スペクトル　226, 293, 355, 358
宇宙論的摂動論, 226, 247
宇宙論パラメータ
　　　エネルギー密度と圧力　　　　228, 248
　　　状態方程式パラメータ　　　　　　229

V

Virasoro 代数, 49, 76
Virasoro 生成子, 49, 58, 76
Virasoro 指標, 55

W

W_∞ 対称性, 82
Ward-高橋恒等式, 156, 185, 205
Wess-Zumino 作用, 63, 69, 191, 214, 239
Wess-Zumino 積分可能条件, 64, 68, 154
Weyl 作用, 86, 97, 120, 153, 184
Weyl テンソル, 64, 92, 143, 297
Wightman 正定値性, 18
Wigner の D 関数, 327, 333
Wilson-Fisher イプシロン展開, 47
WMAP 実験, 2, 226, 293

Y

ユニタリ性 (正定値性), 6, 18, 44, 115
ユニタリ性バウンド, 18, 41
ユニタリ離散系列, 53
ゆらぎ (摂動) の変数
 Bardeen ポテンシャル   250
 その他の変数   251
有質量重力子の問題, 3, 116
 —の解   4, 199
有効作用・理論・ポテンシャル, 187, 214, 223
 低エネルギー—   241

Z

漸近自由性, 88, 190
 —の意味   5, 88, 190, 216, 237

あとがき

　Albert Einstein の重力理論のすごさは宇宙最大のスケールである Hubble 距離を超えたところから宇宙最小のスケールである Planck 長さ近くまで正しいことです。このような幅広いレンジで正しい理論はもちろん Einstein 理論だけです。それでも Planck スケールを超えた世界では特異点等のいろいろな問題を解決するために量子化を含めた修正が必要であると考えられています。

　わたしが量子重力の研究を始めたきっかけは大学 4 年生のとき牟田先生の研究室に配属され，卒業論文で重力場とスカラー場の Compton 散乱の断面積を計算したことです。その当時は場の量子論の知識も少なかったので，重力がくり込み不可能だと言われてもその問題を理解することは出来ませんでした。大学院に進学した頃は弦理論が盛んになっていて，しばらくそちらの研究を続けていましたが，いつか 4 次元の重力場を直接量子化する研究に戻りたいと考えていました。

　この研究の背景には，第 1 章や第 7 章の始めに述べたように，4 次元で一般座標不変性を保つように重力を量子化するとどうなるかという問いがあります。当時，2 次元量子重力からの教訓として，量子重力の定式化は単純に一般座標不変な作用を用意して量子化すれば良いという話にならないことが認識され始めていました。経路積分の測度からの寄与を如何にして取り込むかが問題でした。

　本研究に着手したのは 20 世紀の終わり，弦理論の研究も下火になっていたころでした。その後すぐに AdS/CFT 対応の論文が出て再び弦理論は盛り上がってきましたが，それは量子重力というよりは CFT 関連の研究が主で，第 2，3 章の一部はそれに影響されて発展したものです。子供が生まれたのもちょうどそのころでした。早いもので今はもう大学生になります。研究のきっかけは湯川さんを中心としたグループの力学的単体分割法による解析の結果を当時グループの一員だった津田さんが研究会で発表したのを聞いたことでした。第 1 章でも書いたようにこの成果から量子重力の研究が始まりました。

この研究の大きな転機は 2002 年のくり込みに関する論文でした。いくつか予想した式に間違いもありましたが，その後の研究の基礎となり，物理状態の分類などを含め，研究の完成度がしだいに上がっていきました。次の大きな転機が WMAP 実験の成功です。当初は全く関係のない話としてそのような実験があることすら知りませんでした。新しいスケールの存在がネットで騒がれるようになってようやく関係するのではないかと気づき，興奮しました。データ解析に不慣れなわたしは，湯川さんに話を持ち掛けて，後に洞田さんも加えて，量子重力的インフレーションモデルを構築しました。これによって学問的な広がりが生れました。

　一方で，弦理論の研究をしていた時には味わうことのなかった掲載拒否がこの頃から当たり前のようになってきました。知り合いに頼み込んで掲載に至ったこともあります。普通にレフェリーとやり取りが出来るようになってきたのは比較的最近のことです。この理論の良いところは計算可能な学問であることです。量子重力と称しながら実際に重力場を量子化している論文は極めて少ないのが現状です。そのことが理解されエディターが公平な立場で判断してくれるようになったのではないかと思っています。

　この研究を続けるに当たって幾人かの共同研究者に助けて頂きました。わたしの議論に長く付き合って下さったことにこの場を借りて感謝します。特に湯川さんと洞田さんに感謝します。そして，わたしを支えてくれた家族に感謝します。この本は長らくウェブで公開していた解説書を修正し，さらに加筆したものです。出版する機会を与えて下さったプレアデス出版に感謝します。

2016 年 3 月

浜田賢二

●著者略歴

浜田 賢二 (はまだ けんじ)

1962年生まれ
1985年　広島大学理学部物理学科卒
1989年　広島大学大学院理学研究科物理学博士課程修了
現在，高エネルギー加速器研究機構 研究機関講師

共形場理論を基礎にもつ 量子重力理論と宇宙論

2016年5月6日　第1版第1刷発行

著　者　浜田　賢二
発行者　麻畑　仁
発行所　㈲プレアデス出版
　　　　〒399-8301　長野県安曇野市穂高有明7345-187
　　　　TEL 0263-31-5023　FAX 0263-31-5024
　　　　http://www.pleiades-publishing.co.jp
装　丁　松岡　徹
印刷所　亜細亜印刷株式会社
製本所　株式会社渋谷文泉閣

落丁・乱丁本はお取り替えいたします。定価はカバーに表示してあります。
ISBN978-4-903814-78-0　C3042　　Printed in Japan